U0265263

2021年版全国一级建造师执业资格考试用书

民航机场工程管理与实务

全国一级建造师执业资格考试用书编写委员会　编写

中国建筑工业出版社

图书在版编目（CIP）数据

民航机场工程管理与实务/全国一级建造师执业资
格考试用书编写委员会编写. —北京：中国建筑工业出
版社，2021.3
2021年版全国一级建造师执业资格考试用书
ISBN 978-7-112-25925-0

Ⅰ.①民… Ⅱ.①全… Ⅲ.①民用机场 – 建筑工程 –
资格考试 – 自学参考资料 Ⅳ.① TU248.6

中国版本图书馆CIP数据核字（2021）第036520号

责任编辑：余 帆 牛 松
责任校对：赵 菲

2021年版全国一级建造师执业资格考试用书

民航机场工程管理与实务

全国一级建造师执业资格考试用书编写委员会 编写

*

中国建筑工业出版社出版、发行（北京海淀三里河路9号）
各地新华书店、建筑书店经销
北京圣夫亚美印刷有限公司印刷

*

开本：787毫米×1092毫米 1/16 印张：22¾ 字数：565千字
2021年5月第一版 2021年5月第一次印刷
定价：**64.00**元（含增值服务）
ISBN 978-7-112-25925-0
（37132）
如有印装质量问题，可寄本社图书出版中心退换
（邮政编码 100037）

全国一级建造师执业资格考试用书

审 定 委 员 会

（按姓氏笔画排序）

丁士昭　　马志刚　　毛志兵　　司毅军

任　虹　　刘建国　　李　强　　杨存成

张巧梅　　咸大庆　　贺　丰　　徐　亮

编 写 委 员 会

主　　编：丁士昭

委　　员：（按姓氏笔画排序）

王雪青　王清训　毛志兵　孔　恒

刘志强　李慧民　何孝贵　张鲁风

高金华　唐　涛　蒋　健　詹书林

滕小平

序

  为了加强建设工程项目管理，提高工程项目总承包及施工管理专业技术人员素质，规范施工管理行为，保证工程质量和施工安全，根据《中华人民共和国建筑法》《建设工程质量管理条例》《建设工程安全生产管理条例》和国家有关执业资格考试制度的规定，2002年，原人事部和建设部联合颁发了《建造师执业资格制度暂行规定》（人发〔2002〕111号），对从事建设工程项目总承包及施工管理的专业技术人员实行建造师执业资格制度。

  注册建造师是以专业技术为依托、以工程项目管理为主的注册执业人士。注册建造师可以担任建设工程总承包或施工管理的项目负责人，从事法律、行政法规或标准规范规定的相关业务。实行建造师执业资格制度后，我国大中型工程施工项目负责人由取得注册建造师资格的人士担任，以提高工程施工管理水平，保证工程质量和安全。建造师执业资格制度的建立，将为我国拓展国际建筑市场开辟广阔的道路。

  按照原人事部和建设部印发的《建造师执业资格制度暂行规定》（人发〔2002〕111号）、《建造师执业资格考试实施办法》（国人部发〔2004〕16号）和《关于建造师资格考试相关科目专业类别调整有关问题的通知》（国人厅发〔2006〕213号）的规定，本编委会组织全国具有较高理论水平和丰富实践经验的专家、学者，编写了《2021年版全国一级建造师执业资格考试用书》（以下简称《考试用书》）。在编撰过程中，编写人员按照《一级建造师执业资格考试大纲》（2018年版）要求，遵循"以素质测试为基础、以工程实践内容为主导"的指导思想，坚持"与工程实践相结合，与考试命题工作相结合，与考生反馈意见相结合"的修订原则，力求在素质测试的基础上，进一步加强对考生实践能力的考核，切实选拔出具有较好理论水平和施工现场实际管理能力的人才。

  本套《考试用书》共14册，书名分别为《建设工程经济》《建设工程项目管理》《建设工程法规及相关知识》《建筑工程管理与实务》《公路工程管理与实务》《铁路工程管理与实务》《民航机场工程管理与实务》《港口与航道工程管理与实务》《水利水电工程管理与实务》《矿业工程管理与实务》《机电工程管理与实务》《市政公用工程管理与实务》《通信与广电工程管理与实务》《建设工程法律法规选编》。本套《考试用书》既可作为全国一级建造师执业资格考试学习用书，也可供其他从事工程管理的人员使用和高等学校相关专业师生教学参考。

  《考试用书》编撰者为高等学校、行政管理、行业协会和施工企业等方面的专家和学者。在此，谨向他们表示衷心感谢。

  在《考试用书》编写过程中，虽经反复推敲核证，仍难免有不妥甚至疏漏之处，恳请广大读者提出宝贵意见。

全国一级建造师执业资格考试用书编写委员会

2021年2月

《民航机场工程管理与实务》
编　写　组

组　　长：高金华

编写人员：（按姓氏笔画排序）

马志刚　马剑波　马海新　王　巍

王云岭　孔　愚　成立芹　朱亚杰

刘爱军　米爱群　安　然　许　晔

李满仓　郑　斐　宗书智　孟令红

侯启真　高淑玲　樊建良

前　言

　　2021年版全国一级建造师执业资格考试用书《民航机场工程管理与实务》是根据2018年版考试大纲，在2020年版全国一级建造师执业资格考试用书《民航机场工程管理与实务》基础上修订的，针对书中不妥之处做了相应的调整、改动和补充。主要涉及的一些新近施行法规、规范和标准列举如下：

　　（1）《住房城乡建设部关于修改〈建筑业企业资质管理规定〉等部门规章的决定》（中华人民共和国住房和城乡建设部令第45号）；

　　（2）《交通运输部关于修改〈民用机场建设管理规定〉的决定》（中华人民共和国交通运输部令2018年第32号）；

　　（3）《交通运输部关于修改〈民用机场运行安全管理规定〉的决定》（中华人民共和国交通运输部令2018年第33号）；

　　（4）《民航局机场司关于进一步明确注册建造师担任施工项目负责人有关意见的通知》；

　　（5）《中华人民共和国民用航空法》（2018年12月29日第五次修正）；

　　（6）《民用机场管理条例》（国务院令第553号，2019年3月2日修正）；

　　（7）《民用运输机场公共广播系统检测规范》MH/T 5038—2019；

　　（8）《民用运输机场时钟系统检测规范》MH/T 5040—2019；

　　（9）《民用运输机场信息集成系统检测规范》MH/T 5039—2019；

　　（10）《民用机场沥青道面施工技术规范》MH/T 5011—2019；

　　（11）《民用机场飞行区技术标准》MH 5001—2013（含第一修订案）；

　　（12）《民用运输机场建筑信息模型应用统一标准》MH/T 5042—2020；

　　（13）《民航专业工程建设项目招标投标管理办法》（含第一修正案）（AP-158-CA-2018-01-R3）；

　　（14）《民航专业工程安全生产费用管理办法（试行）》（AP-165-CA-2020-01）；

　　（15）《民航专业工程劳动防护用品管理规范（试行）》（AP-165-CA-2019-02）；

　　（16）《民航专业工程施工安全事故报告和调查办法（试行）》（AP-165-CA-2019-03）；

　　（17）《民航专业工程质量和施工安全投诉举报处理办法（试行）》（AP-165-CA-2019-04）；

　　（18）《民航专业工程危险性较大的工程安全管理规定（试行）》（AP-165-CA-2019-05）；

　　（19）《运输机场专业工程竣工验收管理办法》（民航规〔2020〕37号）；

　　（20）《运输机场总体规划规范》MH/T 5002—2020。

　　机场场道工程、民航空管工程、机场弱电系统工程和目视助航工程这4个方面在工程技术和施工管理上各有特点，但也存在共性（如涉及跑道方位和不停航施工的管理），另外各施工管理之间也可能会有交叉，请考生在复习备考时注意。

2018年开始，建造师专业考试除选择题和案例分析题之外又增加了实务操作题，凸现了工程实践的重要性，希望考生在备考复习时能够注重理论联系实际。

网上免费增值服务说明

为了给一级建造师考试人员提供更优质、持续的服务，我社为购买正版考试图书的读者免费提供网上增值服务，增值服务分为文档增值服务和全程精讲课程，具体内容如下：

☞ **文档增值服务**：主要包括各科目的备考指导、学习规划、考试复习方法、重点难点内容解析、应试技巧、在线答疑，每本图书都会提供相应内容的增值服务。

☞ **全程精讲课程**：由权威老师进行网络在线授课，对考试用书重点难点内容进行全面讲解，旨在帮助考生掌握重点内容，提高应试水平。精讲课程涵盖8个考试科目，包括《建设工程经济》《建设工程项目管理》《建设工程法规及相关知识》《建筑工程管理与实务》《公路工程管理与实务》《水利水电工程管理与实务》《机电工程管理与实务》《市政公用工程管理与实务》。

更多免费增值服务内容敬请关注"建工社微课程"微信服务号，网上免费增值服务使用方法如下：

1. 计算机用户

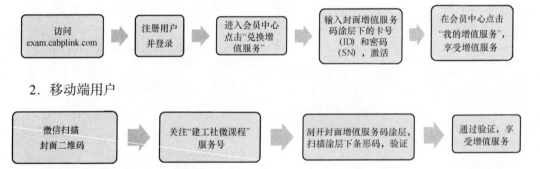

2. 移动端用户

注：增值服务从本书发行之日起开始提供，至次年新版图书上市时结束，提供形式为在线阅读、观看。如果输入卡号和密码或扫码后无法通过验证，请及时与我社联系。

客服电话：4008-188-688（周一至周五9：00—17：00）

Email：jzs@cabp.com.cn

防盗版举报电话：010-58337026，举报查实重奖。

网上增值服务如有不完善之处，敬请广大读者谅解。欢迎提出宝贵意见和建议，谢谢！

读者如果对图书中的内容有疑问或问题，可关注微信公众号【建造师应试与执业】，与图书编辑团队直接交流。

建造师应试与执业

目　　录

1D410000　民航机场工程技术

根据民航机场工程的实际要求，按照最初的规定以及实际技术的发展，一级民航机场工程建造师的工程范围包括：民航机场场道工程（含滑行道桥工程）、民航空管工程、民航机场弱电系统工程、民航机场目视助航工程4个专业的内容。

本章共5节、20目、51条，综合了民航机场主要功能与构成、场道工程、空管工程、机场弱电系统工程及目视助航工程等方面的基本知识和基础技术。

本章的大部分内容应是重点要求的。本章所介绍的许多概念也是案例的工程技术基础，考生应认真掌握并灵活运用。

1D411000　民航机场的功能与构成

1D411010　民航机场的功能和分类

1D411011　民航机场的功能

一、民航机场主要功能

民航机场是航空运输的起点站、终点站，又是中转站和经停站。其功能如下：

（1）最根本的功能是供飞机安全、有序地起飞和着陆；

（2）在飞机起降前后，提供各种设施和设备，供飞机停靠指定机位；

（3）提供各种设施和方便，为旅客及行李、货物和邮件改变交通方式做好组织工作；

（4）提供各种设备和设施，安排旅客和货邮方便、安全、及时、快捷地上下飞机；

（5）提供包括飞机维修在内的各种技术服务，如通信导航监视、空中交通管制、航空气象、航行情报等（这些通常由所在机场的空管部门提供）；

（6）飞机发生事故时，能提供消防和应急救援服务；

（7）为飞机补充燃油、食品、水及航材等，并清除、运走废弃物；

（8）为旅客和货邮到达及离开机场提供方便的地面交通组织和设施（停车场和停车楼）；

（9）机场基本功能的扩大，即提供各种商业服务，如餐饮、购物、会展、休闲服务等。依托机场还可建立物流园区、临空经济区（临空产业区）以及航空城等。

二、民航机场的功能分区

民航机场一方面要面向天空，送走出港的飞机，迎来进港的飞机；另一方面要面向陆地，供旅客、货物和邮件的进出，以便完成地面与空中两种运输方式的转变。机场包括了地面和空中两部分。作为交通运输系统，机场按功能划分则主要由以下3部分组成：

（1）飞行区；

（2）航站区；

（3）进出机场的交通系统。

进出机场的交通系统指由城市通向机场的道路系统，通常为公路，有时也会有轨道交通（地铁、轻轨、磁悬浮等）和水上交通。进出机场的交通系统的距离远近以及是否畅通影响客货的运输时间和航站楼的功能区面积。飞行区和航站区由机场当局管辖。进出机场的交通系统一般不由机场当局管辖，但在制定机场规划时必须统一考虑。

通常又将民航机场分为空侧和陆侧两部分。空侧（又称对空面或向空面）是受机场当局控制的区域，包括跑道、滑行道、停机坪、目视助航设施、货运区等及相邻地区和建筑物（或其中的一部分），进入该区域是受管制的。陆侧则是为航空运输提供客运、货运及邮运服务的区域，非旅行的公众也能自由进出这部分区域的场所和建筑物。

三、民航机场的重要设施

除上述三个功能分区外，民航机场区域内的重要设施还有：

（1）机场空中交通管理设施，包括指挥塔台以及空中交通管制、通信导航监视、航行情报、航空气象等空管设施。

（2）应急消防救援设施，包括应急指挥中心、救援及医疗中心、消防站、消防供水系统等设施。

（3）机场安全检查设施，包括旅客、货邮及工作人员等安检设施。

（4）机场保安设施，包括飞行区的保安设施、航站楼的保安设施、货运区保安设施、监控与报警系统。

（5）供油设施，包括卸油站、中转油库区、机场使用油库区、航空加油站、机坪管线加油系统以及地面汽车加油站等。卸油站和中转油库区一般位于机场边界之外。

（6）动力及电信系统，包括供电、供水、供气、供暖、供冷及电信等设施。

（7）货运区，包括货运仓库、货物集散地和办公设施以及货机坪。

（8）机场环境保障设施，包括防汛抗洪及雨水排放系统、污水处理与排放系统、污物垃圾处理设施、噪声监测及防治设施、鸟害及鼠害防治设施、绿化设施等。

（9）基地航空公司区，航空公司（或分公司）基地所在的机场，应为其安排停机坪、机库、维修车间和航材库等。

（10）属于机场的机务维护设施及地面服务设施等。

（11）旅客服务设施，如航空食品公司、宾馆、休息场所、商店及餐饮、娱乐、游览、会务等设施。

（12）驻场单位区，包括海关、边检、公安、银行、邮局、保险、旅游等部门。

（13）机场办公及值班场所。

1D411012　民航机场的分类

依据《中华人民共和国民用航空法》（2018年12月29日第五次修正），民用机场划分为运输机场和通用机场（见本书1D431001）。按照不同的要求和目的，依据不同的标准，民用机场的分类有许多种，这里只介绍其中的一部分。

一、按进出机场的航线性质划分

依照《运输机场总体规划规范》MH/T 5002—2020的规定，运输机场按航线性质分为国际机场和国内机场。

国际机场指经批准设立口岸，拟开通国际航线和（或）港澳台地区航线的机场。国际机场又称口岸机场。截止到2020年10月份，我国共有81个国际机场（不含港澳台地区）。

二、按机场规划年旅客吞吐量规模划分

依照《运输机场总体规划规范》MH/T 5002—2020的规定，机场按规划年旅客吞吐量规模分为超大型机场、大型机场、中型机场、小型机场，见表1D411012-1。

机场按年旅客吞吐量规模分类　　　　　　　　　　表1D411012-1

规划规模类别	年旅客吞吐量（万人次）
超大型机场	≥8000
大型机场	2000 ~ <8000
中型机场	200 ~ <2000
小型机场	<200

三、按跑道导航和助航设施等级划分

跑道配置导航和助航设施的标准，反映了机场所具备的飞行安全和航班正常率保障设施的完善程度，是机场运行的重要指标。该标准需根据机场性质、地形和环境、当地气象、起降飞机类型及年飞行量等因素进行综合研究加以确定。跑道导航和助航设施等级按配置的导航和助航设施可提供飞机以何种进近程序飞行而划分。具体按以下标准划分：

（1）非仪表跑道——飞机用目视进近程序飞行的跑道，代字为V；拟在夜间使用的飞行区指标 I 为3或4（详见1D411022）的非仪表跑道应设A型简易进近灯光系统（详见1D415031）。

（2）仪表跑道——供飞机用仪表进近程序飞行的跑道，可分为：

1）非精密进近跑道——装备相应的目视助航设备和为直线进入至少提供方向引导的非目视助航设备的仪表跑道，代字为NP；拟在夜间使用的非精密进近跑道应设B型简易进近灯光系统，在实际可行的情况下，宜设置 I 类精密进近灯光系统（详见1D415031）。

2）I 类精密进近跑道——装备 I 类仪表着陆系统和目视助航设备的仪表跑道，代字为CAT I（详见1D413011）；I 类精密进近跑道应设置 I 类精密进近灯光系统（详见1D415031）。

3）II 类精密进近跑道——装备 II 类仪表着陆系统和目视助航设备的仪表跑道，代字为CAT II（详见1D413011）；II 类精密进近跑道应设置 II 类精密进近灯光系统（详见1D415031）。

4）III 类精密进近跑道——装备 III 类仪表着陆系统和目视助航设备的仪表跑道，该系统可引导飞机直至跑道，并沿道面着陆及滑跑。它又根据对目视助航设备的需要程度分为A、B、C三类，分别以CAT III A、CAT III B、CAT III C为代字（详见1D413011）。III 类精密进近跑道应设置 III 类精密进近灯光系统（详见1D415031）。

四、按安全保卫的等级划分

1. 依照《运输机场总体规划规范》MH/T 5002—2020，根据机场年旅客吞吐量，机场安全保卫等级划分为四类，见表1D411012-2。

		机场安全保卫等级		表1D411012-2
等级	一类	二类	三类	四类
年旅客吞吐量（万人次）	≥1000	200～＜1000	50～＜200	＜50

2. 根据机场所在地区受威胁的程度，可适当提高机场安全保卫等级或安全保卫设施标准。

五、按救援和消防的等级划分

救援和消防勤务的主要目的是救护受伤人员。为了保障救援和消防，机场必须要有足够的手段。这其中包括必要的器材(如灭火剂)、设备、车辆和设施(如应急通道)等。这些物质保障的配备是以使用该机场的飞机机身尺寸和最繁忙连续3个月内的起降架次为根据，由此划分出机场的救援和消防级别（见《运输机场总体规划规范》MH/T 5002—2020），如表1D411012-3所列。

	救援和消防的机场级别	表1D411012-3
机场级别	飞机机身全长（m）	最大机身宽度（m）
1	0～＜9	2
2	9～＜12	2
3	12～＜18	3
4	18～＜24	4
5	24～＜28	4
6	28～＜39	5
7	39～＜49	5
8	49～＜61	7
9	61～＜76	7
10	76～＜90	8

应注意两点：

（1）当飞机的机身全长和最大宽度不在同一等级时，应采用较高的等级。

（2）最大机型在最繁忙连续3个月内的起降架次不小于700时，应采用表中对应的等级，起降架次小于700时，等级可降低1级。

1D411020　民航机场飞行区

1D411021　飞机起飞着陆区的构成与跑道方位

飞行区是指机场内由建筑物和室外隔离设施所围合的区域，包含跑道、滑行道、机坪和目视助航等场地和设施。飞行区的范围由位于空侧、陆侧交界处建筑物（例如航站楼、货运站、机库）的外立面，以及建筑物外的隔离设施共同界定，其界线完整闭合。飞行区一般包括各种铺筑面、场地，以及配套的设备、建筑物和构筑物（例如消防站、灯光站、通导台站、排水沟、高杆灯）。但不包括界定飞行区范围的建筑物（见《运输机场总体规划规范》MH/T 5002—2020）。飞机起飞着陆区是其重要组成部分。

一、飞机起飞着陆区的构成

飞机起飞着陆区是供飞机起飞或着陆用的活动区，由跑道、道肩、防吹坪、升降带、跑道端安全区以及可能设置的停止道与净空道等组成。这些都与起飞和着陆的运行及安全有直接关系，又称起降运行区。

（1）跑道：由结构道面组成，主要供飞机起降滑跑使用。

（2）道肩：道肩作为道面与邻接地面之间的过渡地区，应进行整备或修建，其承载强度和结构应能支承滑出跑道的飞机，防止飞机的结构损坏；还可以支承偶尔在道肩上行驶的地面车辆；并且要求道肩表面应能防止被飞机气流吹蚀。设置道肩还可尽量避免飞机发动机吸入石子和杂物。同时，设置道肩还可对道面边缘起保护作用，改善道面边缘的工作状况，使道面的使用寿命延长。

跑道道肩宽度应符合下列要求：

1）跑道道面两侧道肩最小宽度宜为1.5m。

2）飞行区指标Ⅱ为D和E的跑道，其道面及道肩的总宽度应不小于60m。

3）飞行区指标Ⅱ为F的跑道，若起降双（或三）发动机的F类飞机，其道面及道肩的总宽度应不小于60m。

4）飞行区指标Ⅱ为F的跑道，若起降四（或更多）发动机飞机，其道面及道肩的总宽度应不小于75m。

（3）防吹坪：由于飞机发动机喷出的尾流或螺旋桨洗流对地面产生很强的侵蚀作用，特别是飞机起飞时气流对跑道端外面地区影响更大。为了防止紧邻跑道两端的表面地区受到燃气的吹蚀，同时也避免提前着陆的飞机有碰上跑道端部裸边的危险，因此在紧邻跑道端部设置防吹坪（当其他铺筑面能起到防吹坪作用时可以不单独设置）。防吹坪的宽度应不小于跑道道面加上道肩的总宽度。

（4）升降带：为了减少飞机一旦冲出跑道遭受损坏的危险，也为保证飞机起降过程中安全飞越相应的上空，划定一块包括跑道和停止道（如设置有停止道的话）在内的长方形场地，称为升降带。作为飞机起飞和着陆的安全地带，升降带的长度、宽度以及其上的物体都有规定的要求；升降带所包括土质区的坡度、平整范围、平整范围内的强度也都有规定的要求。见《民用机场飞行区技术标准》MH 5001—2013（含第一修订案）。

（5）跑道端安全区：在升降带两端应设置跑道端安全区。设置跑道端安全区的目的在于：一旦飞机过早接地或冲出跑道时，尽可能减少危害。跑道端安全区应自升降带端向外至少延伸90m，并尽可能加长为宜。例如，飞行区指标Ⅰ为3或4的跑道端安全区宜自升降带端向外至少延伸240m。跑道端安全区宽度至少应为跑道宽度的两倍。跑道端安全区应经过清理、平整，移去障碍物，还要设法保证达到必要的强度和坡度要求，以减少偶尔进入该地区的飞机遭受的损害，同时也利于救援和消防车辆的活动。

（6）净空道：设置净空道的目的在于飞机可在其上空进行一部分起始爬升到安全高度（35英尺，即10.7m）。因此，净空道地面不应突出1.25%升坡的平面。是否设置净空道以增加跑道的可用起飞距离长度，将取决于跑道端以外地区的外在特性、使用该机场的飞机起飞性能要求以及跑道的长度和经济因素等。因此，净空道不一定都要设置。

（7）停止道：设置停止道的目的在于一旦飞机中断起飞时，可以在其上减速并停止。因此，停止道应整备或修建得能承受飞机中断起飞时的载荷，不致使飞机结构受损。有铺砌面的停止道表面应在潮湿情况下具有良好的抗滑性能，即有足够的摩阻系数。无铺砌面的停止道的制动作用不应明显小于与其连接的跑道道面的制动作用。停止道宽度应与跑道宽度相等。其长度应等于加速—停止距离与全强度道面长度之差。是否设置停止道以增加跑道的可用加速—停止距离长度，将取决于跑道端以外地区的外在特性、使用该机场的飞机起飞性能要求以及跑道的长度和经济因素等。因此，停止道不一定都要设置。

此外，有些跑道还设有掉头坪、除冰防冰坪及除冰防冰设施等。

二、跑道的功能

跑道是机场工程的主体。通常所说的跑道，是机场内供飞机起飞和着陆的一块划定的场地。它要承担飞机起飞滑跑及着陆滑跑运行，特殊情况下还允许飞机迫降。因此，跑道要经过专门的整备或修建。

当前，民航机场的跑道道面主要为水泥混凝土和沥青混凝土两种。跑道在长度、宽度、强度、刚度、平整度、平均纹理深度、纵横坡度及邻板差等方面均须满足运行飞机的要求。水泥混凝土道面称为刚性道面，而沥青混凝土道面则称为柔性道面。水泥混凝土道面和沥青混凝土道面又划归为高级道面。我国的民用运输机场都是高级道面。

可用于着陆的那部分跑道的起始处称为跑道入口。跑道入口通常位于跑道端头，但如果障碍物突出于进近净空面或其他原因，为保证着陆安全，则需要将跑道入口内移，甚至永久内移。路道入口内移将导致可用着陆距离相应缩短。一般情况下，着陆飞机在通过跑道入口时，距道面高度应为15.2m（50英尺）左右。

三、跑道的方位、长度和宽度

（1）根据空气动力学原理，为了缩短起飞滑跑距离和着陆滑跑距离，飞机应逆风起飞和着陆；因此，跑道方位主要取决于当地的常年主导风向，以便尽可能利用逆风的有利条件起降。跑道方位还受到机场净空条件、周围地形地质条件、机场发展可用面积状况、与邻近机场的相对位置、与附近城市的关系以及环境保护要求（主要是降低噪声）的影响。

跑道方位一般以跑道磁方向角度表示，由北顺时针转动为正。如首都国际机场三条跑道均为179°/359°（基本上是正南正北）。跑道号码标志（即跑道方位识别号码），由两位数字组成。将跑道着陆方向的磁方向角度除以10，而后四舍五入，即得到这个两位数；同时，将该数字以规定的大尺寸置于跑道着陆端，作为飞行人员和调度人员确定起降方向的标记。如青岛流亭国际机场的跑道磁方向角为165°/345°，则南偏东端（通常称"南端"）跑道号码为35，北偏西端（通常称"北端"）跑道号码为17。为方便起见，习惯上又用跑道号码表示相应的跑道端。青岛流亭国际机场跑道的南端就称为"35号跑道"，而跑道的北端就称为"17号跑道"。又如桂林两江国际机场的跑道磁方向角为6°/186°，则南端（实为南偏西端）跑道号码为01，北端（实为北偏东端）跑道号码为19。若同一方向有两条平行跑道，则在每个跑道号码标志数字后面（或下面）必须增加一个英文字母；所加字母为从着陆方向看去自左至右的顺序。如两条跑道则为"L"（Left）、"R"（Right）。如天津滨海国际机场现有两条平行跑道，磁方向角为160°/340°（基本为南北方向）。则西（原有）跑道北端跑道号码为16R，南端为34L；而东（后建）跑道北端跑道号码为16L，南端为34R。当有三条或更多条同一方向的平行跑道时，《民用机场飞行区技术标准》MH 5001—2013（含第一修订案）另有规定。

由于飞机较多逆风起降，因此，常年主导风向的相反方向则称为跑道的主降方向，相应的跑道端称为主降端；与跑道主降方向相反的方向则称为跑道的次降方向，相应的跑道端称为次降端。北京首都国际机场跑道的主降方向为由南向北，主降端为南端；次降方向为由北向南，次降端为北端。

（2）跑道长度是机场的关键参数，是机场规模的重要标志，跑道长度应满足使用该跑道主要设计机型的运行要求。影响跑道长度的因素有很多，大致可分为5个方面，即：

1）预定使用该跑道的飞机（特别是要求最高的那种机型）的性能；

2）飞机起降时的质量；

3）机场海拔高度；

4）气象条件，主要是机场基准温度；

5）跑道条件，如纵坡坡度、表面状况等。

此外，还应考虑正常起飞情况、发动机失效时继续起飞和中断起飞的情况以及着陆情况等。

（3）飞机在进行起飞滑跑或着陆滑跑，不可能总是沿跑道中心线，会有些偏差。因此，为保证起降安全，跑道（道面）必须要有足够宽度。跑道的宽度（即道面的宽度）主要与主起落架外轮外侧边之间的距离有关（但飞行区指标 I 为1或2的精密进近跑道宽度应不小于30m），见表1D411021。

跑道宽度（单位：m） 表1D411021

飞行区指标 I	主起落架外轮外侧边间距			
	<4.5	4.5~<6（不含）	6~<9（不含）	9~<15（不含）
1	18	18	23	—
2	23	23	30	—
3	30	30	30	45
4	—	—	45	45

注：飞行区指标 I 为1或2的精密进近跑道宽度应不小于30m。

1D411022 民航机场飞行区的分级指标

按照《运输机场总体规划规范》MH/T 5002—2020的规定，民用机场飞行区应按指标 I （基准代码）和指标 II （基准代字）进行分级。指标 I 和指标 II 的组合构成飞行区指标（级别），其目的在于使机场飞行区的各种设施的技术标准能与在该机场上运行的飞机性能相适应。

飞行区指标 I 按拟使用机场跑道的各类飞机中最长的基准飞行场地长度，分成1、2、3、4四个级别，根据表1D411022-1确定。

飞行区指标 I 表1D411022-1

飞行区指标 I	飞机基准飞行场地长度（m）	飞行区指标 I	飞机基准飞行场地长度（m）
1	<800	3	1200~<1800（不含）
2	800~<1200（不含）	4	≥1800

飞机基准飞行场地长度是指飞机以核定的最大起飞质量，在海平面、标准大气条件下（1个大气压、15℃）、无风和跑道纵坡为零的条件下起飞所需的最小场地长度。

飞行区指标Ⅰ是指拟使用该机场飞行区跑道的各类飞机中最长的飞机基准飞行场地长度。飞机基准飞行场地长度不等于实际跑道长度；它包括跑道、净空道和停止道（若设置）的长度，同时必须考虑海拔高度、机场基准温度等因素的影响。

飞行区指标Ⅱ按使用该机场飞行区的各类飞机中最大翼展分为A、B、C、D、E、F六个等级，根据表1D411022-2确定。

<table>
<tr><td colspan="2" align="center">飞行区指标Ⅱ</td><td align="right">表1D411022-2</td></tr>
<tr><td colspan="2" align="center">飞行区指标Ⅱ</td><td align="center">翼　展（m）</td></tr>
<tr><td colspan="2" align="center">A</td><td align="center"><15</td></tr>
<tr><td colspan="2" align="center">B</td><td align="center">15～<24（不含）</td></tr>
<tr><td colspan="2" align="center">C</td><td align="center">24～<36（不含）</td></tr>
<tr><td colspan="2" align="center">D</td><td align="center">36～<52（不含）</td></tr>
<tr><td colspan="2" align="center">E</td><td align="center">52～<65（不含）</td></tr>
<tr><td colspan="2" align="center">F</td><td align="center">65～<80（不含）</td></tr>
</table>

A380—800、B747—8（及B747—8F）、AN—124/AN—124—100需要飞行区指标为4F，B747（除前述）、B777、A330、伊尔96需要飞行区指标为4E，B707、B757、B767、图—154、伊尔—86需要飞行区指标为4D，B737（大多数）、A320需要飞行区指标为4C，ERJ—140、CRJ 100LR需要飞行区指标为4B，Bae—ATP需要飞行区指标为3D，新舟MA60、AN—24、B737—600、B737—700需要飞行区指标为3C，Cessna650、CRJ 100ER需要飞行区指标为3B，里尔喷气55需要飞行区指标为3A，ATR42—200需要飞行区指标为2C，肖特（Short）SD3—30需要飞行区指标为2B，里尔喷气28/29需要飞行区指标为2A等。

1D411023　民航机场滑行道的构成与功能

滑行道是机场内设置的供飞机滑行所用的规定通道。

一、滑行道功能

滑行道的主要功能是提供从跑道到航站区或维修区的通道，应使刚着陆飞机迅速离开跑道，不与滑行起飞的飞机相干扰，并尽量避免延误随后到来的飞机着陆。此外，滑行道还提供了飞机由航站区进入跑道的通道。滑行道还将性质不同和分散的机场各功能分区（飞行区、旅客和货物航站区以及飞机的停放区、维修区与供应区）连接起来，使机场最大限度地发挥其容量作用并提高运行效率。

二、滑行道的构成

各滑行道组成了机场的滑行道系统。滑行道系统的各组成部分起着机场各种功能的过渡媒介的作用，是机场充分发挥功能所必需的。

滑行道系统包括：

（1）平行滑行道；

（2）进口滑行道；

（3）出口滑行道；

（4）快速出口滑行道（交通繁忙的机场设置）；

（5）机位滑行通道（机坪上仅供进入机位的滑行道）；

（6）机坪滑行道（位于机坪的滑行道，供飞机穿越机坪使用）；

（7）垂直联络滑行道；

（8）旁通滑行道；

（9）绕行滑行道；

（10）穿越滑行道；

（11）滑行道道肩及滑行带等。

平行滑行道紧邻跑道，与跑道平行（简称"平滑"），是联系航站区与进、出口滑行道的主干滑行道。并不是所有跑道都必须设置平行滑行道，交通量少的跑道可不设。

从跑道脱离的出口滑行道可与跑道成直角，也可以成锐角（甚至还有弧形）。直角形（或大于45°）滑行道需要飞机减速到较低程度，方可滑离跑道。角度较小的锐角形滑行道则可允许飞机以较高速度滑离跑道，从而减少了占用跑道的时间，提高跑道的容量，所以称为快速出口滑行道。快速出口滑行道与跑道交叉角不应大于45°，也不应小于25°，最好取30°。快速出口滑行道在转出曲线之后必须要有一段直线距离，其长度应足够让转出飞机在进入（或穿越）任何交叉滑行道以前完全停住，以避免与在交叉滑行道上滑行的飞机发生碰撞。

滑行道拐弯处、滑行道与跑道、停机坪以及其他滑行道的连接处和交叉处，应设增补面。

当滑行道必须跨越其他地面交通设施（道路、铁路、管沟等）或露天水面（河流、海湾等）时，则需要设置滑行道桥。滑行道桥应设置在滑行道的直线段上。

1D411030 民航机场航站区

1D411031 民航机场航站区的分类与功能

一、机场航站区分类指标

航站区（即旅客航站区）是机场航站楼及其配套的站坪、交通、服务等设施所在的区域，是机场的一个重要功能区。站坪是指航站楼附近供客运航班上下旅客、装卸货物、加油、停放的机坪。

机场航站区规模决定于机场规划目标年的年旅客吞吐量。根据《运输机场总体规划规范》MH/T 5002—2020，航站区指标按机场规划目标年的年旅客吞吐量划分为7个等级，见表1D411031。

航站区指标　　　　　　　　　　　　　　　　表1D411031

指标	年旅客吞吐量（万人次）
1	<50
2	50～<200
3	200～<1000
4	1000～<2000
5	2000～<4000

续表

指标	年旅客吞吐量（万人次）
6	4000 ~ <8000
7	≥8000

根据《运输机场总体规划规范》MH/T 5002—2020，机场总体规划应根据运输需求按近期15年、远期30年的原则制定。

二、航站区基本功能及规划原则

（一）航站区具有下列三项基本功能

（1）在航空运输工具和地面运输工具之间提供有形的联系，使交通模式转换变得更加便捷。这一基本功能要求对航站楼进行充分设计，以适应控制区和非控制区的各种运输工具的不同操作特点，从而保证两种交通模式下各种设备运行流畅。在空侧，必须保障飞机的需求和交接面的运行，从某种意义上说这与围绕飞机的各种服务车辆有关；同样重要的是旅客对陆侧方面中进场通道的需求也应得以满足。

（2）为进出机场的旅客及货邮办理相关手续。这包括售票、办票、货邮交运与提取、安全检查与管理以及政府联检（海关、边检）。

（3）能够应对客货进出机场模式转变的需求。由于旅客到达机场时所搭乘的交通工具、出发地点和到达机场的时间是千差万别的，即离港的客货是以一种随机的模式到达机场航站区，并且最终都要汇集到飞机上，一批批地送进飞机按事先安排好的航班离港；而对于飞机进港的一侧，其服务流程刚好相反。所以，航站区设施的设计必须能够适应这种动态变化的客货流。此项功能至为关键，与其他交通模式相比显得更为重要。

（二）为实现航站区的功能，在做航站区规划时应从方便旅客、运营效率、设施投资和建筑美学等方面考虑，遵循以下原则

（1）应与机场总体规划相一致；

（2）应结合地形地貌，统筹考虑与飞行区、货运区等其他功能区和综合交通系统的关系，因地制宜、紧凑布局、集约用地。

（3）应结合机场近期、远期发展需求，统一规划、分期建设、适度超前、发展灵活。

（4）应"以人为本、功能优先"的理念，做到流程顺畅、经济合理、美观大方。

在考虑航站区具体位置确定时，尽管有诸多影响因素，但机场的跑道条数和方位是制约航站区定位的最重要因素。航站区—跑道构形，即两者的位置关系是否合理，将直接影响机场运行的安全性、经济性和效率。在考虑航站区—跑道构形时，应尽量缩短离港飞机从站坪至跑道起飞端和到港飞机从跑道出口至站坪的滑行距离。尤其是离港飞机，因载重较大，其滑行距离宜尽量缩短，以便提高机场运行效率、节约油料。在跑道条数较多、构形更为复杂时，航站区可采用贯通式或端头式的布局。同时，尽可能避免飞机在低空经过航站上空，以免发生事故而造成重大损失。

交通量不大的机场，大都只设一条跑道。此时，航站区宜靠近跑道中部。如果机场有两条相互平行跑道（包括跑道入口平齐和相互错开）且间距较大，一般将航站区布置在两条跑道之间。

1D411032　民航机场航站区的构成

一、航站区的构成

根据《运输机场总体规划规范》MH/T 5002—2020的规定，航站区包括旅客航站楼、站坪、交通设施、附属服务设施等。

航站区是组织旅客、行李、货物、邮件上下飞机的客货运输服务区。在实际设计机场时，考虑到道面结构以及竖向结构、排水系统和地面标志等设计工作时，停机坪和跑道、滑行道密切相关，又把停机坪（包括站坪）设计归在飞行区设计中［参见《民用机场飞行区技术标准》MH 5001—2013（含第一修订案）］。在机场的实际管理和维修时，机坪（包括站坪）也属于飞行区。

航站区是机场空侧与陆侧的交接面，是地面与空中两种不同交通运输方式进行转换的场所。

二、航站楼的基本设施

旅客航站楼是航站区的主体建筑，往往是一个地区或国家的窗口。它的一侧连着站坪，用以接纳飞机；另一侧又与进场地面交通系统相联系。旅客在航站楼实现交通方式转换，开始或结束航空旅行，办理各种手续，接受有关检查，然后登机或转入地面交通；或在航站楼进行中转和经停。航站楼通过各种服务与设施，不断地集散着旅客及其迎送者。航站楼的基本设施包括以下部分：

1. 车道边

航站楼前用于陆侧乘客上下车辆的车道沿线及人行平台称为车道边。其作用是当接送旅客的车辆在航站楼门前作短暂停靠时，旅客可以方便地上下车辆、搬运行李。客流量较小的航站楼通常只设一条车道边，到达和出发的旅客可在同一条车道边上下汽车。客流量较大时，可与航站楼主体结构相结合，在到达和出发层上分设车道边。例如，北京首都国际机场的三座航站楼，就分别在一、二层设到达、出发车道边。

2. 公共大厅

航站楼公共大厅用以实现以下功能：旅客办理值机手续（登机手续）、交运行李、旅客及迎送者等候、安排各种公共服务设施等。公共大厅通常还设有问讯台、各航空公司售票处、保险、银行、邮政、电信等设施，以及供旅客和迎送者购物、休闲、餐饮的服务区域。

3. 安全检查设施

出发旅客登机前必须接受安全检查，安检一般设在办票区和出发候机室之间，具体控制点可根据流程类型、旅客人数、安检设备和安检工作人员数量等作非常灵活的布置。

4. 政府联检设施

政府联检设施包括海关、边防检查（护照检查）等，是国际旅客和地区航线旅客必须经过的关卡。

5. 候机大厅

候机大厅是出发旅客登机前的集合、休息场所，通常在登机门位附近设置候机等待区。候机大厅应宁静、舒适。考虑到飞机容量的变化，航站楼候机区可采用玻璃墙等作灵活隔断。

通常，航站楼专设贵宾候机室和要客候机室。候机大厅还应设置吸烟室、母婴室以及简易的宗教活动场所。

6. 行李处理设施

航空旅行由于要把旅客和行李分开，使得行李处理比其他交通方式要复杂得多。这在一定程度上也使航站楼设计复杂化，因为要配置许多设施才能保证旅客在航站楼内准确、快速、安全地托运或提取行李。

7. 机械化代步设施

航站楼内每天都有大量的人员在流动。为方便人们在航站楼的活动，特别是增加旅客在各功能区转换时的舒适感，航站楼常常装设机械化代步机械。常见的机械化代步设备有电梯、自动扶梯、自动人行步道及旅客捷运系统等。

8. 登机桥

通常，航站楼在空侧要与飞机建立联系，登机桥就是建立这种联系的设备，它是航站楼门位与飞机舱门的过渡通道。采用登机桥，可使下机、登机的旅客免受天气、气候、飞机噪声、发动机喷气吹袭等因素影响，也便于机场工作人员对出发、到达旅客客流进行统计、组织和疏导。

9. 旅客信息服务设施

主要指旅客问讯查询系统、航班信息显示系统、标识引导系统、广播系统等。

10. 商业经营设施

航站楼可以开展的商业经营项目是繁多的。例如免税商店、金融中心（银行、保险等）、商务中心、会展中心、观光厅、健身厅、娱乐室、影院、书店、理发店、珠宝店、旅馆、广告、餐厅、托幼所等。

11. 其他设施

以上所列举的设施都直接与旅客发生联系。实际上，航站楼的运营还需要其他许多设施，如机场当局、航空公司、公安以及各职能、技术、业务部门的办公、工作用房和众多的设施、设备。

1D412000 民航机场场道工程

1D412010 民航机场飞行区岩土工程

1D412011 飞行区岩土施工

飞行区岩土施工的主要目的是构筑稳定而相对平整的机场建设场地，主要包括场地平整工程、高填方工程、填海造陆工程等，其中高填方工程和填海造陆工属专项工程。与其他工程相比，飞行区岩土施工有自己的特点。在机场施工组织中，要充分考虑机场土方施工的特点，科学、合理地安排施工程序。

一、岩土工程施工特点

（1）密实性和平整性。与其他道路施工相比，机场稳定土（碎石）基区、土面区、升降带和跑道端安全地区等要求有较高的密实度和良好的平整度。C、D、E、F类民用机场土基0~1m范围内密实度则要求达到（重型击实）98%；有强度要求的土面区，压实度要求达90%以上，石方填筑和土方混合料填筑的密实度采用固体体积率控制，可用灌砂法或水袋法检测，土基区应不小于83%，土面区应不小于72%。平整度一般采用3m直尺检查，最大间隙：土基区不大于20mm，土面区不大于50mm。

（2）外观形状要求较高。考虑到航空器的起降、滑跑和滑行的特殊要求，机场稳定土（碎石）基边坡角度，顶面横坡、纵坡等细部尺寸均有别于公路和铁路，施工过程要求较高、难度较大。

（3）施工场区相对较宽阔。飞行区岩土工程的作业面宽阔，不像公路工程那样分布呈线形，因而更适合于机械施工。

（4）岩土挖、填量基本平衡。一般设计往往要求飞行场区挖填土方量尽量平衡，避免大量取土或弃土。但在实际机场施工中，有些平原地区机场也会需要外借土源，山地地区机场需要往外弃土。

（5）受自然影响较大。由于施工场区宽阔，使得水文地质和气象等自然条件对岩土工程施工的影响更大，尤其是南方多雨地区，往往因施工场区积水、地下水位高、土的含水量过大而难以施工，延误工期。北方寒冷地区，春季地面冻融，也给岩土工程施工造成困难。

二、场地平整施工

1. 场地平整施工的基本原则

（1）应满足场地分区建（构）筑物对地形、标高、坡度、填料及承载力等要求；

（2）应顺应自然地形，减少土石方数量，宜做到挖填平衡，就近调配，并减少对生态环境的不良影响；

（3）平整后的场地地势应有利于排水和防洪，并与周边的道路等设施相衔接，标高上应考虑与远期规划区的衔接。

2. 场地平整施工的基本程序

场地平整施工包括挖方施工与填方施工两个主要环节，各自施工程序如下：

（1）挖方区的施工程序：清除腐殖土（如发现局部有淤泥、垃圾、泥炭等先清除干净）→挖运土（推土机、挖掘机配自卸汽车等）→平整（精细找平）→面层压实。

（2）填方区的施工程序：清除腐殖土→原地面压实→分层填土→分层平整（精细找平）→分层压实。

三、高填方施工

山区或丘陵地区机场最大填方高度或填方边坡高度（坡顶和坡脚高差）大于等于20m的工程为高填方工程。高填方工程是十分复杂的工程，内容包括勘察、测量、原地基处理、挖填施工、边坡工程、排水工程、检测和动态控制等。其中基本要求、挖填施工要点和边坡支护为核心内容。

1. 基本要求

（1）由于民用机场工程建设的范围大、场地分区多，尤其是山区机场通常跨越多个地形地质单元，土石方量大且填料种类多、性质复杂，同一场地岩土的物理力学指标离散性一般较大，加上岩溶、滑坡等诸多不良地质作用，场地平整有挖有填，同时由于考虑放坡因素，需要较平原地区机场占用更多的土地，故强调应综合考虑场地分区，采取挖填平衡、节约土地的原则，倡导设计者根据工程的实际情况，做到因地制宜、就地取材。

（2）高填方机场主要位于地形条件、工程地质条件和水文地质条件复杂的山区，通常跨越复杂的地形地质单元，形成挖填交替、土石方量巨大、填料类型众多的高填方和高边坡，因此，有必要有针对性地开展现场试验研究。

（3）高填方工程场地一般地形起伏较大，填方、挖方区段交错出现，不仅需做好填方区影响高填方地基变形和稳定的地基处理，还应做好挖方区的地基处理，尤其应做好填挖交接面的处理，当挖至设计标高，地基存在特殊性岩土和岩溶等不良地质作用时应进行处理。

（4）土石方填筑施工要做到：土石方填筑分层填筑、分层压（夯）实、分层质量检验；在土石方填筑施工期间进行填筑体的变形监测。

（5）高填方工程施工过程中，应对原地基处理和土石方的爆破、开挖、调配、填筑等施工过程进行控制，同时施工过程中采用施工实时监控技术，并对沉降进行检测。

2. 挖填施工要点

高填方工程的挖填施工程序、施工设备及施工方法与场地平整施工类似，但在填筑与压实时要注意以下要点：

（1）填料填筑：

场内开挖的土石方材料性质多样时，须对填料进行分类，且对不同场区，填筑不同填料，如：岩石强度高、级配良好的填料优先用于填筑飞行区道面影响区和填方边坡稳定影响区，岩石为极软岩的填料强度较低，不适于填筑边坡、级配不良、强度较低的填料用于填筑土面区等对变形和强度要求不高的场地分区。

（2）平整与压实：

填筑施工前，应对原地面进行平整、压实，压实度检验合格后方可进行填筑施工。填筑施工过程中，本层填筑体的压实指标经检验合格后方可进行下一道工序的施工。

石料填筑施工宜优先采用强夯法，应用堆填法填筑，强夯前用推土机推平。土石混合料填筑施工可优先选用冲击压实或振动碾压法，分层碾压过程中的松铺厚度、压实遍数等参数应通过试验段或现场试验确定。土料填筑施工宜优先选用振动碾压或静压方法，松铺厚度按土质类别、压实机具性能等通过试验确定，当填筑至道基顶面时，顶层最小压实厚度应不小于100mm，压实过程中，应控制土料的含水率在最佳含水率±2%的范围内。

3. 边坡支护

边坡支护形式有坡率法、重力式挡墙、扶壁式挡墙、悬臂式挡墙、桩板式挡墙、板肋式或格构式锚杆挡墙、排桩式锚杆挡墙、抗滑桩、加筋土、岩石喷锚等多种。在高填方边坡设计时，应优先采用坡率法或重力式挡墙。采用坡率法时宜充分利用有利地形或设置反压平台等稳固坡脚，边坡支挡可采用衡重式或仰斜式的重力式挡墙、加筋土挡墙、悬臂式桩板挡墙、扶壁式挡墙等形式。

四、填海造陆施工

填海造陆主要是指在淤积型潮滩岸段或河口地区，利用一定高度的围堰框围一定范围，利用自然（人为）手段带来的泥沙淤积成高于海平面的陆地，或在海岸浅水区、海岛周围，把大量沙石倾入海中造陆或构筑人工岛的活动。填海造陆工程主要包括海堤及隔堤工程、软土地基处理工程和填筑工程等。

在海堤及隔堤设计施工中，应符合下列要求：

（1）防潮防浪的海堤及护岸应符合现行相关防洪技术标准的规定，其稳定性和防渗要求应符合现行相关水利技术标准的规定。

（2）划分施工分区的分隔堤宜采用与陆域形成相同或相近的材料，以减小分隔堤引起的成陆不均匀。

（3）地质条件、水文条件变化较大时，宜分段设计，并做好各段间的衔接处理。

（4）施工隔堤宜结合场地分区及施工道路进行布置，不同场地分区应按使用功能要求选用填料，并根据需求进行针对性处理。

填海工程软土地基处理时，应按如下要求进行：

（1）应根据海水深度、软土厚度和填料种类选择处理方法。

（2）海水深度5m以内时，软土厚度不大于3m的区域宜采用置换的方法进行处理。

（3）软土厚度大于3m的区域宜采用排水固结为主的方法进行处理；海水深度大于5m时，处理方法应专项研究确定。

在填筑设计施工时，应符合下列要求：

（1）应提出料源调查要求，包括填料的储量（应为需求量的2.5倍以上）、分布、种类、性质、运输方式、开采条件、造价及环境影响等。

（2）应根据场地分区、工期、造价及运输等因素选择填料，宜优先选用受海水浸泡影响较小且性能稳定的材料，如：海砂、碎石、块石等；当采用性质不良填料时应开展专项研究或现场试验。填料的选择应减少对地基处理和后续工程的不利影响。

（3）应根据填料种类、填海深度、运输方式、软土地基处理方法等选择填筑工艺。

（4）填筑设计的标高应统筹考虑造价、场区排水、防潮和地下水影响等因素综合确定。

1D412012 飞行区不良地质作用

我国地域辽阔，地质成因千差万别。加上组成土的物质成分和次生变化等多种复杂因素，形成若干不良地质体，包括：岩溶、滑坡、液化、采空区等。上述不良地质体若落在机场飞行区内，则有可能造成飞行区大面积沉陷、地面坍塌、填方区及周边山体滑坡等灾害。不良地质体对机场建设及后续运行将产生较为严重的负面作用，应引起足够的重视并采取有效措施加以防治：①当飞行区存在不良地质作用时，应在查明其成因、规模、稳定状况及发展趋势的基础上，遵循因地制宜、防治结合、力求根治的原则，根据技术、经济、工期和环境影响等进行方案比选；②飞行区不良地质作用场地地基处理方案所需参数，宜通过原位测试、地球物理勘探以及室内试验等确定。

一、岩溶

岩溶即喀斯特（KARST），是水对可溶性岩石（碳酸盐岩、石膏、岩盐等）进行以化学溶蚀作用为主，流水的冲蚀、潜蚀和崩塌等机械作用为辅的地质作用，以及由这些作用所产生的现象的总称。它的特点是地面呈现溶沟、溶蚀洼地、峰丛、峰林等特殊地貌，地下洞穴发育、河流较多。岩溶可能导致机场飞行区出现大面积地表沉陷和局部坍塌。

飞行区存在岩溶时，应根据岩溶勘察成果进行岩土工程设计，按地表岩溶和隐伏岩溶区别处理，利用当地岩溶治理经验，确定地基处理方案。处理之前应进行施工勘察。

（1）地表岩溶应的处理：①对岩溶漏斗、岩溶洼地和地面塌陷，可根据所处场地分区和充填物厚度，采用相应能级填石强夯处理或换填处理；②对落水洞可填充并采取反滤措施，必要时可在洞口采用盖板跨越；③对石芽、石笋宜剔除一定深度，用砂、土夹石作为褥垫层；④对溶槽宜挖除软弱土，回填砂、石。

（2）隐伏溶洞的处理：①应结合场地分区、荷载情况、填挖方分区及其填挖高度对岩溶充填物或顶板厚度影响、填料性质等工程实际，判别其对地基稳定性的影响；②应按定性和定量方法判别稳定性，判别结果应包括定性与定量评价及综合评价；③判别为不稳定的隐伏溶洞，可对顶板厚度较小的溶洞，可采用清爆后夯填处理；④对顶板厚度较大的溶洞，则可采用灌注充填与强夯相结合处理，灌注材料可根据情况选择水泥砂浆、低强度等级混凝土等；⑤当洞体填充或顶板破碎时，可采用强夯处理。

二、滑坡

滑坡是指斜坡上的土体或者岩体，受河流冲刷、地下水活动、雨水浸泡、地震及人工切坡等因素影响，在重力作用下，沿着一定的软弱面或者软弱带，整体地或者分散地顺坡向下滑动的自然现象。对机场飞行区而言，若挖方区周边出现滑坡，滑坡岩土可能冲入跑道、滑行道及机坪，致使飞行区设施设备损毁，若填方区出现滑坡，可能会造成跑道、滑行道或机坪等设施出现坍塌。

对有滑坡威胁的机场，在建设前应进行以下工作：

（1）场地平整方案设计时应在岩土工程勘察的基础上，对整个机场工程场地范围内的已有滑坡以及受施工或其他因素影响有可能形成的滑坡，进行现状和预计工况条件下的稳定性及危害程度分析评价。

（2）对于影响机场工程施工及机场安全运行的潜在滑坡，应采取可靠的预防措施，防止滑坡产生。

（3）对于场地内已经存在的中小型滑坡，宜结合场地平整予以消除。不能完全消除时，应根据其危害程度采取适当治理措施。

（4）对于场地内已经存在的大型及巨型滑坡，应进行专项研究。

（5）进行滑坡稳定性分析前，应根据地质条件和边坡特征对可能破坏方式及相应破坏方向、破坏范围、影响范围做出判断。岩质边坡应考虑受岩土体强度控制的破坏和受结构面控制的破坏。

（6）滑坡稳定性验算应结合工况，可采用极限平衡法。对结构复杂的岩质边坡，可配合采用极射赤平投影法和实体比例投影法；当边坡破坏机制复杂时，宜辅以数值计算法。

（7）可能或已经发生的滑坡，应采取下列处理措施排水、支挡、卸载、反压等措施。

（8）滑坡防治应进行滑坡监测与动态设计。

三、液化

土体液化是指在地震作用的短暂时间内，急剧上升的孔隙水压力来不及消散，使有效应力减小，当有效应力完全消失时，砂土颗粒局部或全部处于悬浮状态，形成有如"液体"的现象。此时，土体抗剪强度等于零。

土体液化的危害是使得地面喷水、冒砂、地陷等现象，致使建筑物下沉、倾斜。

对于地基中的可液化土层，应根据具体情况选择抗液化或减轻液化危害的处理措施：

①采用非液化土置换浅层可液化土层；②选择振动碾压法、冲击碾压法、强夯法、挤密法等人工措施加密土层；③可采用减弱地震液化因素的方法，如增加上覆非液化土层厚度等。

四、采空区

采空区是由人为挖掘或者天然地质运动在地表下面产生的"空洞"。飞行区下部若存在采空区，机场将面临很大的安全问题。与岩溶威胁类似，采空区可能致使飞行区出现大面积地表沉陷和局部坍塌。

拟建机场内存在采空区时，应采取以下措施：

（1）进行采空区专项调查，分析采空区特点、自身的稳定性和地表变形趋势，评价采空区对机场建设的影响和危害。

（2）根据采空区的形成时间、采空区规模、采矿方法、围岩及顶板岩性与力学性质、水文地质与工程地质条件等选择治理方案，可采取开挖回填、充填、桥跨和注浆等措施，亦可多种方案联合使用。

1D412013　飞行区特殊岩土

在机场飞行区建设施工中，如遇软弱土、湿陷性黄土、膨胀土、盐渍土、冻土及填土等特殊岩土，可能导致飞行区出现遇水膨胀、遇水沉陷、冻胀冻融等病害。此时应按以下一般要求，采取相应措施：

（1）飞行区存在特殊性岩土时，应按照《民用机场勘测规范》MH/T 5025—2011的规定查明特殊性岩土的成因类型、工程性质、分布范围等，根据飞行区对地基的要求和天然地基条件确定地基处理方案。

（2）飞行区特殊性岩土场地应选取具有代表性的位置进行现场地基处理试验。

（3）飞行区特殊性岩土地基处理设计时，应根据技术、经济、工期和环境影响等进行方案比选，并通过现场地基处理试验确定地基处理的适用工艺和设计参数。

由于各类特殊岩土物理力学性能差异较大，处理措施各不相同，除了采取上述措施外，还应针对不同特殊岩土的特性，采取相应措施：

一、软弱土

（1）飞行区存在软弱土时，应根据软弱土特性、分布范围、埋藏深度与厚度、土层排水条件，以及场地环境、工况等因素，结合当地软弱土地基处理经验，因地制宜，确定地基处理方案。

（2）软弱土地基设计应进行沉降计算，工后沉降和工后差异沉降应符合相关规范的规定。

（3）软弱土地基进行开挖、填筑、堆载等涉及稳定问题的作业时，应进行稳定性验算，稳定安全系数应符合相关规范的要求。

（4）当软弱土地基变形、强度或稳定性不满足要求时，应进行地基处理。

（5）单一地基处理方法无法满足沉降与稳定性要求时，可多种处理方法组合使用，并应注意不同处理方法区段间的过渡衔接。

（6）软弱土地基处理检测应以标准贯入、静力触探、动力触探等原位测试为主，辅以必要的室内试验。

（7）软弱土地基处理应结合地基处理方法进行以沉降为主的监测，必要时应进行稳定性监测，监测内容主要包括地表沉降、分层沉降、地表水平位移、深层位移、孔隙水压力等。沉降稳定标准宜根据施加荷载大小、施工工况、预测的总沉降和工后沉降、沉降趋势和速率等因素综合分析确定。

（8）采用新技术、新材料、新工艺处理软弱土地基时，应进行分析论证与现场试验。

二、湿陷性黄土

（1）将道面土基范围内的湿陷性黄土全部或部分换出，换填非湿陷性土壤或用石灰土分层回填（换土法）。

（2）在碾压密实的湿陷性黄土土基上设一层石灰土，防止雨水渗入到下层土基（垫层法）。

（3）将100～400kN的重锤提到6～40m自由落下，并如此反复夯击，使土的密度增大。强夯有效深度为3～6m。过去在湿陷性黄土地区建民航机场基本都是强夯法。

三、膨胀土

（1）换土至稳定水位以下。

（2）在膨胀土土基面层上面铺0.3～0.4m手摆片石或石渣代替基层或下基层。

（3）道面基层与水泥混凝土之间设沥青混凝土或其他防水隔离层，道肩两侧土面区8～12m土的压实度与道槽土方相同。

（4）适当加大道面两侧土质区域的横向坡度，尽量减少表面雨水下渗。

（5）道面混凝土应配制高抗渗混凝土，接缝材料应选择聚硫、硅酮类等与混凝土粘结牢固、寿命长的灌缝材料，土基上不存水、不膨胀。

四、盐渍土

（1）做好防水、排水工作，使场区不积水。在道面两侧设盲沟降水，分段引入排水至跑滑间盖板明沟，道面和土面区在规范允许下尽量加大横坡。

（2）对于深入到道坪土基内的砂沟、潜流等应采取隔断措施，防止水流潜入土基。

（3）可采用卵石、碎石做隔离层。若是手摆片石，则大粒石渣、重矿渣、铁渣做隔离层效果更好。

五、冻土

（1）飞行区存在冻土时，应按《民用机场勘测规范》MH/T 5025—2011对冻土进行定名、分类和冻胀性或融沉性分级，并根据多年冻土分布、地下冰的平面和垂向分布、年平均地温等，结合地形地貌，研究分析可能产生的病害，利用当地冻土治理经验，因地制宜确定处理方案。

（2）季节冻土场地抗冻措施应采用防水排水、道基填料选取及提高压实标准等。

（3）多年冻土场地地基应根据冻土的类型及年平均气温，采用保护、不保护或破坏的原则设计。设计时应按冻土含冰特征区别对待，并计算融化沉降量和压缩沉降量，以确定设计原则和施工完成前的预留沉降量。

（4）多年冻土场地填料及压实度尚应考虑冻结层上水的发育程度及填料的冻胀敏感性，挖方区开挖的高含冰量冻土不得作为飞行区道面影响区填料。道基顶面为碎石土时，应在地面设置防渗层，防渗层顶面横坡应不小于4%。

（5）多年冻土场地应采取措施排除地表水和防止边坡外积水，对有危害的地下水应根据其类型、水量、积水和地层情况采用渗沟、冻结沟、积冰坑、挡冰堤或挡冰墙等措施排除。

（6）冻土地区机场建设应注意环境保护，减小对地表植被的破坏，做好地表和内部排水系统，场外取土时远离建（构）筑物，尽量避免外弃土方。

六、填土

（1）飞行区存在填土时，应根据填土的成分、分布和堆积年代等，分析地基的均匀性和密实程度，并按成分、厚度、强度和变形特性等进行分层或分区评价，综合确定地基处理方案。填土性质复杂、厚度大、分布范围广时，应进行专项研究。

（2）素填土、冲填土及由建筑垃圾或性能稳定的工业废料组成的杂填土可作地基土，由有机质含量较高的生活垃圾和对建（构）筑物有腐蚀性的工业废料组成的杂填土，不得作为地基土。

（3）填土地基大面积处理前宜进行现场地基处理试验，以验证选用地基处理方法的有效性，优化地基处理设计参数。

（4）填土地基应检测密实程度和均匀性，以标准贯入、静力触探、动力触探等手段为主，可辅以无损检测和室内试验。

1D412020 民航机场飞行区道面基础工程

1D412021 飞行区道面基础的分类

机场道面与土基之间的过渡层通常称为基层（基础）。基层按其成型机理分为柔性基层（嵌锁型）、半刚性基层和刚性基层，按其结构层次又分为下基层、中间层和上基层。

一、柔性基层

按一定粒径要求的集料（碎石），经摊铺、碾压，集料颗粒排列紧密，相互嵌锁获得结构强度的结构层。这类基层分为级配砾石、级配碎石、填隙碎石和混合石渣（石子与矿渣混合料）、手摆块石基层五种类型。其中，后两种基层空隙体积大、稳定性好，过去和现在广为应用，特别对膨胀土、盐渍土基起到很好的隔离作用。

二、半刚性基层

用水泥、砂砾土（其中土的含量应不大于20%）、砂或碎石和水拌合得到的混合料，经摊铺、碾压、养护，7d强度1~2MPa，1年后强度小于10MPa，回弹模量小于1000MPa的结构层，称半刚性基层。

三、刚性基层

用水泥（有条件加水淬矿渣）稳定碎（砾）石混合料，经过摊铺、碾压、养护，7d抗压强度达3~4MPa，28d抗压强度达5MPa以上，90d可达到10MPa，回弹模量大于1000MPa，称为刚性基层。目前国内外机场道面普遍采用的水泥稳定碎石基层，属刚性基层。

1D412022 飞行区道面基础施工

飞行区道面基础是介于土基与面层间的结构层，由各类稳定土（碎石）或级配碎（砾）石等材料构成。在施工中，将其分为垫层和基层。材料不同，施工方法也不尽相同。

一、稳定土（碎石）基础施工

稳定土（碎石）基础指集料掺入足够的结合料（水泥、石灰等），和水一起拌合得到的混合料，经摊铺、碾压、养护形成的具有规定强度的结构层。民用机场要求采用厂拌法施工，厂拌法指混合料在中心站集中拌合后，运到施工段摊铺碾压成型。

1. 要求

（1）稳定土（碎石）基础施工宜在春末和气温较高季节组织施工。施工期的最低温度应在5℃以上。在有冰冻地区，应在第一次重冰冻（–5～–3℃）到来前半个月到一个月完成。

（2）雨期施工时，应特别注意气候的变化，降雨时应停止施工，但已经摊铺的混合料应尽快碾压密实。

（3）稳定土（碎石）施工时，要遵守下列规定：

1）土和粒料的最大尺寸应符合要求。

2）配料必须准确。

3）拌合均匀且防止混合料离析。

4）严格掌握基层的厚度和高度。

5）应在混合料处于或略大于最佳含水量时进行碾压，直到达到重型击实试验法确定的要求压实度。

6）稳定土（碎石）基层未铺面层前，除施工车辆外，禁止一切机动车辆通行。

2. 材料组成

（1）集料：包括级配碎石、未筛分碎石、级配砂砾、砂砾土、碎石土等。集料要满足级配、压碎值及有害物质限量等要求。

（2）结合料：包括水泥、粉煤灰、石灰等。粉煤灰不能单独作为胶结材料使用，通常与石灰或水泥混合使用。

3. 厂拌法施工工序

（1）混合料拌合：利用强制式水泥混凝土搅拌机或专用稳定土（碎石）拌合机拌合。

（2）混合料摊铺：基层混合料宜用沥青混凝土摊铺机、水泥混凝土摊铺机或稳定土（碎石）摊铺机摊铺。

（3）碾压：整形后，当混合料处于最佳含水量±1%，即可进行碾压。碾压一般按先轻后重的次序进行，即先用轻型压路机（6～8t）初压1～2遍，再用15t以上轮胎压路机或10t以上振动压路机碾压至规定密实度为止。

（4）接缝处理：纵缝施工，半刚性基层施工宜采用全断面推进式铺筑方法，尽量减少纵向接缝。在必须分幅施工时，纵缝必须垂直相接。横缝施工，每天每班应采取连续铺筑的方法，尽量减少施工横缝。在必须留有横缝时，横缝必须垂直相接。

（5）养护：半刚性基层的养护时间不得低于7d。

二、级配碎石基础施工

1. 一般规定

（1）级配碎石可用于道面工程的基层和底基层。

（2）用作基层和底基层的级配碎石应由预先筛分成几组的不同粒径的碎石（如：37.5～19mm，19～9.5mm，9.5～4.75mm的碎石）及4.75mm以下的石屑组配而成。缺乏石屑时，可以掺加细砂砾或粗砂。

（3）级配碎石用作基层时，其最大粒径宜控制在31.5mm以下；用作底基层时，其最大粒径宜控制在37.5mm以下。

（4）级配碎石的施工应采用集中厂拌法拌制混合料，并用摊铺机摊铺混合料。

2. 施工工序

（1）拌合：

可采用强制式拌合机或普通水泥混凝土拌合机等机械集中拌合。不同材料应分别堆放。对石屑等细集料应有覆盖，防止雨淋。要调试搅拌设备，使其混合料配料准确、搅拌均匀、含水量达到规定要求。

（2）运输：

宜采用自卸汽车运输级配碎石混合料，道路状况应良好，尽量避免粗、细料的离析。

（3）摊铺：

可采用沥青混凝土摊铺机或其他碎石摊铺机摊铺碎石混合料。摊铺机后面应设专人消除粗、细集料离析现象。

（4）压实：

当混合料含水量等于或略大于最佳含水量时，立即用振动压路机或轮胎压路机由两侧向中心进行碾压。碾压速度、遍数及每层碾压厚度等相关参数见《民用机场飞行区土（石）方与道面基础施工技术规范》MH 5014—2002。

三、级配砂砾

1. 一般规定

（1）级配砂砾主要用于道面工程的底基层。

（2）天然砂砾应符合规定的级配要求。对于塑性指数偏大的砂砾，可加少量石灰降低其塑性指数，也可用无塑性的砂或石屑进行掺配，使其塑性指数降低到符合要求。

（3）可在天然砂砾中掺加部分碎石或轧碎砾石，以提高混合料的强度和稳定性。

2. 材料质量标准及混合料组成

（1）用作底基层的级配砂砾，砾石最大粒径不应超过53mm。

（2）砾石颗粒中细长及扁平颗粒含量不应超过20%。

（3）级配砂砾集料的压碎值应不大于30%。

（4）级配砂砾的颗粒组成和塑性指数应满足表1D412022规定。

级配砂砾底基层的级配范围　　　　　　　　表1D412022

筛孔尺寸（mm）	53	37.5	9.5	4.75	0.6	0.075
通过质量百分比	100	80～100	40～100	25～85	8～45	0～15
液限（%）	<28					
塑性指数	<9					

3. 级配砂砾的拌合、运输、摊铺和压实

（1）集料用自卸汽车运到摊铺现场后，用平地机或其他合适的机具将混合料均匀地摊铺，其松铺系数为1.25～1.35。

（2）用平地机进行拌合，一般需5～6遍。拌合过程中，用洒水车洒水。拌合结束时，混合料的含水量应均匀，无粗、细颗粒离析现象。

（3）用平地机将拌合均匀的混合料按设计的纵横坡度整平、整形。

（4）整形后，当混合料含水量等于或略大于最佳含水量时，立即用12t以上三轮压路机、振动压路机或轮胎压路机进行碾压。碾压时由两侧向中心，后轮应重叠1/2轮宽，后轮必须超过两段接缝处。后轮压完道面全宽即为一遍，一般需压6～8遍，达到要求的密实度为止。

（5）压路机的碾压速度，头两遍以1.5～1.7km/h为宜，以后用2.0～2.5km/h。

（6）采用12t以上三轮压路机碾压，每层的压实度不应超过16cm；采用重型振动压路机和轮胎压路机碾压时，每层压实厚度可达20cm。

（7）级配砾石混合料按重型击实法确定的压实度应不小于96%。

（8）两作业段的横缝，应搭接拌合。第一段拌合后，留5～8m不进行碾压，第二段施工时，前段留下未压部分与第二段部分一起整平后碾压。

（9）应尽量减少纵向接缝，纵向应搭接拌合。第一幅全宽碾压密实，在后一幅拌合时，应将相邻的前幅边部约50cm搭接拌合，整平后碾压。

1D412030   民航机场飞行区道面工程

1D412031   飞行区道面的分类及基本要求

一、道面的分类

通常，机场道面有以下几种分类方法。

（一）按道面构成材料分类

（1）水泥混凝土道面：以水泥作为胶结材料，辅以砂、石集料加水拌合均匀铺筑而成的道面。这种道面强度高，使用品质好，应用广泛。但初期投资大，完工后需较长的养护期，不能立即开放交通。

（2）沥青类道面：以沥青类材料作为胶粘剂，辅以砂、石，在一定温度下拌合均匀、碾压成型后构成的道面。这类道面平整性好，飞机滑行平稳舒适、强度高，能够满足各种飞机的使用要求。由于沥青道面铺筑后不需要养护期，可以立即投入使用，越来越受到人们的重视。

（3）砂石类道面：在碾压平整的土基上，铺筑砂石类材料，经充分压实后构成的道面。这是早期的机场道面，因其承载力低、养护工程量大，目前较少应用。

（二）按道面使用品质分类

按机场道面的使用品质，可分为以下三类：

（1）高级道面：这类道面的面层用高级材料构成。道面结构强度高，抗变形能力强，稳定性和耐久性好。这类道面包括：水泥混凝土道面、配筋水泥混凝土道面、预应力混凝土道面和沥青混凝土道面等。其中，以水泥混凝土和沥青混凝土道面应用最为广泛。高级道面具有良好的使用品质，受气候条件影响小，是民用运输机场广泛采用的机场道面。

（2）中级道面：主要包括沥青贯入式、黑色碎石和沥青表面处治等类型的道面。这类道面无接缝、表面平整，使用品质也较好。中级道面的最初修建费用低于高级道面，并且可以根据使用机种发展变化的需要分期修建，这在投资上是有利的。

（3）低级道面：主要包括砂石道面、土道面和草皮道面。这类道面承载力低，通常作为轻型飞机的起降场地，如初级航校机场、滑翔机场和农用飞机机场等。

（三）按道面力学特性分类

按照荷载作用下道面的受力特征和计算图式，机场道面划分为两种基本类型：刚性道面和柔性道面。

1. 刚性道面

水泥混凝土道面、配筋混凝土道面和预应力混凝土道面等都属于刚性道面。刚性道面的面层是一种强度高、整体性好、刚度大的板体，能把机轮荷载分布到较大的土基面积上。因此，刚性道面结构承载力大部分由道面板本身提供。刚性道面板主要在受弯拉的条件下工作，其承载力由板的厚度、混凝土弯拉强度、配筋率以及基层和土基的强度来决定。刚性道面能够承受的机轮荷载分散到更大面积的基层和土基上，使土基不致产生过大的变形。由于水泥混凝土具有较高的抗压强度，荷载在板内引起的压应力在刚性道面破坏中一般起不到主要作用；而混凝土的弯拉强度却比抗压强度低得多，当荷载引起的弯拉应力超过混凝土的弯拉强度时，板将产生断裂，导致刚性道面的破坏。

2. 柔性道面

属于柔性道面的有：沥青类道面、砂石道面、土道面等。装配式道面也属于柔性道面。柔性道面抵抗弯曲变形的能力弱，各层材料的弯曲抗拉强度均较小，在轮载作用下表现出相当大的形变性。因此，只能把轮载压力传布到较小的面积上，各层材料主要在受压状态下工作。轮载作用下柔性道面弯沉值（变形）的大小，反映了柔性道面的整体强度。当荷载引起的弯沉值超过容许弯沉值时，柔性道面就会发生损坏。因此，机场柔性道面设计厚度通常以容许弯沉作为控制标准，同时对道面面层下表面和基层下表面的弯拉应力进行验算。

（四）按道面施工方式分类

1. 现场铺筑道面

将拌合均匀的道面材料现场铺筑而构成的道面。水泥混凝土道面、沥青类道面以及各种砂石道面、结合料处治土道面等，都属于现场铺筑道面。

2. 装配式道面

装配式道面的面层不是在现场铺筑的，而是在工厂预制并运抵现场装配而成的。这类道面包括水泥混凝土砌块、预应力混凝土板、钢板道面等。

二、结构及特性

机轮荷载与自然因素对道面结构的影响，随深度增加而逐渐减弱。因此，道面材料的强度、刚度和稳定性的要求也随深度而逐渐降低。为适应这一特点、降低工程造价，道面结构都是多层次的。上层用高级材料，下层用次高级材料，底层用低级材料。各层次要求及特点如下。

（一）面层

机场道面的面层是直接同机轮和大气相接触的层次，承受机轮荷载的竖向应力、水平力和冲击力的作用，同时又受到降水的侵蚀作用和温度变化的影响。面层应具有较高的结构强度、刚度和温度稳定性，要耐磨、不透水。其表面还应具有良好的平整度和粗糙度。

常见组成面层的材料可分为下述两种类型：

1. 水泥混凝土

这类道面具有较高的强度和刚度，能够承受重型荷载的作用。可用于跑道、滑行道、联络道和各种停机坪的面层，属于高级道面。

2. 沥青混合料

如沥青混凝土、沥青碎石、沥青贯入式和沥青表面处治等。沥青混凝土可作为高级道面的面层，具有表面平整、滑行平稳舒适、能够满足各种飞机的使用要求等特点。沥青碎石、沥青贯入式和沥青表面处治等只能作中级道面的面层。沥青碎石和沥青灌入式作面层时，因空隙较多、易透水，通常应加封层。表面处治一般不能单独作为面层，主要作为封层和摩擦层，以改善道面表面的性能。

（二）基层

基层是道面结构中的承重部分，主要承受机轮荷载的竖向力，并把由面层传下来的荷载扩散到垫层或土基表面，因此，基层应具有足够的强度和刚度。基层受自然因素的影响不如面层强烈，但必须有足够的水稳性和抗冻性。对沥青类面层下的基层，要防止其湿软后变形过大而导致面层的损坏；对水泥混凝土面层下的基层，还应具有足够的耐冲刷性，以防止基层材料被水冲走而造成板底脱空。

可以用作基层的材料很多，主要有：用各种结合料（如石灰、水泥或沥青等）处治的稳定土（碎石）或碎（砾）石混合料；粉煤灰、石灰掺加土、石的混合料（二灰土、二灰石）等；贫水泥混凝土；各种碎（砾）石混合料或天然砂砾。

起承重作用的基层有时选用两层，即上基层和下基层。对于下基层材料的要求可低于上基层。设置下基层的目的在于充分利用当地材料，减薄上基层的厚度和降低工程造价。

若上基层采用水泥稳定碎（砾）石，由于基层收缩性大，需采取隔离措施。用于隔离的材料很多，有沥青砂、沥青混凝土、化纤无纺布等。

（三）垫层

是介于基层和土基之间的层次。其主要作用是改善土基的湿度和温度状况，以保证面层和基层的强度稳定性和抗冻胀能力；继续传递由基层传下来的荷载，以减小土基所产生的变形。垫层并不是必须设置的结构层次，主要是在土基水温状况不良时设置。对垫层材料的要求，强度不一定高，但其水稳性和抗冻性要好。常用的垫层材料，一类是由松散的颗粒材料（如砂、砾石、炉渣等）组成的透水性垫层；另一类是石灰土、水泥土或炉渣石灰土等稳定土（碎石）垫层。

（四）压实土基

压实土基是道面结构的最下层，承受全部上层结构的自重和机轮荷载应力。土基的平整性和压实质量，在很大程度上决定着整个道面结构的稳定性。因此，无论是填方还是挖方，土基均应按要求予以严格压实；否则，在机轮荷载和自然因素的长期反复作用下，土基会产生过量的变形，从而加速面层的损坏。

三、机场道面的基本要求

（一）具有足够的强度和刚度

　　飞机的机轮不仅把竖向压力传给道面，另一方面又使道面受到水平力的作用。此外，道面还要受温度应力的作用。在这些外力的作用下，道面结构内会产生拉应力、压应力和剪应力。如果道面结构的整体或某一组成部分的强度不足，不能抵抗这些应力的作用，则道面便会出现断裂、碎裂或沉陷等损坏现象，使道面的使用品质迅速恶化。机场道面的整体或某组成部分的刚度不足，即使强度足够，也会在轮载的作用下产生过量的变形，使道面出现波浪、轮辙、沉陷等不平整现象，影响飞机滑行的平稳性，或者促使结构物出现断裂等损坏现象，缩短道面的使用寿命。

　　（二）良好的气候稳定性

　　机场道面裸露在自然环境之中。道面结构在水分和温度的影响下，强度和刚度随着气候条件的变化而发生不稳定，使用品质时好时坏。例如，沥青道面在夏季高温季节可能会发软、泛油，出现轮辙和壅包；冬季低温时却又可能出现脆裂，这必将影响道面的使用品质和使用寿命。同样，水泥混凝土道面在水的作用下会出现接缝唧泥或板底脱空，进而造成板的断裂，使道面发生损坏。因此，为保障机场道面的使用性能，机场道面必须在当地气候条件下具有足够的稳定性。

　　（三）道面表面抗滑性符合要求

　　机轮与道面间必须具有足够的摩阻力，这是防止飞机制动时打滑和方向失控的重要保证。大型民用运输机对着陆时的操纵和制动的可靠性有较高的要求，而这种可靠性在很大程度上取决于机轮与道面之间有无足够的摩阻力。因此，机场道面的防滑问题就是飞机滑跑的安全问题。

　　表示机场道面抗滑性能的主要指标有道面摩擦系数和道面粗糙度。影响轮胎与道面之间摩擦系数大小的因素很多，诸如飞机滑行速度、道面粗糙度、道面状态（干燥、潮湿或被污染）、轮胎磨损状况、胎面的花纹、轮胎压力、滑溜比等。摩擦系数的测定方法和仪器有很多。民用机场常用的摩擦系数测试装置主要有：μ仪拖车、滑溜仪拖车、表面摩阻测试车、跑道摩阻测试车、TATRA摩阻测试车和抗滑测试仪拖车等。

　　道面的粗糙度也称为纹理深度，系指道面的表面构造，包括宏观构造（粗纹理）和微观构造（细纹理）。粗纹理是指道面表面外露集料之间的平均深度，可用填砂法等方法测定；细纹理是指集料自身表面的粗糙度，用磨光值表示。道面表面的纹理构造使道面表面雨天不会形成较厚的水膜，避免飞机滑跑时产生"水上漂滑"现象。

　　提高水泥混凝土道面的抗滑性能，通常采取增大其纹理深度的表面处理措施。提高道面表面抗滑性能、防止漂滑最理想的办法是用刻槽机对道面刻槽。《民用机场飞行区技术标准》MH 5001—2013（含第一修订案）规定：多雨地区宜在修建跑道时刻槽。刻槽范围纵向为跑道全长、横向为跑道全宽。槽的宽和高均为6mm，槽间距32mm。刻槽的混凝土表面抗滑阻力高、纹理耐久性好，且槽的均匀性好、排水迅速，可有效防止雨天飞机起降时产生漂滑现象。在繁忙的南方地区的大型机场，因降雨量大，跑道经常处于潮湿状态，适宜采用刻槽法对跑道水泥混凝土道面进行施工或处理。在广州新白云机场道面施工中，有的施工单位采用由直径3mm、间距8mm和10mm的塑料焊条制作的拉毛刷，也取得了很好的施工效果。

　　（四）道面应有良好的平整度

　　机场道面表面的平整度是表征道面表面特性的一个重要指标。所谓道面平整度是指道面的表面对于理想平面的偏差,它对飞机在滑行中的动力性能、行驶质量和道面承受的动力荷载三者的数值特征起着决定性的作用。

机场道面不可能是一个理想的平面。机场道面的不平整度主要由下列诸因素引起:首先是道面固有的不平整度。例如,道面设计中的纵向变坡、施工中道面板在接缝处允许的邻板高差和达不到设计高程的偏差等,即使这些偏差都在设计和施工规范规定的允许范围内,它们对道面不平整度的影响也是不容忽视的。其次是道面在使用过程中由于受到荷载和自然因素的长期反复作用的影响,产生的新的不平整度,会使固有的不平整度增大。例如,由于飞机荷载的重复作用,使道面在垂直方向产生的塑性累积变形;由于地下水位变化引起土基和基层的不均匀沉陷;由于冰冻引起的道面鼓胀;由于温度应力引起的道面板的翘曲、抬高;由于道面表层的磨耗、剥落、腐蚀、壅包形成的表面缺损等。

道面平整度的表示方法很多,用一定区间内的间隙来表示道面的平整度是我们常用的直尺法,其测量工具是直尺。直尺有无支脚直尺和有支脚直尺(或称滚动直尺或滑动直规)。直尺的长度除3m外,尚有4m尺和5m尺。我国机场和公路普遍采用无支脚3m长直尺。

《民用机场飞行区技术标准》MH 5001—2013(含第一修订案)规定:跑道表面应具有良好的平整度,用3m尺测量时,最大间隙不大于5mm。

(五)耐久性

机场道面在其使用年限内,受轮载和气候等因素长期、反复的作用,道面结构的整体或某一组成部分会逐渐出现疲劳损坏和塑性变形累积。耐久性不足,道面使用很短的时间就需要修复或改建,既干扰正常飞行,又造成投资的浪费。为此,机场道面结构,应使其在设计使用寿命年限内,具有较高的抗疲劳和抗塑性变形的能力。

(六)表面洁净

机场道面的表面应洁净,无砂石、混凝土碎块和外来物,以免打坏飞机蒙皮或被吸入发动机而危及飞行安全。这就要求加强对道面的养护,及时清扫道面。

1D412032 飞行区道面面层施工

一、机场水泥混凝土道面面层施工

(一)道面水泥混凝土的要求

水泥混凝土道面板在机轮荷载作用下会产生较大的弯拉应力,而且由于其长期裸露于自然环境之中,当大气温度、湿度及土基水温状况发生变化时,会产生伸缩应力和翘曲应力。因此,要求道面混凝土具有较高的抗弯拉强度,而混凝土的弹性模量及膨胀系数宜尽可能低。道面混凝土应具有良好的耐磨性能。寒冷地区的混凝土板应具有较好的抗冻性能。

1. 水泥混凝土的设计强度

混凝土板在机轮荷载以及温度变化等因素作用下,将产生压应力和弯拉应力。混凝土板受到的压应力与混凝土抗压强度相比很小,而所受的弯拉应力与其抗弯拉强度的比值则较大,可能导致混凝土板的开裂破坏。因此,在水泥混凝土道面设计中,混凝土强度以弯拉强度为设计标准。

根据《民用机场水泥混凝土道面设计规范》MH/T 5004—2010,飞行区指标Ⅱ为A、B的机场,其道面混凝土设计弯拉强度不得低于4.5MPa;飞行区指标Ⅱ为C、D、E的机场,其道面混凝土设计弯拉强度不得低于5.0MPa。

2. 混凝土弯拉弹性模量和泊松比

混凝土弯拉弹性模量和泊松比是机场道面面层设计和厚度计算所必需的参数。影响混凝土弯拉弹性模量的因素很多，除混凝土弯拉强度（不一定是主要因素）外，还有粗集料的性质（材料性质和粒径大小）和含量、水泥的品种和用量、用水量、砂率等。

3. 混凝土的耐磨性

在机轮的摩擦、冲击下，道面混凝土表面会发生磨耗，甚至剥落。首先被磨损的是水泥砂浆，然后是显露出的粗集料。长期的磨耗不仅减薄混凝土板的厚度、降低道面的整体强度，而且会降低混凝土表面的平整、抗滑性。当引起集料松散时，还会对飞机的安全行驶构成严重危害。

混凝土的耐磨性能与水泥的质量、配合比、集料的硬度、混凝土的密实性等有关。为提高混凝土的耐磨性，应尽量选用强度等级较高的硅酸盐水泥、普通水泥或道路水泥。矿渣水泥因耐磨性能较差，不应使用。混凝土配合比中应尽量降低水胶比，同时保证足够的水泥用量，在可能的情况下选择质地坚硬（耐磨性好）的集料，施工中应将混凝土混合料振捣密实，尽量提高道面的强度。强度高耐磨性就好，尽量选择C_4AF含量高的水泥并尽量降低水胶比，特别是表面水泥砂浆的水胶比，施工表面不得有泌水现象，必要时采取真空吸水手段把水胶比降至低限。

4. 混凝土的耐冻性

耐冻性能不良的混凝土在冻融交替作用下容易发生破坏。混凝土的水胶比大，则孔隙率大，可能存留的水分也多，对混凝土的耐冻性不利。所以，对地处严寒地区的水泥混凝土道面，应严格控制混凝土混合料的水胶比和用水量。集料级配良好时，可以减小混凝土的孔隙率，提高混凝土的耐冻性。提高集料本身的抗冻性（坚固性）对混凝土的耐冻性有利。另外，减少集料中的含泥量、振捣时增加混凝土的致密度、掺加引气剂，均可提高混凝土的耐冻性。施工中提高混凝土强度等级，大于C40；配制高抗渗混凝土，大于C30；降低水灰比至0.42，研究表明水灰比小于0.42的混凝土不含可冻水。

5. 混凝土的耐久性

建议配制高性能混凝土，包括高强度、高抗渗、高抗冻、耐磨、耐碱集料反应和耐化学腐蚀等，施工中表面不得有泌水现象，防止露石。其中，高强度、高抗渗是道面混凝土耐久性之本。

6. 对水泥混凝土混合料组成材料的要求

水泥混凝土混合料由水泥、细集料、粗集料、水与外加剂组成。对这些材料的质量要求参见1D432021。

7. 对唧泥的预防

道面、道肩的道槽土方横坡在规范允许下尽量加大；下基层及垫层为级配碎石或混合石渣（石子与矿渣的混合料）；道肩基础与道面基础不设台阶，必要时设盲沟将垫层碎石中存水引入排水沟中；上基层与道面之间用防水材料作隔离层；道面灌缝材料应选用与混凝土粘结牢固且使用寿命长的聚硫或硅酮类材料，发现灌缝料与道面有脱开现象时要及时更换；道面混凝土要配制高抗渗混凝土，避免雨水从道面中渗入基层。

（二）水泥混凝土道面施工程序

1. 模板支设

按其材料，模板可分为木模板、钢模板和钢木混合模板三大类。道面混凝土板的模板应优先选用钢模板。异形板及弯道边板的模板，可采用木模板。

使用模板铺筑混凝土，模板的支设是保证铺筑正常进行的关键。在固定模板时，最常用的方法是三角拉杆支撑法。模板的支设形式根据混凝土铺筑顺序而定。如采用纵向连续铺筑的方法，其支设形式可采用支一行空一行或空奇数行。

2. 混合料拌合与运输

机场道面水泥混凝土混合料已经由过去的小型自落式搅拌机拌合，发展到以强制式搅拌机和双卧轴搅拌机为主的大型装配式搅拌站拌合。搅拌机的进料顺序，通常为石子、水泥、砂或砂、水泥、石子。进料后边拌合边加水。掺外加剂时应设专人负责，提前配制溶液。

混合料运输工具的选择取决于混凝土搅拌站的规模。当采用小型搅拌机分散搅拌时，通常采用1t轻便小翻斗车运输；对于大型集中搅拌站，均采用不小于8t自卸汽车运输混合料。

3. 道面混凝土铺筑

铺筑道面混凝土板的作业，是一项多工种的流水作业，它有机械铺筑和人工铺筑之分。对人工铺筑，它的主要施工工序是：施工前的准备；钢筋网的安装；摊铺拌合料；振实；做面；接缝施工。机械（轨道式摊铺机）铺筑的施工工序是：轨道模板安装→摊铺→振捣→修整表面→人工拉槽或刻槽。

4. 养护及灌缝

如果措施不当，水泥混凝土道面会产生不正常的收缩裂缝，对水泥混凝土道面进行养护是非常必要的。水泥混凝土道面的养护方法有覆盖湿治和喷涂养护。对于覆盖湿治式养护，可覆盖无纺布洒水，养护时间常温14d。

为了防止雨水自板缝渗入土基引起土基失稳，应在接缝内填入封缝材料。目前，机场道面主要采用聚硫密封胶和硅酮密封胶作为封缝材料，聚硫和硅酮密封胶使用效果好。

二、机场沥青混凝土道面面层施工

沥青面层分为贯入式、表面处治式和沥青混合料（沥青碎石、沥青混凝土）三种结构类型。在机场工程中，由于贯入式和表面处治式的强度和稳定性都较低，它们主要用于飞行区低等级道面及防吹坪、道肩等次要构筑物表面。机场沥青道面面层则采用沥青混合料。

（一）沥青混凝土混合料的要求

沥青混凝土混合料由沥青、粗集料、细集料、填料组成。对这些材料的质量要求参见1D432022。

（二）沥青混凝土道面施工程序

1. 混合料的拌合

沥青混合料的拌合设备按安装形式分为固定式和可搬式两种类型，按拌合方式分为间歇式和连续式。

（1）间歇式。每盘拌合前分别计量各种材料的重量，一盘拌好出料后再拌一盘。间歇式的最大特点是能准确地控制混合料的级配和油石比。民用机场沥青混凝土道面主要采用间歇式拌合机。

（2）连续式。烘干和拌合在同一鼓中进行，边烘干石料、边拌合、边出料。连续式的最大优点是设备结构较简单、生产率高，但混合料级配和油石比的精度较低，沥青在拌合过程中易老化，拌合质量波动较大。

2．混合料的运输

沥青混合料宜用自卸卡车运至工地，装料前车厢底板及周壁应涂抹一薄层油水混合液，以防粘料。为了保证混合料运至摊铺地点的温度不低于规定温度，应配备足够的运输车辆，运输过程中加以覆盖。

3．沥青混合料铺筑

沥青道面铺筑的主要设备为沥青混合料摊铺机和压路机。沥青混合料摊铺机是摊铺沥青路面的专用机械，在施工过程中，一般配备多台摊铺机，尽量减少冷接缝。沥青混合料压实机械有：静力式钢轮压路机；轮胎压路机；振动压路机。

1D412033　机场道面混凝土常用外加剂的使用

在水泥混凝土、砂浆或净浆（以下略称混凝土）的制备过程中，掺入不超过水泥用量5%（特殊情况除外），且对混凝土的正常性能按要求进行改善的物质称为外加剂，或称为附加剂、添加剂。各种混凝土对外加剂的选用见表1D412033。

各种混凝土对外加剂的选用　　表1D412033

序号	混凝土种类	外加剂类型	外加剂名称
1	高强度混凝土（C60～C100）	非引气型高效减水剂	NF、UNF、FDN、CRS、SM等
2	防水混凝土 引气剂防水混凝土 减水剂防水混凝土 三乙醇胺混凝土 氧化铁防水混凝土	引气剂 减水剂 引气减水剂 早强剂 防水剂	松香热聚合物、松香酸钠等 NF、MF、NNO、木钙、糖蜜等 三乙醇胺 氧化铁、氧化亚铁、硫酸铝等
3	喷射混凝土	速凝剂	782型、711型等
4	大体积混凝土	缓凝剂 缓凝减水剂	木钙、糖蜜、柠檬酸等
5	泵送混凝土	高效减水剂	NF、AF、MF、FDN、UNF等
6	预拌混凝土	高效减水剂 普通减水剂	NF、UNF、FDN、木钙等
7	一般混凝土	普通减水剂	木钙、糖蜜、腐殖酸等
8	流动混凝土 （自密实性混凝土）	非引气型 高效减水剂	NF、UNF、FDN等
9	冬期施工混凝土	复合早强剂 早强减水剂	氯化钠-亚硝酸钠-三乙醇胺等 NF、UNF、FDN、NC等
10	预制混凝土构件	早强剂、减水剂	硫酸钠复合剂、NC、木钙等
11	高温期施工混凝土	缓凝减水剂 缓凝剂	木钙、糖蜜、腐殖酸等
12	负温施工混凝土	复合早强剂	NC、三乙醇胺复合剂
13	砌筑砂浆	砂浆塑化剂	微沫剂、GS、B-SS等

外加剂种类繁多，按其主要功能可归纳为以下几类：

（1）改善新拌混凝土流变性的外加剂：如塑化剂、减水剂、流化剂等。

（2）调节混凝土凝结硬化的外加剂：如促凝剂、早强剂、缓凝剂等。

（3）调节混凝土空气含量的外加剂：如引气剂、发气剂、发泡剂等。

（4）增强混凝土物理化学性能的外加剂：如疏水剂、灌浆剂等。

（5）改善混凝土抗化学侵蚀的外加剂：如防锈剂等。

（6）为混凝土提供特殊性能的外加剂：如喷射剂、着色剂等。

1D412040　民航机场滑行道桥工程

1D412041　滑行道桥的工程要求

一、滑行道桥位置的确定

由于运行和经济上的原因，所需的滑行道桥的数目与其有关的问题，可应用下述原则而减至最少：

（1）地面各种交通路线应尽量减少对跑道或滑行道的影响。

（2）最好能使地面各模式交通集中在一座滑行道桥下穿越。

（3）滑行道桥应设在滑行道的直线段上，并在滑行道桥的两端各有一段直线，以便接近滑行道桥的飞机对准它。

（4）快速出口滑行道不应设在滑行道桥上。

（5）应避免滑行道桥的位置对仪表着陆系统、进近灯光或跑道、滑行道灯光有不良影响。

二、滑行道桥尺寸和坡度的确定

（1）滑行道桥的宽度不小于桥外滑行道的宽度。

（2）为了排水，应设置正常的滑行道横坡。如选用小于1.5%横坡度，应考虑其他排水形式；纵坡不超过滑行道设计纵坡。

三、滑行道桥桥面及附属工程施工要求

1. 支座

板式橡胶支座安装时，应注意下列事项：橡胶支座在安装前，应检查产品合格证书中有关技术性能指标，如不符合设计要求时，不得使用；支座下设置的支承垫石，混凝土强度应符合设计要求，顶面要求标高准确、表面平整，在平坡情况下同一根梁两端支承垫石水平面应尽量处于同一平面内，其相对误差不得超过3mm，避免支座发生偏歪、不均匀受力和脱空现象；安装前应将墩、台支座垫石处清理干净，用干硬性水泥砂浆抹平，并使其顶面标高符合设计要求；将设计图上标明的支座中心位置标在支承垫石及橡胶支座上，橡胶支座准确安放在支承垫石上，要求支座中心线同支承垫石中心线相重合；当墩、台两端标高不同，顺桥向有纵坡时，支座安装方法应按设计规定办理；吊装梁、板前，抹平的水泥砂浆必须干燥并保持清洁和粗糙。

2. 伸缩装置

伸缩装置形式有梳形钢板伸缩装置，橡胶伸缩装置，模数式伸缩装置，弹塑体材料填充式伸缩装置，复合改性沥青填充式伸缩装置。

3. 沉降缝

沉降缝的位置应按设计要求设置缝宽均匀一致，从上到下竖直贯穿桥涵结构物。缝端面必须平整，按设计要求设置嵌缝材料。

4. 桥面防水

桥面防水层应按设计要求设置。铺设桥面防水层时应注意：防水层材料应经过检查，在符合规定标准后方可使用；防水层通过伸缩缝或沉降缝时，应按设计规定铺设；防水层应横桥向闭合铺设，底层表面应平顺、干燥、干净；沥青防水层不宜在雨天或低温下铺设；当水泥混凝土桥面铺装层采用油毛毡或织物与沥青粘合的防水层时，应设置隔断缝。

5. 桥面铺装

沥青混凝土桥面铺装应按设计要求施工。铺装前应对桥面进行检查，桥面应平整、粗糙、干燥、整洁。桥面横坡应符合要求，不符合时应予处理。铺筑前应洒布粘层沥青，石油沥青洒布量为$0.3 \sim 0.5 L/m^2$。

四、滑行道桥灌注桩基础的技术与质量要求

1. 钻孔灌注桩钻进的注意事项

无论采用何种方法钻孔，开孔的孔位必须准确。开钻时均应慢速钻进，待导向部位或钻头全部进入地层后，方可加速钻进；采用正、反循环钻孔（含潜水钻）均应采用减压钻进，即钻机的主吊钩始终要承受部分钻具的重力，而孔底承受的钻压不超过钻具重力之和（扣除浮力）的80%；用全护筒法钻进时，为使钻机安装平正，压进的首节护筒必须竖直。钻孔开始后应随时检测护筒水平位置和竖直线；如发现偏移，应将护筒拔出，调整后重新压入钻进；在钻孔排渣、提钻头除土或因故停钻时，应保持孔内具有规定的水位和要求的泥浆相对密度和黏度。处理孔内事故或因故停钻，必须将钻头提出孔外。

2. 清孔要求

钻孔深度达到设计标高后，应对孔深、孔径进行检查，符合规范后方可清孔；清孔方法应根据设计要求、钻孔方法、机具设备条件和地层情况决定；在吊入钢筋骨架后，灌注水下混凝土之前，应再次检查孔内泥浆性能指标和孔底沉淀厚度。如超过规定，应进行第二次清孔，符合要求后方可灌注水下混凝土。

3. 清孔时应注意事项

清孔方法有换浆、抽浆、掏渣、空压机喷射、砂浆置换等，可根据具体情况选择使用；不论采用何种清孔方法，在清孔排渣时，必须注意保持孔内水头，防止塌孔；无论采用何种方法清孔，清孔后应从孔底提出泥浆试样，进行性能指标试验，试验结果应符合规范的规定。灌注水下混凝土前，孔底沉淀土厚度应符合规定要求，不得用加深钻孔深度的方式代替清孔。

4. 滑行道桥沉入桩基础的技术与质量要求

沉入桩顺序一般由一端向另一端连续进行，当桩基平面尺寸较大或桩距较小时，宜由中间向两端或四周进行。如桩基埋设有深有浅，宜先沉深的，后沉浅的。在斜坡地带，应先沉坡顶的，后沉坡脚的。

1D412042　滑行道桥施工工艺

一、滑行道桥的钢筋工作

滑行道桥的钢筋工作特点是：加工工序多，包括钢筋调直、切断、除锈、弯制、焊接或绑扎成型等，而且钢筋的规格、型号和尺寸也比较多。

1. 钢筋加工的准备工作

首先应对进场的钢筋通过抽样试验进行质量鉴定，合格的才能使用。抽样试验主要做抗拉极限强度、屈服点和冷弯试验。

钢筋的整直工作包括调直、除锈去污。

2. 钢筋的弯制成型和接头

下料后的钢筋可在工作平台上用手工或电动按规定的弯曲半径弯制成型，钢筋的两端应按图纸弯成所需的标准弯钩。对于需要较长的钢筋，最好在接长以后再弯制。钢筋的接头应采用电焊，并以闪光接触对焊为宜。

3. 钢筋骨架的组成与安装

装配式T形梁的焊接钢筋骨架应在坚固的焊接工作台上进行施工。骨架的焊接一般采用电弧焊，先焊成单片平面骨架，再将它组拼成立体骨架。组拼后的骨架须有足够的刚性，焊缝须有足够的强度。

对于绑扎钢筋的安装，应事先拟定安装顺序。一般的梁肋钢筋，先放箍筋，再安下排主筋，后装上排钢筋。钢筋安装工作，应保证达到设计及构造要求。

二、滑行道桥的混凝土工作

滑行道桥的混凝土工作包括拌制、运输、灌注和振捣、养护及拆模等工序。

（1）混凝土拌制：上料顺序一般是石子、水泥、砂，要有足够的拌合时间以保证混凝土拌合物的均匀性，并随时检查和调整混凝土的流动性和坍落度，严格控制水胶比，不得任意增加用水量。

（2）混凝土的运输：混凝土应以最小的转运次数、最短的距离迅速从搅拌地点运往灌注位置，运输时应尽量避免颠簸震动，造成混合料离析。

（3）混凝土的灌注：混凝土自高处倾落时，为防止离析，自由倾落高度不得超过1.5m，灌注前应先检查钢筋和模板。根据混凝土的拌制能力、运距与灌注速度、气温及振捣能力等因素，认真制定混凝土的灌注工艺。

（4）混凝土的振捣：当构件的高度（或厚度）较大时，应采用分层灌注法。灌注层的厚度与混凝土的稠度及振捣方式有关。在一般稠度下，用插入式振捣器振捣时，灌注层厚度为振捣器作用部分长度的1.25倍；用平板式振捣器振捣时，灌注厚度不超过20cm。薄腹T形梁或箱形梁的梁肋，当用侧向附着式振捣器振捣时，灌注层厚度一般为30~40cm。

三、滑行道桥预应力混凝土简支梁、连续梁

先张法的制梁工艺是在灌注混凝土前张拉预应力筋，将其临时锚固在张拉台座上，然后灌注混凝土，使混凝土获得预压应力。先张法生产可采用台座法或机组流水法。预应力筋可用冷拉螺纹粗钢筋、高强度钢丝、钢绞线和冷拔低碳钢丝。后张法制梁的步骤是先制作留有预应力筋孔道的梁体，待其混凝土达到规定强度后，再在孔道内穿入预应力钢筋进行张拉并锚固，最后进行孔道压浆并浇灌梁端封头混凝土。模板、混凝土、粗钢筋工作与

先张法预应力梁相同。预应力筋孔道成型的主要工作内容有选择和安装制孔器；抽拔制孔器和孔道通孔检查等。孔道压浆是为了保护预应力筋不致锈蚀，并使筋与混凝土梁体粘结为整体，以减轻锚具的受力，提高梁的承载能力、抗裂性能和耐久性。孔道压浆用专用的压浆泵进行，压浆时要求密实、饱满，并应在张拉后尽早完成。孔道压浆工作包括准备工作、水泥浆的制备、压浆工作，然后封端。

预应力混凝土连续梁的施工方法有：整体现浇、装配-整体施工、悬臂法施工、顶推法施工和移动式模架逐孔施工等。

四、模板、支架和拱架的设计与制作

1. 模板制作

木模与混凝土接触的表面应平整、光滑，多次重复使用的木模应在内侧加钉薄铁皮。木模的接缝可做成平缝、搭接缝或企口缝。当采用平缝时，应采取措施防止漏浆。钢框覆面胶合板模板的板面组配宜采取错缝布置，支撑系统的强度和刚度应满足要求。

2. 模板的安装

模板与钢筋安装工作应配合进行，妨碍绑扎钢筋的模板应待钢筋安装完毕后安设。模板不应与脚手架连接（模板与脚手架整体设计时除外），避免引起模板变形。安装侧模板时，应防止模板移位和凸出。基础侧模可在模板外设立支撑固定，墩、台、梁的侧模设拉杆固定。灌注在混凝土中的拉杆，应按拉杆拔出或不拔出的要求，采取相应的措施。对小型结构物，可使用金属线代替拉杆。模板安装完毕后，应对其平面位置、顶部标高、节点连系及纵横向稳定性进行检查，签认后方可灌注混凝土。灌注时，发现模板有超过允许偏差变形值的可能时，应及时纠正。模板在安装过程中，必须设置防倾覆设施。

当结构自重和飞机荷载（不计冲击力）产生的向下挠度超过跨径的1/1600时，钢筋混凝土梁、板的底模板应设预拱度，预拱度值应等于结构自重和1/2飞机荷载（不计冲击力）所产生的挠度。纵向预拱度可做成抛物线或圆曲线。

1D412050　民航机场飞行区排水及附属工程

1D412051　飞行区排水系统的构成及施工方法

与公路等道路交通设施相比，机场飞行区排水系统较为复杂，这主要因为飞行区内环境特殊、工程繁多，除场道工程外，还有水、电、油、通信导航、道路围界等工程，其中许多地段为敏感地区，如被水浸后果严重。飞行区排水工程在设计与施工等方面均要考虑这一特殊性，设计标准应按百年一遇的降雨量考虑。敏感地区（通信导航设施等）附近，要布设排水设施（盖板沟等）。在施工过程中也要考虑与其他工程施工的协调，必须做到相互配合、周密计划，安排好人力、物力，尽量避免相互干扰，影响施工质量和进度，造成浪费。

一、机场排水防洪的措施

（一）造成机场土基过湿的水源

1. 大气降水

直接降落到机场范围内的雨水，会因场内坡度不适、地面不平、上层土渗透性较差等原因，造成地面积水，使土质过湿。

2．冲积水源

包括坡积水、河道洪水和内涝水。当机场附近有山或有面积较大的斜坡地，降雨后上坡地段的地面水漫流而下，形成坡积水，其影响轻者能使机场暂时过湿、冲刷地表面，重者能使机场遭到水淹、冲毁构筑物。

3．地下水源

机场中常见的地下水包括上层滞水和潜水两种，这两种地下水通过毛细作用，使上层土质过湿。

4．冻胀水源

在有冰冻的地区，由于土层在聚冰过程中，水从不冻层移向冻结层，并变成冰晶体，在冬季使道面或土面隆起，而在春季解冻期间，又会使土基上层过湿，失去承载能力而产生翻浆。

（二）排水防洪措施

（1）对大气降水，要压平、压实地表面，形成便于排水的有利坡度，以加速地表水通过场内外排水系统排除，减少渗入土中的水分。

（2）对冲积水源多采用截水沟拦截或筑堤阻挡洪水。

（3）对地下水源，在飞行区水源上游采用截水明沟，在飞行区内采用截水盲沟拦截水源。

（4）对冻胀水源，要加速表面水的排除，减少秋季渗入土中的水分，在基层下面设置垫层，在道边设盲沟，排出土基中多余的水分。

二、机场排水系统的构成

机场排水系统中所有构筑物依主要功能的不同，可分为调节、导水、容泄及附属四类，其中前三类为机场排水系统的核心部分：

（一）调节部分

用以直接吸收土中多余水分或直接拦截表面水的排水构筑物，称为调节部分，如道面边缘的盖板沟、土质区的三角沟或盖板沟等。

（二）导水部分

将各调节部分所汇集的水引导至容泄区的管路或明沟称为导水部分。

（三）容泄区

用于容纳或排除多余水分的区域，称为容泄区，如机场附近的河流、湖泊、池塘等。

机场排水系统根据其所处位置的不同，可分为场内排水和场外排水两大部分：

（一）场内排水

场内排水通常是指飞行场区内的排水，它主要排除道面和土面区的水等。飞行区排水系统主要由盖板明沟、涵管、土明沟及盲沟组成。

（二）场外排水

场外排水区是指飞行场区以外的排水，通过机场出水口将飞行区雨水排至场外排水系统。

三、排水工程施工

（一）土明沟施工

1．测量放线

根据机场施工控制桩，按设计图纸要求放出沟槽的中心线，在沟槽的起点、拐点和终点两侧施工范围之外引控制桩。施工时，依据中线控制桩用白灰标出沟槽开挖的边线。

2. 沟槽开挖

沟槽开挖有人工和机械两种方法。当沟槽宽度较大时，可采用机械施工。常用机械有反铲挖土机。沟槽开挖宜从下游往上游进行，以利排水。开挖沟槽时，应经常检查沟底标高，以免超挖。

3. 边坡及沟底加固

为了防止土明沟的边坡和底部被流水冲刷、坍塌，常用草皮和铺石的方法加固。草皮加固主要适用于水流速度较小，气候温和、湿润，适合草皮生长的地段。

（二）钢筋混凝土排水结构物施工

1. 沟槽开挖

沟槽开挖宽度应能保证钢筋绑扎和模板安装顺利进行，沟槽侧壁应大致垂直。如果土质松软，可适当放坡。由于土质不良时或沟底不能夯实时，应挖除不稳定土（碎石），用级配粒料或石灰土回填夯实。

2. 垫层铺筑

垫层有碎石、石灰土、水泥稳定土（碎石）和素混凝土四种类型。施工时，前三种垫层常采用蛙式或冲击夯夯实，素混凝土应用插入式或平板式振动器振捣密实。

3. 模板支设

模板宜采用钢模。支立模板与安设钢筋要密切配合，一般先立钢筋，后支立模板。模板的支立应达到位置和尺寸准确，拼接紧密，支撑牢固，不能漏浆、跑模。

4. 铺筑混凝土

混凝土混合料应用机械拌合。通常选用中小型搅拌机。沟底板和沟墙混凝土宜一并铺筑。铺筑作业宜分段、对称进行。

5. 拆模和养护

非承重的侧模，只要保证混凝土表面和棱角不因拆模而破坏，即可进行。对于承重模板，则要根据结构类型、跨度及规定强度等来确定拆模时间。养护时间不得少于7d。

（三）排水圆管铺设

1. 沟槽开挖、基础铺筑

干管沟槽视土质和开挖深度等情况可开成直槽或梯形槽。干管基础通常由碎石或灰土垫层和混凝土构成。

2. 下管、稳管

下管方法可根据管径大小、机械设备等条件而定。小管可人工下管，大、中型管子应用吊车起吊，或使用手动滑车起吊下管。

3. 接口

接口按使用材料的不同分为刚性接口、柔性接口两种类型。刚性接口即水泥砂浆接口，柔性接口即沥青油毡或橡胶止水袋接口。

1D412052 飞行区附属工程

根据《民用运输机场安全保卫设施》MH/T 7003—2017中的有关规定，新建飞行区周

边须修建围界、入侵报警系统、道口及巡逻道巡场道等附属设施:

（1）围栏（或围墙）及其配套设施的作用是使飞行区与航站区及周边地区隔离，要求能防攀爬、防钻、结构稳固、安全。

（2）为了保证飞行安全，以备应急救援和保护围界设施，并供公安巡逻人员及车辆行驶使用，在飞行区围界内侧修筑巡场道路。巡场道路多为碎石或沥青路面。

除了围界与巡场道路之外，飞行区附属工程还包括静电接地、飞机系留装置及道面标志等。

1D412060 测量技术在民航机场场道施工中的应用

1D412061 工程测量的基本方法

一、水准测量

（一）水准测量原理

利用一条水平视线，借助水准尺，根据已知点高程，推算未知点高程。

$$h_{AB}=a-b \qquad\qquad (1D412061-1)$$

式中　h_{AB}——A、B两点高程差；

　　　a——A尺的后视读数；

　　　b——B尺的前视读数。

$$H_B=H_A+h_{AB} \qquad\qquad (1D412061-2)$$

式中　H_B——B点高程；

　　　H_A——A点高程。

（二）测量仪器

水准测量所使用的仪器为水准仪，工具有水准尺和尺垫。

（三）水准测量线路

1. 附合水准路线

附合水准路线的布设方法是从一个已知高程的水准点BM_A出发，附合到另一个已知控制点BM_B的线路，见图1D412061-1。

2. 闭合水准路线

闭合水准路线的布设方法是从已知高程的水准点BM_A出发，沿各待定高程的水准点1、2、3、4进行水准测量，最后又回到原出发点BM_A的环形路线，称为闭合水准路线，见图1D412061-2。

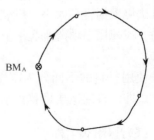

图1D412061-1　附合水准路线示意图　　　图1D412061-2　闭合水准路线示意图

二、水平角度测量

（一）水平角测量原理

如图1D412061-3所示，O′A′和O′B′在水平度盘上总有相应读数a和b，则水平角为：

$$\beta = b - a \qquad （1D412061-3）$$

用经纬仪测水平角的原理：经纬仪必须具备一个水平度盘及用于照准目标的望远镜。测水平角时，要求水平度盘能放置水平，且水平度盘的中心位于水平角顶点的铅垂线上；望远镜不仅可以水平转动，而且能俯仰转动来瞄准不同方向和不同高低的目标，同时还要保证俯仰转动时望远镜视准轴扫过一个竖直面。

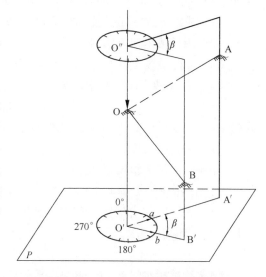

图1D412061-3　水平角测量原理示意图

（二）测量仪器

常用的水平角测量仪器是经纬仪和全站仪。

（三）水平角测量

水平角测量有测回法与方向法之分，其中测回法适合单角测量，方向法适合多角联测。

1. 测回法

首先，将经纬仪安置于所测角的顶点O上，进行对中和整平。在A、B两点树立标杆或测钎等标志作为照准标志。然后，将仪器置于盘左位置（竖盘位于望远镜的左侧），完成以下工作：

（1）顺时针方向旋转照准部，首先调焦与照准起始目标（即角的左边目标）A；

（2）继续顺时针旋转照准部，调焦与照准右边目标B；

（3）计算盘左位置的水平角$\beta_左$：$\beta_左 = b_左 - a_左$；

（4）同理获得盘右位置的水平角$\beta_右$：$\beta_右 = b_右 - a_右$；

（5）取其平均值作为一测回角值，即$\beta = 1/2（\beta_左 + \beta_右）$。

2. 方向观测法

（1）安置仪器于测站O点（包括对中和整平），树立标志于所有目标点，如A、B、C、D四点，选定起始方向（又称零方向），如A点。

（2）盘左位置，顺时针方向旋转照准部依次照准目标A、B、C、D、A，分别读取水平度盘读数，其中两次照准A目标是为了检查水平度盘位置在观测过程中是否发生变动，称为归零，其两次读数之差称为半测回归零差，其限差要求为：J_6级经纬仪不得超过18″，J_2级经纬仪不得超过8″。计算中注意检核。以上称为上半测回。

（3）盘右位置，倒转望远镜成盘右位置，逆时针方向旋转照准部依次照准目标A、D、C、B和A，分别读取水平度盘读数，称为下半测回。同样，注意检核归零差。

三、距离测量与直线定向

（一）钢尺量距的一般方法

一般方法量距是指采用目估定线，将钢尺拉平，整尺法丈量。一般方法精度不高，相对误差一般只能达到1/1000～1/5000。

1. 平坦地面上的量距方法

量距中目估定线和尺段丈量可以同时进行，丈量的具体步骤如下：

（1）先在A、B两点上竖立测杆（或测钎），标定直线方向。

（2）用目估定线方法得1点。

（3）如此继续丈量下去，直至最后量出不足一整尺的余长q。已丈量过的整尺段数为n。

（4）A、B两点间的水平距离为：

$$D_{往}=nL+q \qquad （1D412061-4）$$

式中　n——整尺段数（即在A、B两点之间所拔测钎数）；

　　　L——钢尺长度，m；

　　　q——不足一整尺段的余长，m。

上述由A向B的丈量工作称为往测，其结果为$D_{往}$。

（5）为了防止丈量错误和提高精度，一般还应由B点向A点进行返测，返测时应重新进行定线。其结果为$D_{返}$。

$$D_{返}=nL+q_{返} \qquad （1D412061-5）$$

（6）计算相对误差K和AB的水平距离$D_{平均}$。

往返丈量距离之差的绝对值与距离平均值D平均之比称为丈量的相对误差K，通常化为分子为1的分数形式。

$$D_{平均}=（D_{往}+D_{返}）/2 \qquad （1D412061-6）$$

2. 倾斜地面上的量距方法

（1）平量法：如果地面起伏不大时，可将钢尺拉平进行丈量。

（2）斜量法：当倾斜地面的坡度比较均匀或坡度较大时，可用斜量法。

$$D=L\cos\alpha \qquad （1D412061-7）$$

式中　D——水平距离；

　　　L——斜长；

　　　α——地面倾角。

（二）直线定向

确定直线与标准方向之间的角度关系，称为直线定向。

1. 标准方向

直线定向时，常用的标准方向有：真子午线方向、磁子午线方向和坐标纵线方向。

（1）真子午线方向（真北方向）：

过地球南北极的平面与地球表面的交线叫真子午线。通过地球表面某点的真子午线的切线方向，称为该点的真子午线方向。真子午线方向是用天文测量的方法或用陀螺经纬仪测定的。

（2）磁子午线方向（磁北方向）：

磁子午线方向是在地球磁场作用下，磁针在某点自由静止时其轴线所指的方向。指向北端的方向为磁北方向。磁子午线方向可用罗盘仪测定。

地面上任一点的真子午线方向与磁子午线方向间的夹角称为磁偏角，用δ表示。地面上不同地点的磁偏角是不同的。

（3）坐标纵轴方向（轴北方向）：

在高斯平面直角坐标系中，坐标纵轴线方向就是地面点所在投影带的中央子午线方向。

2. 方位角

测量工作中，常采用方位角表示直线的方向。从直线起点的标准方向北端起，顺时针方向量至该直线的水平夹角，称为该直线的方位角。方位角取值范围是 0°～360°。

（1）方位角的种类：

因标准方向有三种，所以对应的方位角也有三种：

真方位角：由真子午线方向的北端起，顺时针量到直线间的夹角，称为该直线的真方位角，一般用 A 表示。

磁方位角：由磁子午线方向的北端起，顺时针量至直线间的夹角，称为该直线的磁方位角，用 A_m 表示。

坐标方位角：由坐标纵轴方向的北端起，顺时针量到直线间的夹角，称为该直线的坐标方位角，常简称方位角，用 α 表示。

（2）三种方位角之间的关系：

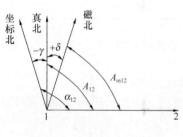

图1D412061-4 方位角关系

真北方向与磁北方向之间的夹角称为磁偏角，用 δ 表示。真北方向与坐标纵轴北方向之间的夹角称为子午线收敛角，用 γ 表示。三者关系见图1D412061-4。

$$A = A_m + \delta \qquad (1D412061-8)$$
$$A = \alpha + \gamma = A_m + \delta - \gamma \qquad (1D412061-9)$$

式中 δ——磁偏角，度（°）；

γ——子午线收敛角，度（°）；

α——坐标方位角，度（°）。

1D412062 场道施工测量相关技术

一、施工准备

（一）测量资料的准备

（1）接收建设单位提供的施工区域测量控制点资料，了解施工现场测量条件。

（2）复测所提供的平面控制点（至少三点），并将复测结果上报给建设单位和监理。

（3）复测所提供的高程控制点（至少两点），并将复测结果上报给建设单位和监理。

（二）测量仪器的准备

（1）应根据各分项工程进度计划和测量精度要求配置如下测量仪器（见表1D412062-1）：

配置测量仪器明细表　　　　　　　　　　　　　　　表1D412062-1

作 业 内 容	仪 器 名 称	标 称 精 度
复核控制网、引测施工控制点、各分项控制定位	全站仪	测角：±1″
		测距：±2mm+2ppm
	水准仪（带测微器）	±0.4mm/km
各工点高程控制	水准仪	±0.8mm/km

（2）使用前按要求对测量仪器、器具送计量部门进行检定，保证在检定有效期内使用。

（3）测量作业前测量组对测量仪器进行全面检查、校核，并记录各项误差。

（三）测量人员准备

（1）测量人员应具备相应的资质，有类似施工经验。

（2）项目总工程师对测量人员进行全面技术交底。

（3）测量人员全部为技术人员，持有测量上岗证。

二、控制桩复测

施工前，由建设单位（业主）、监理和施工单位的测量人员共同对场区的平面位置和高程控制点进行检测复核。

（1）检测时采用红外线测距仪照准一次三读数测定边长，边长测定必须进行气象、加常数、乘常数和倾斜改正。用全站仪按方向法测定水平角。控制桩高程按Ⅱ等水准测量要求，采用N_3水准仪及检定过的钢尺进行检测，并满足表1D412062-2的精度要求：

控制桩复测精度要求明细表   表1D412062-2

相对闭合差	1/5000	测角中误差	$\pm 8''$
边长丈量相对中误差	1/10000	方位角闭合差	$\pm 16'' \sqrt{n}$（n为测站数）

（2）控制桩高程测量Ⅱ等水准测量技术要求：

每千米高差误差小于± 2mm。

往返校差，复合闭合差：$\pm 4\sqrt{L}$ mm（L为水准线路，以km为单位）。

（3）土基部分的高程检测按10m×10m方格点，采用水准仪、水准尺进行检测，误差不得大于+2cm或-3cm。

三、施工控制测量

（一）首级平面控制测量

首级平面控制测量采用二级导线网的形式。控制点位置尽量选择在不影响施工的部位，并埋设混凝土控制标桩，以方便施工放线准确和长期保存。施工控制桩测角中误差不大于$\pm 8''$，相对闭合差不大于1/1000。施工测量后绘制控制图及成果表，图上标注坐标、高程，并有施测人、复核人签名。采用钢管护栏保护测量标桩，以免测量标桩被无意破坏。

（二）首级高程控制测量

在二级导线点桩顶预埋钢板上焊半球形钢筋作为Ⅲ等水准点标志，以此为施工高程控制点。其高程采用水准仪加平行玻璃板测微器、钢钢水准尺，按Ⅲ等水准测量的要求施测。

Ⅲ等水准测量的平差计算，以距离为权倒数，计算并打印，其精度要求为：

每千米高差的误差± 6mm；

环线闭合差$\pm 12\sqrt{L}$ mm（L为路线长度，以km为单位）。

（三）施工放线定位测量

1. 土基施工放线

用水准仪、区格式水准尺进行水准测量，后视控制水准点不少于两个。按10m×10m方格网进行放线，并达到设计高程允许偏差-3～+2cm范围。施工前，使用全站仪找准中线和边线，并采取撒白灰或立标杆的办法，将不同的施工区域圈定在施工人员的视线范围之内，使施工人员一目了然。

2. 基层施工放线

利用已设好的整百米二级导线控制桩，依照设计坐标采用极坐标法测方格网主轴线，然后用钢尺分出方格网点位，其精度要求为边长丈量相对误差不大于1/3000。各方格网点的抄平采用水准仪，按照水准测量的要求施测，后视点不少于两个，按10m×10m方格网控制。其高程误差按民航有关质量要求执行。

3．混凝土面层的施工放线测量

混凝土面层施测为整个施测的关键阶段。施测前应对平面高程控制点进行一次全面严格的检查，确认控制格网桩准确稳固无误后，方可进行施工方格网的测设，其方格网尺寸根据设计板块的长、宽、施工条块及钢模的长度来决定。

模板安装前的测量准备：根据分仓板块的长度，沿跑道纵方向，放出方格网点和概略位置，然后用水准测出各格网点混凝土道面的底面设计标高，在其周围做一直径约20cm的砂浆饼，用钢抹抹平，使其顶面高程和混凝土底面高程相同，作为安装钢模的支垫，然后精确测设格网点的定位点，用墨线弹出格网十字线。

模板安装的调校测量：将钢模的内边缘安置到支垫的十字线上，并拉线使钢模顶部内边贴靠拉线，紧固支撑。然后，用水准仪测量模板的顶面标高使其和设计高程符合，允许偏差±2mm，平面位置允许偏差±5mm，直线性允许偏差±5mm，用10m直线检查。

1D413000　民航空管工程

1D413010　民航通信导航及监视系统

1D413011　导航系统主要内容

导航系统包括全向信标、测距仪、仪表着陆系统、全球导航卫星系统等。

一、全向信标（VOR）

全向信标（Very High Frequency Ommi-directional Range，VOR）是一种相位式近程甚高频导航系统。它由地面的导航台向空中的航空器提供方位信息，以便空中的航空器可以确定相对于地面导航台的方位。这个方位以磁北（用N来表示）为基准，它通过直接读出导航台的磁方位角来确定航空器所在方位，或者在空中给航空器提供一条"空中道路"，以引导航空器沿着预定航道飞行。

在民航运输机上，还可以预先把沿航线的各个VOR台的地理位置（经纬度）、发射频率、应飞行的航道等逐个输入计算机（飞行管理系统和自动飞行系统），在计算机的控制下，航空器就可以按输入的数据自动地到达目的地。VOR在空中导航中有以下几个具体用途：

（1）利用机场附近的VOR台可以实现归航和出航。

（2）利用两个已知位置的VOR台可以实现直线位置线定位。

（3）航路上的VOR台可以用作为航路检查点，实行交通管制。

（4）终端VOR（Terminal VOR）可用于引导航空器进离场及进近着陆。

VOR可设置于机场、机场进出点和航路（航线）上的某一地点。设置于机场时，可设置在跑道的一侧，或跑道一端外的跑道中心线延长线上。设置在跑道中线延长线上时，应注意对进近灯光的影响，应符合机场净空要求；设置在航路时，应设置在航路中心线上，通常设置在航路的转弯点或走廊口。

二、测距仪（DME）

测距仪（Distance Measuring Equipment，DME）是国际民航组织规定的近程导航设备，它提供航空器相对于地面测距仪台的斜距。DME一般与VOR和仪表着陆系统配合使用。当DME与VOR配合使用时，它们共同组成距离—方位极坐标定位系统，直接为航空器定位；当DME与仪表着陆系统配合使用时，DME可以替代指点信标，以提供航空器进近和着陆的距离信息。

DME与VOR台合装可设置于机场、机场进出点和航路（航线）上的某一地点；DME与仪表着陆系统合装时，通常设置在下滑信标台，也可设置在航向信标台。DME设置于机场时，应符合机场净空要求。

三、仪表着陆系统（ILS）

仪表着陆系统（Instrument Landing System，ILS）是目前应用最为广泛的飞机精密进近和着陆引导系统。它的作用是由地面发射的两束无线电信号，建立一条由跑道指向空中的虚拟路径，飞机通过机载接收设备，确定自身与该路径的相对位置，使飞机沿正确方向飞向跑道并且平稳下降高度，最终实现安全着陆。

1. 功能

ILS能在气象条件恶劣和低能见度的条件下为驾驶员提供引导信息，保证飞机安全进近和着陆。

为了着陆飞机的安全，在目视着陆飞行条例中规定，目视着陆的水平能见度必须大于4.8km，云底高不小于300m，大部分机场的气象条件不能满足这一要求。这时，着陆的飞机必须依靠ILS提供的引导进行着陆。

ILS是以无线电信号建立一条由跑道指向空中的狭窄虚拟"隧道"，飞机通过机载ILS接收设备接收引导信号，由驾驶舱指示仪表显示。驾驶员根据仪表的指示操纵飞机或使用自动驾驶仪"跟踪"仪表的指示，确定飞机与"隧道"的相对位置，只要飞机保持在"隧道"中央飞行，就可沿正确方向飞近跑道、平稳地下降高度，最终飞进跑道并着陆。

国际民航组织根据在不同气象条件下的着陆能力，规定了三类着陆标准，即Ⅰ类、Ⅱ类、Ⅲ类仪表着陆标准，使用跑道视程（RVR）和决断高度（DH）两个量表示。决断高度（DH）是指驾驶员对飞机着陆或复飞作出判断的最低高度。在决断高度上，驾驶员必须看见跑道才能着陆，否则放弃着陆进行复飞。跑道视程（RVR）是指在跑道中线上航空器上的驾驶员能看到跑道面上的标志或跑道边灯、中线灯的距离。

ILS运行标准定义如下：

Ⅰ类（CATⅠ）运行：决断高度（DH）不低于60m，能见度（VIS）不小于800m或跑道视程（RVR）不小于550m的精密进近和着陆。

Ⅱ类（CATⅡ）运行：决断高度（DH）低于60m，但不低于30m，跑道视程（RVR）不小于300m的精密进近和着陆。

ⅢA类（CATⅢA）运行：决断高度（DH）低于30m，或无决断高（DH），跑道视程（RVR）不小于175m的精密进近和着陆。

ⅢB类（CATⅢB）运行：决断高度（DH）低于15m，或无决断高（DH），跑道视程（RVR）小于175m，但不小于50m的精密进近和着陆。

ⅢC类（CATⅢC）运行：无决断高度（DH）和无跑道视程（RVR）的精密进近和着陆。

2. 仪表着陆系统的组成

ILS包括方向引导和距离参考系统。

方向引导系统包括航向信标（Localizer，LOC）、下滑信标（Glide Slope，GS）。航向信标台位于跑道进近方向的远端，波束为角度很小的扇形，提供飞机相对于跑道的航向道（水平位置）指引；下滑台位于跑道入口端一侧，通过仰角为3°左右的波束，提供飞机相对跑道入口的下滑道（垂直位置）指引。

距离参考系统为指点信标（Marker Beacon，MB）。距离跑道从远到近分别为外指点标（OM）、中指点标（MM）和内指点标（IM），提供飞机相对跑道入口的粗略的距离信息，通常表示飞机在依次飞过这些信标台时，分别到达最终进近定位点（FAF）、Ⅰ类运行的决断高度、Ⅱ类运行的决断高度。有时，DME会和ILS同时安装，使得飞机能够得到更精确的距离信息，或者在某些场合替代指点标的作用。应用DME进行的ILS进近称为ILS-DME进近。

方向引导系统和距离参考系统由地面发射设备和机载接收设备所组成。仪表着陆系统地面台站在机场的配置情况如图1D413011-1所示，内指点信标仅在Ⅱ类和Ⅲ类着陆标准运行时安装。

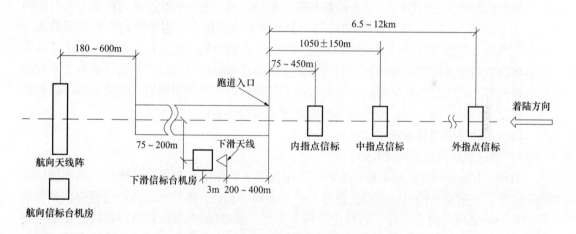

图1D413011-1 ILS系统的机场配置图

航向信标天线产生的辐射场，在通过跑道中心延长线的垂直平面内，形成航向面或称航向道，如图1D413011-2所示，用来提供飞机偏离航向道的横向引导信号。机载接收机收到航向信标发射信号后，经处理输出飞机相对于航向道的偏离信号，显示在驾驶舱相应仪表上。

下滑信标台天线产生的辐射场形成下滑面（见图1D413011-2），下滑面和跑道水平平面的夹角，根据机场的净空条件，可在2°～4°之间选择。下滑信标用来产生飞机偏离下滑面的垂直引导信号，机载下滑接收机收到下滑信标台的发射信号，经处理后输出相对于下滑面的偏离信号，显示在驾驶舱相应仪表上。

航向面和下滑面的交线定义为下滑道。飞机沿这条交线着陆，就对准了跑道中心线和

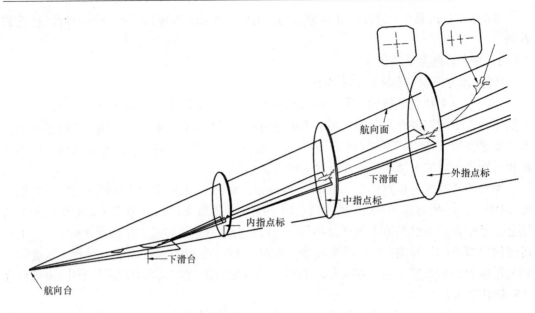

图1D413011-2   仪表着陆系统

规定的下滑角，在距离跑道入口约300m处着地。

指点信标台为2个或3个，装在顺着着陆方向的跑道中心延长线的规定距离上，分别叫外、中、内指点信标（见图1D413011-1），每个指点信标台发射垂直向上的扇形波束。只有在飞机飞越指点信标台上空的不大范围时，机载接收机才能收到发射信号。由于各指点信标台发射信号的调制频率和识别码不同，机载接收机就分别使驾驶舱仪表板上不同颜色的识别灯亮，同时驾驶员耳机中也可听到不同音调的频率和识别码，驾驶员就可以判断飞机在哪个信标台的上空，即知道飞机离跑道入口的距离。

四、全球导航卫星系统（GNSS）

1. 全球导航卫星系统（GNSS）

VOR、DME、ILS等为陆基导航系统，在我国主要集中分布在东部地区，西部地区覆盖不完全。在航空器的飞行航路上设置若干个地面导航台，航空器在飞行过程中根据导航台信号引导实现台对台飞行，当到达机场上空之后依靠ILS将航空器引导着陆。在整个飞行区间，由分布在各地的雷达系统对飞行阶段的相关信息，即航空器的位置、高度、速度等进行监视，地面管制员根据这些信息对航空器进行指挥。

全球导航卫星系统（Global Navigation Satellite System，GNSS）由一个或多个卫星星座、机载接收机以及系统完好性监视等组成，构成星基导航系统。包括美国的GPS、欧洲的Galileo、俄罗斯的Glonass、我国的北斗BDS以及地基增强系统GBAS等，在全球范围内提供定位、测速和授时服务，可以同时为陆、海、空用户提供连续、精确的三维位置、速度和时间信息。由于它具有连续的全球覆盖能力，使航空器可以在可遵循的条件下实现从一个地方到另一个地方的直线飞行，摆脱台对台飞行，明显降低航行时间和油耗。在GNSS接收机中包含数据处理系统，可将航空器位置、高度、速度信息实时发送到空中交通管制中心及相关部门实现全程自动监视，也为空中交通管制中心提供防撞预警。GNSS导航系统具有陆基导航系统无法比拟的优越性和安全性。

GNSS系统已应用于中国民航，在东部地区作为辅助导航系统，提高导航精度；在西部地区作为主用导航系统，提高导航精度、航空安全和飞行效率，星基导航已逐步成为我国民航发展的新趋势。

2. 地基增强系统（GBAS）

受卫星运行及电离层影响，GNSS 定位误差会随着时间发生变化，增强系统可用于监控及补偿此类变化。为提高卫星导航的完好性、精确性、可用性和服务连续性，通过一些地面、空中或卫星设施，采取差分技术、伪卫星技术、监测手段等使卫星导航系统总体性能得以提高，由此形成了卫星导航的增强系统，如地基增强系统（Ground-based augmentation system，GBAS）。

GBAS是一种用户接收机导航增强信息来自于地面发射机的卫星导航增强系统，包括导航卫星子系统、地面增强子系统和机载接收机子系统三部分。GABS通过为GNSS测距信号提供本地信息和修正信息，来提高导航定位的精确度。

GBAS 地面子系统可提供进近、定位两类服务，相比ILS 运行优势有：一套 GBAS 设备可同时满足多个进近程序运行的需求，且定期校验间隔周期长，设施/设备建设、维护成本低；场地要求低，无ILS 临界区保护限制，可为因地理条件限制无法安装ILS 设备的机场/跑道提供精密进近，实施Ⅱ、Ⅲ类卫星着陆系统运行的机场场地改造成本更低；信号稳定，不易受地面、空中活动影响，为缩小管制间隔（特别是II/III 类运行时）创造了条件；跑道入口变更灵活、最后进近下滑角易于调整，可应用于降低机场噪声、缩短尾流间隔等方面。

1D413012 监视系统主要内容

监视系统包括雷达、自动相关监视系统、多点定位系统和空管自动化系统。

一、雷达

雷达是一种通过辐射无线电波，检测是否存在目标反射回波及回波特性，从而获取目标信息的探测装置。根据雷达发射信号与回波之间的延时，可测得目标的距离；根据对目标距离的连续测量，可获得目标相对雷达的速度；通过测量回波的波前到达雷达的角度，可以确定目标所在的角方位。由于它能在近至几米、远达数百千米的范围内探测目标，并有较好的定位精度，在军用和民用方面都得到广泛的应用。

应用于空中交通管理方面的雷达主要有空管一次监视雷达（PSR）和空管二次监视雷达（SSR）。雷达发射电波后以接收目标反射回波方式得出目标距离和方位信息的称为一次雷达；如果回波来自目标上的发射机转发的辐射电波则称为二次雷达。

1. 空管一次监视雷达

空管一次监视雷达可分为空管远程一次监视雷达、空管近程一次监视雷达和场面监视雷达。

（1）空管远程一次监视雷达：

空管远程一次监视雷达是一种远程搜索雷达，作用距离为300~500km，主要用于区域管制，监视连接各机场之间的航路上和航路外航空器的活动情况，在雷达终端显示器上标出航空器的距离和方位。管制人员依靠雷达终端显示器监视航路上航空器的飞行情况，保持航空器之间的安全间隔，如发现有危险事故征候，则对航空器驾驶员发出指令以避免冲突，保证航路飞行安全，提高航路利用率。

（2）空管近程一次监视雷达：

空管近程一次监视雷达是一种中近程搜索雷达，主要用于进近管制，用于探测以机场为中心、半径110～150km范围内的各航空器的活动情况，并在雷达终端显示器上标出航空器的距离和方位。管制人员通过雷达终端显示器了解雷达探测区域内航空器的飞行状态，并根据航空器的请求和各航空器之间应该保持的安全间隔，实施机场进近区域的空中交通管制。在机场低能见度情况下，利用空管近程一次雷达可大大减少航空器起飞和着陆的时间间隔，提高效率并保证飞行安全。

（3）场面监视雷达：

场面监视雷达是一种监视机场地面上航空器和各种车辆运动情况的高分辨雷达，作用距离2～5km。它能提供机场上地面目标（如航空器、地面服务车辆等）的平面位置图。随着计算机技术的发展，场面监视雷达显示器上显示的不再是一个个目标点，通过与其他系统外来数据的相关处理，不仅可以使管制员在雷达终端显示器上监视航空器和车辆的运动轨迹，而且可以获知运行航空器的航班号、航空器机型、速度、将要停靠的登机桥等。场面监视雷达也是机场实施低能见度运行的基本条件之一。

一次雷达的优点是可以在雷达终端显示器上用光点提供航空器的方位和距离，不管航空器上是否装有应答机。缺点有：必须辐射足够大的能量电平，才能收到远距离目标的反射信号，一次雷达作用距离正比于发射功率的四次方根；反射回波弱，易受固定目标干扰；不能对航空器身份进行识别；回波存在闪烁现象等。

2. 二次监视雷达

二次监视雷达（SSR）系统由地面二次雷达（询问机）与机载二次雷达应答机两部分组成，配合使用完成监视工作，对管制空域内可识别有源目标进行监视，二次雷达是相对一次雷达而言的。地面询问雷达发射一定模式的询问信号，装在航空器上的应答机收到这个模式的询问信号后，经过信号处理、译码，形成触发信号，触发应答机自动发回编码的回答信号。询问机可根据传播时延以及天线指向测定应答目标的方位与距离。地面雷达收到这个回答信号后，经过信号处理，获取航空器的识别码和高度信息。最后，把装有应答机航空器的代码、高度、方位和距离显示在雷达终端显示器上。

国际民航组织规定的二次雷达询问模式有六种，目前民航使用A模式和C模式。A模式询问时，应答信号为航空器识别代码；C模式询问时，应答信号为高度编码信息。

二次雷达的特点是发射功率小、干扰杂波少、目标不存在闪烁现象、能够提供准确的航空器即时飞行高度。实际工作中一次雷达和二次雷达配合工作，取长补短，提供空中交通管制所需的广泛信息。

3. S模式二次监视雷达

A/C模式二次监视雷达在询问时，向在其询问波瓣内所有的航空器发射相同的询问格式，当航空器处于两个相邻雷达站作用范围重叠的区域时会产生同步审扰；A/C模式二次监视雷达的编码采用12位二进制数，代码数仅为2^{12}个，可交换信息少，A/C模式下雷达输出的主要数据信息包括高度信息、识别码、方位信息、距离信息，易受到混扰和审扰的影响，对日交通流量在1000架次以上的机场，其监视能力已接近极限。

S模式是近年发展起来的一种新的空中交通监视技术，相对A/C模式二次监视雷达，采用了选址询问，扩展了数据链，扩充了系统容量，降低了系统内部干扰，雷达输出的数据信息比传统A/C模式下雷达输出的信息丰富很多。

S模式中的S（Selective的首字母）是选择的意思，即在其询问时，是根据航空器地址的不同去点名（有选择性的）询问，每架航空器的地址是唯一的。由于是点名询问，而且是根据航空器的唯一地址去点名询问，其结果就是被点名的航空器应答，没有被点名的航空器不应答，因而多架航空器不论距离、方位如何靠近，其应答都不会互相重叠或审扰。

S模式二次监视雷达通过增加多种询问模式，可以很好地兼容加装A/C模式应答机的航空器和加装S模式应答机的航空器。S模式二次雷达和机载应答机采用24位二进制数表示航空器代码，代码的容量达到了2^{24}个，解决了航空器代码资源短缺的问题。同时，由于S模式采用数据链通信，可交换的信息更丰富。S模式下雷达输出的数据信息包括高度信息、识别码、航空器识别信息（航班号）、航空器24位地址信息、信号强度信息、方位信息及时标信息等，便于管制人员了解航空器更详细的状况。

二、自动相关监视系统

自动相关监视（ADS）技术是基于卫星定位和地/空数据链通信的航空器运行监视技术。ADS的概念最初是为越洋飞行的航空器在无法进行雷达监视的情况下，希望利用卫星实施监视所提出的解决方案。

（1）自动：不需要人工的操作，不需要地面的询问。

（2）相关：信息全部基于机载数据。

（3）监视：提供位置和其他用于监视的数据。

在此概念下衍生的"广播式自动相关监视"（ADS-B）技术成功应用于无雷达地区的远程航空器运行监视。同时与传统雷达监视技术相比，ADS-B技术具有使用成本低、精度误差小、监视能力强等明显优势。

1. 自动相关监视

自动相关监视的原理是把来自机载设备的飞行位置数据通过地空数据链自动传送到地面交通管制部门。数据信息包括识别标志、四维位置信息（经度、纬度、时间和高度）、附加数据（飞行趋势、飞行速度、气象等）。信息源包括各种机载导航传感器和接收机以及大气数据传感器。原始数据采集后交由机载飞行管理计算机（FMC）进行整理和融合成ADS信息，并交由发射装置发射。传输的数据链包括卫星数据链、甚高频数据链、S模式二次雷达数据链。信息的接收处理和应用显示包括地面的通信终端和显示终端两部分，地面通信终端主要是连接到地面ATN通信网络的网络终端设备，地面ATC部门的飞行数据处理系统可以将航空器的位置点图形化地映射到地面终端显示屏幕上，使其能像雷达点迹一样在屏幕上显示出来，即伪雷达显示。ADS功能如下：

（1）通过对雷达覆盖区以外的航空器提供ADS监视手段来加强航空器安全。

（2）及时检测到航路点引入差错和ATC环路差错。

（3）对当前飞行计划进行符合性监督和偏离检测，及时发现航空器对放行航迹的偏离情况。

（4）改进了监视、通信、ATC数据处理和显示能力，可以缩减飞行间隔标准。

（5）加强了冲突检测和解脱能力。

（6）在紧急情况下及时得到航空器精确的位置信息。

2. 广播式自动相关监视

广播式自动相关监视（ADS-B）是一种监视技术，即航空器通过广播模式的数据链，自动提供由机载导航设备和定位系统生成的数据，数据不是针对某个特殊的用户，而是周期性地广播给任何一个有合适装备的用户。数据包括航空器识别、四维定位、速度以及其他相关的附加数据。地面和其他航空器可以接收此数据并用于各种用途：空中航空器与航空器之间能自动识别对方的位置，可以自我保持间隔；在无雷达覆盖地区提供ATC监视；地面ATC对终端和航路飞行的航空器进行监控和指挥；机场场面活动的航空器和航空器及车辆之间保持间隔，起到机场场面监视作用；航空公司对航空器运行和监控进行管理等。

ADS-B可提供比空管二次监视雷达更多的目标信息，可实现空-地监视、空-空监视和地-地监视，定位精度高，更新率快，建设维护成本低，地面站建设简便灵活，各地面站可独立运行。由于其依赖全球导航卫星系统对目标进行定位，所以广播式自动相关监视系统本身不具备对目标位置的验证功能。如果航空器给出的位置信息有误，地面站设备（系统）无法辨别。在全球导航卫星系统失效情况下，广播式自动相关监视系统不能正常工作。

三、多点定位系统

多点定位（MLAT）是一种针对航路、终端区域和机场及其附近区域的监视技术。系统主要由若干个分布在监视区域附近的询问站、接收站、测试应答机、中心处理站、通信传输设备等组成。

与一、二次雷达定位原理不同，多点定位基于信号到达时差（TDOA）计算航空器的位置。多点定位系统询问站发射问询信号，多个地面接收站接收移动目标发射的同一应答信号（二次监视雷达应答机或同等设备发射信号），通过计算各地面站接收的时间差（TDOA）来估算其空间位置。当同一组信号被地面上位于不同位置的接收天线接收时，因为目标与各个接收天线的距离不一样，因此信号到达各个天线的时间也有细微的差别，这些差别就是信号到达时间差（TDOA）。在此基础上借助特定的算法，目标所处的位置将被精确地计算出来，可以实现对机场场面和周围地区移动或静止的目标进行监视。

通过调整基站数量和各个基站位置，多点定位既可以应用于机场场面（对场面上的航空器和车辆进行监视），也可以应用于终端区或航路（线）等不同场合。当多点定位系统应用于航路（线）或进近监视时，称为广域多点定位系统。

多点定位系统布点灵活，能有效地弥补场面监视雷达系统的信号覆盖盲区，其相关性使管制员不受天气因素的影响，所得到的位置精度和目标识别度都大大提高。在许多大型机场多点定位系统与场面监视雷达同时安装，覆盖范围互补，其数据进入场面监视雷达数据处理系统进行数据融合后，其信息可显示在场面监视雷达终端显示器上，是场面监视雷达的重要补充手段。

多点定位系统可以充分利用机载现有的标准应答机，不需要加装机载电子设备，定位精度高，本身具有目标识别能力；采用无源接收站在减小成本的同时可以降低对其他系统的干扰；同时多点定位基站具有较小的室外机箱和非旋转天线，可以很容易安装在现有通信塔及其他建筑物上。其冗余程度也是单个雷达所不具备的，在一个或多个站点发生故障时，多点定位系统具备逐次降级使用性能，在运行和维护方面也有一定的优势。但是多点定位技术依赖多个站点协同工作对航空器定位，需要对航空器位置进行实时解算，地面站利用全球导航卫星系统授时，定位精度依赖于地面站的位置精度、站点布局和时间同步精度。

四、空管自动化系统

实施空中交通管制所使用的计算机综合系统即空中交通管制自动化系统，包括运行系统、配套系统（包括管制模拟系统、培训与测试系统、软件支持系统）。运行系统是提供日常运行具有监视数据处理、飞行数据处理、人机界面处理、告警处理、记录回放处理、软件与适配数据管理及系统监控功能的自动化系统，管制模拟系统用于管制员培训及其他管制任务训练，培训与测试系统用于系统软件现场测试、适配参数验证、技术人员培训的系统，软件支持系统用于软件配置管理、软件功能测试、重大故障重现及分析。自动化系统实时集成来自其他系统的数据源，通过收集、处理这些数据，为管制员、飞行数据操作员、流量管理人员以及技术维护人员提供信息，为区域管制中心、进近管制室/终端区管制中心、塔台管制室的雷达终端显示器提供数据服务。管制员可借助雷达终端显示器实施雷达管制。

1．监视数据处理

监视信号处理主要指自动化系统通过接收各类雷达数据、自动相关监视系统数据及多点定位数据，并进行数据协议和格式转换、数据坐标变换、目标数据相关、多监视源目标数据融合处理和监视数据显示，在雷达终端显示器上为管制员提供覆盖范围大、航迹稳定可靠、数据定位精度高、人机接口友善的监视目标动态信息。

2．飞行数据处理

飞行数据处理是自动化系统的一项重要功能，主要内容包括处理来自航空固定电信网的格式电报、创建飞行计划、飞行计划轨迹计算、二次代码管理、提供电子进程单显示和打印纸进程单、提供飞行计划冲突探测、提供飞行计划状态演变的控制、报文发送等。最终将最新飞行计划实时发送给管制员，供管制员指挥航空器使用。

1D413013　民用航空通信方式

航空通信是航空部门之间利用电信设备进行联系，以传递飞行动态、空中交通管制指令、气象情报和航空运输业务信息等的一种保障业务。航空通信业务分为航空固定业务、航空移动业务、航空广播业务。

一、航空固定业务

航空固定业务是在规定的地面固定电台之间进行的通信业务。航空电台有固定电台和因某一任务需要而设置的临时电台，在某种情况下，航空电台可设在船上或地球卫星上。航空电台的工作方式有有线和无线两种。有线是指通信采用有线电话、有线电传；无线是指通信采用无线电话、无线电报和无线电传。航空固定通信业务是通过平面电报、数据通信、话音通信等通信方式来进行。民航空中交通服务单位必须具有航空固定通信设施，交换和传递飞行计划、飞行动态，移交和协调空中交通服务。

1．航空通信网

（1）国际民航组织航空固定业务通信网（AFTN）和国际航空通信协会通信网（SITA）

国际民航组织各成员国之间的航空固定业务通信电路相互连接组成了国际民航地面通信网，传递电报的规定格式称为AFTN格式。中国民用航空局国内地面业务通信网传递的航行电报、气象电报和中国民用航空局各业务单位的电报均使用标准的AFTN格式。

世界范围由国际航空通信协会（SITA）经营的、供SITA成员航空公司内部或航空公司之间传递电报、数据的通信网，传递电报的规定格式称为SITA格式。中国民用航空局国内地面业务通信网传递的民用航空企业的运营业务电报的格式与SITA格式相同。

（2）中国民航自动转报网：

我国区域内的AFTN电报网络和SITA电报网的集合，称为中国民航自动转报网，它是民航电报服务的骨干承载网络。

民航电报服务，主要服务范围面向空中交通管制用户与中国民用航空局空管局及其下属机构，主要提供AFTN电报数据，同时引接用户所需的SITA电报数据。另外，根据具体需求，服务范围也延伸至机场、驻场航空公司等民航航务部门，为其引接需要的AFTN电报数据以及SITA电报数据。该网络能够提供AFTN和SITA两种格式电报的传输业务，是空管部门及航空公司商务信息传输的主要手段。

（3）地面业务通信网：

为传递航空业务电报、数据与语言，由中国民用航空局各地面业务电台之间的通信电路和无线电波道，以及与AFTN和SITA之间的电路相互连接组成的通信网。地面业务通信网络包括：

国内通信电路：民用航空局、地区管理局、地区空管局、空管分局（站）、航空公司、机场、通信导航台站之间，建立传递民用航空各类电报和数据信息的电路。国内通信电路以有线电工作方式为主，无线电方式为辅。

管制移交通信电路：相邻空中交通管制部门之间（包括中国与相邻的外国管制部门之间）、本地区各管制部门之间建立管制移交和飞行协调的通信电路。管制移交通信电路使用有线电或无线电方式，并配备录音设备。

通用航空通信电路：执行通用航空飞行机场的电台与作业基地流动电台以及小型流动电台之间，建立传递通用航空各类电报的通信电路，必要时可兼作通用航空地空通信，使用无线电报或无线电话方式工作。

飞行院校通信电路：飞行院校与所属分校之间、飞行院校与有关地区管理局之间，建立传递训练飞行电报的通信电路，使用有线电或无线电工作方式。

2. 航空固定通信设施

（1）自动转报系统：

自动转报系统是基于航空固定电信网（AFTN）和国际航空电信协会（SITA）通信网的相关标准，采用计算机自动处理（存储、转发、查询、统计、监控等）AFTN电报和SITA电报的系统，不需要人工干预而自动将电报转至规定的一个或者多个目的地。自动转报系统是地面通信网络中的核心系统，作为我国空管领域数据信息交互的重要基础性系统之一，在全国范围内广泛部署建立，遍布全国各地区空管局、空管分局、空管分局站、支线机场大部分区域。各用户的电报终端可实现与网上任一用户单位间的电报数据通信。

（2）民航数据通信网：

我国民航建成了以民用航空局、各地区管理局为结点的民航分组交换网，该网络包括分组交换设备和帧中继交换设备，分布在全国民航所有省会机场和大型航站，为民航空管、航空公司等部门的各种数据信息提供了交换和传输平台。

民航空管部门通过使用光传输设备、IP承载网设备、复用承载网设备等，在民航数据通信网上完成甚高频电台的遥控业务、甚高频机房设备及环境监控、雷达信号引接业务、空管自动化系统联网业务、民航气象业务、航行情报业务、数据链业务以及包括办公自动化与视频会议的民航信息化业务等。

使用民航数据通信网，完成了全国大部分管制区空域以及相邻管制区管制交接空域甚高频地空通信重叠覆盖；雷达作用范围在重要机场场面实现全景、终端区空域实现多层、在管制区内所有航路以及在相邻管制区内一定宽度空域实现多层重叠覆盖；空管自动化系统实现联网，遍布繁忙地区的雷达以及相邻管制区的相关雷达情报数据均能以多信道冗余传输接入空管自动化系统，做到信息传递多路径、多手段、可迂回、可切换。

（3）民航卫星通信网：

民航卫星通信网由民航C波段卫星通信网和民航Ku波段卫星通信网组成。民航C波段卫星通信网系统地面站工作波段为4~6GHz，主要由TES和PES两个网络系统、通信卫星以及网络控制中心组成。民航Ku波段卫星通信网卫星系统地面站工作波段为12~14GHz，与原来的C波段卫星网优势互补，组成一个具有更高可靠性的民航专用卫星通信网。民航卫星通信网所保障的主要传输业务分别为话音通信、帧中继、分组干线电路、自动转报电路、雷达信息联网、气象数据库远程传输电路、甚高频VHF遥控引接电路等。

此外，场内移动通信是机场范围内的单位、人员和民用航空专用流动车辆之间，建立传递保障飞行以及其他信息的无线电话通信，通常使用集群移动通信系统。机场、机关企事业单位和外部的电话通信，应当采用电信公用线路。

二、航空移动业务

航空移动业务是航空器电台与地面对空台之间或者航空器电台之间的无线电通信业务。主要是航空器驾驶员与地面管制人员、航空公司调度员之间，航空器驾驶员与驾驶员之间的无线电通信业务。承载航空移动业务的电信系统称为航空移动通信系统。

在空中交通管制系统中，航空移动通信主要是语音通信和数据通信。按照通信方式，航空移动通信主要可分为甚高频/高频（VHF/HF）语音和数据通信、航空移动卫星通信、地空数据链通信等。

1. VHF/HF语音和数据通信

VHF/HF语音和数据通信在民航空中交通管制中占有非常重要的位置，应用于机场终端区和航路的空中管制。管制员通过VHF/HF语音和数据通信与航空器联络，向航空器提供可靠、安全的飞行管制信号，如飞行位置和高度、飞行航线等。实现VHF/HF语音和数据通信的地面设备主要有设于异地、本地的VHF/HF收发信机，语音交换和控制系统，VHF/HF地空数据链系统。

（1）甚高频（VHF）通信系统供航空器与地面台站、航空器与航空器之间进行双向话音和数据通信联络。甚高频传播方式的特点是：由于频率很高，其表面波衰减很快，以空间波直线传播方式为主，传播距离较近；电波受对流层的影响大；受地形、地物的影响也很大。其传输特性使得甚高频的发射和接收基本上是在视线范围内。甚高频对空台发射功率按塔台管制和航路管制划分为7W、10W、25W、50W几个级别。为保证甚高频通信的可靠性，一般采取主备频率设置，同时航空器上装有一套以上的VHF备用通信系统，地面甚高频台站的设备一般主备台站、主备设备配置。

甚高频台站一般设置在机场和航路上，满足塔台管制和进近管制和区域管制的需求。

每个VHF台站负责实现部分小区域的VHF通信覆盖,由若干个VHF台联合实现区域管制空域的无缝VHF通信覆盖。远端航路上的VHF台与区域管制中心之间通过有线和无线传输链路传输VHF收、发语音信号和一些控制信号。为保证整个通信系统的可靠性,通常采用"一地一空"或"两地一空"的冗余通信传输链路,这样区域管制中心的管制员就对远端航路VHF设备实现了遥控使用,继而实现了对所辖区域的空中交通管制服务。

(2)高频(HF)通信系统又称短波通信系统。工作于高频频段,高频电波传播主要靠电离层反射,只需要一部电台就可以覆盖几千千米的范围,不受海洋和纬度的限制,设备的投入和使用费用也很低廉。但由于电离层会随昼夜和季节的变化而变化,还会受太阳黑子、天气、地形等影响而产生波动,加上高频信道的拥挤和高频传播的衰落现象,通信质量难以保障稳定不变,这限制了高频话音通信的发展。对于要求通话质量很高的空中交通管制来说,高频话音通信主要用于越洋和极地等甚高频通信无法覆盖的地区,以及边远陆地和远程航线飞行通信上。为了达到较高的通信质量和较远的覆盖范围,传统的高频话音地面通信设备多采用增大发射功率(可达几千瓦)和建立大规模天线阵的方法,以满足与机载高频通信设备的配合要求(机载高频通信设备功率一般为125W)。

2. 航空移动卫星业务(AMSS)

航空移动卫星业务AMSS系统是通过卫星为航空器和地面用户提供分组方式数据、电路方式数据以及话音业务的通信系统。航空移动卫星业务(AMSS)系统由通信卫星、航空器地球站、地面地球站和网络协调站四部分组成。目前,AMSS主要用于向机组人员和旅客提供卫星电话、传真,以及向航空公司提供用于航空运营管理的数据通信服务。在空中交通管理方面,AMSS主要作为边远地区和洋区飞行的通信手段,也作为VHF和HF通信的备用手段。在新航行系统空地通信中,AMSS将主要用于向空中交通管理提供数据链通信服务。

3. 地空数据链通信

地空数据链通信是一种在航空器和地面系统间进行数据传输的技术,目前可以选择的传输媒介有甚高频、高频、卫星、二次监视雷达的S模式等。在几种传输媒介中,甚高频地空数据链相对于高频地空数据链而言,具有通信可靠性高、信息传输速率快、延迟小的特点;相对于卫星数据链和S模式数据链而言,甚高频地空数据链具有投资少、使用简单方便、易于扩展等优势,因而已经成为地空数据链通信的主要手段。

甚高频数据链系统采用有效的编码和调制技术,为数字化语音通信和数据信息传输提供地空双工和多址访问能力。地空数据链除了向航空器提供管制信息外,还可以向航空器提供差分校正数据、卫星和地面管制中心质量状况数据等信息。其基本工作方式是将信息数据打包,通过VHF以数据链的形式实现地空数据交换。

飞机通信选址报告系统(ACARS)是最早的甚高频数据链通信系统,也是目前世界范围内使用最普遍的、面向字符传输的地空数据通信系统。ACARS系统主要由机载设备系统、远端地面站(RGS)、网控中心、网关和国际路由器、地面网络(包括中国民航专用网和邮电电话网)、应用系统组成,用于飞机与地面系统之间的双向数据传输。ACARS系统的机载系统能够收集机载传感器提供的各类信息,按照规定的格式装配成ACARS报文,将报文作为传输单元通过VHF地空数据链路发送到地面(下行);也可以将地面系统发送的控制命令和数据等信息装配成ACARS数据报文,通过相同的地空数据链路发送到飞机（上行）。

ACARS系统具有自动报告功能，报文可以由系统自动发送，也可以根据需要人工发送，报文中含有许多重要的数据和信息，如飞机当前位置、发动机数据、气象信息、管制指令等。ACARS系统使航空公司、空管部门等用户对飞机的运行管理与控制、状态监控与故障远程在线诊断等一系列功能的实现变得方便、快捷，可有效降低航班运行费用、提高航班运行效率。

三、航空广播业务

航空广播业务是一项对空发射发送的广播业务，目的是发送给航空器所必需的情报，最常见的为自动终端情报服务广播（ATIS），减轻管制员应答航空器询问的劳动强度。

自动终端情报服务广播是与机场运营相关的最普通的广播形式。ATIS是以一种使用甚高频独立无线电频率的发射机，通过 TTS（Text to Speech）技术并能够通过简单文字录入的方式，实现临时话音合成功能形式进行的广播，为进场的和离场的航空器提供情报。广播所提供的内容有本场气象情报和导航设备工作状况等。

1D413014 民航通信导航及监视系统建设要求

一、导航台选址与场地

（1）导航台的选址应符合飞行程序设计的要求，并满足导航设备的工作环境、地方规划、投资规模等要求，同时考虑供电、维护、维修及值班人员生活的需要。

（2）导航台台址应符合《航空无线电导航台（站）电磁环境要求》GB 6364—2013及《民用航空通信导航监视台（站）设置场地规范 第1部分：导航》MH/T 4003.1—2014和《民用航空通信导航监视台（站）设置场地规范 第2部分：监视》MH/T 4003.2—2014中的相关要求。

（3）导航台的选址应考虑土壤的电阻率、当地雷电统计资料，避免选择雷电多发地区及接地电阻难以达到要求的地区。

（4）导航台的选址应考虑地质条件，避开断层、滑坡、塌方的位置，避开易燃、易爆的仓库，同时考虑洪水防范及有害气体、粉尘的影响。

（5）导航台选址应考虑对维护人员的辐射保护，应符合国家标准的要求。

（6）导航台在规划选址阶段，应考虑导航台保护区环境的变化情况，做好保护区的长期保护规划。

（7）导航台台址及其场地保护区，应根据《民用机场管理条例》（中华人民共和国国务院令第553号，2019年3月2日修正）要求，向地方政府备案。

二、导航台规划与设计

（1）导航台的占地面积应考虑场地保护、电磁环境保护及电磁辐射保护等有关标准及规定的要求，既要满足设备正常使用的环境条件，也应满足对人员和环境保护的安全等要求，还应考虑导航设备工作地网和防雷地网敷设范围的需求。建在地震活跃区域的导航台，应符合国家有关抗震设计标准规范要求。

（2）场内导航台机房及天线塔等设施建设，应符合《民用机场飞行区技术标准》MH 5001—2013（含第一修订案）要求。

（3）导航台及保护区范围内应建设通畅的排水系统，避免水浸。

（4）导航台应配套建设环境绿化工程，绿化应符合场地规范的要求。

（5）导航台的机动车通行道路宽度不应小于3.5m，围墙高不低于2.5m。

（6）有人值守导航台，机房与生活区可分离建设，但应满足导航设备实时监控及导航台安保的要求。

（7）有人值守导航台，可按4人配备生活用房，配置室内活动（图书）室。有条件的导航台可配套建设室外运动场所，配套工作用车及生活用车车库。

（8）导航台应根据实际需要，配套建设供配电设施、发电机及其用房。配套用房及变配电设施的设计，应符合国家及相关行业规范及标准。当市电中断时，配套的发电机应能承担导航台的全部用电负荷。

（9）导航设备机房（以下简称机房）按使用功能划分为导航设备区、弱电区、配电区及电池区。其中：导航设备区是指安装导航设备的机房内区域；弱电区是指安装传输设备或信号电缆的机房内区域；配电区是指安装主要供电、配电设备的机房内区域；电池区是指安放设备用蓄电池的区域，包括设备后备电池及不间断电源（UPS）电池。

（10）导航设备区可与弱电区合并，配电区应远离主设备区，电池区可为独立区间。

（11）机房设计应包含防鼠害和防虫害措施。机房地面、墙面除满足防潮要求外，应能满足设备的承重要求。

（12）生活区、变电配电机房、发电机机房的消防设备，应符合国家相关标准的要求。

（13）设备机房、配电房、发电机机房应设置安全警示标识。

（14）仪表着陆系统下滑台保护区的A区范围，可适度硬化处理，以降低场地变化影响辐射导航信号的稳定，其边界应设置容易识别的保护区范围标识。

（15）4E以上（含）机场的场内供电线路及信号电缆线路，可按双向线路路由设置。

三、导航设备配置

（1）导航台的导航设备配置应根据机场运行标准及飞行程序的要求，选择能提供持续、稳定导航信号、性能可靠的设备。

（2）仪表着陆系统（ILS）设备、甚高频全向信标（VOR）设备、测距仪（DME）设备应满足相关技术要求。

（3）导航设备监控系统的传输方式首选有线传输方式，其他传输方式可作为补充。

（4）导航设备监控系统应能满足值班员对设备工作状态及告警信息的实时监控。导航设备加装的监控系统，应独立于设备原监控系统，不得影响设备原监控系统的正常使用。

（5）导航台可根据实际需要，安装环境监控设备。

四、导航台电源配置

（1）机场导航台宜采用双路市电专用路由供电；机场灯光站的后备电源应保证机场导航台的供电。支线机场导航台可不采用双路市电供电。航路导航台宜保证一路市电供电，并配置发电机为后备电源。

（2）导航台可采用太阳能供电或其他可靠供电方式。太阳能供电的储能电池容量，应根据该地区日照统计中连续出现阴雨天气的天数确定。

（3）导航设备应配备蓄电池作为主用后备电源。

（4）可以选择在线式不间断电源（以下简称"UPS"）作为导航设备备用后备电源，同时可作稳压电源使用。UPS的额定功率选择应是用电设备额定功率的2倍。

（5）机房配电分为转换开关箱、配电箱，转换开关箱及配电箱分离设置、安装。配置UPS时，应加装UPS电源输出配电盒，UPS的输出经配电盒接至设备。转换开关箱、配电箱及UPS配电盒之间安装距离应满足浪涌防护的退耦要求。

（6）机房应设置足够数量的电源插座。配置UPS时，可设置不间断电源插座，满足设备维护及维修的需要。

（7）导航台的电源开关应选用空气断路开关，电源系统中不得安装漏电开关。

（8）需提供气象设备电源的导航台，应为气象设备的电源预留连接端，或预留安装位置。

五、机房工艺要求

（1）机房宜为框架结构，矩形布局，建筑面积宜为30m²，机房净高宜为3m，机房门的高度不低于2.1m，宽度不小于1m，也可根据实际需求确定。只安装单套设备的机房，其机房面积可适当减少。

（2）机房的建筑设计应包含屏蔽及防雷功能。机房外墙、地基及房顶，应按格栅形空间屏蔽（法拉第笼）的方式设计，根据电缆进出机房位置，预留电缆孔及等电位连接端。

（3）机房的房顶应避免积水，并有防渗漏、保温、耐热的性能，除防雷设施外房顶不得安装其他设施。

（4）机房地基高度应满足防止机房水浸的要求。地面混凝土强度、墙面应满足防渗漏、防潮的要求。

（5）机房内装修应选用耐久、环保、不发尘、阻燃的材料，避免设备投产后的重复装修。

（6）机房不设吊顶，不宜安装防静电活动地板。机房地面可铺设导静电地面或防静电胶。

（7）机房门窗宜采用不锈钢材料，窗宜采用平开窗。门窗、墙壁、顶棚、地面的构造和施工缝隙，均应采取密闭措施。

（8）导航设备的安装位置宜保证1.2m宽的维护空间，满足维护人员对设备的维护及维修需要。

（9）机房内应根据设备的安装及防雷需要，预留足够的接地连接端，用于连接防雷装置。

（10）机房应根据上走线要求，设计安装走线架，并满足信号电缆及电源电缆分离安装的防雷规范要求。

（11）机房内导航设备及附属设备、线缆应设置识别标识。

（12）机房温度应保持在10~28℃之间，相对湿度应小于85%，避免结露。机房可根据设备环境需要配置湿度调节器。

（13）机房应配置2台具有停电自启动功能的空调，单台空调应能满足设备正常工作的需要。

（14）机房内照明宜采用节能灯具，灯具应分组分离安装。灯具安装位置应满足设备的维修和维护需要；机房照明的照度应不低于300lx。机房应安装应急照明光源，在距地面0.8m处，其照度不应低于5lx。

（15）机房应配备两个适用于电子设备的移动式或手持式气体灭火器，其灭火剂不应对设备造成损害及污渍。

六、导航台防雷与接地（参见1D413016）

七、设备安装要求

导航设备及附属设备的安装，应在导航台土建及天线基础建设完成，机房内外装修完成，并待墙壁干燥后，按以下顺序实施：安装接地装置；安装走线架；安装供电配电设备及电涌保护器（SPD）；安装机房环境调节设备；安装弱电设备；安装主设备；等电位连接。

1D413015   民航航路工程的构成及建设要求

一、航路工程的构成

航路工程主要为航路上的航空器飞行提供有效的空中交通管制服务，主要由航路导航台、雷达站、甚高频遥控台、管制区自动化系统等构成。

航路导航台的主要设备为全向信标/测距仪设备。

雷达站分为一次雷达站、二次雷达站、一/二次雷达站，主要设备为一次雷达、二次雷达，一/二次雷达站为一次雷达与二次雷达合装。

甚高频遥控台的主要设备为多信道VHF共用系统，通常与航路导航台或雷达站合建在一个台站内，也可以单独设台建设。上述台站通常需要配套建设供电、防雷、通信、消防、暖通、给水排水、综合监控、安防等设备设施。

自动化系统的主要设备包括雷达数据处理系统（RDPS）及飞行数据处理系统（FDPS）以及雷达管制席位，配套设施有管制员模拟机、雷达终端、通信维修测试平台、话音/数据记录与回放系统、GPS时钟系统、语音通信系统等。

二、航路工程的建设要求

为了满足预期的使用效果及作用距离，航路台站在建台选址时，平原地区可建在地势较高的高地或建筑物顶上，在山区，应选地势较高、周围无严重遮挡的山顶作为台站场地。选用设备功率必须满足需求，通常全向信标设备的功率应达到100W，测距仪设备的功率应达到1000W。在山区或河谷地带建设全向信标/测距仪台站时，如果净空条件不完全满足台站设置场地规范的要求，可适当架高反射网高度并增大反射网面积以改善遮蔽情况。

航路台站内的主要设备都属于一级用电负荷中特别重要的负荷，为保证用电可靠性，通常采用2路市电2台油机或1路市电2台油机的配电方式。

通信传输通常采用2路地面1路空中或1路地面1路空中的方式，确保传输稳定、可靠。地面有线传输主要利用地方通信运营商（如电信、移动、联通等）提供的数字线路，将台站数据传至管制区机房，若台站离管制区较近，也可自行建设地面通信线路。空中传输则是利用民航Ku卫星地面站或微波站进行数据传输。

航路台站的防雷接地应符合《民用航空通信导航监视设施防雷技术规范》MH/T 4020—2006的相关规定。

1D413016 民航通信导航监视设施防雷技术及其施工要求

通信导航监视设施雷电防护应尽可能地减少雷电对通信导航监视设施的危害，保证设备正常运行及工作人员的人身安全。通信导航监视设施防雷建设，应对当地雷电环境、土壤、气象、地形、地质条件进行认真调查和评估，确定雷电防护等级。应结合建筑物外形与结构、设备类型及性能参数、天线和馈线的类型与架设方式、传输线路特性与布局、设备抗过压及抗电磁干扰能力、设备的重要性与价值等情况，采取直击雷防护、供配电系统的防护、信号传输系统的保护、天线馈线系统的保护、屏蔽与等电位连接和接地系统等综合防雷措施。通信导航监视设施的雷电防护应采取分区保护的措施。

根据所处地区雷暴环境、地形地势、建（构）筑物高度，通信导航监视设施的雷电保护等级分为特级、甲级、乙级三个等级。

一、直击雷防护

1. 直击雷防护原则

通信导航监视设施的直击雷防护设计符合《建筑物防雷设计规范》GB 50057—2010规定的防雷建筑物要求，接闪器保护范围宜按滚球半径45m计算，对雷电保护等级为特级的通信导航监视设施适度从严，其接闪器保护范围宜按滚球半径30m计算，避雷网（带）的网格尺寸不宜大于5m×5m或6m×4m。

设置在机场飞行区附近的通信导航监视设施的避雷针的高度，应同时满足机场端（侧）净空要求。当有冲突时，可采用多根避雷针组成的保护阵列或调整避雷针设置位置等措施适当降低避雷针高度。

2. 直击雷防护特殊要求

一、二次雷达塔的直击雷防护，当在雷达天线基座平台上安装避雷针时，避雷针根数不应少于三支；当雷达天线基座平台高度较低时，可在地面架设独立避雷针或架空避雷针，避雷针或避雷线支撑杆在雷达天线仰角零度以上宜采用非金属支撑杆，引下线应采用截面面积不小于50mm²的多股铜线，该引下线应连接到雷达平台设置的均压环上，并连接至接地系统。塔顶安装的金属围栏、金属支架、钢梯等金属体均应与均压环等电位连接。雷达天线有天线罩时，宜在天线罩外设置避雷针。

多普勒全向信标（DVOR）台宜在地面架设三支避雷针接闪，避雷针应沿反射网（或天线阵）均匀分布；DVOR监控天线背对DVOR天线方向应架设一支避雷针。DVOR与测距仪设备（DME）合装时，DME天线应在避雷针保护范围内。

二、供配电系统的电涌保护

从架空高压电力线终端杆引入通信导航监视设施的高压电力线，宜采用铠装电缆或敷设在首尾电气贯通的金属管（一般采用镀锌钢管）内全程埋地进入变压器，金属铠装层或金属管两端就近接地，埋地长度宜大于200m（其他民用航空行业标准有更高要求除外）。架空高压电力线终端杆与铠装电缆接头处和配电变压器高压侧，应分别就近对地加装相应额定电压等级的避雷器，其接地端子应就近接地。

进入通信导航监视设施的低压电力电缆（线）应采用铠装电缆或敷设在首尾电气贯通的金属管内埋地引入，铠装层或金属管两端应就近接地，埋地深度不应小于0.7m，埋地长度不应小于15m，雷电防护等级为特级的通信导航监视设施宜全程埋地。

通信导航监视设施的供配电系统应安装多级电涌保护器（SPD）进行保护，雷电保护等级为特级的通信导航监视设施宜安装四级SPD，甲级设施宜安装三级SPD，乙级设施宜安装两级SPD。对于不具备安装多级SPD的现场条件的供电系统（如小型台站），可安装1、2级组合型SPD。

三、信号传输系统的电涌保护

进出通信导航监视设施的通信缆线应采用金属护套电缆在首尾电气贯通的金属管（一般采用镀锌钢管）内埋地进入，金属外护套或金属管道应两端就近接地。宜使用光缆代替金属导线，带有金属芯或金属外护层的光缆应在入户端将金属芯或金属外护层接地。进入通信导航监视设施的通信缆线在总配线架或分线盒处应加装信号SPD。

四、天馈系统的电涌保护

雷电保护等级为特级的通信导航监视设施，其天馈系统的馈线、信号线、电源线应采用金属管（盒）全程屏蔽，甲（乙）级设施宜采取屏蔽措施。在天馈系统的馈线、信号线引入机房入口处应安装SPD。

铁塔上架设的波导管、管线、同轴电缆金属外防护层应分别在上下两端及进入机房入口处就近接地。当波导管、管线及同轴电缆长度大于40m时，宜在塔的中间部位增加一个接地连接点，室外走线桥架首尾两端均应做接地连接。

雷电保护等级为特级的通信导航监视设施，当其同轴电缆、波导管及管道从室外进入室内时，宜在外墙体上安装金属等电位连接板，用以连接所有穿墙的同轴电缆、波导管、管道等（除设备要求屏蔽层绝缘外）。

五、屏蔽与等电位连接

通信导航监视设施宜联合使用以下屏蔽措施：在建筑物和房间外部设置屏蔽层、合理敷设线缆路径、线缆屏蔽等。

通信导航监视设施应充分利用建筑物内金属构件的多重连接实现等电位，应将建筑物上的大尺寸金属件，如屋顶滴漏、排气孔、遮檐、防雨板、排水槽、水下管、门窗框、阳台、围栏、导线槽、管道、钢梯、室外金属外壳等连接在一起，并与防雷装置相连。

对于没有格栅形空间屏蔽的通信导航监视台站（如砖木结构台站）根据设备电磁环境要求，宜在机房六面增设屏蔽网。屏蔽网均应导电、连续、封闭，并就近多点接地。

各类机房宜设置在建筑物底层中心部位或雷电防护区的高级别区域内并远离外墙。

应尽可能地利用建筑物楼板和墙体内的钢筋（加密）构成屏蔽网。屏蔽网格尺寸不宜大于200mm×200mm。

通信导航监视设施的电源线、信号线或天馈线宜分开敷设，其中，航管楼、区域管制中心内的电源线、信号线应分开敷设在强、弱电井内，采用非屏蔽电缆时，应分开敷设在强、弱电井内的金属线管（盒）内，该金属线管（盒）应电气贯通（金属线管接头处用跨接线可靠电气连接），钢管或金属盒在穿每一楼层时与该楼层等电位连接预留件连接。通信导航监视设施的信号线缆与电力电缆的最小间距应符合相关要求。

六、接地系统

通信导航监视设施的防雷接地系统宜采取共用接地方式。一般情况下，接地电阻不应大于4Ω。全向信标台接地装置宜以全向信标台为中心，在其周围设置辐射式人工接地体。其天线反射网的每根支撑杆应通过接地线与接地体相连。DVOR、ILS监控天线和航向天线宜设置人工接地体，并用埋地接地线与台站接地装置互联。航空障碍灯、摄像头等无金属外壳或保护网罩的外部用电设施应在接闪器保护范围内，应使用屏蔽电缆供电或金属管屏蔽，屏蔽层或金属管两端应做就近等电位连接。

七、施工要求

建筑物及塔（架）顶部的避雷针（带）应与顶部外露的其他金属物电气连接，并与引下线可靠连接。接闪器安装位置应正确，焊接固定焊缝饱满、无遗漏，螺栓固定的应备帽等防松零件齐全，焊接部分补刷的防腐漆完整。

明敷引下线应沿最短路径接地，应布设平顺、正直，固定点支持件间距均匀、固定可靠，引下线与接闪器及接地体的焊接应采用搭焊接，搭接长度应符合相关规定。

接地体可利用建筑物或（杆）的基础钢材，也可根据需要埋设人工接地体（水平、垂直）。接地体应与引下线通过接地线搭接焊牢，人工水平接地体的埋设深度不宜小于0.7m，在建筑物入口处或人行道下不应小于1.0m。钢质垂直接地体的长度不小于2.5m，宜直接打入地沟内，其间距不宜小于5m并均匀布置，铜质接地体宜深挖埋设，地沟、地坑内宜用低电阻率土壤回填并夯实。

在高土壤电阻率地区，降低接地电阻宜采用以下方法：采用多支线外引接地体，外引接长度不应大于有效长度；将垂直接地体埋于较深的低电阻率土壤中；换土；采用经实验（践）证明无毒、无腐蚀、环保的降阻剂。

接地装置连接应可靠，连接处不应松动、脱焊、接触不良。铜质接地装置应采用焊接或熔接，钢质和铜质接地装置之间连接应采用熔接或采用搪锡后螺栓连接，连接部位应刷一遍或两遍防腐（防锈）漆处理。

等电位连接的可接近裸露导体或其他金属部件、构件与支线连接应可靠，熔焊、钎焊或机械紧固应导通正常。需连接的金属部件应用专用的接线螺栓，连接处紧固，防松零件齐全。

电源线路的各级电涌保护器应分别安装在被保护设备电源线路的前端，并尽可能靠近配电盘（箱）安装，其接线端应分别与配电盘（箱）内线路的同名端相线连接，其接线端与配电盘（箱）的保护接地端子连接，配电盘（箱）的保护接地端子与所处防雷区的等电位接地端子连接。

SPD两端连接导线应短而直，不要形成环路、急弯或扭折。SPD两端连接导线长度不宜大于0.5m。带有接线端子的SPD可采用压接连接；带有接线柱的SPD宜采用线鼻子连接。连接导线应分别采用黄色、绿色、红色、淡蓝色和黄/绿相间的色标线，分别连至L1、L2、L3、N和PE线上。

天馈线路上及信号线路上的SPD的安装应符合相关规定。

1D413020 空中交通管制

1D413021 空中交通管制及空域划分

空中交通管理的目的是有效地维护和促进空中交通安全，维护空中交通秩序，保障空中交通顺畅。空中交通管理包括空中交通服务、空中交通流量管理和空域管理。其中空中交通服务包括空中交通管制服务、飞行情报服务和告警服务。

一、空中交通服务

（一）空中交通管制服务

1. 空中交通管制服务

空中交通管制（ATC）主要职责是负责拟定飞行计划，承办飞行审批，组织各种勤务保障工作。由空中交通管制员对航空器的滑行、起飞、着陆和空中飞行实施监督和管理：防止航空器之间、航空器和机动区内障碍物之间相撞；为航空器发布放行许可，为其提供安全间隔和安全措施；维持空中交通秩序，加快空中交通流量，使航空器按计划飞行；对来历不明的航空器和违反飞行管制的现象，查明情况进行处理，保证飞行安全。

航空器运行可分为飞行前准备、起飞、离场、航路巡航、进场、进近、着陆共七个阶段。空中交通管制服务根据航空器运行的不同阶段分为机场管制服务、进近管制服务和区域管制服务。

航空器整个飞行过程由塔台管制室、进近管制室、区域管制室（区域管制中心）分别管制，这些管制单位之间的控制范围划分不是硬性的，在有利于空中交通的情况下可以做一些灵活的调整。此外，在航班稠密的地方和稀疏的地方，这些机构的组成也不同。在繁忙的空域，由于任务繁重，一个管制中心内分为许多扇面，每个扇面都有专人控制；而在交通稀少的机场，一般不设进近管制室，进近管制服务可以由机场控制塔台或区域管制中心来提供。

（1）机场管制服务：

机场管制服务是向在机场机动区内运行的航空器以及在机场附近飞行且接受进近和区域管制以外的航空器提供的空中交通管制服务。

塔台管制员在塔台的高层管理航空器在机场上空和地面的运动。机场管制服务包括：航空器在机场交通管制区的空中飞行管制；航空器的起飞和着陆许可；航空器合理起降顺序；为起降航空器提供飞行情报服务；机场地面上防止航空器在运动中与地面车辆和地面障碍物的碰撞。较大的机场把机场管制任务分为两部分，分别由塔台管制员和地面管制员负责。地面管制员负责管制起飞降落跑道之外的机场地面上所有的航空器运行。

（2）进近管制服务：

进近管制服务是向进场或者离场飞行阶段接受管制的航空器提供的空中交通管制服务。进近管制服务由进近管制室提供。进近管制是塔台管制和区域管制的中间环节，这个阶段是事故的多发区，因此进近管制必须做好和塔台管制与区域管制的衔接，必要时还要分担他们的部分工作。进近管制要向航空器提供进近管制服务、飞行情报服务和防撞告警。进近管制的对象是仪表飞行的航空器，因而进近管制员是依靠无线电通信和雷达设备来监控航空器的，不需要看到航空器。进近管制室一般设置在塔台下部，便于和塔台管制进行协调。

（3）区域（航路）管制服务：

区域管制服务是向接受机场和进近管制服务以外的航空器提供的空中交通管制服务。

航空器在航线上的飞行由区域管制室（中心）提供空中交通管制服务，每一个区域管制室负责一定区域上空的航路、航线网的空中交通的管理。区域管制所提供的服务主要是6000m以上的在大范围内运行的航空器，这些航空器绝大多数是喷气式飞机。区域管制具有管制范围广、航线结构复杂、不同的航空器相对飞行/追赶飞行、交叉飞行较多的特点，因此区域管制员的工作重点是防止航空器之间发生危险接近，保证飞行安全。在繁忙的空域，区域管制室（中心）把空域分成几个扇面，每个扇面只负责特定部分空域或特定的几条航路上的管制。区域管制员依靠空地通信、地面通信和远程雷达等设备来确定航空器的位置，按照规定的程序调度航空器，保持飞行的间隔和顺序。

2. 管制方法

空中交通管制根据管制手段分为程序管制和雷达管制。

（1）程序管制：

程序管制方式对设备的要求较低，不需要相应监视设备的支持，其主要的设备环境是地空通话设备。管制员在工作时，通过驾驶员的位置报告分析、了解航空器间的位置关系，推断空中交通状况及变化趋势，同时向航空器发布放行许可，指挥航空器飞行。

航空器起飞前，驾驶员必须将飞行计划呈交给报告室，经批准后方可实施。飞行计划内容包括飞行航路（航线）、使用的导航台、预计飞越各点的时间、携带油量和备降机场等。空中交通管制员根据批准的飞行计划的内容填写在飞行进程单内。当空中交通管制员收到航空器驾驶员报告的位置和有关资料后，立即同飞行进程单的内容校正；当发现航空器之间小于规定垂直和纵向、侧向间隔时，立即采取措施调配间隔。这种方法速度慢、精确度差，为保证安全对空中飞行限制很多，在划定的空间内所能容纳的航空器也较少，是我国民航管制工作在以往很长一段时间所使用的主要方法。该方法也在雷达管制区雷达失效时使用。

（2）雷达管制：

雷达管制是指管制员利用雷达显示器上所显示的信息向航空器提供雷达间隔的管制服务。依照空中交通管制规则和雷达类型及性能，管制员在雷达显示器上了解本管制空域雷达波覆盖范围内所有航空器的精确位置，对飞行中的航空器进行雷达跟踪监督，实时监控空中飞行动态，随时掌握航空器的航迹位置和有关飞行数据，并主动引导航空器运行，因此能够大大减小航空器之间的间隔，使管制工作变得主动，提高了空中交通管制的安全性、有序性、高效性。目前，在民航管制中使用的雷达种类为一次监视雷达和二次监视雷达。雷达管制包括对一、二次雷达的识别确认，雷达引导，雷达管制最低间隔及雷达的管制移交等。雷达管制的实施，从根本上改变了管制员仅依靠驾驶员位置报告和飞行进程单调配间隔的管制方法，为管制员提供了可靠的监视手段。

（二）飞行情报服务及告警服务

飞行情报服务的目的是向飞行中的航空器提供有助于安全和有效地实施飞行的建议和情报。告警服务的目的是向有关组织发出需要搜寻援救航空器的通知，并根据需要协助该组织或者协调该项工作的进行。

飞行情报区内的飞行情报服务和告警服务由指定的管制单位，或者单独设立的提供空中交通飞行情报服务的单位提供。

二、空域划分

根据《民用航空空中交通管理规则》（CCAR-93-R5），我国将用于民用航空的空中交通管制空域划分为飞行情报区、管制空域、限制性空域。

飞行情报区是指为提供飞行情报服务和告警服务而划定范围的空域。飞行情报区包括我国领空，以及根据我国缔约或者参加的国际公约确立由我国提供空中交通服务的空域。

管制空域应当根据所划空域内的航路结构和通信、导航、监视和气象保障能力划分，以便对所划空域内的航空器飞行提供有效的空中交通管制服务。在我国空域内，沿航路、航线地带和民用机场区域设置管制空域，包括高空管制空域、中低空管制空域、进近管制空域和机场管制地带。

限制性空域包括空中禁区、空中限制区、空中危险区，是根据需要经批准划设的空域。按照国家有关规定未经特别批准，任何航空器不得飞入空中禁区和临时空中禁区。在规定时限内，未经飞行管制部门许可的航空器，不得飞入空中限制区或者临时空中限制区。在规定时限内，禁止无关航空器飞入空中危险区或者临时空中危险区。

1D413022　航行情报系统主要内容

一、服务机构

我国的航行情报服务机构包括中国民用航空局空中交通管理局航行情报服务中心、地区民用航行情报中心、机场民用航行情报单位。民用航行情报服务工作由民用航行情报服务机构实施，民用航行情报服务机构应当在指定的职责范围内提供民用航行情报服务。

民用航行情报服务机构应当建立航空情报质量管理制度，并对运行情况实施持续监控。航空情报质量管理制度应当包括航空情报工作各阶段实施质量管理所需的资源、程序和方法等，确保航空情报的可追溯性、精确性、清晰度和完整性。

二、航行情报服务

航行情报服务是指在指定区域内，负责为空中航行的安全、正常和高效提供所需的航行资料/数据而建立的服务。

航行情报包括航空法规、飞行规则、机场、空域、航路、飞行程序、通信导航设施、各种航空服务程序等资料和数据以及航图，它是民用航空器飞行所依据的基本资料。

航行情报服务包括航行资料服务、航图服务、气象报告服务、飞行情报服务，服务的对象有航空器驾驶员、空管部门、机场航务部门、航空公司飞行和签派等部门。

1. 航行资料

航行资料主要有航行资料汇编、航行通告、航行资料通告、飞行员资料手册。

2. 航图

航图是把各种和航空有关的地形、导航设施、机场等有关数据全部标出来的地图。航图主要有世界航空地图、区域航空地图、航空计划地图、航路图、仪表进近图、机场图和机场障碍图。

3. 气象报告

气象报告包括常规天气报告和重要天气报告。

4. 飞行情报

飞行情报包括重要天气情报，航行通告未发布的但是对飞行安全有重要影响的内容，导航设施，机场设施，飞行区，跑道冰、雪、霜、积水，沿航线天气，交通情报等，由管制员在无线电中发布或通过ATIS发布。

三、民用航空情报工作的基本内容

（1）收集、整理、审核民用航空情报原始资料和数据。

（2）编辑出版一体化航空情报资料和各种航图等。

（3）制定、审核机场使用细则；接收处理、审核发布航行通告。

（4）提供飞行前、后航空情报服务以及空中交通管理工作所必需的航空资料与服务。

（5）负责航空地图、航空资料及数据产品的提供工作。

1D413030　民航气象工程

1D413031　民航气象设施建设内容

一、机场气象设施建设内容

（1）为满足探测云、垂直能见度、跑道视程、气象光学视程、天气现象、地面风、气压、气温、湿度、最高气温、最低气温、降水量和积雪深度等气象要素的需要，机场气象台应当配置以下基本气象探测设备：每条跑道配置自动气象观测设备，包括温度、湿度、气压传感器、降水传感器、风向风速仪、云高仪、前向散射仪或大气透射仪、背景光亮度仪、数据处理、系统监控及显示系统；根据需要配备的移动式综合气象观测设备，至少含有温度、湿度、风向风速、气压传感器。

在配置基本气象探测设备的基础上，机场气象台应当综合地形地貌、气候特点、重要天气预报预警的需要、飞行量以及运行的可行性等因素选择配置或组合配置机场天气雷达、测风雷达、低空风切变探测系统等探测气象要素的设备。

（2）机场气象台应当配备机场气象资料收集处理系统，包括气象资料接收处理系统、静止卫星云图接收处理系统。

（3）机场气象台应当配备气象产品制作系统，包括机场天气报告编制发布系统、预报编制发布系统、天气图自动填绘与分析系统。

（4）机场气象台应当配备民用航空气象信息系统，包括通信子系统、数据库子系统、信息处理子系统、网络子系统、监控子系统、应用及服务子系统。民用航空气象信息系统应当具备飞行气象情报的收集、处理、交换、存储、提供功能。

二、机场气象台的气象设备设施建设要求

1. 气象观测平台和气象观测场

气象观测平台是观测员对本机场区域的云、天气现象、能见度等进行目测的固定场所。除因特殊情况外，观测平台与机场标高的高度差应当小于20m。在平台上，观测员能够目测以下范围：至少一条跑道及其航空器最后进近区域；以观测平台为圆心，四周每个象限的至少一半的自然地平线。

气象观测场应当满足下列条件：与周围大部分地区的自然地理条件基本相同，土壤性质与附近地区基本一致，海拔高度应当尽可能接近机场跑道的海拔高度；应当避开飞机发动机尾部气流和其他非自然气流经常性的影响，不应当选择大面积的水泥地面附近等。

2. 自动气象观测设备建设安装要求

民航自动气象观测系统由传感器、数据处理单元、用户终端、数据传输、跑道灯光强度设定单元、电源、防雷等硬件和软件构成。自动气象观测系统应当具有测量或计算气象光学视程、跑道视程、风向、风速、气压、气温、湿度、降水、云等气象要素的功能。

自动气象观测设备各传感器的安装位置具体要求如下：

（1）大气透射仪或前向散射仪应当安装在跑道接地地带、停止端和中间地带，其安装位置距跑道中心线一侧不超过120m但不小于90m、距跑道入口端和停止端各向内约300m处及跑道中间地带。

（2）气温、湿度、气压传感器应当安装在跑道接地地带和跑道停止端，且距跑道中心线一侧不超过120m但不小于90m、距跑道入口端和停止端各向内约300m。

（3）降水和天气现象传感器应当安装在跑道接地地带，且距跑道中心线一侧不超过120m但不小于90m、距跑道入口端和停止端向内约300m处，但降水传感器距其他设备不应当小于3m。

（4）云高仪应当安装在机场中指点标台内，如果不能安装在中指点标台内，可安装在跑道中线延长线900~1200m处。

（5）风向风速仪应当安装在跑道接地地带、停止端和中间地带，且距跑道中心线一侧不超过120m但不小于90m、距跑道入口端和停止端各向内约300m处及跑道中间地带。

（6）自动气象观测设备各传感器支撑杆应具有易折性。

三、天气雷达

目前有可能导致飞行事故的恶劣天气主要有：低能见度、地面大风、飞机积冰、飞机颠簸、强对流天气系统（包括低空风切变）等。天气雷达在对上述恶劣天气尤其是大气环境风场、强对流天气系统的探测方面发挥着巨大作用。

天气雷达主要由天线系统、收发开关、发射机、接收机、处理和控制终端等组成。多普勒天气雷达主要由雷达数据处理采集系统RDA、雷达产品生成器RPG、主要用户终端RUP组成。雷达数据处理采集系统由天线、发射机、接收机、信号处理器和监控计算机组成，主要功能是发射脉冲电磁波、接收回波，并对回波进行处理，最终形成反射率因子、平均径向速度和径向速度谱宽。雷达产品生成器是整个雷达的控制中心同时具有一系列算法，当接收到来自主要用户终端的请求后，生成相应的产品，然后传输给主要用户终端。主要用户终端是预报员平台，其功能是申请适当的产品，对图像进行各种处理，为天气预报特别是强对流天气预报提供指导和参考。

雷达系统的探测能力主要由发射功率、天线增益、接收机灵敏度等雷达参数综合确定。

1. 多普勒天气雷达

粒子对电磁波作用的两种基本形式是散射和吸收，气象目标对雷达电磁波的散射作用是雷达探测大气的基础。当天气雷达间歇性地向空中发射电磁波（称为脉冲式电磁波）时，它以近于直线的路径和接近光波的速度在大气中传播，在传播的路径上，若遇到空气分子、大气气溶胶、云滴和雨滴等悬浮粒子时，入射电磁波会从这些粒子上向四面八方传播开来，这种现象称为散射。雷达波束通过云和降水粒子时被散射，其中一部分后向的散射波要返回雷达方向，被雷达天线接收。多普勒天气雷达除了具备探测云和降水回波的位置及强度功能外，它还可利用降水回波频率与发射频率之间变化的信息，即利用物理学上的多普勒效应来测定降水粒子的径向（朝向雷达和远离雷达方向）运动速度，并通过这种速度信息推断风速分布、垂直气流速度、大气湍流、降水粒子谱分布、降水中特别是强对流降水中的风场结构特征。

多普勒天气雷达主要探测和测量对象包括降水、热带气旋、雷暴、中尺度气旋、湍流、龙卷风、冰雹、融化层等，并具备一定的晴空回波的探测能力。

2. 风温廓线雷达

风温廓线雷达是通过向高空发射不同方向的电磁波束，接收并处理这些电磁波束因大气垂直结构不均匀而返回的信息进行高空风场探测的一种遥感设备。风温廓线雷达利用多普勒效应能够探测其上空风向、风速等气象要素随高度的变化情况，具有探测时空分辨率高、自动化程度高等优点。在风温廓线雷达基础上增加声发射装置构成无线电—声探测系统（RASS），可以遥感探测大气中温度的垂直廓线。风温廓线雷达的探测对象主要是晴空大气，能够对风切变等气象要素以垂直探测模式进行监控，其基本数据产品包括径向速度、谱宽、信噪比、水平风向、水平风速、垂直速度和反映大气湍流的折射率结构常数等的廓线。

1D413032　气象信息综合服务系统主要内容

气象信息综合服务系统是以气象信息数据库为核心，以计算机网络为基础的气象信息集成应用服务系统。系统自动收集、处理、分发和存储机场自动观测系统、自动遥测系统、天气雷达系统、卫星云图接收处理系统、民航气象数据库及卫星传真广播系统、自动填图系统、风廓线雷达系统、闪电定位系统、气象信息综合分析处理系统等众多系统的气象信息，利用集成并处理后的气象信息及气象产品为本场气象预报人员、管制人员、驻场航空公司、机组等提供高效全面的工作支撑和气象服务，并实现本场航空气象情报与国内外机场航空气象情报的交换与共享。

1. 气象数据库系统

具有飞行气象情报及气象资料交换、备供、存储等功能的系统。数据库应用系统可对收集的各类气象资料进行质量控制、生成落地文件并入库。同时具有资料归档、资料恢复、资料清除、日志管理、数据库的记账审计（每种资料的收集和使用情况进行记录和统计）、数据库用户管理、数据库系统的监控维护等功能。

设备配置形式：主从模式双机热备共享存储设备形式，即两台服务器以主从热备份方式共享同一存储设备（如磁盘阵列）。

2. 航空气象网络服务系统

以气象信息数据库为核心，连接各专业气象信息系统进行基础数据收集、连接各空管气象应用服务单位进行信息发布、连接各外部应用单位提供高效的气象信息服务的专用计算机网络系统。

3. 数据采集系统

对自动观测系统、遥测系统、气象雷达系统、卫星云图接收处理系统、民航气象传真广播系统等各种专业气象信息系统所采集、发送的各类信息，通过交换网络进行收集、整理、存储。

4. 通信系统

本系统是气象信息综合服务系统的数据输入、输出通道。采用异步通信方式实现与民航转报系统、地方实况报的信息接收、存储、转发。该系统具有如下主要功能：实时接收来自自动转报机的机场天气实况报和预报；实时接收来自电信局的航危报；对接收到的报文进行处理，按一定格式存入服务器的数据库，供各子系统随时调用；对特选报和航危报作相应处理，以便有关工作站能实时得到告警消息；能对多路报文同时在屏幕上进行监视等。

5. 气象信息综合分析处理系统

气象信息综合分析处理系统涵盖了"机场预报制作系统"和"区域和航路预报制作系统"。它以各类气象资料和情报为基础，充分应用数值预报产品，通过人机交互功能，生成规定格式的机场预报产品和航空区域及航路天气预报产品，为气象预报人员提供一个集航空气象预报产品发布、图形制作、气象信息检索浏览备份于一体的开放式工作平台。实现情报传递自动化、资料分析智能化、产品制作和气象服务自动化，业务运行程序和工作内容标准化。

气象信息综合分析处理系统主要配置有：图形工作站、计算工作站、系统软件（一般采用Windows）及天气图系统软件、数值预报系统软件、航空气象情报系统软件、图形制作与显示系统软件、系统设置软件等多种气象信息处理应用软件。

气象信息综合分析处理系统主要功能有：

（1）气象情报的传递和交换，包括各类航空气象情报的编辑、发送，检索、请求和打印，人工处理和分析各类气象情报，检索打印各种航空气象图形产品。

（2）气象图形产品的制作和交互处理，包括自动或人工交互生成各种气象图形；并对各种气象图形进行编辑加工。显示卫星云图、雷达图和其他图像。

（3）飞行文件的制作处理，资料处理和保存。

（4）提供外部程序引入接口；具有图形图像动画，缩放，区域选择，多图显示功能。

（5）天气图，数值预报，传真图，卫星云图，雷达图，自动观测：

自动观测显示资料包括：资料的采集时间；跑道信息；风向/风速；能见度组；天气现象；云量、云底高（垂直能见度）；温度、露点和湿度；降水量；场面气压、修正海压；机场标高。

（6）航空气象情报：对各类报文和图形资料进行编辑制作、发送、请求和检索、打印等。

（7）天气形势讲解功能：将天气图等信息与语音合成形成讲解短片，供用户随时播放。

（8）预报业务日志，预报平台的管理功能。

6. 系统服务终端群

连接在交换网络平台上的如塔台、站调、区调、驻场航空公司等各气象服务应用单位的标准的或个性化的气象信息服务终端。气象服务终端主要配置有计算机、系统软件（一般采用Windows）、标准服务软件或个性化服务软件等。气象服务终端标准服务功能：显示天气图；显示卫星云图；显示雷达回波图及其产品；显示自动观测数据；显示机场气象实况及预报的填写图；显示地方航危报的填写图；机场天气实况及预报的查询。

1D414000　民航机场弱电系统工程

1D414010　信息类弱电系统工程

1D414011　信息集成系统主要内容

机场信息集成系统是为民用运输机场提供信息共享环境、使各信息弱电系统在统一的航班信息控制下自动运作的信息系统。系统支持机场各生产运行部门在统一的协调指挥下进行调度管理，并为机场、旅客、航空公司提供与航班运行相关的信息服务。该系统是机场运营管理最重要的信息系统之一，是建立在计算机网络技术基础之上，以航班信息为主，以机场业务需求为推动力，对机场生产指挥和地面服务的各种信息进行处理，将机场内其他信息弱电系统进行集成，实现机场生产信息自动化和智能化，同时为航站楼内其他信息弱电系统间的信息传递提供支持。

一、系统组成架构

（1）信息集成系统组成：

1）机场运行数据库（AODB）：是系统的核心部件，存储、管理航班运行数据，定义运行数据的关联关系和处理规则。运行数据包括航班数据、资源数据、业务数据和基础数据等。

2）智能消息框架（IMF）：是系统集成功能实现的基础，宜采用SOA的IT体系架构，通过数据服务方式，提供多种接口方式，实现协议转换、数据传递等功能，达到与其他生产信息系统的集成。

3）应用模块：基于AODB开发的应用功能模块。常见的应用功能模块包括：航班信息管理等。

4）应用子系统：有独立数据库、与AODB形成松耦合架构的应用系统。应用子系统通过IMF实现与AODB的数据交换，能够在一定程度上独立运行，整体提高系统的可靠性。常见的应用子系统包括：资源分配系统、地服系统、航班信息查询系统等。

（2）信息集成系统应以AODB为核心，以IMF为信息传输枢纽，支持各信息弱电系统之间数据的可靠实时传输。AODB负责航班运行数据的存储和管理；IMF支持信息集成系统内部的数据交换，支持信息集成系统与其他相关信息弱电系统的数据交换，也支持其他相关信息弱电系统之间的数据交换。

（3）AODB应支持航班运行数据处理。运行数据处理包括航班延误/取消、资源调整、调机、临时航班、备降、改降、返航、滑回、共享、合并航班、开/关舱门、值机/登机和跨日航班等处理，资源包括值机柜台、机位、登机口和行李装卸转盘等。

（4）IMF宜以面向服务体系结构的架构进行设计，体现平台即服务的设计理念，实现数据服务总线功能，并提供服务API。数据服务总线功能包括服务的注册、认证、配置、路由和监控等。IMF应提供监控工具软件，主要监控IMF的健康状态和接口状态，并能查询相关日志。

二、系统功能

信息集成系统功能应根据机场的运行模式和业务需求确定，根据其必要性分为应备功能和扩展功能。主要包含以下内容：

应备功能：航班信息管理、运行资源管理、航班信息查询、运行统计分析、与其他信息弱电系统集成。

扩展（可选）功能：协同决策管理、地服作业管理、指挥调度管理、航班信息显示、空侧活动区运行监控管理。

（1）航班信息管理，应实现航班信息源处理、航班计划管理和航班动态管理。航班计划包括季度计划、短期计划、次日计划。

（2）运行资源管理，应实现资源的规划管理、预分配和实时分配。运行资源包括值机柜台、机位、登机口和行李装卸转盘。行李装卸转盘的分配功能如由其他系统实现，则信息集成系统采集分配结果数据。

（3）航班信息查询，应实现航班视图的授权浏览和关注数据的变更提醒。

（4）运行统计分析，应实现机场生产类所需的各种统计报表的定制。

（5）与其他信息弱电系统集成，应实现机场各信息弱电系统的信息共享和联动。

（6）协同决策管理，可实现航班运行监控、航班预测预警、空地协同管理和运行保障KPI评价等。

（7）地服作业管理，应实现合约管理、进程管理和排班管理等，根据需求也可包括站坪调度管理。

（8）指挥调度管理，应实现航班作业的调度管理。

（9）航班信息显示，应实现通过终端显示设备向旅客和机场工作人员发布航班计划与动态信息。

（10）空侧活动区运行监控管理，可实现空侧活动区航空器和车辆的实时监视和预警、空侧设备设施运行维护管理等。

信息集成系统应提供日志功能，对数据变更、系统异常和IMF传递的信息进行日志记录。信息集成系统应支持一个航班至少3个代码共享。

三、系统接口

信息集成系统接口设置应满足机场运行需求，接口种类分为内部接口、外部接口和校时接口。信息集成系统可接收和处理的外部接口数据主要包括：

（1）空管相关系统数据：航班信息源数据、协同数据、空侧活动区飞行器定位数据和跑道、滑行道资源数据等。

（2）航空公司相关系统数据：航班信息源数据和地服保障数据等。其中航班信息源数据包括空管数据、航空公司数据、AFTN报文、SITA报文等。

（3）航油、航食相关系统数据：保障数据等。

四、信息系统工程项目建设内容

机场信息类系统建设的普遍规律同其他建设项目一样。但信息类系统的建设，又有其特殊的地方，如：项目活动与施工现场不紧密，而与用户的需求联系很紧密；工程进度受土建、装修、安装等进度影响小；项目进度节点不具有像土建、装修、安装等项目一样的显著的形象进度成果；系统建设投入运行后，需由实施单位人员进行一段时间的现场维护保障，一般为3个月～1年。机场信息类系统项目建设一般需经历以下程序：项目启动，需求调研分析，深化设计，所供应产品材料的工厂检测和检验，设备、产品到货，应用系统开发，实验室阶段，系统安装，系统调试，现场测试，系统初验，系统培训，系统试运行，项目最终验收，质保服务。

1D414012 离港系统主要内容

离港系统，亦称为离港控制系统，是提供旅客值机、配载平衡、登机控制、联程值机等信息服务的计算机信息系统。该系统与机场信息集成及行李处理系统联网，向信息集成系统提供登机口开放、关闭时间和登机人数，并通过国际民航通讯委员会SITA网关向行李处理系统传输值机旅客行李数据。

一、系统功能

离港系统应具备的功能：值机、登机、控制、配载等业务功能；接收和发送IATA标准报文；网络管理；电子登机牌处理、自助行李交运；宜支持自助值机和自助行程单打印；A、B类离港系统应具备本地备份功能，C类离港系统宜具备本地备份功能。

（一）值机功能

包括：旅客值机处理；支持代码共享、电子客票、中转联程值机；支持航班信息管理；多个柜台办理一个航班，一个柜台办理多个航班；值机信息显示，如显示旅客信息；外设管理，如登机牌打印机、行李牌打印机等；支持打印一维、二维条码，打印登机牌、行李牌。

（二）登机控制

包括：支持阅读器读取登机牌信息，完成标准登机手续；旅客登机状态查询；登机开放、关闭控制。

（三）离港控制和管理

包括：航班初始化、关闭处理；飞机座位处理；航班关闭处理；统计功能；登机监控。

（四）配载平衡

包括：自动计算飞机客、货、食品、油料的业载，并进行配载，以确保飞行安全和节省燃油；油料处理；业载数据处理；载重表打印；报文发送。

二、系统组成

离港系统主要由公共用户旅客处理系统、公共用户自助服务系统、机场国内离港系统、国内自助服务系统、离港系统接口等组成。其中，公共用户旅客处理系统、公共用户自助服务系统可部署在国内和国际区域；机场国内离港系统、国内自助服务系统部署在国内区域。

（一）公共用户旅客处理系统

公共用户旅客处理系统，为机场不同的航空公司提供一个共用的平台，支持航空公司各种离港终端应用，包括值机、登机、控制、配载等基本功能，同时支持移动值机、远程值机等扩展功能。

（二）公共用户自助服务系统

公共用户自助服务系统是一个共用平台，允许不同的航空公司使用此共用平台。并提供触摸式旅客自助值机工作站，用于旅客本人交互式自助操作，办理值机手续，实现对电子客票的支持。

（三）国内离港系统

国内离港系统是一套基于中航信主机的离港系统，为国内航空公司实现值机、登机、控制、配载等提供服务。可以应用在公共用户旅客处理系统上，也可以独立部署应用。主要组成包括：本地备份离港系统、离港前端应用系统。

1. 本地备份离港系统

该系统自动备份存储中航信离港主机有关旅客和航班的最新的离港数据，当无法正常使用主机离港系统时，使用最新的本地备份数据继续进行航班的值机和登机处理工作。

2. 离港前端应用系统

为机场和航空公司人员提供一个图形化的用户界面，完成值机、登机、配载和控制等功能。

（四）国内自助服务系统

提供基于中航信主机的多航空公司共用自助值机系统，用于旅客交互式自助操作值机，达到提高旅客离港处理效率、节约运营成本、提高服务质量的目的。

（五）离港系统接口

接口包括两方面内容：一部分为报文接口；另一部分为信息接口。

1. 报文接口

通过该接口接收离港主机行李报文，并转发给需要报文的行李自动分拣系统。

2. 信息接口

通过该接口接收和传递航班、旅客相关信息。

1D414013　航班信息显示系统主要内容

航班信息显示系统（简称航显系统FIDS），是基于计算机的网络系统，由系统软件、终端显示设备、服务器及存储设备构成，通过终端显示设备向旅客和机场工作人员发布航班计划与动态信息，提供值机、候机、登机、行李提取、行李分拣等信息的显示系统。

一、系统架构与设备组成

1. 系统架构

（1）航显系统宜按多层架构进行设计，包括数据层、应用服务层、显示服务层和客户（表示）层。数据层用于存储航显系统所需的各类业务数据和基础数据；应用服务层包括数据接口、航班信息处理、显示业务调度、消息逻辑发布和航班控制等；显示服务层包括显示页面生成和终端显示设备控制管理等；客户层包括将各种显示页面在终端显示设备进行显示等。

（2）航显系统宜通过IMF与AODB实现数据交换。

2. 系统设备组成

（1）航显系统包括服务器系统、存储系统、数据库系统、应用系统、终端显示设备和操作终端等。

（2）年旅客吞吐量小于100万人次的机场，其航显系统与信息集成系统可一体化设计。年旅客吞吐量为航显系统需要处理的设计目标年的机场年旅客吞吐量。

3. 终端显示设备设置原则

（1）出发流程，设置值机引导信息显示、值机柜台信息显示、安检信息显示、候机引导信息显示、登机口信息显示和出发行李分拣信息显示等所需的设备。

（2）到达流程，设置到达航班信息显示、行李提取引导信息显示、行李提取指示信息显示、到达行李装卸引导信息显示、到达行李搬运信息显示和到达行李输入等所需的设备。

（3）中转流程，设置中转引导信息显示、跨楼中转引导信息显示和中转柜台信息显示等所需的设备。

（4）航显系统应结合出发、到达和中转流程进行设计，终端显示设备设置地点要便于旅客和工作人员方便、直观了解航班及公告信息。

（5）应根据机场用户显示时间需求和高峰小时航班量合理确定显示的航班数量和终端显示设备配置数量。

二、系统功能

（1）应统一收集、存储、控制、发布航班信息和公共信息等，并按旅客流程和机场各区域功能发布相关信息。

（2）应实现航班计划、航班动态和航班基础数据管理功能，并根据显示业务需求完成航班信息的处理。当航显系统与IMF数据接口中断，航显系统通过航班信息管理功能完成航班信息的增加、删除和修改。

（3）应根据业务规则调整相应的显示发布规则。显示发布规则指根据终端显示设备的位置、显示规则和当前时间确定所显示航班信息内容的规则。

（4）当航班状态变更为起飞、到达和取消后，航班信息结束显示的时间应可调，操作界面友好。

（5）应能按区、组和单套设备对控制设备进行监控管理和报警。

（6）可在授权终端上触发航班登机显示、自由文本发布和航班登机广播等。

（7）应能够灵活配置终端显示设备的显示行数、颜色、字体和文字大小等。

（8）应显示中文和满足机场运行需求的其他语言。多语言可同屏、分屏或交替显示，交替显示时间间隔应可调。

（9）终端显示设备在无显示需求时宜处于待机状态，实现节能。

（10）应提供显示模板编排工具。生成的页面可按区、组和单套设备进行在线分发。

（11）应具有日志记录和查询功能。

（12）控制设备应具有自动重连功能，在无法建立连接或者建立连接后无法正常传输数据的情况下，操作终端应提示和报警。

（13）终端显示设备在供电断电恢复后应自动恢复显示。

（14）应支持一个航班至少3个代码共享。

三、与其他系统的接口

航班信息显示系统与信息集成、公共广播、时钟等系统之间存在信息交互。航显系统的航班信息源来自机场运行数据库，同时系统实时地将登机口实际开启和关闭时间、值机柜台实际开始和关闭时间、行李提取转盘的实际开启和关闭时间等信息传递给机场运行数据库。公共广播通过网络接口从航显系统的数据库中获取航班信息、计划等，实现航班信息显示与广播系统的联动。航显系统接收时钟系统的标准时间信号，对本系统时间进行校时，与时钟系统的标准时间信号同步。

四、系统检测

航班信息显示系统的工程安装完成、软件调试及系统联调完成、工程技术及验收资料齐全以及外部环境等检测条件具备时，方可开展检测工作。检测范围应包括服务器系统、存储系统、应用系统、终端显示设备及管理工作站，检测覆盖率应达到100%。检测内容应包括设备安装检测、显示功能检测、软件功能检测、接口功能检测、系统功能检测和安全管理检测。（详见《民用运输机场航班信息显示系统检测规范》MH/T 5032—2015）

1D414020　运营支持类弱电系统工程

1D414021　航站楼公共广播系统主要内容

航站楼公共广播，指航站楼内为业务管理、公众服务进行的音频广播，包括业务广播、服务性广播及应急广播。业务广播，指航站楼内为日常运行业务进行的音频广播，包括航班信息广播、登机广播、催促登机广播、最后登机广播等；服务性广播，指航站楼内为旅客提供服务进行的音频广播，包括公益广播、寻呼广播及背景音乐广播等；应急广播，指航站楼内应对紧急事件进行的音频广播，包括消防、空防及突发公共事件广播。

一、系统功能

（1）公共广播系统根据使用需求分为业务广播、服务性广播和应急广播。

（2）公共广播系统可选用数字广播系统、模拟广播系统，也可选用数字广播和模拟广播混合系统。

（3）公共广播系统应具备自动广播、半自动广播、TTS（文语转换技术）广播和人工语音广播等播音模式。

（4）公共广播系统应能实时发布语音广播和提示音。

（5）语音广播应根据机场所在地域和主要旅客来源确定所播放的语言种类，至少包括中文在内的两种语言。

（6）自动广播航班信息应由机场信息集成系统提供，当信息集成系统出现故障（AODB故障、IMF故障）时，能与航班信息显示系统进行数据交换，实现航班信息同步广播。

（7）当多个信号源同时对同一广播分区进行广播时，优先级别高的应优先广播。

（8）公共广播系统应具备分区管理、分区强插、编程管理、日志、广播优先级排序、功放检测、监听、线路检测及系统故障报警等功能。日志功能包括系统日志、管理日志、操作日志等。

（9）公共广播系统宜具备实时录音功能，录音记录保存时间应不小于30d。

（10）广播应清晰、流畅，音量适中。

二、系统构成

（1）公共广播系统的构成应根据运行需求及投资等因素确定。

（2）公共广播系统主要由广播音源、控制设备、功率放大器、扬声器、传输线路、传输设备、录音设备、广播接口和电源等组成。

三、广播分区划分

（1）应按照不同功能区域划分广播分区，并可根据运行需求对广播分区进一步分区。

（2）航站楼的广播分区在满足消防广播分区要求下，一般包括：旅客到达区、旅客出发区、旅客中转区、贵宾休息区、行李提取区、行李分拣区、工作区、设备机房、航站楼陆侧广播区和航站楼空侧广播区。可根据航站楼规模和功能区的变化，对上述广播分区进行调整。

（3）同一广播分区的广播扬声器应连接在受同一信号源驱动的功放单元上。当一个广播分区再划分为若干分区单元时，同一分区单元的广播扬声器应连接在受同一信号源驱动的功放单元上。

（4）同一广播分区可分若干个广播回路。

四、广播扬声器

（1）广播扬声器可根据实际情况选用无源终端方式、有源终端方式或无源终端和有源终端相结合的方式。

（2）广播扬声器应根据广播服务区的建筑空间特性进行选型，满足声场设计的要求：

1）在旅客人流集中的大空间区域，可适当选用线阵列音箱。

2）在室内行李分拣区域等噪声大的大空间宜选用号角扬声器。

3）在室外空侧和陆侧空间，如航站楼前车道或空侧站坪宜选用号角扬声器。

4）布置在室外的扬声器应具有防尘、防水和防霉的特性。

五、应急广播系统

（1）当公共广播系统有多种用途时，应急广播应具有最高优先级。

（2）应急广播与业务广播、服务性广播系统宜合用一套广播设备，也可单独设置。当合用时，广播系统应具有强制切入应急广播的功能。

（3）应急广播的优先级顺序为消防广播、空防广播、突发事件广播。

（4）应急广播系统应具有与火灾自动报警系统联动的接口，实现消防应急广播。

（5）当确认火灾后，应同时向整个航站楼进行消防广播。

（6）在消防控制室应设置消防广播呼叫站。

（7）在消防控制室应能手动或按照预设控制逻辑联动控制选择广播分区，启动或停止应急广播系统，并应能监听消防应急广播。在通过传声器进行应急广播时，应自动对广播内容进行录音。

（8）消防应急广播系统控制及信号传输应具备不依赖于计算机网络的连接方式，并应采用铜芯绝缘导线或铜芯电缆。

（9）在应急指挥中心等处可设置空防和突发事件广播呼叫站，具备呼叫任意一个广播分区、多个广播分区和呼叫全部广播分区的能力。

（10）当空防或突发事件发生时，应急广播系统根据应急指挥中心等的指令，向相应的广播分区自动或人工播放警示信号、警报语声文件或实时指挥语声。警示信号、警报语声文件是指当空防或突发事件发生时，应急广播系统向指定的广播分区自动播放警铃、警报、警钟等特种报警声和由录音介质、多媒体语音等合成的突发事件处置命令。

1D414022 机场安防系统主要内容

一、机场围界报警系统

围界报警系统，对机场飞行区周边围栏非法入侵的探测及报警，配合围界附近的紧急广播、照明、监控设备及飞行区入口通道的控制和图像监控。

（一）围界报警系统的构成

一套完整的围界报警系统由前端围界探测系统、围界配套摄像系统、围界配套声音警示系统、围界配套辅助照明系统、中央管理系统、通信传输网络、配电系统共7个子系统构成。

1. 前端围界探测系统

前端探测系统由报警处理器、探测感应设备构成。一台报警处理器处理相邻的报警防区。探测感应设备沿物理围栏敷设，探测信号由现场报警处理器通过通信传输网络传送到控制中心的报警管理主机。

2. 前端配套摄像系统

前端配套摄像系统的作用是：当报警信号发生后，对报警区域进行视频捕获和追踪。该部分主要由室外摄像系统、视频处理系统、视频录像系统、视频显示设备组成。

视频信号及控制信号通过通信传输网络传送到控制中心视频处理系统。

3. 围界配套声音警示系统

围界配套声音警示系统的作用是：当有非法进入者进入时，提醒非法进入者从该区域退出，同时起到警示作用。该系统由分布在不同防区内的扬声器、功率放大器、音源、联动模块构成。

4. 围界配套辅助照明系统

围界配套辅助照明系统的作用是：当外界光照强度不足时（低于10lx），对环境照度进行补偿、提高的装置。它由照度传感器、联动模块、光源组成。当环境照度低于设定的照度要求且有人正在非法进入时，联动模块输出信号，将相应区域内的灯光打开，以满足摄像系统对照度的要求。

5. 中央管理系统

该报警中央系统由报警控制计算机、中央控制软件构成。当前端探测设备报警后，通过报警回路将报警信号送入报警控制计算机，报警控制计算机输出联动信号，联动相关设备启动。同时，报警系统显示设备上自动显示报警区域并高亮显示，同时调出电子地图，为安全人员提供准确的地点，以阻止非法者更进一步的闯入。

6. 通信传输网络系统

整个机场场区面积很大，围界报警范围广，前端设备布置分散。同时前端各报警设备要将报警信号、视频信号传输回控制中心。因此，根据设备信号传输要求，通信传输网络系统可采用光纤数据链路传输和双绞线报警线路两种方式。

光纤数据链路传输视频信号和控制信号。双绞线传输前端报警控制器与报警主机间的报警信号，该报警信号也可通过光纤传输。

7. 配电系统

配电系统分为机房内配电和围界前端设备配电两部分。机房内常采用UPS供电，前端设备配电，常从飞行区南北灯光站取电，并配送到前端用电点。前端设备暴露在空旷的区域，每个前端设备区域需安装避雷装置。

（二）围界入侵探测系统主要性能指标

围界入侵探测系统主要性能指标有漏警率、平均误警数、系统报警响应时间、定位偏差等。

1．漏警率

入侵行为实际已经发生而系统未能做出实际响应或指示的次数与测试次数的百分比。

2．平均误警数

统计周期内，单位围界长度、单位统计时长内，没有入侵者，仅由于报警系统本身的原因或操作不当或环境影响而触发的报警次数。误警通常采用视频监控系统来鉴别。误警的原因通常是小动物、环境影响（例如大风、雨、雪、雾、冰雹、白天/黑夜等）、地形条件、植被因素和无威胁的人员在防区走动等。

3．系统定位偏差

系统探测范围内对入侵目标产生报警的报警位置与实际入侵行为所在位置的偏差距离。

二、视频监控系统

视频监控系统，是利用视频技术探测、监视设防区域并实时显示、记录现场图像的电子系统。对围界、飞行区、航站楼等重要位置以及进出航站楼人员的全部活动过程进行有效的实时记录与监控，接受其他系统的信息并与之联动。

（一）系统组成

（1）视频监控系统由前端设备、传输设备、处理/控制设备（含软件）和记录/显示设备四部分组成。

（2）前端设备包括摄像机、拾音装置和与摄像机配套的云台、护罩、支架等。

（3）传输设备包括网络交换机、视频（音视频）光端机、网络光收发器等，传输设备可与前端设备集合成一体化设备。

（二）系统主要功能

对航站楼内旅客和行李所经过的主要场所、工作人员通道、重要部位和区域实施有效的视频监控、图像显示、记录和回放。对旅客业务办理等交互环节实施有效的音频采集、记录与回放。具备分控操作的优先级设定和控制区域限定的功能，具备视频信号丢失故障报警、事件记录及报告功能。监视图像信息和声音信息应具有原始完整性，应支持按时间、监控区域检索，支持在权限控制下进行转存和复制。视频图像和音频信息资料的保存时限应不少于90d。视频图像的实时显示和回放均应能有效识别目标。系统的设计容量应根据机场使用需求留有冗余，并具备可扩展能力。

对于集中控制模式，前端设备控制优先权的分配方式有：按使用单位优先权划分；按区域优先权划分；以摄像机为主的优先权分配方式等。对于以摄像机为主的优先权分配方式，可根据某摄像机对不同控制室的重要程度，随时设置或修改控制室对该摄像机的优先控制级别。

（三）管道电缆敷设

（1）敷设管道线之前应先清刷管孔。

（2）管孔内预设一根镀锌铁线。

（3）穿放电缆时宜涂抹黄油或滑石粉。

（4）管口与电缆间应衬垫铅皮，铅皮应包在管口上。

（5）进入管孔的电缆应保持平直，并应采取防潮、防腐蚀、防鼠等处理措施。

（6）管道电缆或直埋电缆在引出地面时，均应采用钢管保护。

（7）电缆在管内或槽内不应有接头和扭结。电缆的接头应在接线盒内焊接或接线端子焊接。

（四）光缆的敷设与接续

（1）敷设光缆前，应对光纤进行检查；光纤应无断点，其衰耗值应符合设计要求。

（2）核对光缆的长度，并应根据施工图的敷设长度来选配光缆。配盘时应使接头避开河沟、交通要道和其他障碍物，架空光缆的接头应设在杆旁1m以内。

（3）敷设光缆时，其弯曲半径不应小于光缆外径的20倍。光缆的牵引端头应做好技术处理，可采用带牵引力自动控制性能的牵引机进行牵引。牵引力应加于加强芯上。

（4）光缆接头的预留长度不应小于8m，且每隔1km要有1%的盘留量。

（5）光缆敷设完毕，应检查光纤有无损伤，并对光缆敷设损耗进行抽测。确认没有损伤时，再进行接续。

（6）光缆的接续应由受过专门训练的人员操作，接续时应采用光功率计或其他仪器进行监视，使接续损耗达到最小；接续后应做好接续保护，并安装好光缆接头护套。

（7）光缆敷设后，宜测量通道的总损耗，并用光时域反射仪观察光纤通道全程波导衰减特性曲线。

三、出入口控制系统（门禁系统）

出入口控制系统，是利用身份鉴别技术对出入口目标进行识别并控制出入口执行机构启闭的电子系统。设置出入口控制系统的主要目的是对重要的通行口、出入口通道、电梯进行监视控制，便于人员的合理流动，对进入这些重要区域的人员实行各种方式的进出许可权管理，以便限制人员随意进出，防止外来人员的闯入。出入口控制系统可实现人员出入权限控制及出入信息记录。系统对每一条身份标识都进行了设置，身份标识持有人只能在指定时间内打开规定权限范围内的出入口。

（一）系统组成

出入口控制系统主要由识读部分、传输部分、控制部分和执行部分以及相应的系统软件组成。系统常用的身份标识有电子密码、IC卡及生物信息识别三种形式，对应的感应器分别为电子密码键盘、读卡器、生物信息阅读器等。传输部分由前端设备与控制设备之间的传输线缆和控制设备与出入口控制服务器之间的数据传输设备组成。执行部分由电动闭锁装置、闭锁状态感知器、开启装置等现场设备组成。出入口控制由控制设备根据出入口控制数据独立判定和完成动作。控制设备动作所依据的控制数据由出入口控制系统软件建立、维护和分发。出入口控制系统除识读部分和执行部分安装于出入口前端外，其余设备宜安装在设备间或中心机房内，并应有防拆、防破坏措施。

（二）主要功能

（1）对通行人员进行身份验证、通行控制和记录。

（2）安全保卫要求不同的区域之间的通行口应设置出入口控制，并应对双向通行进行验证和控制。

（3）核心控制室、弱电机房、弱电设备间应设置出入口控制。

（4）候机隔离区内通向办公区域的通行口宜设置出入口控制，根据用户需求，可对航站楼内的办公区和办公室设置出入口控制。

（5）对通行对象提交验证的身份证明的真伪性、合法性和授权通行区域进行验证，根据验证结果确定出入口启闭。

（6）在特定人员的身份证明挂失、更改或注销后，所有出入口控制应及时有效识别，防止非授权人员进入。

（7）系统的识别装置和执行机构应保证操作的有效性和可靠性。

（8）能针对出入口异常开启或未正常关闭的情况发出报警，能针对无效身份验证的情况发出提示信息，对超过指定次数的重复无授权或超授权验证发出报警，并冻结相关身份证明的权限，重复尝试验证的最大容许次数应可在系统中根据用户需求设置，但应不多于5次。

（9）出入口报警控制中心宜设置在监控中心（室）或公安值勤室，相关报警信号触发后应实时以声、光形式发出警告，一、二类安全保卫等级的机场应配置电子地图并在电子地图上以闪烁、局部放大报警部位等方式提示报警，所有警告信息在值班操作员手动处理前不得消失。

（10）从前端出入口报警信号被触发到控制中心发出报警信息的系统响应时间应不大于2s。

（11）出入口控制系统应显示和记录所有设控出入口的运行状态和通行记录，正常通行、不正常验证、报警记录及其相关的图像数据等出入口控制系统记录信息的保存时限应不少于90d。

（12）系统必须满足紧急逃生时人员疏散的相关要求，设有出入口控制的疏散出口，应有受消防疏散控制信号控制开启的功能。

（13）根据用户需求，出入口控制系统可以设计为兼作电子巡查系统，系统具有巡查路线设置与巡查检测功能，机场安全保卫人员通过识读装置的身份验证，系统自动对保安人员的巡查路线及时间进行监察和记录。

1D414023 机场安全检查与安全检查信息管理系统主要内容

一、机场安全检查系统

机场安全检查系统基础设备包括：X射线机、安检门、手持安检仪和痕量级炸药探测仪等。

根据《民用航空安全检查规则》（CCAR-339-R1），为保证飞机的飞行安全，旅客的随身托运行李必须经过X射线安检机的安全检查，只有通过安全检查的行李才能装载上飞机。

目前托运行李安检系统有两种安检模式：分散式安检和集中式安检。

（一）分散式安检

分散式安检模式是一种传统的安检系统应用模式，目前国内中小型机场广泛采用这种形式对旅客托运行李进行安全检查。在这种模式下，安检系统的主要前端设备——双通道安检机，通常位于值机区域，安检机前端为称重/贴标签输送机，后端与导入输送机相连。现场设置人工判读站，或通过网络将X射线机联网，在后端进行集中判读。

（二）集中式安检

视机场规模、旅客流量及投资，通常采用"三级"或"五级"集中安检模式，其安检系统的主要设备——高速自动探测型爆炸物探测系统（AT或EDS）和CT型或多视角爆炸物探测系统分别作为第一级和第三级安检设备，与行李处理系统集成，对托运行李进行检查。"五级"集中安检系统如图1D414023所示。

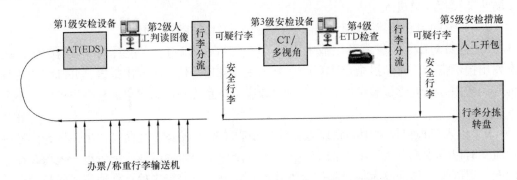

图1D414023　集中式安检系统

（三）安检流程

1. 分散安检流程

值机办票工作人员为旅客完成值机办票、称重、贴标签等操作后，通过输送机控制面板，将常规行李送入双通道安检机；

行李在通过双通道安检机时，安检机将获取行李的X射线扫描图像，并送往安检人工判读站进行判读；

每一件行李的X射线图像经人工判读后，操作员都会向行李系统反馈一个"安全"或"可疑"的信号，判定为安全的行李将被导入行李收集输送机上，继续向下游系统输送；

若行李经判读有可疑情况，办票柜台将会有"可疑行李警告"。此时，旅客通常还未离开办票柜台，工作人员会把行李从导入输送线上取下，并与截留旅客一起对行李进行开包检查。开包检查后确认为安全的行李将送回到下游输送线上，以便进行后续处理。

2. 集中安检流程

集中安检可分为3级安检和5级安检两种模式，这里介绍5级安检流程如下：

（1）第一级安检：

第一级行李安全扫描工作由高速自动探测型爆炸物探测设备完成，判别结果由设备自动产生。经自动判读后，安全的行李将被送往行李区，可疑的行李将被自动分流至第二级安检。同时，可疑行李的X射线扫描图像将自动出现在第二级人工判读工作站上，等待人工检查。通过这一级能够大幅度提高行李的安检速度。

（2）第二级安检：

第二级安检由安检操作员在远程人工判读工作站，对第一级安检设备产生的扫描图像进行人工判读，并提交判读结论。

经过人工判读，安全的行李将被送往行李区，可疑的行李将被送往第三级安检。

（3）第三级安检：

第三级安检，采用CT型或多视角爆炸物探测系统，对第二级安检传送过来的可疑行李进行多层面、多视角的进一步成像检查，并自动产生判别结果。

经过第三级检查后，安全的行李将被送往行李汇合区，可疑的行李将被自动分流至第四级安检。

（4）第四级安检：

第四级安检多使用痕量检查设备（ETD），对可疑行李进行人工复检。经过复检，安全的行李将被送往行李汇合区，可疑的行李将被送往第五级安检。

（5）第五级安检：

对所有第四级安检传送过来的可疑行李，将联络行李的主人进行深入检查。这个检查过程通常是手工开箱检查，并在行李处理系统边界之外的安全区域进行。

二、机场安检信息管理系统

安检信息管理系统是由计算机及其相关的配套管理设备、设施及网络构成，具有对旅客安全检查信息进行采集、传输、存储和检索等功能。集旅客身份验证、肖像采集、安检过程录像、行李X射线图像采集、行李开包录像、安检人员管理和布控信息管理于一体的综合性安全信息管理系统。系统通过计算机网络，综合利用机场现有安全检查设施和信息资源，提高安检质量，规范安检管理，最大限度地确保空防安全。

（一）系统构成

机场安全检查信息管理系统由硬件和软件两部分构成。

1. 系统硬件组成

机场安全检查信息管理系统硬件主要由服务器、存储设备、前端工作站、摄像机、拾音器以及系统外围设备组成。

（1）系统服务器：用于安装系统数据库、系统应用软件，中大型机场需设置备份服务器。

（2）系统存储设备：用于存储航班信息、托运行李状态信息、旅客信息、所乘航班信息、照片等。

（3）系统前端工作站：包括系统管理工作站、验证工作站、开包工作站等。

（4）摄像机：对安检流程中的工作状态进行录像，包括交运行李过程、安检通道、开包过程的录像，该录像也可通过接口从安防系统获取。

（5）拾音器：对安检过程中的重要环节进行现场录音。

（6）系统外围设备：如指纹仪，条码阅读器或身份证阅读器，票据打印机等。

2. 系统软件

系统软件由若干功能模块构成，以实现机场安全检查管理的业务要求。

（二）系统主要功能

安全检查信息管理系统的主要功能包括旅客信息获取、交运行李X射线图像采集、交运可疑行李开包过程录像、交运可疑行李开包日志管理、安检验证、安检过程录像、手提行李X射线图像采集、手提可疑行李开包日志管理、登机口再确认及其他安全检查管理所需的辅助功能。

（1）旅客信息获取：系统通过接口获取旅客、行李信息，存入系统服务器。

（2）交运行李X射线图像采集：系统通过接口获取X射线图像信息，存入系统服务器。旅客信息、行李信息、X射线信息与登机牌条码信息将在系统内建立相应的对应关系。

（3）交运可疑行李开包过程录像：记录旅客交运行李开包和处理全过程，实现安全管理。该录像可由本系统建设时配置的摄像机录制，也可由安防系统录制，通过接口调用。

（4）交运可疑行李开包日志管理：在开包处配备开包工作站，实现安检人员管理、开包日志管理和暂扣物品凭证打印。

（5）安检验证：实现旅客照片采集，安检验证台安检人员从登机牌上获取当前旅客的相关信息并通过安装在验证台上的摄像机摄取旅客正面头像，同时后台与布控信息进行对比，并显示交运行李状态信息，将旅客正面头像存储于服务器中，并建立对应关系。

（6）安检过程录像：通过摄像机和拾音器实现，可根据时间和通道号进行录像检索与回放，实现安检过程全记录，监视安检通道秩序和旅客手提行李的遗失和错包情况。

（7）手提行李X射线图像采集：通过与手提安检系统接口实现手提行李X射线图像采集，并建立与旅客信息的对应关系。

（8）手提可疑行李开包日志管理：在手提可疑行李开包台安装计算机工作站（配指纹仪、条码阅读器和票据打印机），实现开包日志管理、凭证打印和绩效考核功能。

（9）登机口再确认：通过阅读登机牌条码来调看旅客照片信息、安检状态信息等，进行登机口安检状态的再确认。

（10）辅助功能：考勤管理；系统用户登录管理；系统设置及安全管理；安检查询统计与决策分析；旅检现场的资源与人员管理；有效事件日志管理；人员排班管理等。

（三）系统主要接口

为实现上述功能，系统需要与相关系统接口获取相关信息。主要与信息集成系统、离港系统、安检系统、安防系统、时钟系统有接口。

1D414024   其他弱电系统主要内容

一、行李处理系统

行李处理系统是对到港、离港旅客行李进行集中自动传送、分拣与处理的自动化系统。行李处理系统由称重/贴标签、X射线安全检查、输送、标签识别、分拣、设备运行监控、计算机信息管理、应急运行及维修平台组成。系统按流程划分为离港行李处理、进港行李处理、中转行李处理、早到行李处理、晚到行李处理、超标行李离港处理、超标行李进港处理等环节。

系统检测验收条件：

（1）检测验收前，集成商应向业主提出行李系统的正式验收申请。

（2）在检测验收前，对于行李处理系统的各单台设备、单独采购的主要部件、原生产厂生产的主要部件，集成商应提交生产厂商的正式出厂检验证书或检验合格证。

（3）相关单位应提供检测所需的技术资料与必要配合条件。如，设备清单、技术规格说明、系统安装图纸、电气原理与接线图等。

（4）应根据行李系统的不同建设阶段，对行李系统安装、调试、自测等阶段进行相应检测，包括但不限于：安全保护功能检测、系统功能检测、性能检测、压力测试等。

系统竣工验收试验行李应包含箱包、软包和纸包，带轮箱包的比例不低于85%，试验行李中应包含一定比例的最大、最小规格的行李。

参见《民用机场航站楼行李处理系统检测验收规范》MH/T 5106-2013。

二、时钟系统

时钟系统应为旅客、机场工作人员和航站楼专业系统、设备提供标准的时间信息。应显示北京时间，有国际航线的机场应增设世界钟显示相关城市的当地时间。宜采用子母钟系统，航站楼空间跨度大时可设二级母钟或其他时钟信号转送设备。

（一）组成架构

时钟系统由时标接收单元、监控单元、母钟、信号分配单元、信号传输链路及子钟组成。应接收北斗卫星时钟信号或GPS时钟信号，并转换为北京时间作为校时基准；可同时接收BPM短波授时台的校时信号，以北京时间为基准自动校时。

（二）母钟

母钟的作用是：接收标准时间信号，与自身所设的时间信号源进行比较、校正、处理后，发送时间基准信号给被授时设备的装置。

（1）母钟应采用主、备配置，当主母钟失效时，系统应自动切换到备用母钟提供系统校时。

（2）二级母钟接收母钟的时间信号，对区域内的子钟进行校时，多个单体航站楼或较大规模的航站楼宜设置二级母钟。

（3）时钟系统宜优先接收北斗卫星时钟信号，在接收一种信号发生故障时，应自动接收另一信号并自动校时。

（4）监控单元应对主备母钟定时自检、监控运行状态，并动态显示母钟和二级母钟的运行状态。

（5）母钟和二级母钟内应有独立的高精密度时钟发生器，其年走时累计误差应不大于1ms。

（6）当接收单元无信号时，母钟和二级母钟仍应以内部时钟独立工作，母钟和二级母钟应能手动校时。

（7）母钟和二级母钟应提供NTP（TCP/IP）、串行通信等接口中的一种或多种为机场内需授时的设备校时。

（三）子钟

子钟接收母钟所发送的时间信号并显示。子钟分为单面子钟和多面子钟，可采用指针式或数显式。各类子钟的显示内容可包括年、月、日、星期、时、分、秒，数显钟应进行无反光处理，宜具有亮度调整的功能。子钟内应有独立的时钟发生器，其日走时累计误差应不大于1.5s，当无法接收母钟校时信号时，子钟仍应以内部时钟独立工作。

指挥运行中心、广播室及其他对时间有严格要求的地点应设置子钟。在航站楼出发、到达、候机、行李分拣、提取大厅、办理乘机手续和通道等场所宜设置子钟。旅客餐厅、休息等场所可根据需要设置子钟。

（四）时钟系统检测内容

时钟系统检测的内容有：设备安装检查、设备功能检查、接口功能检测、系统管理功能检查。设备安装检查，检查系统设备的型号、数量、安装部署及工作状态。接口功能检测的内容包括授时接口、校时接口、授时响应时间、校时相应时间，通过修改母钟时间的方式，验证时钟系统对需提供授时的系统或设备的授时功能及响应时间是否正确；通过修改需校时设备时间或主动向时钟系统发送时间同步申请等方式，验证需校时系统与时钟系统接口功能及响应时间是否正确。

参见《民用运输机场航站楼时钟系统工程设计规范》MH/T 5019-2016、《民用运输机场时钟系统检测规范》MH/T 5040-2019。

1D414030　弱电基础工程

1D414031　航站楼综合布线系统主要内容

一、综合布线系统

航站楼综合布线系统,是采用模块化结构,使用各种线缆、跳线、接插软线和连接器件,为航站楼的语音、数据设备提供一套标准的信号传输通道的系统。

（一）系统构成

（1）综合布线系统应支持语音、数据、图像和多媒体业务等信息的传递。综合布线系统网络结构应为开放式拓扑结构,并应满足航站楼各网络设计需求。

（2）综合布线系统由工作区子系统、配线子系统、干线子系统、建筑群子系统、设备间子系统、进线间子系统和管理子系统组成。

1）工作区子系统——由配线子系统的信息插座模块延伸到终端设备处的连接线缆及适配器组成。

2）配线子系统——由工作区的信息插座模块、信息插座模块至弱电间配线设备的配线电缆和光缆、弱电间的配线设备及设备线缆和跳线等组成。

3）干线子系统——由设备间至弱电间的干线电缆和光缆、安装在设备间的建筑物配线设备及设备线缆和跳线组成。

4）建筑群子系统——由连接多个机场建筑物之间的主干电缆和光缆、建筑群配线设备及设备线缆和跳线组成。

5）设备间子系统——在航站楼等建筑物的适当地点进行网络管理和信息交换的房间。对于综合布线系统工程设计,设备间主要用于安装建筑物配线设备。电话交换机、计算机主机设备及入口设施也可与配线设备设置在一起。航站楼设备间一般指弱电机房或弱电主机房,总配线间通常可设在其内。

6）进线间子系统——设置在航站楼等建筑物外部通信和信息管线的入口部位,并可作为入口设施和部分建筑群配线设备的安装场地。

7）管理子系统——对工作区、弱电间、设备间、进线间的配线设备、线缆、信息插座模块等设施按一定的模式进行标识和记录。

（3）航站楼综合布线系统基本构成如图1D414031所示,其中CP可按实际需求设置。

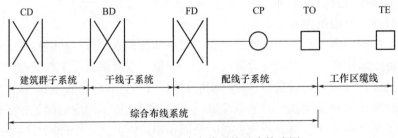

图1D414031　综合布线系统基本构成图

（4）大型航站楼宜设多处进线间。

（5）小型航站楼的进线间及总配线间设施可设置在同一房间。

（6）进线间引入管道应按实际需求设置并留有余量。

（7）航站楼至信息中心或机场电话站的管线宜采用双路由敷设。

（二）系统指标

（1）3类和5类布线系统信道、永久链路和CP链路应考虑衰减和近端串音等指标。

（2）5e类、6类、7类布线系统信道，永久链路和CP链路应考虑插入损耗、近端串音、衰减串音比、等电平远端串音、近端串音功率和、衰减串音比功率和、等电平远端串音功率和、回波损耗、时延和时延偏差等指标。

（3）屏蔽布线系统应考虑非平衡衰减、传输阻抗、耦合衰减及屏蔽衰减。

（4）综合布线系统设计应考虑产品的线缆结构、直径、材料、承受拉力、弯曲半径等机械性能指标。

（三）专业系统布线

（1）专业系统布线是指航站楼内通过综合布线系统传递信息的相关系统的布线，所涉及系统包括信息集成系统、航班信息显示系统、安检信息管理系统、离港信息管理系统、安防系统和楼宇自控系统等。

（2）专业系统布线应用于航站楼所有区域的信息点，应能支持语音、数据、图像、视频和控制等信息的传递，并应根据工作环境选择布线种类和防护等级。

（3）专业系统布线根据不同配线系统的需求，采用二级或三级星形网络拓扑结构。

（4）语音大对数线缆容量的配置，应综合考虑语音电话和内部通讯电话的容量。

（5）所有信息点应配置完整，提供给视频监控、航班信息显示等系统终端使用的信息点应配置相应信息插座。

（6）根据不同配线系统的需求，信息插座可设置在墙面、地面、柜台或者吊顶上。室外连接器件应有适当防护。

（7）在配线系统较为集中的值机区、商业区和办公区等宜设置现场配线设备。

（四）办公区和商业区布线

（1）办公区域内一般按5~10m²划为一个工作区，每一个工作区信息插座模块的数量按业务需求设置，通常宜不少于2个。

（2）采用集合点时，集合点配线设备与楼层配线设备之间水平线缆的长度应大于15m。集合点配线设备容量宜按该区域用户需求设置。同一个水平链路只能设置一个集合点。从集合点引出的线缆应终接于工作区的信息插座，集合点的配线设备应设置在墙体、柱子等处或机柜内。

二、综合布线系统主要器材技术要求

构成综合布线系统的主要设备包括：双绞线、光缆、连接器件。

（一）双绞线

双绞线是综合布线工程中最常用的一种传输介质。双绞线由两根具有绝缘保护层的铜导线组成，一般由两根绝缘铜导线相互缠绕而成。双绞线可分为非屏蔽双绞线和屏蔽双绞线，目前定义了8种不同质量型号的双绞线电缆。计算机网络综合布线使用3类、4类、5类、5e类、6类、7类双绞线。双绞线主要指标包括衰减、近端串扰、衰减串扰比。

1. 衰减（Attenuation）

衰减是沿链路的信号损失度量。衰减与线缆的长度和频率有关系，随着长度的增加，频率才提高，信号衰减也随之增加。

2. 近端串扰（NEXT）

近端串扰损耗是测量一条UTP链路中从一对线到另一对线的信号耦合。对于UTP链路，NEXT是一个关键的性能指标。

3. 衰减串扰比（ACR）

在某些频率范围，串扰与衰减量的比例关系是反映电缆性能的另一个重要参数。ACR有时也以信噪比表示，它由最差的衰减量与NEXT量值的差值计算。ACR值较大，表示抗干扰的能力更强。

（二）光缆

1. 单模光缆

单模光缆内的光纤是单模光纤，单模光纤是在给定的工作波长中，只传输单一基模的光纤。单模光纤具有相当宽的传输频带，运用于长距离、大容量的传输。

2. 多模光缆

多模光缆内的光纤是多模光纤。多模光纤：中心玻璃芯较粗，可传多种模式的光。但其模间色散较大，这就限制了传输数字信号的频率，而且随距离的增加会更加严重。

（三）连接器件

1. 双绞线连接件

（1）110型线架，适用于主干大对数语音（低速率数据）传输连接件。

（2）RJ-45口配线架，适用于水平双绞电缆配线安装连接件。

（3）对应水平电缆工作区连接件也为RJ-45口类型模块。

2. 光连接件

光连接件分为光缆配线架和光信息端口两类。其接口类型常用的有ST、SC、LC等几种。

三、光纤接续程序

（1）在光纤上预先套上对光缆接续部位进行补强的带有钢丝的热缩套管。

（2）除去涂覆层。用被覆钳垂直钳住光纤，快速剥除20～30mm长的一次涂覆和二次涂覆层，用浸泡酒精的棉球或镜头纸用力擦拭光纤，将纤芯擦拭干净，且注意光纤的表面不应有裂口、划痕。

（3）切割光纤，制作端面。在光纤接续中，光纤端面的制作是最为关键的工序。光纤端面的完善与否是决定光纤接续损耗的重要原因之一。它要求制备后的端面平整，无毛刺、无缺损，且与轴线垂直，呈现一个光滑平整的镜面区，且保持清洁，避免灰尘污染。制备端面有三种方法：一是刻痕法，采用机械切割刀，用金刚石刀在表面上向垂直于光纤的方向划道刻痕，距涂覆层10mm，轻轻弹碰，光纤在此刻痕位置上自然断裂；二是切割钳法，它是利用一种自制的手持简易钳进行切割操作；三是超声波电动切割法。这三个方法只要器具优良，操作得当，制备端面的效果都非常不错。

（4）将欲接的两根光纤放入熔接机中进行熔接，此由熔接机自动操作。

（5）用光时域反射仪（OTDR）进行接续性能测试及评定，符合接续指标后，再进行接续部位的补强保护，即热熔带有钢丝的热缩管。OTDR仪表通过向被测光纤发射一束极窄的光脉冲并接收从光纤中反射回输入端的光信号来检测光纤的性能，该光信号携带了光纤上各点的信息。例如从故障点光纤与空气交界面处发射回来的光，可以测出故障点的位置等。

（6）在全部纤芯接续完毕后，收入收容盘内，用OTDR仪表进行复测，不合格的要进行重新收容或重新接续，直到合格为止。

1D414032 信息类弱电系统机房工程及其配电方法

一、信息类弱电系统机房工程

机场信息类弱电系统的主要设备放置在机房内，机房为各系统设备提供一个基本的运行环境，建设良好的机房为今后系统维护、维修带来极大的便利，有利于系统设备稳定的运行。

（一）机房工程建设内容

机房工程建设是一个综合性的建设项目，一个完整、一体化式机房工程涉及建筑装修、暖通、给水排水、供配电以及信息弱电本身相关的系统建设。机房工程建设具体项目有：机房装修工程、机房暖通工程、机房消防系统工程、机房供配电工程、机房信息弱电工程、机房防雷接地工程。

（二）机房装修工程

机房工程中的装修为功能性装修，装修内容包括：机房墙面、机房吊顶、机房地面、隔断装修、架空防静电地板。

机房装修应保证机房的洁净度，装修材料应选用气密性好、不起尘、易清洁的材料。

若机房周围有强电磁干扰源，需对用房进行电磁屏蔽。可在机房内墙、顶、地建筑施工时，布置金属网或专用的抗电磁材料。

（三）机房暖通工程

机房的设备大多为电子类设备，对温湿度要求较高，因此不能满足要求的温度、湿度会对机房内设备的运行带来严重的影响。

（四）机房消防系统工程

机房内需设置消防报警系统，并配备气体灭火。根据气体灭火的设计方案，需在机房内预留气体灭火设备的布置位置。

（五）机房供配电工程

机房供配电工程，其配电对象主要为安装在机房内的设备。电源性质为UPS电源。

（六）机房信息弱电工程

机房信息弱电工程有：综合布线系统、视频监控系统、出入口控制系统（Access Control System，简称ACS，又称作门禁系统）、机房环境监控系统、KVM系统等。其中综合布线系统、视频监控系统、出入口控制系统在建设时可纳入相应的系统建设中统一考虑。下面只对机房环境监控系统和KVM系统进行介绍。

1. 机房环境监控系统

机房环境监控是对机房内的辅助设备运行状态进行监控，监控对象包括机房配电、UPS设备、精密空调设备、漏水监测、机房温湿度监测等。

（1）系统硬件组成：

系统硬件采用逐级汇接的结构，监控系统分别由监控中心、远程监控站、现场前端监控中心、监控单元、监控模块等组成。

1）监控中心：对所有机房监控系统的集成，实现集中监控管理。

2）远程监控站：支持用户远程监控服务，提供远程用户与现场监控管理中心一样的功能。

3）现场前端监控管理中心：采用嵌入式监控服务器，它既可独立运行（对机房监控设备进行数据采集处理），也可以向远程监控站提供监控服务。

4）监控单元和监控模块由多功能控制器、协议转换器、各种传感器及相应的控制执行单元和智能设备的智能控制单元组成。

5）监控单元由多功能控制器、协议转换器和视频转换器组成。

6）监控模块由信号采集单元、测量传感器、摄像机、协议转换器及相应的控制执行器和智能设备的智能控制器。监控模块可以与监控单元那样接插各种输入输出采集模块或控制模块，各种测量目标的传感信号接入相应的采集模块中，并且定时快速采集和执行相应的数据处理或控制操作，再把处理结果和告警信息传送到监控站。

（2）系统软件构成：

系统软件应采用分布式监控结构体系，不仅实现组成网络的分布式结构，还需实现监控功能的分布式构成。系统具有以下层次结构：外部接口→系统应用软件→数据库→采集接口。

1）外部接口：提供远程客户端监控功能及集中监控平台，实现远程监控、管理及集成化功能。

2）系统应用软件：实现监控功能的不同的软件模块。

3）数据库：实现监控系统所有数据的存储，可采用MSSQLSever和Mysql数据库。

4）采集接口：实现对底层各种模块及智能监控设备的采集和处理。

（3）系统功能：

机房环境监控系统应具有：实时及历史数据监测功能、报警功能、报表管理、安全管理、远程管理功能。

2．KVM系统

KVM（Keyboard Video Mouse）系统是一套对信息弱电系统后台设备进行集中监控、管理的系统。建立该系统的目的同样是为了解决设备的远程维护和管理，实现机房内系统设备跨平台、跨类型的集中监控，实现机房的无人值守，保证机房设备正常运行。

（1）系统结构：

KVM系统从结构上分为接入层和管理层两层。接入层位于各个数据机房内，实现被管理设备的接入和汇聚，管理层实现对各机房设备的集中管理。

（2）系统功能：

1）对后台设备实现集中管理；

2）支持多种统计报告；

3）支持多语言操作界面；

4）系统配置、资料存储输出。

（七）机房防雷接地工程

机房防雷接地工程是整个建筑防雷接地系统的一部分，也是整个防雷接地系统的末端。对于联合接地，要求接地电阻小于1Ω。

对于信息弱电机房来说，机房防雷接地工程针对的对象包括信息弱电设备机房和操作机房。

对于普通的弱电小间等电位接地做法：沿墙设均压带（热镀锌扁钢）与机房内的等电位端子箱相连，所有强电、弱电设备的外壳、外露的金属构件、结构钢筋用多股铜芯线就近与均压带连接。

对于信息弱电主机房等电位接地做法：在防静电地板下明敷等电位网格（铜带）及均压带（铜带），网格网眼尺寸与防静电地板尺寸一致，交叉点焊接，再将均压带与机房内的等电位端子箱相连。

二、弱电配电工程

（一）弱电配电工程对象

弱电配电是整个建筑配电系统末端配电部分。由于供电对象对电源质量要求高，弱电配电常为UPS配电。其配电对象为：

（1）各弱电机房、设备间内设备；

（2）值机、登机、中转、安检等处柜台。

根据各机场繁忙程度不同，柜台等处的配电也可纳入到通用配电中。

（二）UPS配电的两种方式

UPS配电有两种方式：UPS分散设置、UPS相对集中设置。

1. UPS分散设置

在每个弱电机房内设置UPS，为本机房内设备和机房外就近的设备供电。

优点：设计简单，供电关系明确，无须考虑压降等问题。

缺点：UPS数量多，增加管理维护工作量。

2. UPS相对集中供电

设置一个相对共用UPS间，为就近的几个弱电设备间内设备和机房外的设备就近供电。

优点：可大大减少UPS数量，在适当增加投资的前提下可提高UPS供电系统的可靠性，从而提高整个弱电信息系统供电的可靠性。

缺点：需增加独立的UPS间。

（三）常用的几种UPS供电方案

（1）UPS单机供电；

（2）N+1并机系统；

（3）分布式冗余；

（4）双系统冗余。

1D415000　民航机场目视助航工程

1D415010　民航机场目视助航设施的种类及地面标志的要求

1D415011　机场目视助航设施的种类

一、机场目视助航设施

有两种办法控制飞机的飞行，一种用自动驾驶仪，再一种是人工控制。人工控制又有两种办法：一是参照仪表板；二是完全参照外部世界，利用目视参考物做出自己的全部判断。

交替为绿/白的灯标表明为陆上机场，交替为黄/白的灯标表明为水上机场。对不能通过无线电通信获得着陆信息的机场，驾驶员着陆信息中，风向指示器是重要的目视助航设备。

当飞机在目视气象条件下运行时，最低气象标准通常能保持驾驶员能有一个地平线作为外部的目视参考来驾驶飞机。该地平线可能是真的地平线，也可能是一个形似的地平线（在不能清楚地看到真正地平线时，由目视地面参考物、云的图案，或是天空/地面亮光的分界线等形成的看得出或假想的水平面参考线）。在良好的能见度时观察着陆跑道，确定相对于跑道环境的飞机位置。最后，进近分成两部分：一是接近跑道入口；二是经过跑道入口后着陆。在最后进近中，驾驶员要跟踪的航道可以认为是两个平面（一个是最佳进近坡度的斜平面，一个是过跑道中线的与跑道垂直的平面）的交叉。这就需要有与这两个平面有关的目视指示，因此，机场要设相应的目视助航设施。

机场目视助航设施包括指示标和信号设施、标志、助航灯光、标记牌和标志物以及它们的供电系统和监视与控制系统等。

设置滑行引导标记牌是为了向驾驶员提供信息。为了容易被飞机驾驶员看见，标记牌应在其结构容许的范围内尽可能地靠近道面边缘位置。

标记牌必须是易折的，靠近跑道或滑行道安装的那些标记牌的高度必须低至满足其与飞机螺旋桨和喷气飞机发动机吊舱间净距的要求。为了防止折断的标记牌被吹走，有时用地锚或链条将标记牌拴住。

按标记牌的作用不同标记牌可分为两大类：强制性指令标记牌和信息标记牌。

指令标记牌用来传达一个必须照办的指令。强制性指令标记牌包括：跑道号码标记牌，Ⅰ、Ⅱ或Ⅲ类（精密进近跑道）等待位置标记牌，跑道等待位置标记牌，道路等待位置标记牌，禁止进入标记牌，用于转换频率的等待点标记牌。

信息标记牌用来指示活动区里的一个具体位置或目的地。信息标记牌包括：位置标记牌，方向标记牌，目的地标记牌，跑道出口标记牌，跑道脱离标记牌，交叉点起飞标记牌，滑行道位置识别点标记牌，航空器机位号码标记牌，VOR机场校准点标记牌，机场识别标记牌，滑行道终止标记牌。

二、标示障碍物的目视助航设施

1. 作为障碍物需加以标志（涂漆或加标志物）和（或）灯光标示的物体位于障碍物限制面内的物体：

（1）在机场活动区内，所有车辆和移动物体除航空器外均为障碍物，必须予以标志。如在夜间或低能见度条件下使用还应设灯光标示，只有仅在机坪上使用的航空器勤务设备和车辆可以除外。

（2）在机场活动地区内的立式航空地面灯必须予以标志，使其在昼间鲜明、醒目，在活动地区内的立式灯具和标记牌上不应设置障碍灯。

（3）在规定的至滑行道、机坪滑行道或航空器机位滑行通道中线的最小间距范围内的所有障碍物，必须予以标志。如果这些滑行道或机位滑行通道在夜间使用，则还应设灯光标示。

（4）距离起飞爬升面内边3000m以内、突出于该面之上的固定障碍物，应予以标志；如跑道供夜间使用，还应设灯光标示。

（5）邻近起飞爬升面的物体，虽然尚未构成障碍物，在认为有必要保证飞机能够避开它的情况下，应予以标志；如跑道供夜间使用，还应设灯光标示。

（6）距离进近面内边3000m以内、突出于该面或过渡面之上的固定障碍物，应予以标志。如跑道供夜间使用，还应设灯光标示。

（7）突出于内水平面之上的固定障碍物，必须予以标志。如跑道供夜间使用，还应设灯光标示。

（8）突出于障碍物保护面之上的固定物体，应予以标志。如跑道供夜间使用，还应设灯光标示。

（9）对于其他位于障碍物限制面以内的物体（包括目视路径附近的物体，如河道或公路等），如经航行研究认为其对航空器构成危害，则应设标志和（或）灯光标示。

（10）横跨河流、山谷或公路的架空电线或电缆等，如经航行研究认为这些电线或电缆可能对航空器构成危害，则应予以标志，对其支撑杆塔予以标志和灯光标示。

位于障碍物限制面外的物体：

（1）在障碍物限制面范围以外的机场附近地区，距机场跑道中心线两侧各10km、跑道端外20km以内的区域内，高出地面标高30m且高出机场标高150m的物体应视为障碍物，应予以标志和灯光标示，但如该障碍物设有在昼间运行的高光强障碍灯，则可将标志省去。

（2）对于其他位于障碍物限制面以外的物体（包括目视路径附近的物体，如河道或公路等），如经航行研究认为其对航空器构成危害，则应设标志和（或）灯光标示。

（3）横跨河流、山谷或公路的架空电线或电缆等，如经航行研究认为这些电线或电缆可能对航空器构成危害，则应予以标志，对其支撑杆塔予以标志和灯光标示，但在杆塔设有在昼间运行的高光强障碍灯时，可将标志略去。

2. 障碍物的标志

（1）所有应予标志的固定物体，只要实际可行，应用颜色标志；如实际不可行，则应在物体上方展示标志物，如该物体的形状、大小和颜色已足够明显，则不需再加标志。

（2）表面上基本上不间断的、在任一垂直面上投影的高度和宽度均等于或超过4.5m的物体，应用颜色将其涂成棋盘格式。棋盘格式应由每边不小于1.5m、不大于3m的长方形组成，棋盘角隅处用较深的颜色。棋盘格的颜色应相互反差鲜明，并应与看到它时的背景反差鲜明。应采用橙色与白色相间或红色与白色相间的颜色，仅当与环境背景反差不明显时，才可采用其他颜色。

（3）对下列物体应涂以反差鲜明的相间色带：

表面基本上不间断，且其一边（水平或垂直）大于1.5m，而另一边（水平或垂直）小于4.5m的物体。

其一水平或垂直边的尺寸大于1.5m的骨架式物体。

色带应垂直于长边，其宽度为长边的1/7或30m，取其小值。色带的颜色应与背景形成反差。应采用橙色（或红色）与白色，仅当与环境背景反差不明显时，才可采用其他颜色。物体的端部色带应为较深的颜色。

（4）在任一垂直面上投影的长宽均小于1.5m的物体，应涂满鲜明的单色。应采用橙色或红色，仅当与环境背景反差不明显时，才可采用其他颜色。

（5）在构成障碍物的物体上层展示的标志物应位于突出醒目之处，以保持物体的一般轮廓，并使其在天气晴朗时，在飞机有可能向其接近的所有方向上至少从空中1000m和从地面300m的距离上能够识别出来。标志物的形状应醒目，并保证其不致被误认为是用来传达其他信息的标志，也不应增大所标志的物体的危害性。架空电线、电缆等上的标志物应为球形，直径不小于60cm。

（6）标志物与杆塔或两个相邻标志物之间的间距，应与标志物的直径相适应。当涉及多条电线电缆时，标志物应设在所标志的电线电缆的最高层上。

（7）每个标志物应为单一颜色，但当装设在架空电线电缆等之上时应为白色与红色或白色与橙色相间。所选颜色应与观察时的周围背景形成反差。

3. 地面上的标志（详见1D415012）

1D415012 机场地面标志的要求

各种跑道标志应为白色，各种滑行道标志、跑道掉头坪标志和飞机机位标志应为黄色。机坪安全线标志的颜色应鲜明，并与飞机机位标志的颜色反差良好。在夜间运行的机场，标志宜使用反光涂料涂刷，以增加其可见性。需要增强对比度时，宜增加黑边。

在跑道与滑行道相交处，应显示跑道的各种标志（跑道边线标志除外），而滑行道的各种标志均应中断。

在跑道与跑道掉头坪交接处，跑道边线标志应连续不断。

地面上的标志有跑道号码标志、跑道入口标志、瞄准点标志、接地带标志、跑道边线标志、跑道中线标志、滑行道中线标志、滑行边线标志、跑道掉头坪标志、滑行道道肩标志、跑道等待位置标志、中间等待位置标志、强制性指令标志、信息标志、飞机机位标志、机坪安全线（机位安全线、翼尖净距线、机坪设备区停放标志、行人步道线标志、机坪上栓井标志、道路标志）、关闭标志、跑道入口前标志、VOR机场校准点标志、其他标志等。

一、跑道上的标志

1. 跑道号码标志

跑道号码标志应设置在跑道入口处。当跑道入口内移时，可设标明跑道号码的标记牌供飞机起飞使用。

跑道号码标志的数字和字母的高度应不小于9m，宜为18m。

2. 跑道中线标志

跑道中线标志应设置在跑道两端的跑道号码标志之间的跑道中线上，由均匀隔开的线段和间隙组成。每一线段加一个间隙的长度应不小于50m，也不应大于75m。每一线段的长度应至少等于间隙的长度或30m（取较大值）。Ⅱ类或Ⅲ类精密进近跑道的中线标志宽度应不小于0.9m；Ⅰ类精密进近跑道及非精密进近跑道的中线标志宽度应不小于0.45m，其他跑道应不小于0.3m。

3. 跑道入口标志

跑道入口处应设置跑道入口标志。

跑道入口标志应由一组尺寸相同、位置对称于跑道中线的纵向线段组成。入口标志的线段应从距跑道入口6m处开始，线段的总数应按跑道宽度确定，跑道宽度18m线段的总数为4；跑道宽度23m线段的总数为6；跑道宽度30m线段的总数为8；跑道宽度45m线段的总数为12；跑道宽度60m线段的总数为16。

入口标志的线段应横向布置至距跑道边不大于3m处，或跑道中线两侧各27m处，以得出较小的横向宽度为准。线段长度应至少30m，宜为45m，宽约1.8m，线段间距约1.8m，且最靠近跑道中线的两条线段之间应用双倍的间距隔开。

跑道入口若需暂时内移或永久内移，则跑道入口标志应增加一条横向线段，其宽度应不小于1.8m。

当跑道入口永久内移时，应按在内移跑道入口以前的那部分跑道上设箭头；当跑道入口是从正常位置临时内移时，应加以标志，将内移跑道入口以前除跑道中线标志和跑道边线标志以外的所有标志遮掩，并将跑道中线标志改为箭头。

当内移跑道入口以前的跑道已不适于飞机的地面活动时，此区域应设置入口前标志，同时对该部分道面所有原跑道标志进行遮掩或清除。

在跑道入口仅在短时间内临时内移的情况下，经验表明，不在跑道上油漆内移跑道入口标志而用与其形式和颜色相同的标志物来代替也能取得满意的效果。

箭头设置应对称于中线排列。其数量应按跑道的宽度确定。

4. 瞄准点标志

有铺筑面的跑道的每一个进近端应设瞄准点标志。在跑道装有目视进近坡度指示系统时，标志的开始端应与目视进近坡度的起点重合。

瞄准点标志应由两条明显的条块组成，对称地设在跑道中线的两侧，线段的尺寸和瞄准点标志内边的横向间距应符合规定，但在跑道设有接地带标志时则应与接地带标志相同。

5. 接地带标志

有铺筑面的仪表跑道和飞行区指标Ⅰ为3或4的有铺筑面的非仪表跑道应设接地带标志。

接地带标志应由若干对对称地设置在跑道中线两侧的长方形标志块组成，其对数与可用着陆距离有关。当一条跑道两端的进近方向均需设置该标志时，则与跑道两端入口之间的距离有关。

接地带标志与瞄准点标志相重合或位于其50m范围内的各对接地带标志应省略。

在飞行区指标Ⅰ为2的非精密进近跑道上，应在瞄准点标志起端之后的150m处增设一对接地带标志。

6. 跑道边线标志

有铺筑面的跑道应在跑道两侧设跑道边线标志。跑道边线标志应设在跑道两端入口之间的范围内，但与其他跑道或滑行道交叉处应予以中断。

在跑道入口内移时，跑道边线标志保持不变。

跑道边线标志应由一对设置于跑道两侧边缘的线条组成，每条线条的外边大致在跑道的边缘上。当跑道宽度大于60m时，标志外边缘应设在距跑道中线30m处。

如设有跑道掉头坪，在跑道与跑道掉头坪之间的跑道边线标志不应中断。

跑道宽度大于或等于30m时，跑道边线标志的线条宽度应至少为0.9m；跑道宽度小于

30m时，跑道边线标志的线条宽度应至少为0.45m。

二、滑行道上的标志

1. 滑行道中线标志

滑行道、飞机机位滑行通道以及除冰防冰设施应设滑行道中线标志，并能提供从跑道中线到各机位之间的连续引导。

滑行道中线标志应为不小于0.15m宽的连续黄色实线，浅色道面（如水泥混凝土道面）上的滑行道中线标志两侧宜设置不小于0.05m宽的黑边。

滑行道中线标志在与跑道等待位置标志、中间等待位置标志及各类跑道标志相交处应中断，中断的滑行道中线标志与上述标志的净距为0.9m（不含黑框）。如0.9m间距无法实现时，也可采用0.3m间距。

在滑行道直线段，滑行道中线标志应沿滑行道中线设置；在滑行道弯道部分（飞机机位滑行通道除外），滑行道中线标志应使飞机的驾驶舱保持在滑行道中线标志上时，飞机的外侧主轮与滑行道边缘之间的净距满足规定。

作为跑道出口的滑行道（含快速出口滑行道和垂直滑行道），该滑行道中线标志应以曲线形式转向跑道中线标志，并平行（相距0.9m）于跑道中线延伸至超过切点一定距离，此距离在飞行区指标Ⅰ为3或4时应不小于60m，飞行区指标Ⅰ为1或2时应不小于30m。

当机场交通密度为中或高时，在与跑道直接相连的滑行道（单向运行的滑行道除外）上的A型跑道等待位置处，应设置增强型滑行道中线标志。该标志的作用是为飞机驾驶员提供额外的确认A型跑道等待位置的目视参考，并构成跑道侵入防范措施的一部分。

2. 跑道掉头坪标志

在设有跑道掉头坪之处，应设置跑道掉头坪标志，用以连续地引导飞机完成180°转弯并对准跑道中线。

跑道掉头坪标志应从跑道中线弯出进入掉头坪。其转弯半径应与预计使用该跑道掉头坪的飞机的操纵特性和正常滑行速度相适应。跑道掉头坪标志与跑道中线标志的交接角应不大于30°。

跑道掉头坪标志应从跑道中线标志的切点开始平行于跑道中线标志延伸一段距离，此距离在飞行区指标Ⅰ为3或4时应至少为60m，在飞行区指标Ⅰ为1或2时应至少为30m。

跑道掉头坪标志引导飞机滑行的方式应允许飞机在开始180°转弯以前有一段直线滑行。跑道掉头坪标志的直线部分应平行于跑道掉头坪的外边缘。

跑道掉头坪标志中拟供飞机跟随进行180°转弯的曲线部分的设计宜能保证前轮转向角不超过45°。

跑道掉头坪标志的设计应使当最大型飞机的驾驶舱保持在跑道掉头坪标志的上方时，飞机起落架的任何机轮至跑道掉头坪边缘的净距符合有关规定。

跑道掉头坪标志应为不小于0.15m宽的连续黄色实线，其设置方法与滑行道中线标志的设置方法相同；应沿掉头坪边缘设置掉头坪边线标志，掉头坪边线标志的设置方法与滑行边线标志的设置方法相同。

与跑道标志相交处的跑道掉头坪标志应中断。

3. 跑道等待位置标志

在跑道等待位置处应设置跑道等待位置标志。跑道等待位置与跑道中线之间的距离应符合有关规定。

在滑行道与非仪表跑道、非精密进近跑道或起飞跑道相交处，跑道等待位置标志应为A型。在滑行道与Ⅰ、Ⅱ或Ⅲ类精密进近跑道相交处，如仅设有一个跑道等待位置，则该处的跑道等待位置标志应为A型。在上述相交处如设有多个跑道等待位置，则最靠近跑道的跑道等待位置标志应采用A型，而其余离跑道较远的跑道等待位置标志应采用B型。

B型跑道等待位置标志的位置由跑道所服务的最大机型以及ILS/MLS的临界/敏感区决定，并且仅当ILS运行时，B型跑道等待位置标志才发挥作用。

如B型跑道等待位置标志所处地区的宽度大于60m，应设"CATⅡ"或"CATⅢ"字样标志。

当B型跑道等待位置标志与A型跑道等待位置标志相距小于15m时，在原来B型跑道等待位置标志处仅设A型跑道等待位置标志即可。

在跑道与跑道交叉处设置的跑道等待位置标志应垂直于作为标准滑行路线的一部分的跑道的中线。在标准滑行路线不与跑道中线重合的情况下，跑道等待位置标志应垂直于滑行道中线标志。标志应为A型。

浅色道面上的跑道等待位置标志应设置黑色背景，黑色背景的外边宽为0.1m。

4. 中间等待位置标志

在中间等待位置和比邻滑行道的远距除冰防冰设施出口边界上应设置中间等待位置标志。

在两条有铺筑面的滑行道相交处设置的中间等待位置标志应横跨滑行道，并与相交滑行道的近边有足够的距离，以保证滑行中的飞机之间有足够的净距。

中间等待位置标志应采用单条断续线（虚线）。

位于浅色道面上的中间等待位置标志周围宜设置黑色背景。

当两个相邻的中间等待位置标志距离小于60m时，可仅保留一个中间等待位置标志，并设置于两个相邻的中间等待位置标志的中间处。

5. 强制性指令标志

在无法按照要求安装指令标记牌处，应在铺筑面上设置强制性指令标志。

运行需要时，例如在宽度超过60m的滑行道上，或为协助防止跑道侵入，应设置强制性指令标志作为强制性指令标记牌的补充。

飞行区指标Ⅱ为A、B、C和D的滑行道上的强制性指令标志按距滑行道中线两侧距离相等横设在滑行道上和跑道等待位置标志的停机等待一侧；飞行区指标Ⅱ为E或F的滑行道上的强制性指令标志设在滑行道中线标志的两侧、跑道等待位置标志的停机等待一侧。标志的边界距离滑行道中线标志和跑道等待位置标志应不小于1m。

除非运行需要，强制性指令标志不应设在跑道上。

强制性指令标志应为红底白字。除禁止进入标志外，白色字符应提供与相关的标记牌相同的信息。

仅用作跑道出口的滑行道处可设立"禁止进入"标志，该标志应为白色的"NO ENTRY"字样，设在红色的背景上。

在标志与铺筑面的颜色反差不明显之处，应在强制性指令标志的周边加上适当的边框，边框宜为白色或黑色。

6. 信息标志

在下列地点应设信息标志：

（1）通常要求设置信息标记牌而实际上无法安装之处；

（2）在复杂的滑行道相交处的前面和后面（表明方向和位置）；

（3）在运行经验表明增设一个滑行道位置标志可能有助于驾驶员的地面滑行之处；

（4）在很长的滑行道全长按一定间距划分的各点，宜相距300~500m。

因受净距要求、地形限制或其他原因导致标记牌只能设置在滑行道右侧时，宜在地面设置信息标志作为标记牌的补充。

信息标志应在需要之处横过滑行道或机坪道面设置，其位置应使在趋近的飞机驾驶舱内的驾驶员能看清楚。

一个信息标志应包括：一片黑色背景上的黄色字符，当其替代或补充位置标记牌时；一片黄色背景上的黑色字符，当其替代或补充方向标记牌或目的地标记牌时。

在标志的背景颜色与铺筑面道面颜色反差不足之处，应增加一个颜色与字符相同的边框，即字符为黑色时设置一个黑色的边框，字符为黄色时设置一个黄色的边框。

当在滑行道或机位滑行通道上设置"MAX SPAN"（最大翼展）标志有助于防止飞机误滑时，应将其设置在进入该滑行道或机位滑行通道起始处（沥青道面可不设黑色底色）。

7. 滑行边线标志

凡不易与承重道面区别开来的滑行道、跑道掉头坪、等待坪和停机坪的道肩以及其他非承重道面，若飞机使用这些道面会引起飞机损害的，应在非承重表面与承重表面的交界处设置滑行边线标志。

滑行边线标志应沿承重道面的边缘设置，使标志的外缘大致在承重道面的边缘上。

滑行边线标志应由一对实线组成，每一线条宽0.15m，间距0.15m，颜色为黄色。

8. 滑行道道肩标志

在滑行道转弯处，或其他承重道面与非承重道面需要明确区分处，应在非承重道面上设置滑行道道肩标志。

滑行道道肩标志由垂直于滑行边线或滑行边线的切线的线条组成。在弯道上，在每一个切点处和沿弯道的各个中间点上应各设一条线条，线条之间的间距应不超过15m。线条应宽0.9m，并应延伸至距离经过稳定处理的铺筑面的外边缘1.5m处，或长7.5m，取其使标志长度较短者。线条的颜色应为黄色。

三、飞机机位标志

在有铺筑面的机坪和规定的除冰防冰设施停放位置上应设飞机机位标志。按照飞机停放位置的不同，飞机机位标志分为飞机直置式和飞机斜置式机位标志。

有铺筑面的机坪和除冰防冰设施上设置的飞机机位标志的定位应保证当飞机以前轮沿该标志滑行时能分别保持规定的净距。

应根据机位构形和辅助其他停机设施的需要设置机位识别标志［字母和（或）数字］、引入线、转弯开始线、转弯线、对准线、停止线和引出线等机位标志。

四、机坪安全线

在有铺筑面的机坪上应根据飞机停放的布局和地面设施和（或）车辆的需要设置机坪

安全线，包括机位安全线、翼尖净距线、廊桥活动区标志线、服务车道边界线、行人步道线、设备和车辆停放区边界线以及各类栓井标志等。机位安全线、廊桥活动区标志线和各类栓井标志应为红色，翼尖净距线等其他机坪安全线（包括标注的文字符号）均应为白色。

机坪安全线的位置应能保证飞机在进出机位过程中对停放的地面设施、车辆和行人有符合规定的安全净距。

1. 机位安全线

在有铺筑面的机坪上应根据飞机停放布局和地面设施的需要设置机位安全线。

机位安全线应根据在此机位停放的最大飞机机型画设，其尺寸应考虑喷气发动机附近构成的安全区域因素（螺旋桨飞机也有类似的安全区域）。

机位安全线的设置应符合规定的停放的飞机与相邻机位的飞机以及物体之间的净距要求。

机位安全线是设置在飞机的机头、机身以及机翼两侧的多段、非闭合直线。

机位安全线应为红色，线宽至少为0.1m。

机位安全线的线型为实线或虚线。相邻飞机的机位安全线存在交叉时，交叉部分的机位安全线应为虚线，虚线内部由45°倾斜的等距平行红色直线段填充，线段宽0.1m，红线间净距2m。自滑进、顶推出的机位安全线除上述交叉部位为虚线外，其余均为实线。

自滑进出的机位安全线由实线和虚线组成。自滑进出的机位安全线与翼尖净距线或服务车道边线所勾勒的封闭区域，仅供保障该机位飞机的服务车辆及设备的临时停放使用，保障工作完成以后应尽快清空以保证飞机安全滑出。

2. 翼尖净距线

为减少服务车辆、保障设备以及作业人员等对滑行飞机的干扰，保证机坪滑行道上飞机的运行安全，应设置翼尖净距线。

翼尖净距线的设置应符合规定的滑行道中线或机位滑行通道中线与物体的净距要求。

翼尖净距线应为白色双实线，其线宽为0.15m，间距为0.1m。

3. 机坪设备区停放标志

设备区内标注的文字符号应采用白色字体。分为：

（1）轮挡放置区标志；

（2）作业等待区标志；

（3）廊桥活动区标志；

（4）设备摆放区标志；

（5）特种车辆停车位标志；

（6）集装箱、托盘摆放区标志；

（7）车辆中转区。

4. 行人步道线标志

行人步道线标志的设置位置和宽度宜根据行人横穿道路的实际需要确定。视距受限制的路段及急弯陡坡等危险路段和车行道宽度渐变路段，不应设置行人步道线标志。行人步道线标志为白色平行粗实线（斑马线），是表示准许行人横穿车行道的标线。

5. 机坪上栓井标志

机坪上的各类栓井应予以标示。

消防栓井标志采用正方形标示，边长为消防栓井直径加0.4m，正方形内除井盖外均涂成红色。栓井标志外0.2m的范围内应涂设栓井编号，编号可视情况自行确定。

其他栓井标志采用红色圆圈标示，圆圈外径为栓井直径加0.4m，圆圈宽应为0.2m。栓井标志外0.2m的范围内应涂设栓井编号，编号可视情况自行确定。

6. 道路标志

本标准中未明确的其他各类道路标志线和标记牌参照国家道路交通规则的规定执行。机坪上的服务车道标志应为白色。道路标志分为：

（1）道路等待位置标志；

（2）穿越滑行道的服务车道边线标志；

（3）限速标。

五、关闭标志

永久或临时关闭的跑道和滑行道或其一部分，至少应在其两端设关闭标志。如果关闭的跑道或平行滑行道长度超过300m，还应在中间增设关闭标志，使关闭标志的间距不大于300m。只有当关闭时间短暂且已由空中交通服务部门发出充分的警告时才可免设关闭标志。如仅为暂时关闭，可用易折的路障或使用油漆以外的材料来涂刷或其他合适的方法来明示该关闭地区。

跑道上的标志应为白色，划设在水泥混凝土跑道上的关闭标志宜加黑边；滑行道上的标志应为黄色。

六、跑道入口前标志

当跑道入口前设有长度不小于60m的铺筑面，且不适于飞机的正常使用时，应在跑道入口前的全长用">"形符号予以标志。">"形符号应指向跑道方向，符号颜色应为黄色，线条宽度应至少0.9m。

七、VOR机场校准点标志

当设有VOR机场校准点时应设置VOR机场校准点标志。VOR机场校准点标志应为一个直径6m的圆，圆周线条宽0.15m。若要求飞机对准某一特定方向进行校准，还应通过圆心增加一条指向该方向的直径，并伸出圆周6m以一个箭头终结。标志的位置应以飞机停稳后能接收正确的VOR信号的地点为圆心。标志的颜色应为白色，为加强对比，浅色道面上的标志应加黑边。

八、其他标志

位于机坪上的FOD桶应涂刷标志。

在道路与滑行道或机位滑行通道交叉口处，可在地面设置"小心，穿越航空器"标志或设置标记牌。

在可能受到飞机喷气尾流吹袭的服务车道路段，可设置飞机喷气尾流吹袭标志或标牌。

本标准中未明确的其他各类道路标志和标记牌以国家道路交通规则的规定为依据进行设置。

1D415020　民航机场助航灯光和灯具的要求及设备的易折性要求

1D415021　机场助航灯光和灯具的要求

一、对机场目视助航灯光的一般要求

（1）机场附近的非航空地面灯，凡是光强、构形或颜色有可能危及飞行安全（或妨碍、混淆）对航空地面灯的识别的，应予熄灭、遮蔽或改装，以消除这种可能性。

（2）立式进近灯及其支柱均应易折。

（3）当进近灯具或其支柱本身不够明显时，应涂上黄色或橙色油漆。

（4）跑道、停止道和滑行道边上的立式灯具必须是易折的。灯具高度应与螺旋桨和喷气飞机的发动机吊舱保持必要的净距。灯具表面颜色应鲜明、醒目。

（5）嵌入道面的灯具的强度应能保证在受到飞机轮胎的压力时，飞机和灯具均不损坏。

（6）为了调节光强适应现场情况，避免造成对驾驶员的眩光和协调各项灯光系统的光强，灯光系统应设适当的光强控制设备。

（7）航空地面灯的环境适应性能、灯光颜色、可靠性和安全性能应符合有关规定。

（8）航空地面灯在接近通航水域时，应避免让海员引起混淆。

（9）应环绕机场建立飞行保护区（一个无激光光束飞行区、一个激光光束临界飞行区、一个激光光束敏感飞行区）以保护飞机的安全，使其免受激光发射器的有害影响。

（10）航空地面灯的主光束的光强分布均匀度应符合有关规定。

二、对机场目视助航灯光的要求

机场目视助航灯光是机场目视助航工程的主要设施。灯光和灯具的布置应满足四方面要求，同时还要保障飞机安全。对助航灯光和灯具的布置有构形（configuration）、颜色（color）、坎德拉（candelas）、有效范围（coverage）四方面的要求，简称四个"c"。构成和颜色能提供动态三维定位的重要信息。构形提供引导信息，而颜色告诉驾驶员他在此系统中的位置。坎德拉和有效范围是指对构形和颜色的作用的正常发挥非常重要的光的特性。驾驶员应对系统的构形和颜色非常熟悉，并且应能感到增加或减少光的输出时的坎德拉变化。这四个因素适用于所有机场的灯光系统。

1. 构形

构形是指助航灯光系统的各部分的位置和灯的间距。灯是和跑道中线纵横都成行布置的。

2. 颜色

机场里各种灯光系统由规定的有色灯光组成，以便辨别。同时，有色灯光有利于传递指示或信息。

红色比别的颜色更容易看到，红色表示危险，禁止通过。绿色表示安全，允许通过。蓝色表示平静，提示"身处港湾"。白色表示明快，突出显眼。

飞行员通过观察灯光构形及颜色和颜色的变化，可以判断飞机在系统中所处的位置，并采取措施控制飞行的姿态。

3. 光强（计量单位为坎德拉）

发光强度是表征光源在一定方向范围内发出的可见光辐射强弱的物理量，简称光强。光强是光学的基本物理量，量度单位为坎德拉（符号为cd）。

光能不能被看到是由光在观看者眼里产生的照度确定的。同一光源发出的光，可以以不同的程度照明物体。照度与物体到光源的距离D的平方成反比，照度的单位是勒克斯（lx）。光强为I（cd）的光源，通过透射系数为1的大气后，在距离D（km）处产生的照度E：

$$E=I/D^2 \hspace{3cm} （1D415021）$$

当照度E等于最小可感照度（用E_c表示）时，表示该光刚刚能被看到，称此时离光源的距离D为该光的视程。

在不同的能见度时，应该设置什么灯以及灯的光强都应该按《民用机场飞行区技术标准》MH 5001—2013（含第一修订案）执行。

要注意，跑道两侧灯光光强应该一致。如果跑道一边的灯亮而另一边暗，驾驶员就会离开亮的一边而接近暗的一边，力图使光强平衡，这就使飞行员对跑道的中线所在位置产生了错觉。

4. 光的有效范围

灯的结构中使用了反射镜、透镜或棱镜，它们把向不需要光的方向发出的光更改到需要的方向，这样能增加需要光的方向上的光强而不增加功率的消耗；另外，为了减少附近的灯光发出的恼人的眩光，要将在很近距离观察的方向上的一部分灯光改变到在较好能见度时在较远距离观察的方向上去。

光学系统产生的光束越窄，光束的光强就越高。

三、灯具的技术条件通用要求

民用机场使用的各类助航灯具（以下简称为灯具），为在滑行、起飞或进场着陆的飞机提供灯光指示信号。

1. 灯具的正常工作条件

海拔高度不超过2500m；环境温度为-40～+50℃；相对湿度不大于95%；在无易燃易爆的介质且无足以腐蚀金属和破坏绝缘的气体及导电尘埃的环境中工作。

灯具的技术要求分为以下几方面：

（1）制造灯具的相应标准：灯具应符合有关产品标准的规定；

（2）互换性：同一型号灯具的零部件应有良好的互换性；

（3）结构：灯具的结构应保证更换灯泡以及擦拭光学部件等正常维护工作的方便和安全，外观和尺寸应符合要求；

（4）材料：灯具的零部件应选用耐腐蚀的材料或覆以耐腐蚀的保护层，使用的绝缘材料应具有耐潮性和耐高温性能，橡胶和塑料零部件应能耐受环境低温、日晒和灯具点燃所产生的高温，灯具的导电部件应采用除铝之外的良好导电材料；

（5）爬电距离和电气间隙应符合要求；

（6）常态电气绝缘性能应符合要求；

（7）耐潮湿性能应符合要求；

（8）耐腐蚀性能应符合要求；

（9）玻璃制件耐温度聚变性能：应能长期经受环境低温和灯具点燃所产生的高温而

不脆裂，外罩应能在点灯状态下经受雨淋而不破裂；

（10）灯光的颜色应符合"标准色度"的要求［见《民用机场飞行区技术标准》MH 5001—2013（含第一修订案）附录I的1.2条］；

（11）光度特性：灯具的发光强度及其分布应符合产品标准的要求。

灯具的技术要求还有灯具的平均光强差性、表面颜色、外壳防护等级、表面温度、承重性能、耐振动性能、易折性能、耐风力性能和水平基准面标记和方向标记等。

2. 运输和保管

经妥善包装的灯具可用任何正常的运输工具运输。灯具应存放在干燥、通风良好、远离热源且无腐蚀性气体存在的场所，并应定期检查保管情况。

3. 灯具的类型

机场灯具的光学特性的要求、测定和评价方法应根据灯具的类型来确定。

（1）灯具按出射光的方向可分为三类：定向发光灯具、全向发光灯具、全向定向发光灯具。

（2）灯具按安装方式可分为两类：立式灯具、嵌入式灯具。

（3）灯具的安装位置有以下三种：安装在跑道中线延长线地区；安装在跑道或滑行道的道面上；安装在跑道或滑行道道面的边界附近。

（4）光学特性要求应包括以下内容：灯光的颜色；灯光强度及发光强度的分布要求；发光方式（即恒定发光还是间歇发光）；间歇发光的规律，如周期、明暗时间比或以电码方式发出闪光等。

1D415022　飞行区内设备易折性的要求

一、飞行区内设备易折性的要求

选择设备必须考虑许多因素以保证可靠性，同时要求其对无论是在飞行中还是在地面活动的飞机造成的危害最小。因此，规定并公布适当的适用于所有设备的易折特性是很重要的。

易折性是指一种物体的特性，即物体保持结构的整体性和刚度直至一个要求的最大荷载，而在受到更大荷载的冲击时就会破损、扭曲、弯曲，使对飞机危害减至最小的特性。物体的这种能力称为易折性。

一个轻质量的物体设计得使其在一限定的冲击下就会折断、扭曲或弯曲从而对飞机的危害达到最小，这样的物体称为易折物体。

助航设备应在不降低它们的功能的条件下尽可能设在离开跑道、滑行道和机坪边缘远的地方。应尽一切努力，保持这些设备结构的完整性。但当一旦受到飞机碰撞时，助航设备应当折断或变形，而使飞机所受损害最小。在活动区安装助航设备时，注意保证支架基础不突出地面以上，但易折接头应该总是在地面以上。

二、飞行区内具有易折性的设备和装置

有许多种机场设备和装置，由于它们特殊的航行功能，必须位于成为障碍物的地方。这样的机场目视助航灯光和设施包括：

（1）风向指示器；

（2）立式跑道边灯；

（3）立式跑道入口灯；

（4）立式跑道末端灯；

（5）立式停止道灯；

（6）立式滑行道边灯；

（7）进近灯；

（8）目视进近坡度指示器；

（9）标记牌（在停机坪上的机位标记牌除外）；

（10）标志物。

以上目视助航灯光和设施必须具有易折性。

此外，立式进近灯及其支柱必须是易折的。进近灯光系统距离跑道入口300m以外部分且允许其支柱高度超过12m时，要求其易折结构设在距灯的顶端大于12m处。

1D415030 民航机场目视助航灯光系统

1D415031 进近灯光系统的组成及安装位置

进近灯光系统指辅助飞机进近和着陆过程的灯具。进近灯光系统分为简易进近灯光系统，Ⅰ类、Ⅱ类和Ⅲ类精密进近灯光系统。其中，简易进近灯光系统用于拟在夜间使用的非仪表跑道和非精密进近跑道。如果该跑道仅用于能见度良好情况下或有其他目视助航设备提供足够的引导时，可以不设。其他三类精密进近灯光系统用于相对应的精密进近跑道；如果白天能见度不好，进近灯光系统也能提供目视引导。

一、简易进近灯光系统

简易进近灯光系统由中线灯和横排灯组成，分为A型和B型两种。A型简易进近灯光系统用于拟在夜间使用的非仪表跑道；B型简易进近灯光系统用于拟在夜间使用的非精密进近跑道。

简易进近灯光系统全长应为420m。距跑道入口300m处设有一个长30m或18m的横排灯。构成中线的灯具的纵向间距应为60m。

A型简易进近灯光系统每一中线灯为一个单灯，应采用低光强发红色光的全向发光灯具，宜采用并联方式供电，无须调节光强。B型简易进近灯光系统每一中线灯为至少3m长的短排灯，应采用发白色光的单向发光灯具，宜采用串联方式供电，光强应能分五级调节。简易进近灯光系统宜由一个电路供电。

简易进近灯光系统应设有应急电源，应急电源应能尽快投入继续供电。对于B型简易进近灯光系统，应急电源的投入速度应满足灯光转换时间不大于15s的要求。

在灯具光中心形成的平面距跑道入口480m及距跑道中线延长线两侧各60m的范围以内，不应有突出于其上的物体。在距跑道入口900m及距跑道中线延长线两侧各60m的范围以内，不得存在遮挡驾驶员观察进近灯光的视线的物体。

二、Ⅰ类精密进近灯光系统

Ⅰ类精密进近跑道应设Ⅰ类精密进近灯光系统，应采用发白光的单向发光灯具。

Ⅰ类精密进近灯光系统由一行位于跑道中线延长线上的中线灯和一个横排灯组成。

Ⅰ类精密进近灯光系统的全长应为900m，因为场地条件限制无法满足要求时可以适当缩短，但总长度不得低于720m。灯具及其支柱为易折式的。如果跑道入口内移，则道面上的灯具应为嵌入式的。在距离跑道入口300m处构成一个长30m的横排，此横排垂直于中线灯线并被其平分。中线灯具的纵向间距应为30m。

Ⅰ类B型精密进近灯光系统的每一中线灯为一个短排灯。短排灯的长度至少4m。

如果Ⅰ类B型精密进近灯光系统处于居民区或工业区附近或与较长的路灯直线段接近以至进近灯光不容易被发现或者容易混淆不清，特别是在低能见度不时出现的情况下，则在Ⅰ类精密进近灯光系统的中线短排灯上，宜各附加一个顺序闪光灯；只有在考虑了灯光系统的特性和当地气象条件后，认为没必要时才可以少装或不装。顺序闪光灯必须每秒闪光两次，从最外端的灯向跑道入口逐个顺序闪光。

Ⅰ类精密进近灯光系统的灯具的光中心应尽量与跑道入口灯的光中心保持在同一个水平面上，在距入口150m范围内的灯具还应安装得尽可能接近地面。由于地形变化，在距入口300m以内，光中心可以有不大于1∶66的升坡或降坡；在距入口300m以外，光中心可以有不大于1∶66的升坡或不大于1∶40的降坡。光中心的每一个水平段或升坡、降坡段应包含至少三个短排灯。系统中的横排灯或短排灯应分别成一直线与中线垂直并被其平分，分别位于同一个水平面上。在全长范围内应尽量避免变坡，而且每次坡度的变化应尽可能小。

在灯具光中心形成的平面距跑道入口960m及距跑道中线延长线两侧各60m的范围以内，除导航需要无法移走的设备和装置外，不得有突出于其上的物体。这些设备和装置应为易折式的，其突出于该平面之上的高度应不大于其至跑道入口距离的0.5%并应作为障碍物加以照明和标志；此外，在距跑道入口1350m及两侧距跑道中线延长线各60m的范围以内，不得存在遮挡驾驶员观察进近灯光视线的物体。

应为Ⅰ类精密进近灯光系统设置自动投入的应急电源，应急电源的投入速度应满足灯光转换时间不大于15s的要求。系统中的顺序闪光灯由一个分三级调光的并联电路供电，其余均由两个分五级调光的串联电路供电。

三、Ⅱ类和Ⅲ类精密进近灯光系统

Ⅱ类和Ⅲ类精密进近跑道应设Ⅱ类和Ⅲ类精密进近灯光系统。

Ⅱ类和Ⅲ类精密进近灯光系统全长应为900m，因为场地条件限制无法满足要求时可以适当缩短，但总长度不得低于720m。中线灯具的纵向间距应为30m，应采用发白光的单向发光灯具。本系统还必须有两行延伸到距跑道入口270m处的侧边灯以及两排横排灯，一排在距入口150m处；另一排在距入口300m处。灯具及其支柱为易折式的。如果跑道入口内移，则道面上的灯具应为嵌入式的。

如果精密进近灯光系统处于居民区或工业区附近，或与较长的路灯直线段接近，以至于进近灯光不容易被发现或者容易混淆不清，特别是在低能见度不时出现的情况下，则在Ⅱ类和Ⅲ类精密进近灯光系统距入口300m处的横排灯及300m以外的中线短排灯上，宜各附加一个顺序闪光灯，顺序闪光灯必须每秒闪光两次，从最外端的灯向跑道入口逐个顺序闪光，直到距跑道入口300m处的横排灯。

设在距跑道入口150m处的横排灯必须填满中线灯和侧边灯之间的空隙。设在距跑道入口300m处的横排灯必须由中线向两侧各伸出15m距离。

侧边灯必须由发红光的短排灯组成。

Ⅱ类和Ⅲ类精密进近灯光系统的灯具的光中心应尽量与跑道入口灯的光中心保持在同一个水平面上，在距入口150m范围内的灯具应力求在当地情况许可条件下，将灯具安装得接近地面，不得有降坡。由于地形变化，在距入口450m以内可以有一段不大于1：66的升坡，但不得有降坡；在距入口450m以外可以有不大于1：66的升坡或不大于1：40的降坡。但全长范围内变坡的次数应尽可能地少，而且每次坡度的变化应尽可能地小。每一段升坡、降坡或水平段上至少应包含三个短排灯。除侧边短排灯外，系统中的横排灯和短排灯均应垂直于中线并被其平分，分别位于同一个水平面上。侧边短排灯应与相邻的中线短排灯位于同一个水平面上。

在灯具光中心形成的平面距跑道入口960m及距跑道中线延长线两侧各60m的范围以内，除由于导航需要无法移走的设备和装置外，不得有突出于其上的物体。这些设备和装置应为易折式的，其突出于该平面之上的高度应不大于其至跑道入口距离的0.5%并应作为障碍物加以照明和标志。此外，在距跑道入口1350m及两侧距跑道中线延长线各60m的范围以内，不得存在遮挡驾驶员观察进近灯光的视线的物体。

应为Ⅱ类和Ⅲ类精密进近灯光系统设置能够自动投入的应急电源，应急电源的投入速度应满足灯光转换时间不大于15s的要求。系统中的距跑道入口300m以内部分的转换时间不大于1s，其余部分的转换时间不大于15s。系统中的顺序闪光灯由一个分三级调光的并联电路供电，其余均由两个分五级调光的串联电路供电。

1D415032 跑道灯光系统的组成及安装位置

跑道灯光系统包括跑道入口识别灯、跑道入口灯、跑道入口翼排灯、跑道接地带灯、跑道中线灯、跑道边灯、跑道末端灯和道路等待位置灯。

（一）跑道边灯

夜间使用的跑道或昼夜使用的精密进近跑道应设置跑道边灯。跑道边灯应采用轻型易折的灯具，跑道边灯在跑道入口灯和跑道末端灯之间的范围内，沿着跑道全长设在对称于跑道中线、距离跑道边线外不大于3m的两条平行线上。灯具的纵向间距应尽量均匀一致并且不大于60m。在跑道与滑行道相交处或在跑道端设有掉头坪处，灯的间距可不规则，在50～70m之间，也可以少设一个灯。如果由于少设一个灯使灯间距离大于120m，则应用嵌入式灯具填空，当跑道上设有跑道中线灯时，在设有出口滑行道处可不受120m的限制。跑道两侧的灯必须一一对应，形成一条垂直于跑道中线的直线。

跑道边灯必须是发白光的恒定发光灯。但在跑道入口内移的情况下，从跑道端至内移跑道入口之间的灯必须对接近方向显示红色；跑道末端600m范围内的跑道边灯朝向跑道中部的灯光颜色应为黄色，如跑道长度不足1800m，则发黄色光的跑道边灯所占长度应为跑道长度的1/3。

非仪表跑道的跑道边灯灯具的纵向间距不大于100m。

非仪表跑道的跑道边灯必须在所有方位角上都发光。跑道边灯的所有方位角上自水平以上至仰角15°的范围内的光强必须足以适应跑道拟供起飞或着陆时的能见度和/或周围灯光条件的需要。在任何情况下，光强至少应为50cd；只有在周围灯光较暗的机场，可将光强降低至不小于25cd。红色光和黄色光的光强，应约为白色光强的15%和40%。

精密进近跑道的跑道边灯由两路分五级调光的串联电路隔灯交替供电。跑道两侧对称于跑道中线的一对灯应接在同一电路中。跑道边灯应有自动投入的应急电源，应急电源的投入速度应满足灯光转换时间不大于15s的要求。

（二）跑道入口灯和跑道入口翼排灯

设置跑道边灯的跑道必须设置跑道入口灯，只有跑道入口内移并设有跑道入口翼排灯的非仪表跑道和非精密进近跑道才可以不设。

当需要使精密进近跑道的入口更加明显时，应该设置入口翼排灯。跑道入口已经内移的非仪表跑道或非精密进近跑道，未设置入口灯时，应设置入口翼排灯。

1. 跑道入口灯

当跑道入口位于跑道端时，跑道入口灯必须设在跑道端外垂直于跑道中线的一条直线上，并且尽可能地靠近跑道端，距离不得大于3m。当跑道入口内移时，跑道入口灯应设在内移的入口处的一条垂直于跑道中线的直线上，两端的灯具应位于跑道边线上。非仪表或非精密进近跑道中，跑道入口灯至少6个。Ⅰ类精密进近跑道中，应在跑道边灯之间以3m间距设置所需灯。Ⅱ类和Ⅲ精密进近跑道，在跑道边灯之间以不大于3m的间距等距设置所需数目入口灯。

2. 跑道入口翼排灯

入口翼排灯应在跑道入口处分为两组，即两个翼排灯对称于跑道中线设置。每个翼排灯至少由5个灯组成，垂直于跑道边灯线并伸出该线至少10m，最里面的灯放在跑道边灯线上。

跑道入口灯和跑道入口翼排灯必须为向跑道进近方向发绿色光的单向恒定发光灯，其光强和光束扩散角必须足以适应跑道准备使用时的能见度和周围灯光条件的需要。由总高不大于0.35m的轻型易折的立式灯具或嵌入式灯具组成。

精密进近跑道的跑道入口灯由两路分五级调光的串联电路隔灯交替供电。跑道入口灯应有自动投入的应急电源，应急电源的投入速度应满足灯光转换时间不大于15s（Ⅱ类和Ⅲ精密进近跑道不大于1s）的要求。

跑道入口翼排灯应接入跑道入口灯供电回路。因入口内移未设有入口灯时，跑道入口翼排灯宜接入进近灯供电回路。

（三）跑道末端灯

设置跑道边灯的跑道应设置跑道末端灯。

跑道末端灯应设置在跑道端外垂直于跑道中线的一条直线上，并尽可能靠近跑道端，距离不得大于3m。跑道末端灯至少由6个灯组成，可以在两行跑道边灯线之间等距布置，也可以对称于跑道中线分为两组，每一组灯等距布置，在两组之间留一个不大于两行跑道边灯线间距的一半的缺口。Ⅲ类精密进近跑道的跑道末端灯除两组灯之间的缺口外（如设缺口），相邻灯具的灯间距离应不大于6m。跑道末端灯必须为向跑道方向发红色光的单向恒定发光灯。由总高不大于0.35m的轻型易折的立式灯具或嵌入式灯具组成。

精密进近跑道的跑道末端灯宜由跑道边灯的串联电路统一供电。当有两个串联电路时，跑道末端灯应隔灯由两个电路交替供电。

（四）跑道中线灯

精密进近跑道及起飞跑道应设置跑道中线灯。跑道中线灯宜采用嵌入式灯具。

　　跑道中线灯沿中线设置，许可设置在偏离跑道中线同一侧不大于60cm处，在出口滑行道较少的一侧。灯具必须从跑道入口到末端按下列纵向间距设置：Ⅲ类精密进近跑道上为7.5m或15m；Ⅱ类精密进近跑道上为7.5m、15m或30m（跑道中线灯的维护能够使灯具的完好率达到95%以上，同时没有两个相邻的灯具失效；而如跑道在跑道视程等于或大于350m的运行情况下，灯具的纵向间距才可以大致为30m）。跑道中线灯灯光自跑道入口到距跑道末端900m范围内应为白色；从距离跑道末端900m处开始到距离跑道末端300m的范围内应为红色与白色相间；从距离跑道末端300m始到跑道末端应为红色；如跑道长度小于1800m，则应改为自跑道的中点起到距离跑道末端300m处范围内为红色与白色相间。

　　跑道中线灯由两路分五级调光的串联电路隔灯交替供电。但在红色灯与白色灯相间的范围内应每隔两个灯交替供电，确保当一个电路失效时仍能保持红白相间的图形。跑道中线灯应有自动投入的应急电源，应急电源的投入速度应满足灯光转换时间不大于15s（Ⅱ类和Ⅲ精密进近跑道不大于1s）的要求。

　　（五）接地带灯

　　Ⅱ类和Ⅲ类精密进近跑道必须设置接地带灯。

　　接地带灯应由嵌入式单向恒定发白色光的短排灯组成，朝向进近方向发光。短排灯必须至少由三个灯组成，灯的间距不大于1.5m。短排灯的长度应不小于3m，也不大于4.5m。短排灯应成对的从跑道入口开始以60m（Ⅱ类精密进近跑道）或30m（Ⅲ类精密进近跑道）的纵向距离设置到距跑道入口900m处。成对的短排灯应对称地位于跑道中线的两侧，横向间距应与接地带标志相同。但是，在跑道长度小于1800m时，必须将该系统缩短，使其不至于越过跑道中点。接地带灯必须为单向发白光的恒定发光灯。

　　接地带灯由两路分五级调光的串联电路隔短排灯交替供电。跑道两侧对称于跑道中线的一对短排灯应接在同一电路中。接地带灯应有自动投入的应急电源，应急电源的投入速度应满足灯光转换时间不大于1s的要求。

　　（六）跑道入口识别灯

　　在需要使非精密进近跑道的入口更加明显或不可能设置其他进近灯光时；在跑道入口从跑道端永久位移或从正常位置临时位移并需要使入口更加明显时，应设置跑道入口识别灯。

　　跑道入口识别灯应对称地设在跑道中线两侧、与跑道入口在同一条直线上，在跑道两侧边灯线以外约10m处。

　　跑道入口识别灯应为朝向进近着陆的航空器单向发光、每分钟闪光60～120次的白色闪光灯。

　　（七）道路等待位置灯

　　当在跑道视程小于550m和（或）高交通密度的情况下使用跑道时，应在服务于跑道的所有道路等待位置上设置道路等待位置灯。

　　道路等待位置灯应邻近道路等待位置标志，距离路边1.5±0.5m，宜设在道路右侧。道路等待位置灯的高度应满足障碍物的限制要求。

　　道路等待位置灯应采用下列两种形式之一：

　　一套由机场空中交通管制部门控制的红绿交通灯；

　　一个每分钟闪光30～60次的红色闪光灯。

灯具的光束应是单向的，朝向趋近等待位置的车辆。灯具的光强应能满足在当时的能见度和周围灯光条件下使用该等待位置的需要，并不应使驾驶员感觉眩目。

1D415033 滑行道灯光系统的组成及安装位置

滑行道灯光系统包括滑行道中线灯、滑行道边灯、停止排灯、快速出口滑行道指示灯、除冰防冰设施出口灯、跑道掉头坪灯、机位操作引导灯、中间等待位置灯和跑道警戒灯等，安装位置如图1D415033所示。

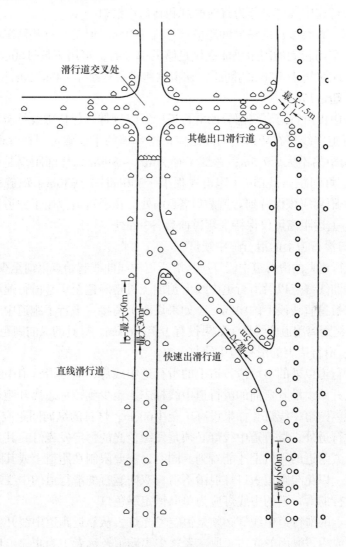

图1D415033 滑行道灯

（一）滑行道中线灯

准备在跑道视程小于350m情况下使用的出口滑行道、滑行道、除冰/防冰设施和机位滑行通道必须设置滑行道中线灯，设置方式必须能从跑道中线开始至停机坪上飞机开始其停放操作的地点为止提供连续的引导。如果准备在跑道视程为350m左右或较大的夜间情况下使用的滑行道，特别是在复杂的滑行道相交处和出口滑行道最好设置滑行道中线灯。

只有在交通量不大而且滑行道边灯和中线标志已能提供足够的引导的情况下可以不设。

作为高级地面活动引导和控制系统一部分的出口滑行道、滑行道、除冰/防冰设施、机坪和作为标准滑行路线的一部分的跑道上，无论在何种能见度条件下使用，均应设置滑行道中线灯。

滑行道中线灯通常应该设置在滑行道中线标志上，仅当设在标志上不实际可行时，才可将灯具偏离中线标志不大于60cm。

1. 滑行道上的滑行道中线灯

滑行道上滑行道中线灯可分为直线段灯和转弯中线灯。

一般情况下，直线段灯的纵向间距应该不大于30m。但是，有些情况除外：在由于经常的气象条件，采用较大的间距仍能提供足够的引导时，可用不超过60m的较大间距；在短的直线段上，应采用小于30m的间距；在拟供跑道视程小于350m的条件下使用的滑行道上，纵向间距不超过15m。

转弯中线灯应由滑行道直线部分的滑行道中线灯延伸，保持中线灯至弯道外侧边缘的距离不变。滑行道中线灯在弯道上的间距应根据弯道的半径确定。在弯道半径小于400m的弯道上，灯间距离不大于7.5m；弯道半径为401～899m，灯间距离是15m；弯道半径为900或更大，灯间距离是15m（跑道视程小于350m时）或30m（跑道视程等于或大于350m时）。这个距离应该保持到弯道前后各60m处，在滑行道拟用于跑道视程等于或大于400m的情况下，上述距离可仅保持到弯道前后各30m处。

2. 快速出口滑行道上的滑行道中线灯

快速出口滑行道上的滑行道中线灯应从滑行道中线曲线起始点以前至少60m处的一点开始，一直延续到曲线终点以后滑行道中线上预期飞机将降速至正常滑行速度的一点为止，或继续延伸与滑行道直线段上的中线灯（如果设有）衔接。平行于跑道中线的那一部分滑行道中线灯应始终距离跑道中线灯（如果设有）至少60cm。灯具的纵向间距不应大于15m。

3. 其他出口滑行道上的滑行道中线灯

快速出口滑行道以外的出口滑行道上的滑行道中线灯，应从滑行道中线标志从跑道开始弯出的那一点开始，沿着弯曲的滑行道中线标志，至少到该标志离开跑道的地点为止。第一个灯应该距离跑道中线灯（如果设有）至少60cm，灯具的纵向间距应不大于7.5m。

除了出口滑行道外，滑行道中线灯必须是发绿色光的恒定发光灯，其光束大小必须只有从在滑行道上或附近的飞机上才能看到。同时，需要限制在跑道上或其附近的发绿色光灯具的光束分布，以免与跑道入口灯混淆不清。双向运行的滑行道的中线灯应为双向恒定绿色灯。单向运行的滑行道的中线灯应为单向恒定绿色灯。

出口滑行道上的滑行道中线灯必须是恒定发光灯，从靠近跑道中线开始到仪表着陆系统敏感地区边界或内过渡面的底边（取二者之中离跑道较远者）为止，出口滑行道中线灯从进入跑道的方向看去为绿色，从脱离跑道的方向看去为绿色和黄色交替出现。绿色和黄色交替出现的范围应从靠近跑道中线的第一个灯开始，沿滑行道中线标志到最靠近仪表着陆系统的临界/敏感地区的边界或内过渡面的底边（按二者之中距离跑道较远的考虑）的灯为止，该灯向脱离跑道的飞机发出黄色光。

滑行道中线灯应由一个分五级或三级调光的串联电路供电。在跑道视程小于350m时使用的和失去灯光后可能影响交通顺畅的滑行道上的滑行道中线灯应由两个串联电路隔灯供电，并应设能够自动投入的应急电源，应急电源的投入速度应满足灯光的转换时间不大于15s的要求。

（二）滑行道边灯

供夜间使用的未设置滑行道中线灯的滑行道和出口滑行道必须设置滑行道边灯。只有当跑道长度不足1200m时，才可以用滑行道边逆向反光标志物代替滑行道边灯。在设有滑行道中线灯的滑行道直线段的边缘宜设滑行道边逆向反光标志物。

供夜间使用的等待坪、停机坪、除冰（防冰）坪和跑道掉头坪的边缘的任何部分，在未能由机坪泛光照明的情况下，应设滑行道边灯。

滑行道边灯的纵向间距应不大于60m，但设在跑道掉头坪的边缘时应不大于30m。在滑行道短的直线段上、转弯处和分支处的滑行道边灯的间距应适当缩小。

滑行道边灯应设在滑行道和各类机坪承重道面之外，距承重道面的边线不大于3m处。如用滑行道边逆向反光标志物代替滑行道边灯，布置方式应如同滑行道边灯。

滑行道边灯应采用发蓝色光的全向恒定发光灯。灯具必须在朝任一方向滑行的驾驶员提供引导所有必要的方位角上、自水平至水平以上至少75°角的范围内可以看到灯光。在相交、出口或弯道处的灯具必须尽可能地加以遮挡，使得在可能与其他灯光混淆的那些方位上看不见它的灯光。

滑行道边灯宜采用单回路串联方式供电。在失去灯光后可能影响滑行安全和交通顺畅的滑行道边灯应由两个串联电路隔灯供电，并应设能够自动投入的应急电源，应急电源的投入速度应满足灯光的转换时间不大于15s的要求。

（三）快速出口滑行道指示灯

拟在跑道视程低于350m的情况下运行和（或）高交通密度的跑道应设置快速出口滑行道指示灯。快速出口滑行道指示灯在其运行的任何时间内必须全图形展示，否则应予关闭。一组快速出口滑行道指示灯必须与相关的快速出口滑行道设在跑道中线的同一侧。每一组中，灯间横向距离必须为2m，最靠近跑道中线的灯距离跑道中线灯必须为2m。快速出口滑行道指示灯必须为单向发黄色光的恒定发光灯，朝向趋近跑道着陆的飞机。在跑道上有一条以上的快速出口滑行道时，每一组出口滑行道的快速出口滑行道指示灯在运行时，不得与另一组在运行中的快速出口滑行道指示灯相互重叠。

总之，1D415030目是比较重要的，和场道施工密切相关。除前面已介绍的三个系统之外，机场目视助航灯光系统还有目视进近坡度指示系统；不适用地区灯；风向标灯；停止道灯；航空灯标；盘旋引导灯；跑道引入灯光系统和应急灯光。下面再介绍两种。

风向标灯：每个机场应在跑道两端的瞄准点附近，距离跑道近边45～105m设风向标，风向标宜设置在跑道入口的左侧。准备在夜间使用的机场，风向标应有照明。

设有目视助航灯光的跑道的进近端应设目视进近坡度指示系统。目视进近坡度指示系统中常用的是精密进近航道指示器（PAPI）系统。飞行区指标Ⅰ为1或2的跑道使用的目视进近坡度指示系统宜为简化精密进近航道指示器（APAPI）系统；飞行区指标Ⅰ为3或4的跑道使用的目视进近坡度指示系统应为精密进近航道指示器（PAPI）系统。

PAPI系统由四个（APAPI系统由两个）等距设置的急剧变色的多灯灯具组成的翼排灯构成。设在跑道的左侧（对进近中的驾驶员而言），但在实际不可行时可设在跑道的右侧。在使用跑道的航空器需要目视侧滚引导而又没有其他外部方式提供时，可在跑道的另一侧设置另一组PAPI灯具。各个灯具的光轴在水平面上的投影应平行于跑道中线，朝向进近中的飞机。全部灯具应易折，并应尽可能地安装在同一水平面上。PAPI和APAPI系统的每个灯具必须能调节仰角，使光束的白光部分的下限可以固定在水平以上$1°30' \sim 4°30'$之间的任何要求的角度上。没有仪表着陆系统的跑道，PAPI灯具光束仰角分别为$2°30'$、$2°50'$、$3°10'$、$3°30'$（当下滑航道角为3°时），设有仪表着陆系统的跑道，PAPI灯具光束仰角分别为$2°25'$、$2°45'$、$3°15'$、$3°35'$（当下滑航道角为3°时），APAPI灯具光束仰角分别为$2°45'$、$3°15'$（当下滑航道角为3°时）。

如果飞机沿正确进近航道进场，驾驶员将看到最靠近跑道的两台灯具为红色，其余两台为白色（二红二白）；

如果飞机进近航道稍高于正确的航道，驾驶员会看到靠近跑道边的一台灯具为红色，其余的三台为白色（一红三白）；

如果飞机的进近航道太高于正确航道，驾驶员会看到四台灯具都为白色（四白）；如果飞机的进近航道稍低于正确航道，驾驶员会看到最远离跑道边的一台灯具是白色，其他三台为红色（三红一白）；如果飞机的进近航道太低于正确的航道，驾驶员会看到四台灯具都为红色（四红）。

PAPI系统和APAPI系统应由一个分五级或三级调光的并联或串联的电路供电。当系统的供电中断可能危及飞行安全时，应设能够自动投入的应急电源，若飞机进近须飞越危险或陡峭的地形，则应急电源的投入速度应满足灯光的转换时间不大于1s的要求。

精密进近航道指示器需要进行飞行校验，校验项目有：覆盖、灯序、变色角度、下滑角和超障余隙。

1D415040　机场目视助航灯光供电系统和控制系统

1D415041　机场目视助航灯光供电系统

机场灯光设施的电源几乎全是交流电（有些控制电路用直流电，启动第二电源发动机的能源或有些不中断电源的能源是储存在蓄电池里）。交流电频率一般是$50 \sim 60Hz$。灯光负荷的系统接线宜相对独立，避免接入大量其他负荷造成可靠性降低。变电站构筑物距离滑行道中线的距离要随着飞行区指标ⅡA～F逐渐增加。串联和并联电路都在机场灯光中使用。绝大多数机场灯光都由串联电路供电，有些单个灯具或是短的灯光电路也可由并联电路供电。进近灯光系统的顺序闪光灯，简易A型进近灯，有些激光和障碍灯是一些用并联电路的较重要的灯光系统。

一、串联和并联灯光电路的使用适用范围

通常，用串联或并联电路都可以建成可用的灯光系统。对那些利用灯光图形提供引导信息的机场灯光系统常用串联电路供电，由于它能产生更均匀的光强和较好的光强控制。这样的系统包括绝大多数的跑道和滑行道灯和进近灯光系统中的绝大多数连续发光的灯。并联电路是用来供电给绝大多数的大面积照明、单个的或少数的助航灯光，或用来配电。机场灯光系统中采用并联电路的通常有站坪泛光照明，其他站坪照明、顺序闪光灯、A型简易进近灯、特种助航灯光（如灯标和风向指示器）、某些障碍灯和配电电路等。

二、机场灯光串联电路

如果准备采用一个串联电路，应对要使用的设备的各种选择方案进行评价。常常是某一项选择确定后其他设备的可选方案就减少了。首先，应对整个电路进行分析，即关键的性能可靠性、安装和运行的经济性、维护简便和多种设备如何相互联系等问题。

另外，机场还应设有发电机组作为备用电源。

每一个精密进近灯光系统和跑道灯光系统均应由至少两路电路供电。每路电将供电的灯光系统隔灯或隔排连接，灯光系统的每一个电路应延伸到该系统的整体，并且布置得在系统中的一个电路损坏时，剩下的灯光图形仍然是平衡而对称的。入口灯通常都是由单独的电路供电。跑道中线灯的交织接线方式在一个供电电路损坏时必须不致破坏跑道中线灯的颜色、编码。

每一个跑道端的目视进近坡度指示系统应由一个能分五级或三级调光的串联或并联的电路供电。当系统的供电中断可能危及飞行安全时，应设能够自动投入的备用电源。

如飞机进近需飞越危险或陡峭的地形，则备用电源的投入速度应能满足灯光的转换时间不大于1s的要求。

1D415042　机场目视助航灯光控制系统

一、机场目视助航设施监视与控制系统

1. 助航灯光监视系统

机场助航灯光监视系统应具备的功能：

（1）应对用于管制飞机的灯光系统进行自动监视，在出现可能影响管制功能的任何故障时发出信息，并将该信息自动传输到空中交通管制部门。

（2）拟在跑道视程小于550m时使用的跑道，应对进近灯光系统、跑道灯光系统、滑行道灯光系统、目视进近坡度指示系统（PAPI灯）和障碍灯进行自动监视，在任何灯光的可用性水平低于有关当局规定的最低可用性水平时发出信息，并将该信息尽快自动传输到空中交通管制部门和助航灯光维修部门，同时在显著位置显示出来。

（3）在改变了助航灯光的运行状态后，监视系统应能尽快地显示出改变后的运行状态。至少应在2s内显示出停止排灯的状态改变，并在5s内显示出其他灯光的状态改变。

塔台空中管制人员使用该系统来控制机场灯光，为飞机在机场上起飞、降落及滑行提供引导。灯光系统维护人员使用维修中心系统来监视助航灯光计算机监控系统、灯光系统和辅助设备的运行状况，识别并记录故障，确认和响应报警。灯光值班人员在塔台中央失去对机场灯光控制的情况下，通过灯光站控制计算机接替塔台，恢复对机场灯光系统的控制。

2. 机坪助航设备监视与控制系统

宜设置监控系统，对机坪上的机坪泛光灯、机位标记牌等助航设备进行集中监视与控制，以控制运行并显示其运行状态。

监视与控制系统除开关控制外，还应显示设备运行状态，并记录各种状态的运行时间。

监视与控制系统应根据运行需要采取手动或自动控制方式和分区、分组控制形式。

监视与控制系统应根据运行需要对机坪泛光灯采取调光或降低照度的控制措施。

监视与控制系统的主控设备宜设置在旅客航站楼内，宜与其他监控设备共用房间。

监视与控制系统应提供接口，接入其他监视与控制系统。

二、调光器

调光器是用来调节机场目视助航灯光系统光强的一种电气控制设备。民用机场的绝大部分目视助航灯光系统的光强分为五个等级。根据气象条件、能见度等要求，由塔台发出指令，调光器将灯光光强调整到所需要的光强等级，以做到既能满足飞行要求又能经济地使用灯光系统。

目视助航灯光回路大多是由一系列隔离变压器串联构成的悬浮回路。这是因为，要保证系统灯光亮度相同，就必须保证该系统通过灯泡的电流相同。灯泡连接在隔离变压器的次级，灯泡发光强度与回路中的电流 I_H 成正比。改变回路中电流 I_H 的大小就能调节灯泡的亮度；反之，当回路电流 I_H 恒定时，灯泡亮度也将保持恒定。I_H 的改变和恒定就是通过调光器来完成的。

1D415050　机坪供电和泛光照明

1D415051　机坪供电对象和供电方法

1. 机坪供电对象

机坪泛光照明灯（主要是高杆灯塔）、机务维修用电、机位标记牌、飞机400Hz电源装置、飞机预制冷装置，以及泊位引导装置和机坪监控装置。

2. 供电方式

以机位为单元设置机务用电配电箱（亭），主要提供机务维修用电、飞机400Hz电源装置、飞机预制冷装置，以及泊位引导装置和机坪监控装置的低压电源，对距离设有变电站的航站楼、货运楼、中心变电站较近的机坪机务用电配电箱的电源，直接从变电站的低压端出线；附近无变电站的机坪应在机坪附近设箱式变电站，由箱式变电站提供低压电源，该箱式变电站应有两路10kV进线电源，保证机务用电的可靠性。

3. 高杆灯塔和机位标记牌的供电

高杆灯的电源原则上每个高杆灯直接从变电站的低压单独供电，以便于高杆灯的单独控制；机位标记牌应按组直接从变电站的低压单独供电，以便于标记牌按组控制。如不能单独供电，只能机务配电箱取电源时，应在机务配电箱设单独开关加交流接触器或控制模块，形成高杆灯和机位标记牌的集中监控系统。对规模较小的机场，高杆灯和机位标记牌的控制应直接接入助航灯光监控系统中。

4. 机坪助航设备供电系统

机坪泛光灯应采用独立的电力电缆供电，相邻的泛光灯宜接自不同供电回路。每基泛光灯灯杆下部配电盘至灯盘分线端子箱宜采用两条电力电缆供电。

机坪泛光灯在全负荷时工作电流不应超过电缆载流量额定值的70%。

机坪泛光灯供电电缆中性线截面不应小于相线截面；照明灯具的灯端电压不应大于光源额定电压的105%，亦不宜低于其额定电压的90%。

机坪泛光灯宜采用集中式自动控制，且杆体应设有手动控制功能。

机坪泛光灯的电气控制应能实现全部照明和部分照明多种选择，可根据运行需要进行灯具开关和照度调节。

机坪泛光灯光源采用气体放电灯光源时，应采用三相供电系统以降低频闪效应。相邻瞄准方向的照明灯具的电源应接自不同相线。

机坪泛光灯配电系统的接地方式应采用TN–S或TT系统。

400Hz静变装置等电源通过配电箱（亭）或电源井方式供电。

1D415052　机坪泛光照明的要求

准备夜间使用的各类机坪应设置机坪泛光照明。

机坪泛光照明应能对所有机坪工作地区提供足够的照明，并应尽量降低朝向飞行中和地面上飞机驾驶员、塔台和机坪管制员及停机坪上其他人员的眩光。泛光灯的布置和朝向应使得每一飞机机位能从两个或更多方向受光，以尽量减少阴影。跑道附近的除冰（防冰）坪的泛光照明尤其应防止对飞机驾驶员造成眩光，可采用低灯杆或移动式的泛光照明。

机坪泛光灯的光谱分布应使工作人员能够正确辨认与例行服务（检修）有关的飞机标志、道面标志和障碍物标志的颜色。机坪泛光照明的平均照度和泛光照明灯杆与机坪上的机位滑行通道中线的距离都应满足要求。

机坪泛光照明灯杆的高度不应超出过渡面。高度超出过渡面规定的灯杆上应设两个A型低光强障碍灯，A型低光强障碍灯的颜色为红色。

机坪上的其他灯光有飞机机位操作引导灯。

为了便于在低能见度条件下将飞机准确地停放在飞机机位上，应在飞机机位标志上设机位操作引导灯（设有能提供足够引导的其他设施可不设此灯）。

用来标出引入线、转弯线和引出线的灯具在曲线上的间距应不大于7.5m，在直线段上的间距应不大于15m。

除了标示停住位置的灯应为恒定发红色光的单向灯外，其他飞机机位操作引导灯应为恒定发黄色光的灯，发出的黄色光应在准备由它提供引导的整个区段内都能看到。灯具的光强应能满足在当时的能见度和周围灯光条件下使用该机位的需要。

1D420000 民航机场工程项目施工管理

本章共21目、85条。本章主要是考核考生管理民用机场工程项目的实际能力，内容涉及国家及民航（总）局对民用机场建设管理的相关规定、民用机场工程承包企业资质等级管理、工程造价管理、招标投标管理、工程质量监督和工程监理、施工组织设计、施工进度管理、施工资源管理、施工质量控制、合同管理、施工成本管理、施工现场管理、施工安全管理、施工项目组织协调、机场绿色施工管理、工程建设过程验收管理、工程验收管理、通信导航监视设备飞行校验管理及不停航施工管理等方面。

考生在学习本章时，应注重理论联系实际。通过案例分析，将工程实践与相关理论有机结合起来，切忌死记硬背。

1D420010 民航运输机场工程建设程序和建设实施

1D420011 运输机场工程建设程序和运输机场工程的分类

根据2019年1月1日起施行的《交通运输部关于修改〈民用机场建设管理规定〉的决定》（中华人民共和国交通运输部令2018年第32号）：

运输机场的规划与建设应当符合全国民用机场布局规划。运输机场及相关空管工程的建设应当执行国家和行业有关建设法规和技术标准，履行建设程序。

运输机场工程建设程序一般包括：新建机场选址、预可行性研究、可行性研究（或项目核准）、总体规划、初步设计、施工图设计、建设实施、验收及竣工财务决算等。

空管工程建设程序一般包括：预可行性研究、可行性研究、初步设计、施工图设计、建设实施、验收及竣工财务决算等。

运输机场工程按照机场飞行区指标分为A类和B类：

A类工程是指机场飞行区指标为4E（含）以上的工程。

B类工程是指机场飞行区指标为4D（含）以下的工程。

运输机场专业工程是指用于保障民用航空器运行的、与飞行安全直接相关的运输机场建设工程以及相关空管工程，其目录由国务院民用航空主管部门会同国务院建设主管部门制定并公布。

运输机场工程划分为民航专业工程和非民航专业工程。

根据中华人民共和国住房和城乡建设部及中国民用航空局2011年3月4日发布的《关于进一步明确民航建设工程招投标管理和质量监督工作职责分工的通知》（民航发〔2011〕34号）和《民航专业工程建设项目招标投标管理办法》（含第一修订案）（AP-158-CA-2018-01-R3）：

1. 民航专业工程包括

（1）机场场道工程，包括：

1）飞行区土石方（不含填海工程）、地基处理、基础、道面工程；

2）飞行区排水、桥梁、涵隧、消防管网、管沟（廊）工程；

3）飞行区服务车道、巡场路、围界（含监控系统）工程。

（2）民航空管工程，包括：

1）区域管制中心、终端（进近）管制中心和塔台建设工程；

2）通信（包括地空通信和地地通信）工程、导航（包括地基导航和星基导航）工程、监视（包括雷达和自动相关监视系统）工程；

3）航空气象（包括观测系统、卫星云图接收系统等）工程；

4）航行情报工程。

（3）航站楼、货运站的工艺流程及民航专业弱电系统工程。其中，民航专业弱电系统包括：信息集成系统、航班信息显示系统、离港控制系统、泊位引导系统、安检信息管理系统、标识引导系统、行李处理系统、安全检查系统、值机引导系统、登机门显示系统、旅客问讯系统、网络交换系统、公共广播系统、安全防范系统、主时钟系统、内部通讯系统、呼叫中心（含电话自动问讯系统），以及飞行区内各类专业弱电系统。

（4）机场目视助航工程，包括：

1）机场助航灯光及其监控系统工程；

2）飞行区标记牌和标志工程；

3）助航灯光变电站和飞行区供电工程；

4）泊位引导系统及目视助航辅助设施工程。

（5）航空供油工程，包括：

1）航空加油站、机坪输油管线系统工程；

2）机场油库、中转油库工程（不含土建工程）；

3）场外输油管线工程、卸油站工程（不含码头水工工程和铁路专用线工程）；

4）飞行区内地面设备加油站工程。

2. 民航建设工程中的非民航专业工程

航站楼、机务维修设施、货运系统、油库、航空食品厂等工程的土建和水、暖、电气（不含民航专业弱电系统）等设备安装工程属于非民航专业工程。

2007年7月中华人民共和国建设部（现称中华人民共和国住房和城乡建设部）发布建市〔2007〕171号文《注册建造师执业工程规模标准》（试行），其中民航机场工程《注册建造师执业工程规模标准》（试行）见表1D420011。

《注册建造师执业工程规模标准》（试行）（民航机场工程）　　表1D420011

序号	工程类别	项目名称	单位	规模			备注
				大型	中型	小型	
1	机场场道工程	土方工程	万元	≥5000	<5000		单项工程合同额
		基础工程					
		道面工程					
		排水工程					
		滑行道桥工程					
		其他					
2	空管工程	通信工程	万元	≥2000	<2000		单项工程合同额（含设备）
		导航工程					
		航管工程					
		气象工程					
3	机场弱电工程	机场弱电工程	万元	≥1000	<1000		
4	机场目视助航工程	机场目视助航工程	万元	≥2000	<2000		

对《注册建造师执业工程规模标准》（试行）（民航机场工程）的解读：

（1）本标准（试行）内涉及的规模均为单项工程合同额，其中空管工程、机场弱电工程、机场和机场目视助航工程包括设备费，机场场道工程包括材料费。

（2）在《注册建造师执业工程规模标准》（试行）中，民航机场工程专业无小型工程。

（3）飞行区指标4E及以上的机场场道工程（不含其他）均视为大型工程。

（4）本表所列规模为大、中型工程的项目负责人，必须由民航机场工程一级注册建造师担任。

（5）民航机场工程规模的划定，一方面必须适应国家经济建设发展的需求，另一方面也是我国民航机场工程建设能力、水平现状的反映。因此，随着国民经济的发展和我国民航业的发展，工程规模的划定也将随之而变化，而且将有新的项目补充。因此，工程规模标准的划定，将是一项动态的工作。本表所列工程规模标准反映的是当前所达到的平均水平。

（6）该工程规模标准，是反映、评价相应建造师能力、业绩、水平的根据之一，也是建设单位选定施工单位及施工单位选派项目负责人要考虑的因素之一。

1D420012　运输机场工程施工图设计和运输机场建设实施

一、运输机场工程施工图设计

（1）运输机场工程施工图设计应当由运输机场建设项目法人委托具有相应资质的单位编制。

运输机场工程施工图设计应当符合以下基本要求：

1）符合经民航管理部门批准的初步设计；

2）符合《民用机场工程施工图设计文件编制内容及深度要求》MH 5022—2005等国家和行业现行的有关技术标准及规范。

（2）下列运输机场工程应由运输机场建设项目法人按照国家有关规定委托具有相应资质的单位进行施工图审查，并将审查报告报质量监督机构备案：

1）飞行区土石方、地基处理、基础、道面、排水、桥梁、涵隧、消防管网、管沟（廊）等工程；

2）航管楼、塔台、雷达塔的土建部分，以及机场通信、导航、气象工程中层数为2层及以上的其他建（构）筑物的土建部分；

3）飞行区内地面设备加油站、机坪输油管线、机场油库、中转油库工程（不含土建工程）。

上述运输机场工程未经施工图审查合格的，不得实施。

（3）运输机场工程施工图设计的审查内容主要包括：

1）建筑物和构筑物的稳定性、安全性审查，包括地基基础和主体结构体系是否安全、可靠；

2）是否满足飞行安全与正常运行的要求；

3）是否符合国家和行业现行的有关强制性标准及规范；

4）是否符合批准的初步设计文件；

5）是否达到规定的施工图设计深度要求。

（4）根据《民航专业工程施工图设计审查及备案管理办法》（AP-158-CA-2017-01），施工图设计审查报告应当包括以下内容：

1）审查范围；

2）审查工作概况；

3）审查依据和采用的标准及规范；

4）审查意见；

5）与运输机场建设项目法人、设计单位协商的情况；

6）有关问题及建议；

7）审查结论意见［审查结论必须包含上文一、（3）中规定的内容］。

其他运输机场工程施工图设计审查应当按国家有关规定执行。

二、运输机场建设实施

（1）运输机场工程的建设实施应当执行国家规定的市场准入、招标投标、监理、质量监督等制度。

（2）运输机场工程的招标活动按照国家有关法律、法规执行。

（3）承担运输机场工程建设的施工单位应当具有相应的资质等级。

（4）运输机场工程的监理单位应当具有相应的资质等级。

（5）民航专业工程质量监督机构负责运输机场专业工程项目的质量监督工作。

属于运输机场专业工程的，运输机场建设项目法人应当在工程开工前向民航专业工程质量监督机构申报质量监督手续。

（6）在机场内进行不停航施工，由机场管理机构负责统一向机场所在地民航地区管理局报批，未经批准不得在机场内进行不停航施工。

1D420020 民航施工企业资质管理

1D420021 机场场道工程专业承包资质标准

机场场道工程专业承包资质分为一级、二级。

1. 一级资质标准

（1）企业资产：净资产6000万元以上。

（2）企业主要人员：技术负责人具有10年以上从事工程施工技术管理工作经历，且具有机场场道工程相关专业高级职称。

（3）企业工程业绩：近5年独立承担过单项合同额5000万元以上的机场场道工程两项或单项合同额3000万元以上的机场场道工程3项的工程施工，工程质量合格。

2. 二级资质标准

（1）企业资产：净资产2500万元以上。

（2）企业主要人员：

1）民航机场工程专业一级注册建造师不少于3人。

2）技术负责人具有8年以上从事工程施工技术管理工作经历，且具有机场场道工程相关专业高级职称或民航机场工程专业一级注册建造师执业资格；工程序列中级以上职称人员不少于15人，其中场道（或道路）、桥隧、岩土、排水、测量、检测等专业齐全。

3）持有岗位证书的施工现场管理人员不少于15人，且施工员、质量员、安全员、材料员、资料员等人员齐全。

4）经考核或培训合格的电工、测量工、混凝土工、模板工、钢筋工、焊工、架子工等中级工以上技术工人不少于30人。

5）技术负责人（或注册建造师）主持完成过本类别资质一级标准要求的工程业绩不少于两项。

3. 承包工程范围

（1）一级资质可承担各类机场场道工程的施工。

（2）二级资质可承担飞行区指标为4E以上，单项合同额在2000万元以下技术不复杂的飞行区场道工程的施工；或飞行区指标为4D，单项合同额在4000万元以下的飞行区场道工程的施工；或飞行区指标为4C以下，单项合同额在6000万元以下的飞行区场道工程的施工；各类场道维修工程。

机场场道工程相关专业职称包括：机场工程、场道（或道路）、桥隧、岩土、排水、测量、检测等专业职称。

1D420022 民航空管工程及机场弱电系统工程专业承包资质标准

民航空管工程及机场弱电系统工程专业承包资质分为一级、二级。

1. 一级资质标准

（1）企业资产：净资产1000万元以上。

（2）企业主要人员：技术负责人具有10年以上从事工程施工技术管理工作经历，且具有民航空管工程及机场弱电系统工程相关专业高级职称。

（3）企业工程业绩：近5年独立承担过单项合同额1000万元以上的民航空管工程两项或单项合同额1500万元以上的机场弱电系统工程两项的工程施工，工程质量合格。

2. 二级资质标准

（1）企业资产：净资产400万元以上。

（2）企业主要人员：

1）企业具有民航机场工程、机电工程、通信与广电工程专业一级注册建造师合计不少于3人，其中民航机场工程专业不少于两人。

2）技术负责人具有8年以上从事工程施工技术管理工作经历，且具有民航空管工程及机场弱电系统工程相关专业高级职称或民航机场工程专业一级注册建造师执业资格；工程序列中级以上职称人员不少于18人，其中电子、电气、通信、计算机、自动控制等专业齐全。

3）持有岗位证书的施工现场管理人员不少于12人，且施工员、质量员、安全员、材料员、资料员等人员齐全。

4）经考核或培训合格的电工、焊工等中级工以上技术工人不少于10人。

5）技术负责人（或注册建造师）主持完成过本类别资质一级标准要求的工程业绩不少于两项。

3. 承包工程范围

（1）一级资质可承担各类民航空管工程和机场弱电系统工程的施工。

（2）二级资质可承担单项合同额2000万元以下的民航空管工程和单项合同额2500万

元以下的机场弱电系统工程的施工。

民航空管工程和机场弱电系统工程相关专业职称包括：机场工程、电子、电气、通信、计算机、自动控制等专业职称。

1D420023　机场目视助航工程专业承包资质标准

机场目视助航工程专业承包资质分为一级、二级。

1．一级资质标准

（1）企业资产：净资产1000万元以上。

（2）企业主要人员：技术负责人具有10年以上从事工程施工技术管理工作经历，且具有机场目视助航工程相关专业高级职称。

（3）企业工程业绩：近5年独立承担过累计合同额不少于3000万元的机场目视助航工程施工，其中单项合同额1200万元以上的工程两项或单项合同额700万元以上的工程3项，工程质量合格。

2．二级资质标准

（1）企业资产：净资产400万元以上。

（2）企业主要人员：

1）民航机场工程、机电工程专业一级注册建造师合计不少于3人，其中民航机场工程专业一级注册建造师不少于2人。

2）技术负责人具有8年以上从事工程施工技术管理工作经历，且具有机场目视助航工程相关专业高级职称或民航机场工程专业一级注册建造师执业资格；工程序列中级以上职称人员不少于10人，其中电力、电气、自动控制、计算机等专业齐全。

3）持有岗位证书的施工现场管理人员不少于10人，且施工员、质量员、安全员、材料员、资料员等人员齐全。

4）经考核或培训合格的电工、焊工、测量工等中级工以上技术工人不少于15人。

5）技术负责人（或注册建造师）累计主持完成过本类别资质一级标准要求的工程业绩不少于两项。

3．承包工程范围

（1）一级资质可承担各类机场目视助航工程的施工。

（2）二级资质可承担飞行区指标为4E以上，单项合同额500万元以下的目视助航工程；或飞行区指标为4D以下的目视助航工程的施工。

机场目视助航工程相关专业职称包括：机场工程、电力、电气、自动控制、计算机等专业职称。

各专业注册建造师在民航专业工程建设项目中担任施工项目负责人时可遵照《民航局机场司关于进一步明确注册建造师担任施工项目负责人有关意见的通知》执行。

【案例1D420020-1】

1．背景

某待建机场飞行区指标为4D，机场的跑道、滑行道和机坪工程的施工（包括土基、基层、道面及飞行区排水工程）的工程预算约为18000万元。目前有数个施工单位竞标，其中，甲、乙两单位情况如下：

甲单位的基本情况为：①企业近5年独立承担过1项单项合同额2000万元以上机场跑道、滑行道和机坪工程施工，工程质量合格；②企业注册资本金5000万元、企业净资产6000万元。企业近3年最高年竣工结算收入4400万元。

乙单位的基本情况为：①企业近5年独立承担2项单项合同额1600万元以上机场跑道、滑行道或机坪工程施工，工程质量合格。②持有岗位证书的施工现场管理人员15人，其中民航机场工程专业一级注册建造师3人。③企业注册资本金3000万元、企业净资产3500万元。企业近3年最高年竣工结算收入3200万元。

2．问题

（1）判断甲施工单位是否具备一级承包资质标准？

（2）上述两家施工单位，哪家承包企业资质等级标准符合竞标要求？

（3）两家是否可以联合竞标？

（4）确定一级、二级场道施工企业承包工程范围。

3．分析与答案

（1）甲单位企业注册资本金5000万元、企业净资产6000万元，符合一级承包资质标准，但近5年没有独立承担过单项合同额5000万元以上的机场场道工程，甲单位不具备一级承包资质。

（2）由背景可知，该场道工程需由具备一级承包资质的单位承建，两家均不符合承包该项工程的条件。

（3）两家联合后，虽然总的条件符合一级承包商的条件，但仍不能联合竞标，因为在施工过程中，他们仍将各自独立作业，仍然达不到一级承包的条件。

（4）一级场道施工企业承包工程范围：可承担各类机场场道工程的施工。二级企业承包工程范围为：飞行区指标为4E以上，单项合同额在2000万元以下技术不复杂的飞行区场道工程的施工；或飞行区指标为4D，单项合同额在4000万元以下的飞行区场道工程的施工；或飞行区指标为4C以下，单项合同额在6000万元以下的飞行区场道工程的施工；各类场道维修工程。

【案例1D420020-2】

1．背景

某新建民用机场飞行区指标为4D，跑道为非精密进近跑道，跑道主降方向配置仪表着陆系统一套，简易进近灯光系统一套，跑道两端分别设有PAPI灯系统一套，设有跑道边灯和跑道入口灯、入口翼排灯，下滑台附近安装气象自动观测系统一套，跑道的一侧设有多普勒全向信标/测距仪一套。经过招标投标，该项目建设单位（简称业主）与施工单位A签订了空管工程施工合同，与施工单位B签订了目视助航工程施工合同，与监理公司C签订了监理合同，与该机场项目所在地民航地区建设工程质量监督站D办理了空管、目视助航及场道工程的质量监督手续。民航地区建设工程质量监督站D在对施工单位A、B进行监督检查时发现，施工单位A与业主签订的空管工程施工合同金额为2672.35万元，施工单位A的资质为空管工程及机场弱电系统工程专业承包二级；施工单位B与业主签订的目视助航工程合同金额为1658万元，其向质监站D提供的资质为目视助航专业承包一级。

2．问题

（1）A、B两家施工单位是否具备承揽该机场建设工程项目相应工程的资格，为什么？

（2）项目业主在办理工程质量监督手续，缴纳质量监督费后，还应同时向质量监督站提交哪些资料？

3．分析与答案

（1）施工单位A不具备承揽该机场民航空管工程的资格，因为：

民航空管工程及机场弱电系统工程专业承包二级企业承包范围为：可承担单项合同额2000万元以下的民航空管工程和单项合同额2500万元以下的机场弱电系统工程的施工。

施工单位A与业主签订的合同金额为2672.35万元，已超过其承包范围，因此，不具备承揽资格。

施工单位B具备承揽该机场目视助航工程的资格，因为：

目视助航工程专业一级企业承包范围为：一级资质可承担各类机场目视助航工程的施工。施工单位B资质为一级，所以具备承揽该机场目视助航工程的资格。

（2）还应同时提交以下资料：

1）建设工程批准文件；

2）建设单位与设计、施工、监理等单位签订的合同（或）协议副本或复印件；

3）建设单位基本情况。

【案例1D420020-3】

1．背景

某民航机场，飞行区指标为4D，近期机场当局拟对站坪和目视助航设施进行改扩建，并新增航管设备。建设单位对立项工程计划造价为：站坪工程18000万元，航管安装工程2700万元，目视助航工程1600万元。建设单位拟通过招标选择三项工程专业施工单位。在投标的施工单位中，A施工单位（拟承接站坪工程施工）、B施工单位（拟承接航管工程施工）、C施工单位（拟承接目视助航工程施工），分别具备民用机场场道工程一级、空管工程二级和目视助航工程二级的施工资质。

2．问题

（1）A施工单位是否具备与本工程要求相符合的企业资质，为什么？

（2）根据单项合同额的限制规定，建设单位是否可以和B施工单位签订施工合同，为什么？

（3）C施工单位能否承接本工程，在企业资质上是否受限制，为什么？

3．分析与答案

（1）施工单位具备与本工程要求相符的企业资质。因为A施工单位具备机场场道工程专业承包一级资质，可以承包各类机场的跑道、滑行道和机坪工程的施工，不受单项合同额限制。

（2）不可以。B施工单位具备民航空管工程专业承包二级资质，按规定其承包工程的单项合同额不得超过2000万元。此项目为2700万元，超出单项合同额限制规定。

（3）不受限制，能承接本工程。C施工单位具备机场目视助航工程专业承包二级资质，可以承担飞行区指标为4E以上，单项合同额500万元以下的目视助航工程；或飞行区指标为4D以下的目视助航工程的施工。虽然目视助航设施工程的计划造价为1600万元，超过500万元，但此项目飞行区指标为4D是没有违反施工企业资质管理规定的。

1D420030　民航机场工程造价管理

1D420031　民航机场工程概算的编制依据

工程概算是指在初步设计阶段，根据初步设计图纸、说明书、设备规格表、概（预）算定额或指标、各种工程取费和费用标准等资料计算出的建设项目投资额，是初步设计文件的重要组成部分。

工程概算是确定和控制建设工程全部投资的文件，是编制固定资产投资计划、实行建设项目投资包干的依据，也是签订贷款合同、承发包合同、控制施工图预算、实施项目全过程造价控制管理以及考核项目经济合理性的依据。工程概算由具有相应资质的设计单位编制。一个建设项目如有两个及以上设计单位承担设计时，应明确其中一个单位为主体设计单位。主体设计单位负责规定统一的概算编制原则、编制依据、取费标准以及其他注意事项，并汇编总概算表。其他设计单位应及时编制各自承担设计部分的概算文件，并按主体设计单位的要求提供有关资料。

工程概算应当按照项目所在地和编制年的价格水平编制，完整地反映设计内容，结合施工现场条件及其他影响工程造价的动态因素，合理确定工程投资。

工程概算应控制在项目可行性研究报告估算范围内。如因特殊情况确实需要超出的，必须说明超出原因并落实超出部分资金来源。如果超出幅度在10%以上时，应当重新报批调整可行性研究报告。工程概算应按立项所在地和编制年的价格水平编制，完整地反映设计内容，结合施工现场条件及其他影响工程造价的动态因素，确定建设投资。

一、机场工程概算依据

民航建设工程中的场道工程、助航灯光设备安装工程和空管专业工程应分别执行《民用机场场道工程预算定额》《民用机场目视助航设施安装工程预算定额》（均由民航发〔2012〕47号发布）和《民航空管专业工程概、预算编制办法及费用定额》（由民航发〔2011〕49号发布）。其中场道工程和助航灯光设备安装工程在执行定额时，按工程所在地造价主管部门发布的人工、材料、机械台班单价编制地区单位估价表，企业管理费、计划利润、规费、税金等取费按工程所在地造价部门的规定执行。空管专业工程按照《民航空管专业工程概、预算编制办法及费用定额》执行。

民航建设工程中的建筑、装饰装修、给水排水、消防、暖通、电气、市政等专业项目执行所在地概（预）算定额、指标和费用标准。

二、工程概算文件组成及应用表格

民航建设工程概算文件包括三级编制和二级编制两种形式。

三级编制形式的工程概算文件包括以下内容：

封面、签署页及目录；编制说明；总概算表；其他费用计算表；单项工程综合概算表；单位工程概算表（建筑工程概算表、设备及安装工程概算表）；附件（补充单位估价表、批准可研投资估算与初步设计概算对照表）。

二级编制形式的工程概算文件包括以下内容：

封面、签署页及目录；编制说明；总概算表；其他费用计算表；单位工程概算表（建筑工程概算表、设备及安装工程概算表）；附件（补充单位估价表、批准可研投资估算与初步设计概算对照表）。

概算文件的编制形式应视项目情况确定采用三级概算编制或两级概算编制形式。新建机场工程或者机场飞行区、航站区整体改扩建工程，应采用三级概算编制形式。建设内容单一的项目可以采用二级概算编制形式。

三、总概算的编制

（1）总概算的编制说明应文字简练通畅、内容具体确切、表述清晰。一般包括下列内容：

1）工程概况：简述建设项目的建设地点、设计规模、性质、工程类别、主要工程内容、主要工程量，以及主要技术经济指标，如钢材、木材、水泥用量及定额工日等。

2）编制依据：列出项目建议书、可行性研究报告批准（或核准）文件、有关设计委托书、设计合同及协议等设计依据；说明资金来源与贷款方式；概算的编制原则、方法，采用的定额、指标、价格及取费标准，价差调整以及专项费用的计算依据。

（2）工程总概算由以下几部分组成：

1）人工费、材料费、施工机械使用费、施工措施费、规费、企业管理费、利润和税金。

2）基本预备费（预备费）。

上述两部分之和称为静态费用。

3）应列入总概算中的几项费用，包括建设期贷款利息、建设期价格调整等。其中建设期价格调整按国家现行规定计列。这部分费用之和称为动态费用。

四、单项工程综合概算的编制

单项工程是指具有独立的设计文件、建成后可以独立发挥生产能力或使用效益的工程。单项工程综合概算是确定一个单项工程费用的文件，是总概算的重要组成部分。

单项工程综合概算以单位工程概算为基础，采用综合概算表进行编制。

五、单位工程概算的编制

单位工程是单项工程的组成部分，是指可以独立组织施工、但不能独立发挥生产能力或作用的工程。单位工程概算是编制单项工程综合概算的依据。

单位工程概算项目可根据单项工程中的每个单体工程按专业分别编制，由建筑工程费、安装工程费、设备购置费组成。

单位工程概算的编制方法如下：

（1）建筑工程概算：采用"建筑工程概算表"编制。根据初步设计工程量按民航及工程所在地省（自治区、直辖市）颁发的概算定额、材料预算价格、相应的费用定额和规定的计算程序以及有关部门发布的各项调整系数进行编制。

（2）安装工程概算：采用"安装工程概算表"编制。根据初步设计工程量，按概算定额及相应调整系数、费用定额等计算。主材费以消耗量按工程所在地当年的预算价格（或市场价）计算。

（3）设备购置费指构成固定资产标准的设备购置和虽低于固定资产标准，但属于设计内容应列入设备清单的设备。包括国产设备费、进口设备费。

1）国产设备费：

根据初步设计设备表，按设备原价加供销、采购及保管费、包装费、运杂费及运输保险费等组成，各项费用计算方法按国家有关规定执行。即：

"国产设备费=设备原价+供销、采购及保管费+包装费+运杂费+运输保险费"

2）进口设备费：

根据进口设备清单，按设备到岸价（CIF）加银行财务费、外贸手续费、关税、增值税及国内运杂费、国内保险费等组成。设备费到岸价一律按概算编制时的外汇牌价折算成人民币价格。各项费用计算方法按国家有关规定执行。即：

"进口设备费=设备到岸价+银行手续费+外贸手续费+关税+增值税+国内运杂费+国内保险费"

1D420032　民航建设工程概算调整管理

一、民航建设工程概算调整条件

依据《民航建设工程设计变更及概算调整管理办法》（AP-129-CA-2008-02），民航建设工程概算调整是指工程在建设过程中，由于下列原因（合同已约定的除外），致使工程实际投资与原批准概算发生变化，需对原批准概算进行调整的过程。

（1）国家政策性调整。

（2）经批准进行了重大设计变更。

（3）主要材料、设备价格上涨超出原批准概算。

（4）发生不可抗力的自然灾害。

（5）汇率变化。

民航建设工程概算调整应在工程通过竣工验收后三个月内完成，应由项目法人委托该工程原初步设计概算编制单位编制调整概算。调整概算的编制人员必须深入施工现场，详细了解概算调整的原因、内容，对项目法人单位提供的调整概算有关材料进行分析，对不符合上述要求的，不予调整。

调整概算应符合批准的初步设计，不得按实际支出实报实销。下列内容不得列入调整概算：

（1）超出原批准初步设计范围的新增项目；

（2）对于原批准初步设计范围内的项目，未经批准擅自扩大建设规模、提高建设标准而引起的投资增加；

（3）对于原批准初步设计范围内的项目，未经批准进行重大设计变更而引起的投资增加；

（4）由于项目法人单位未严格履行国家有关取费标准，投资控制不力，致使工程建设其他费用超出规定范围的。

二、调整概算文件

设计单位按照上述规定完成调整概算文件的编制后，由项目法人上报原概算审批部门审批。调整概算文件主要包括以下几方面内容：

（1）调整概算汇总表；

（2）单位工程调整概算明细表；

（3）投资增加原因分析；

（4）有关附表及附件。

调整概算汇总表的工程项目及费用名称按照原批准初步设计概算的项目次序计列。单位工程调整概算明细表必须对应该工程原批准的单位工程概算进行编制，在编制说明中应逐项说明调整的内容、规模及数量。不调整概算的单位工程不需编制调整概算明细表。

对于实际投资没有超出原批准初步设计概算的，仍按批准数列入，其减少部分待竣工财务决算时作为节约资金按规定处理。

投资增加原因分析以文字说明及数据分析为主，主要包括以下内容：

（1）国家政策性调整，主要包括由于人工费、机械台班费、定额、费率、税金等价格标准变动而发生的投资增加。应按照原批准初步设计项目次序逐项列出因各种原因而增加的费用。

（2）经批准的重大设计变更，应按照批准的设计变更内容，逐项列出原设计的工程内容、数量、单价及总价，变更后的工程内容、数量、单价及总价，以及变更前后的投资变化。

（3）主要材料、设备价格上涨，主要设备和材料的数量以批准的初步设计为准，仅调整实际发生的价差。即按照原批准初步设计项目次序逐项列出主要材料、设备原批准的数量、单价及总价，上涨后的单价及总价，以及上涨前后的投资变化。

（4）发生不可抗力的自然灾害，应分项说明灾害造成损失的工程内容、数量及投资额，以及灾后重建所需的工程内容、数量及投资。

（5）由于汇率变化引起的调整概算，应说明用汇额度、概算批准时及结算日的银行外汇牌价价差以及投资增加数额等。

根据评审及批准部门的要求，项目法人应对由于上述原因引起的投资增加提供相应的附表及附件。拟调整总概算超出原批准总概算的，还应提供有关单位对超概算资金的书面出资承诺。

1D420033　民航机场工程建设其他费用和基本预备费

一、工程建设其他费用

工程建设其他费用是指根据有关规定应在建设工程总投资中支付，但又不宜列入建筑、安装工程费用和设备购置费用内的费用。包括：土地征用及拆迁补偿费、建设单位管理费、建设单位临时设施费、可行性研究费、专项研究试验费、勘察设计费、设计审查费、招投标代理费、建设监理费、工程质量监督费、生产职工培训费、办公及生活家（器）具购置费、不停航施工措施费、联合试运转费、校飞费、试飞费、转场费。

1. 土地征用及拆迁补偿费

指依据国家批准的用地文件及设计文件规定的范围，按照国家及工程所在地省（自治区、直辖市）政府有关法律法规、规章的规定，应支付的土地征用拆迁补偿费用。包括土地征用补偿费、安置补助费、拆迁补偿费。

（1）土地征用补偿费：是指征用耕地补偿费；被征用土地地上、地下附着物及青苗补偿费；征用城市郊区菜地交纳的菜地开发建设基金；耕地占用税或城镇土地使用税；土地登记费及征地管理费等。

（2）安置补助费：是指征用耕地后，需要安置农业人口的补助费。

（3）拆迁补偿费：是指征用土地上房屋及附属构筑物；城市公用设施等的拆除；迁建补偿费；搬迁运输费；企业单位因搬迁而造成的减产、停产损失补贴费；拆迁管理费等。

计算方法：根据应征建设用地及临时用地面积，按工程所在地省（自治区、直辖市）

人民政府制定的现行标准计算。

2. 建设单位管理费

指经批准设立管理机构的建设单位从项目筹建之日起至办理竣工财务决算之日止发生的管理性质的开支。

费用内容包括：工作人员工资、基本养老保险费、基本医疗保险费、失业保险费、办公费、差旅交通费、劳动保护费、工具用具使用费、固定资产使用费、零星购置费、招募生产工人费、技术图书资料费、印花税、业务招待费、施工现场津贴、竣工验收费和其他管理性质开支等。

行政车辆购置及其附属费用按国家有关规定不得列入建设单位管理费中。业务招待费不得超过建设单位管理费总额的10%。

计算方法：以工程费用总和（即总概算第一部分工程费用）为计算基数，按不同规模分档，采取累进递减费率法计算。具体计算费率如表1D420033所示。

建设单位管理费费率表   表1D420033

单项工程费用总和M（万元）	费率（%）	工程费用总和（万元）	建设单位管理费算例（万元）
1000以下	1.5	1000	1000×1.5%=15
1001～5000	1.2	5000	15+4000×1.2%=63
5001～10000	1.0	10000	63+5000×1%=113
10001～50000	0.8	50000	113+40000×0.8%=433
50001～100000	0.5	100000	433+50000×0.5%=683
100001～200000	0.4	200000	683+100000×0.4%=1083
200001～500000	0.3	500000	1083+300000×0.3%=1983
500001～1000000	0.2	1000000	1983+500000×0.2%=2983
1000000以上（不含1000000）	0.1	1400000	2983+400000×0.1%=3383

3. 建设单位临时设施费

指经批准设立管理机构的建设单位为保证建设项目的顺利实施，在施工现场建设临时设施的费用。包括以下两部分：

（1）为满足建设单位基本生产、生活需要而建设的临时建筑物、构筑物和其他设施。包括临时宿舍、办公室、餐厅及厨房、仓库及文化福利设施等；

（2）为保障工程现场施工需要而建设的临时供水、供电、通信、道路等设施。

计算方法："建设单位临时设施费=工程费用总和×建设单位临时设施费费率"

费率标准参见《民航建设工程概算编制办法》（AP-129-CA-2008-01）。

4. 可行性研究费

指自项目筹建之日起至开工之日止，为建设项目提供预可行性研究报告、可行性研究报告、环境影响咨询、地震安全评价等前期工作文件编制、评审等咨询服务所需的费用。

预可行性研究报告、可行性研究报告编制及评估收费标准参见《民航建设工程概算编制办法》（AP-129-CA-2008-01）。环境影响咨询收费包括环境影响报告书、环境影响报告表的编制及评估等费用，费用标准参见《民航建设工程概算编制办法》（AP-129-CA-2008-01）。

地震安全评价收费按照工程所在地省级物价、财政或地震行政主管部门颁布的收费标准执行。

5. 专项研究试验费

指为本建设项目提供场址比选、总体规划及飞行程序研究等咨询服务工作，以及按照工程特点或设计要求在工程前期或实施中，为验证设计数据及资料等进行必要的研究试验所需费用，以及支付科技成果转让、专有技术的一次性转让费。

（1）机场选址：包括选址费及评估费。费用标准参见《民航建设工程概算编制办法》（AP-129-CA-2008-01）。

（2）机场总体规划：包括编制费及评估费。费用标准参见《民航建设工程概算编制办法》（AP-129-CA-2008-01）。

（3）飞行程序研究费（含起飞一发失效应急程序及飞机性能分析）：按照成本补偿及非盈利的原则，根据机场规模及飞行程序复杂程度，飞行程序研究费（包括从机场选址到竣工验收各个阶段）应在15万～150万元之间确定。如果飞行程序研究分阶段进行，其费用合计不应超过上述标准。

（4）试验费：按照试验项目的内容、要求及复杂程度，提出试验费的具体内容及费用计算过程，由设计单位汇总列入总概算。该费用不包括：应由科技三项费用（即新产品研制费、中间试验费、重要科学研究补助费）开支的项目；应由施工单位管理费开支的施工企业对建筑材料、构件和建筑物进行的一般鉴定、检查所发生的费用及技术革新的研究试验费；应由勘察设计费中开支的项目。

6. 勘察设计费

指勘察设计单位为建设项目提供场地勘察（包括测量、水文地质勘探等）、初步设计、施工图设计等所需的费用。

7. 设计评审费

指按照国家有关规定，由审批部门委托具有相应资质的中介机构，对技术复杂程度较高的建设项目的初步设计及施工图设计等进行审查等所发生的费用。

计算方法："设计评审费=工程费用总额×设计评审费费率"。设计评审费标准见《民航建设工程概算编制办法》（AP-129-CA-2008-01）。

8. 招标投标代理费

指招标代理机构接受招标人的委托，从事编制招标文件（包括资格预审文件和标底），审查投标人资格，组织投标人踏勘现场并答疑，组织开标、评标、定标，以及提供招标前期咨询、协调合同的签订等业务所取的费用。

9. 建设监理费

指建设单位为有效控制建设项目的质量、工期和投资，委托监理单位对工程设计、施工等全过程实施监督管理所发生的费用。

计算方法：按工程所在省（自治区、直辖市）或地级市（区）主管部门规定的标准执行。

10. 工程质量监督费

指由工程质量监督机构对建设项目进行质量监督、检测所发生的费用。

计算方法：按工程所在省（自治区、直辖市）或地级市（区）主管部门规定的标准执行。

11. 生产职工培训费

指新建或改、扩建机场项目为保证竣工交付使用及正常运行，而对工人、技术人员和管理人员进行的培训。包括运行人员培训费和提前进场费两项。其中运行人员培训费用包括自行培训或委托其他单位培训人员的实习及学习费用。提前进场费包括机场运行人员提前进场参加施工、设备安装、调试、熟悉设备性能等所发生的人工费用。

计算方法：根据设计定员，按照每人次2000元的费用指标进行编制，由设计审核单位审定。

12. 办公及生活家（器）具购置费

指为保证新建及改扩建项目投产后正常生产而必须购置的办公和生活家具、用具等费用。

计算方法：新建机场工程按设计人员每人2500元计算；改扩建机场工程按新增定员每人2000元计算。

13. 不停航施工措施费

指在机场运行时对飞行区（含场道、助航灯光、供电、排水等）或航站楼进行改造、扩建，或者在机场夜间停航后进行施工所增加的费用。包括施工降效费、安全及技术措施费、夜间施工增加费等。

计算方法："不停航施工措施费=（建筑工程费+安装工程费）×不停航施工措施费率"。根据工程复杂程度、工程建设对机场运行影响程度的不同，不停航施工增加费费率在2.5%～5%之间计取。

14. 联合试运转费

指建设单位会同设计、施工单位在工程竣工验收前对新建航站楼工程、货运库工程、供电、供水、供热、制冷、供油及消防救援等工程，按照设计规定的工程质量标准，进行整个系统联合试运转所发生的费用。不包括应由设备安装费用开支的调试费用及联合试运转中暴露出来的因施工或设备原因造成的处理费用。

费用内容：包括试运转所需的原料、燃料、油料和动力的消耗费用，机械使用费用，低值易耗品及其他物品的费用和施工单位参加联合试运转人员的工资等。

计算方法：根据机场规模，套用规定的定额费用。

15. 校飞费

指对通信导航台站、助航灯光系统等设施及飞行程序进行校核发生的费用。

16. 试飞费

指对新机场工程或机场跑道类别发生变化的扩建工程进行试验飞行所发生的费用。

计算方法：根据试飞机型、飞行时间及飞行科目等因素，在30万～80万元之间确定。

17. 转场费

指迁建机场竣工后，由老机场转到新机场所发生的行政、生产等部门办公器具等的搬迁、运输及老机场遗留设施的处理等费用。不包括应列入工程费用中的继续使用的旧设备的拆除、搬运、安装等费用。

计算方法：按老机场搬迁时前一年的旅客吞吐量，套用规定的定额费用。

二、基本预备费

基本预备费是指在初步设计和概算中难以预料的工程和费用。费用内容包括以下三项：

（1）在批准的初步设计和概算范围内，在技术设计、施工图设计及施工过程中所增加的工程和费用；

（2）由于一般自然灾害所造成的损失和预防自然灾害所采取的措施费用；

（3）竣工验收时为鉴定工程质量对隐蔽工程进行必要开挖和修复的费用。

计算方法：以工程费用总额与其他费用之和为基数，根据工程复杂情况，基本预备费费率在3%～6%之间。

三、建设期贷款利息

建设期贷款利息指建设项目投资中分年度使用银行或其他金融机构贷款，在建设期内应归还的贷款利息。

以上内容参见《民航建设工程概算编制办法》（AP-129-CA-2008-01）。

1D420034　民航机场工程建设施工图预算的编制

一、施工图预算的编制依据

（1）经批准和会审的施工图设计文件及有关标准图集；

（2）施工组织设计或施工方案；

（3）建设工程预算定额；

（4）经批准的设计概算文件；

（5）地区单位估价表；

（6）建设工程费用定额；

（7）材料预算价格；

（8）预算工作手册。

二、施工图预算的编制方法

施工图预算的编制方法有单价法和实物法。

（1）单价法：单价法就是用地区统一单位估价表中的分项工程工料单价乘以相应的各分项工程的工程量，措施项目费，其他项目费，求和后得到包括人工费、材料费、施工机械使用费、企业管理费和利润在内的单位工程费。计算出规费和税金，经汇总即可得到单位工程的施工图预算。编制的基本步骤：准备资料；熟悉施工图纸和施工组织设计；计算工程量；查预算定额单价；制作工料分析表；计算其他各项费用和利税、汇总造价表；复核；编写说明书。

（2）实物法：实物法编制施工图预算是先用计算出的各分项工程的实物工程量分别套取预算定额，按类相加求出单位工程所需的各种人工、材料、施工机械台班的消耗量，再分别乘以当时当地各种人工、材料、机械台班的实际单价，求得人工费、材料费和施工机械使用费并汇总求和。实物法中单位工程预算的计算公式为："单位工程预算费=Σ（工程量×预算定额材料用量×当时当地材料预算价格）+Σ（工程量×预算定额人工用量×当时当地人工工资单价）+Σ（工程量×预算定额施工机械台班用量×当时当地机械台班单价）+措施项目费+其他项目费+规费+税金"。根据当时当地建筑市场供求情况调整取费率。实物法编制施工图预算的步骤与单价法基本相似，但在具体计算人工费、材料费和机械使用费及汇总三种费用之和方面有一定区别。其步骤是：准备资料熟悉图纸；计算工程量；套用预算人工、材料、机械定额；做出人工、材料、机械汇总表；根据当时、当地的人工、材料、机械单价，汇总人工费、材料费和机械费；计算其他各项费用汇总造价；复核；编写说明书。实物法编制施工图预算所用人工、材料和机械台班的单价都是当时当地的实际价格，编制出的预算可较准确地反映实际水平，误差较小，适用于市场经济条件下价格波动较大的情况。由于采用该方法需要统计人工、材料、机械台班消耗量，还需搜集相应的实际价格，因而工作量较大、计算过程繁琐。但随着建筑市场的开放、价格信息系统的建立、竞争机制作用的发挥和计算机的普及，实物法将是一种与统一"量"、指导"价"、竞争"费"工程造价管理机制相适应、与国际建筑市场接轨、符合发展潮流的预算编制方法。

1D420035　民航机场工程工程量清单计价的应用

一、工程量清单的构成

清单中须载明民航专业工程分部分项工程项目、措施项目、其他项目的名称和对应数量以及规费项目和税金项目等内容的明细。

在工程招标时，招标人依据国家标准、拟定的招标文件、设计文件以及施工现场实际情况进行编制，并随招标文件发布供投标报价（包括其说明和表格）称为招标工程量清单。另外，在发、承包方签订合约前，构成合同文件组成部分的投标文件中已标明价格，经算术性错误修正（如有）且经承包人确认的工程量清单（包括其说明和表格），即称为已标价工程量清单。

二、工程量清单编制

招标工程量清单应由具有编制能力的招标人或受其委托的具有相应资质的工程造价咨询人编制。招标工程量清单应作为招标文件的组成部分，其准确性和完整性应由招标人负责。

招标工程量清单是工程量清单计价的基础，应作为编制招标控制价、投标报价、计算或调整工程量及工程索赔等的依据之一。招标工程量清单应以单位工程为单位编制，应由分部分项工程项目清单、措施项目清单、其他项目清单、规费和税金项目清单组成。

编制工程量清单应依据：
（1）《民航专业工程工程量清单计价规范》MH 5028—2014；
（2）国家或省级、行业建设主管部门颁发的计价定额和办法；
（3）工程设计文件及相关资料；
（4）与工程项目有关的标准、规范、技术资料；
（5）拟定的招标文件；
（6）施工现场情况、地勘与水文资料、工程特点及常规施工方案；
（7）其他相关资料。

三、工程量清单计价

使用国有资金投资的民航专业工程发承包，应采用工程量清单计价，且工程量清单应采用综合单价计价。

综合单价组成内容为：完成一个规定清单项目所需的人工费、材料和工程机械费、施工机具使用费、利润以及一定范围内的风险费用，不包含规费及税金。无论分部分项工程项目、措施项目、管理费和其他项目，还是以单价或以总价形式表现的项目，其综合单价的组成内容均应符合该规定。

措施项目清单中的安全文明施工费应按照国家或省级、行业建设主管部门的规定计价，不得作为竞争性费用。

规费和税金应按照国家或省级、行业建设主管部门的规定计算，不得作为竞争性费用。

其他项目清单在目前民航专业工程招标中一般已由发包方明确，投标人不得进行调整。

招标人在招标文件中提供工程量清单，其目的是使投标人在投标报价中具有共同的竞争平台。因此，投标人应按招标工程量清单填报价格。同时，项目编码、项目名称、项目特征、计量单位、工程量必须与招标工程量清单一致。

建设工程发承包，应在招标文件、合同中明确计价中的风险内容及其范围，不得采用无限风险、所有风险或者类似语句规定计价中的风险内容及其范围。

投标人报价应根据下列依据编制和复核：

（1）《民航专业工程工程量清单计价规范》MH 5028—2014；

（2）国家或省级、行业建设主管部门颁发的计价办法；

（3）企业定额，国家或省级、行业建设主管部门颁发的计价定额和计价办法；

（4）招标文件、招标工程量清单及其补充通知、答疑纪要；

（5）工程设计文件及相关资料；

（6）现场施工情况、工程特点及投标时拟定的施工组织设计或施工方案；

（7）与建设项目相关的标准、规范及技术资料；

（8）市场价格信息或工程造价管理机构发布的工程造价信息；

（9）其他相关资料。

四、投标人在工程量清单计价应用中需把握的重点

（1）工程量清单计价方式是市场定价体系的具体表现形式，投标人应根据本企业自身情况及优势来确定人工、材料、机械价格，并根据本企业施工定额来确定消耗量指标。

（2）综合单价中应考虑招标文件要求投标人承担的风险费用。

（3）合法、合理运用《民航专业工程工程量清单计价规范》MH 5028—2014中对计价风险分摊的条款。

（4）投标总价应当与分部分项工程费、措施项目费、其他项目费和规费、税金的合计金额一致。

（5）在投标时，应熟悉并充分理解现行计价规范及招标文件中关于工程变更、现场签证、工程量清单缺项等涉及合同价款调整条款的含义及规定。

（6）根据本企业管理水平及技术水平来确定企业管理费和利润期望值，从而确定合理的投标策略。

（参见《民航专业工程工程量清单计价规范》MH 5028—2014）

1D420036 民航机场工程总造价的计算程序

机场建设工程项目投资含固定资产投资和流动资产投资两部分，项目总投资中的固定资产投资与项目的工程造价在数量上相等。工程造价的构成按建设工程项目在建设过程中各类费用支出或花费的性质、途径等来确定，是通过费用划分和汇集所形成的工程造价的费用分解结构。工程造价基本构成中，包括用于购买建设工程项目所含各种设备的费用，用于建设施工和安装施工所需支出的费用，用于委托工程勘察设计应支付的费用，用于购置土地所需的费用，也包括用于建设单位自身进行项目筹建和项目管理所花费费用等。总之，工程造价是建设工程项目按照确定的建设内容、建设规模、建设标准、功能要求和使用要求等全部建成并验收合格交付使用所需的全部费用。

一、工程造价的构成

我国现行工程造价的构成主要划分为设备及工、器具购置费用，建筑安装工程费用，工程建设其他费用等几项。

二、计算程序

工程造价编制流程，如图1D420036所示。

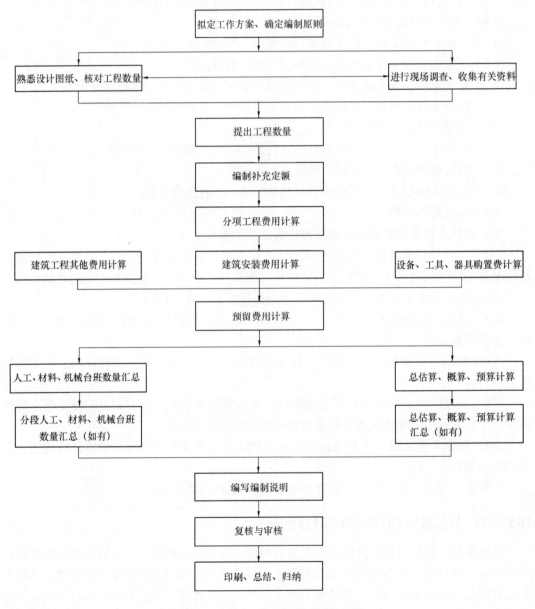

图1D420036　工程造价编制流程图

【案例1D420030-1】

1. 背景

某飞行区技术指标为4C的机场扩建工程，主要包括跑道延长工程、空管改造工程及目视助航改造工程等3个单项工程，该扩建工程拟利用部分贷款进行建设，现需编制工程总概算和各单项工程概算，按规定总投资应为"静态部分"投资和"动态部分"投资之和。3家施工单位分别中标上述单项工程，并分别编制了各单项工程预算。

2. 问题

（1）"静态部分"费用包括哪几项费用？

（2）"动态部分"费用包括哪几项费用？

（3）施工单位编制各单项工程预算的依据是什么？

（4）进口设备购置所发生的关税、增值税和机场建设过程中所发生的贷款利息，应列在"静态部分"投资中还是"动态部分"投资中？

3. 分析与答案

（1）静态部分投资包括：

1）人工费、材料费、施工机械使用费、措施费、企业管理费、规费、利润、税金；

2）基本预备费。

（2）动态部分投资包括：

1）建设期贷款利息；

2）建设期价格调整。

（3）民航建设工程中的场道工程、目视助航设备安装工程和空管设备安装工程应执行相应民用机场工程预算定额。其中场道工程和目视助航设备安装工程在执行定额时，按工程所在地造价主管部门发布的人工、材料、机械台班单价编制地区单位估价表，定额的计划利润、规费及税金等取费按工程所在地造价部门的规定执行。空管设备按照《民航空管专业工程概、预算编制办法及费用定额》（由民航发〔2011〕49号发布）执行。

（4）进口设备购置所发生的关税、增值税应列入静态部分投资中。

机场建设过程中所发生的贷款利息应列入动态部分投资中。

【案例1D420030-2】

1. 背景

某机场与国外公司定购一套仪表着陆系统。该系统价格采用交付港船上交货价，总价值50万美元，国外运费费率为3%，国外运输保险费率为0.2%，国内运输费率为1.5%，人民币对美元外汇牌价为7.1∶1，银行财务费率为0.4%，进口关税税率为12%，外贸手续费为1.2%，增值税税率为13%，消费税率为0，海关监管手续费率为0.2%。

2. 问题

（1）该设备的离岸价格（FOB）是多少万元人民币（取2位小数）？

（2）该设备的到岸价（CIF）是多少万元人民币（取2位小数）？

（3）进口设备关税是多少万元人民币（取2位小数）？

（4）该设备的抵岸价是多少万元人民币（取2位小数）？

3. 分析与答案

（1）设备的离岸价格（FOB）是50万美元，合355.00万元人民币。

（2）设备的到岸价（CIF）：

设备的到岸价（CIF）=设备的离岸价格（FOB）+设备国外运费+设备国外运费保险费

$$=355.00+355.00\times3\%+\frac{355.00+355.00\times3\%}{1-0.2\%}\times0.2\%$$

$$\approx366.38万元。$$

（3）设备进口关税：

设备进口关税=设备到岸价（CIF）×进口关税税率

$$=366.38\times12\%$$

$$\approx43.97万元。$$

（4）设备抵岸价：

设备抵岸价=设备到岸价（CIF）+银行财务费+外贸手续费+进口关税+增值税+消费税+海关监管手续

$$=366.38+355.00\times0.4\%+366.38\times1.2\%+43.97+（366.38+43.97）\times$$

$$13\%+366.38\times0.2\%$$

$$\approx470.24万元。$$

【案例1D420030-3】

1. 背景

某新建机场规划飞行区指标为4F，Ⅱ类精密进近，跑道长3200m。主要工程包括：飞行区场道工程，机场目视助航工程，民航空管工程，航站楼的土建和水暖工程，航站楼的工艺流程和民航弱电系统的专业和非标设备，机务维修的专业和非标设备，货运系统的专业和非标设备，航油供油工程，机务维修的土建和水暖工程，航站楼的电气设备安装工程，航空食品厂工程的电气设备安装工程，货运系统工程的电气设备安装工程等。对此机场每项工程进行了概算汇总并进行了机场工程总概算。

机场目视助航工程需要计算各类灯光的套数，以便在目视助航工程概算汇总中使用。

2. 问题

（1）背景材料中所列出的工程，哪些属于民航专业工程静态部分的工程费用计费范围？哪些属于非民航专业工程静态部分的工程费用计费范围？

（2）试计算跑道接地带灯、跑道边灯和跑道中线灯的最少套数。

3. 分析与答案

（1）背景材料中所列出的工程费用，属于民航专业工程静态部分的工程费用计费范围的有：飞行区场道工程，机场目视助航工程，民航空管工程，航站楼的工艺流程和民航弱电系统的专业和非标设备，机务维修的专业和非标设备，货运系统的专业和非标设备，航油供油工程。

背景材料中所列出的工程费用，属于非民航专业工程静态部分的工程费用计费范围的有：航站楼的土建和水暖工程，机务维修的土建和水暖工程，航站楼的电气设备安装工程，航空食品厂工程的电气设备安装工程，货运系统工程的电气设备安装工程。

（2）跑道接地带灯纵向间距不大于30m，从跑道入口起向跑道内延伸至900m，900/30=30排。因跑道两端装有接地带灯，所以，跑道接地带灯装有至少为60排。每排有六套灯，60×6=360套。一条跑道上需跑道接地带灯至少360套。

跑道边灯纵向间距不大于60m，3200/60=53.3，应取54套。因为跑道两端装有入口灯和末端灯，所以，跑道单侧边灯至少为54-1=53套。跑道双侧边灯至少为53×2=106套。

跑道中线灯纵向间距不大于30m，3200/30=106.7，取107套。因跑道两端装有入口灯和末端灯，所以，跑道中线灯至少为107-1=106套。

【案例1D420030-4】

1．背景

经过国家规定的招标、投标程序，决定由某国外公司承建我国某港口城市机场建设工程项目，拟引进全套行李处理系统设备和技术，建设期2年，总投资1亿3000万元人民币。其中分拣系统控制部分由欧洲某国引进，该部分的合同造价为700万美元；与其配套的土建、钢结构工程等均由国内设计配套。引进合同价款的细项如下：

（1）分拣系统控制硬件费620万美元。

（2）分拣系统控制软件费80万美元，其中计算关税的项目有：设计费65万美元；不计算关税的有：技术服务及资料费15万美元（不计海关监管手续费）。人民币兑换美元的外汇牌价均按1美元=6.5元人民币计算。

（3）远洋公司的现行海运费率为5%，海运保险费率为3.5‰，现行外贸手续费率、中国银行财务手续费率、增值税率和关税税率分别按1.5%、5‰、16%、17%计取。

（4）国内供销手续费率0.4%，运输、装卸和包装费率合计5‰，采购保管费率1%。

2．问题

（1）引进项目的引进部分硬、软件从属费用有哪些？

（2）本项目引进部分购置投资的估算价格是多少（以万元为单位，保留一位小数）？

3．分析与答案

本案例主要考核引进建设工程项目中从属费用的计算内容和计算方法、引进设备国内运杂费和设备购置费的计算方法。

（1）本案例引进部分为工艺设备的硬、软件，其从属费用包括：国外运输费、国外运输保险费、外贸手续费、银行财务费、关税和增值税等费用；

引进部分硬、软件离岸价为：4550万元人民币；

引进部分硬、软件从属费用为：1976.9万元人民币；

（2）引进部分的原价为：4550+1976.9=6526.9万元人民币；

国内运杂费为：6526.9×（0.4%+5‰+1%）=124.0万元人民币；

引进设备购置投资为：6526.9+124.0=6650.9万元人民币。

1D420040　民航机场工程施工招标投标管理

1D420041　民航机场工程施工招标投标管理要求

民航专业工程建设项目的招标投标管理（机电产品的国际招标投标除外）应根据《民航专业工程建设项目招标投标管理办法》（含第一修订案）（AP-158-CA-2018-01-R3）进行。

工程建设项目包括工程以及与工程建设有关的货物、服务。工程是指建设工程，（如：土木工程、建筑工程、线路管道和设备安装工程及装修工程）包括建筑物和构筑物的新建、改建、扩建及其相关的装修、拆除、修缮等。与工程建设有关的货物，是指构成工程不可分割的组成部分，且为实现工程基本功能所必需的设备、材料等。与工程建设有关的服务，是指为完成工程所需的勘察、设计、监理等服务。

依法必须招标的民航专业工程建设项目的范围和规模标准，按照国家发改委有关规定执行。任何单位和个人不得将依法必须进行招标的项目化整为零或者以其他任何方式规避招标。

一、民航局机场司职责

（1）贯彻执行国家有关招标投标管理的法律、法规、规章和规范性文件，依据国家有关招标投标法律、法规和政策制定民航专业工程建设项目招标投标管理的有关规定；

（2）对全国民航专业工程建设项目招标投标活动进行监督管理，对委托民航专业工程质量监督总站（以下简称质监总站）的承办事项进行指导，并监督办理情况；

（3）依法查处招标投标活动中的重大违法违规行为；

（4）其他与招标投标活动管理有关的事宜。

二、民航地区管理局职责

（1）贯彻执行国家及民航有关招标投标管理的法律、法规、规章和规范性文件；

（2）对辖区民航专业工程建设项目招标投标活动进行监督管理；

（3）受理并备案审核辖区招标人提交的招标方案、资格预审文件、招标文件和抽取评标专家申请表；

（4）认定省级或者市级地方公共资源交易市场（以下简称地方交易市场）；与地方交易市场制定工作方案，约定业务流程，明确有关责任义务；

（5）受理并备案审核招标人提交的评标报告和评标结果公示报告，对招标人提供的合同副本进行备案；

（6）受理辖区内有关招标投标活动的投诉，依法查处招标投标活动中的违法违规行为。

三、质监总站职责

（1）贯彻执行国家及民航有关招标投标管理的法律、法规、规章和规范性文件；

（2）承担民航专业工程评标专家及专家库的管理和评标专家的抽取工作；

（3）受委托承担民航专业工程建设项目进入地方交易市场进行开标评标的驻场服务工作；

（4）对招标投标活动各当事人进行信用体系建设；

（5）受委托的其他招标投标管理的有关工作。

民航专业工程建设项目招标投标活动应当遵循公平、公正、公开、诚实信用原则，项目当事人及相关工作人员应当严格遵守保密原则，禁止非法干涉民航专业工程建设项目招标投标活动。鼓励利用信息网络进行电子招标投标。

1D420042　民航机场工程施工的招标条件与程序

一、招标条件

依法必须进行招标的工程建设项目，按国家有关投资项目审批管理规定，凡经过项目审批部门审批的，招标人应将核准有招标范围、招标方式（公开招标或邀请招标）、招标组织形式（自行招标或委托招标）等有关招标内容的批复文件报送民航地区管理局备案。

民航专业工程及货物的招标一般应采用公开招标的方式进行；根据法律、行政法规的规定，不适宜公开招标的，依法经批准后方可采取邀请招标的方式或不进行招标。

招标人可自行办理招标事宜，也可以委托招标代理机构代为办理招标事宜。

招标人自行办理招标事宜，应当具有编制招标文件和组织评标的能力。

招标人不具备自行招标能力的，必须委托具备相应资质的招标代理机构代为办理招标事宜。

具备条件的招标人应采取各种措施保证评标过程保密、封闭、公平、公正、有序地进行，并接受各级监管部门的有效监督。招标人应尽可能利用工程项目所在地政府招标投标有形市场（交易中心）进行招标工作。

二、招标程序

机场工程项目招标条件具备以后，通常按照以下程序进行招标：

1. 招标准备

依法必须招标的民航专业工程及货物，招标人必须在发布招标公告或发出投标邀请书前将招标方案报民航地区管理局备案。

招标方案应包括：

（1）招标项目及内容；

（2）《民航专业工程建设项目招标投标管理办法》（含第一修订案）（AP-158-CA-2018-01-R3）所述要求的文件；

（3）招标方式（公开招标或邀请招标）；

（4）招标组织形式（自行招标或委托招标）；

（5）是否利用工程项目所在地政府招标投标有形市场（交易中心）；

（6）招标时间计划安排；

（7）招标公告或投标邀请书；

（8）招标文件或资格预审文件；

（9）其他有必要向监管部门说明的事项。

招标公告、投标邀请、招标文件（含补遗书）及资格预审文件的编写应符合《民航专业工程建设项目招标投标管理办法》（含第一修订案）（AP-158-CA-2018-01-R3）相关规定的要求，其中，招标文件中的废标条件应予明确。

民航地区管理局自收到招标方案后，应及时备案审核，如有异议，应在7个工作日内书面提出；如无异议，应在7个工作日内出具书面备案通知书。招标人在收到民航地区管理局出具的招标方案备案通知书后，方可发布招标公告或投标邀请书，并按招标公告或者投标邀请书规定的时间、地点发出招标文件或者资格预审文件。

属于民用机场专用设备的货物，应符合《交通运输部关于修改〈民用机场专用设备管理规定〉的决定》（中华人民共和国交通运输部令2017年第12号）相关要求，未经民航局认定的机场设备检验机构检验合格的机场设备，不得在民用机场内使用。招标人采取资格预审的，应在招标公告中包含资格预审文件。招标人发布资格预审公告的，资格预审公告视同为招标公告，其发布要求、载明内容应与招标公告的相应要求一致。

招标人应当在资格预审公告中载明资格预审后投标人的数量，一般不得少于7个投标人，且应采用专家评审的办法，由专家综合评分排序，按得分高低顺序确定投标人。

资格预审合格的潜在投标人不足3个的，招标人应当重新进行招标。

2．招标实施

（1）发售招标文件以及对招标文件的答疑。

（2）勘察现场。

（3）投标预备会。

（4）接受投标单位的投标文件。

（5）建立评标组织。

3．开标定标

（1）召开开标会议、审查投标文件。

（2）评标，决定中标单位。

（3）发出中标通知书。

（4）与中标单位签订中标合同。

1D420043 民航机场工程施工的投标条件与程序

民用机场工程的投标程序从过程上可分为：

一、熟悉招标文件

二、申请资格预审

三、调查投标环境与现场勘察（投标前极其重要的一步准备工作）

投标环境就是中标后工程施工的自然、经济和社会条件。这些条件是工程施工的制约因素，它牵涉工程成本和投标单位的报价。所以在报价前要尽可能了解清楚。

四、分析招标文件，进行项目可行性研究

作出投标决策是十分重要、复杂的问题。投标人应根据自身拥有的条件、优势和外观环境，对各方面有利和不利的因素进行分析，对欲投标的项目进行筛选判别。同时邀请有关专家，讨论投标项目，集思广益慎重选择和评价投标，防止盲目投标带来的不良后果以免标价过高，不能中标，以及标价过低或技术能力承受不了，中标后造成亏损或出现无力履行合同的危险局面。

五、编制投标报价

投标报价计算包括定额分析、单价分析、计算成本，确定利润方针，最后确定标价并编制报价资料。

六、编制投标文件

1．投标文件的编制原则

在编制投标文件时，应掌握有关原则：

（1）严格按照招标文件的要求，提供所有必需的资料和材料。

（2）投标文件中的语言力求准确、严谨、完整。

（3）投标文件发出之前，投标文件必须严格密封，如要进行补充和修正，应按招标文件的规定进行。

2．投标文件的内容

投标者所制定的标书中，标的基数是投标的核心。标的基数合理与否直接关系到投标的成败。投标前所作的一系列工作都是围绕标的基数而展开的。投标的报标精度越高，中标的可能性就越大，若偏离招标方的内控标底太远，则很可能被淘汰，难以进入答辩阶段。

七、递交投标文件

八、开标及投标文件澄清

九、合同签订

【案例1D420040-1】

1．背景

某机场改造助航灯光系统工程，建设单位决定采用议标形式，由建设单位提供图纸，要求参加议标的单位自行编制工程量清单，按综合单价报价。A施工单位按建设单位要求编制了工程量清单报价，其部分内容如表1D420043-1所示。

分部分项工程量清单计价表　　　　　　　表1D420043-1

序号	项目名称	规格型号	单位	数量	单价	小计	备注
1	灯光一次电缆	YJYD-1×6	m				
2	灯光一次电缆	DJ-JDKR-1×4	m				
3							

2．问题

（1）建设单位要求施工单位编制工程量清单的做法是否妥当？

（2）工程量清单的作用是什么？

（3）A施工单位编制了工程量清单，格式是否正确？在哪些方面不符合规范要求？

3．分析与答案

（1）工程量清单是由招标人提供的文件，是招标文件的组成部分。按照《建设工程工程量清单计价规范》GB 50500—2013的要求，招标工程量清单应由具有编制能力的招标人或受其委托、具有相应资质的工程造价咨询人编制。在本案例中，建设单位要求施工单位自行编制是不正确的。

（2）招标工程量清单是工程量清单计价的基础，应作为编制招标控制价、投标报价、计算或调整工程量及工程索赔等的依据之一。

（3）不正确，表现在以下方面：

1）分部分项工程量清单计价表的格式不符合规范要求。按照《建设工程工程量清单计价规范》GB 50500—2013的要求，分部分项工程量清单计价表的格式如表1D420043-2所示。

分部分项工程和单价措施项目清单与计价表　　　　表1D420043-2

工程名称			标段			第 页 共 页		
序号	项目编码	项目名称	项目特征	计量单位	工程量	金额（元）		
						综合单价	合价	其中暂估价

续表

序号	项目编码	项目名称	项目特征	计量单位	工程量	金额（元）		
						综合单价	合价	其中暂估价
		本页小计						
		合　计						

注：为计取规费的使用，可在表中增设其中："定额人工费"。

2）对于综合单价，还有"综合单价分析表"，见表1D420043-3。

综合单价分析表　　　　　　　　　　　　　　表1D420043-3

工程名称　　　　　　　　　　　　标段　　　　　　　　　第　页　共　页

项目编码		项目名称		计量单位		工程量	

清单综合单价组成明细

定额编号	定额项目名称	定额单位	数量	单　价				合　价			
				人工费	材料费	机械费	管理费和利润	人工费	材料费	机械费	管理费和利润
人工单价			小　计								
元/工日			未计价材料费								

清单项目综合单价

	主要材料名称、规格、型号	单位	数量	单价（元）	合价（元）	暂估单价（元）	暂估合价（元）
材料费明细							
	其他材料费			—		—	
	材料费小计			—		—	

注：①如不使用省级或行业建设主管部门发布的计价依据，可不填定额编号、名称等。
　　②招标文件提供了暂估单价的材料，按暂估的单价填入表内"暂估单价"栏及"暂估合价"栏。

【案例1D420040-2】

1. 背景

某省会机场建于1994年，随着当地经济发展，机场航班量日益增长，原有机场民航空管设施已不能满足飞行业务需求，经省发改委和该地区民航管理局批准，决定对机场民航空管工程进行扩建，工程内容包括仪表着陆系统、全向信标/测距仪系统、气象自动观测系统和气象数据库网络系统、气象卫星传真广播系统、气象卫星云图接收系统等，建设单位经上级主管部门批准，自行组织招标机构进行施工公开招标工作，确定的招标程序如下：①成立该项目施工招标机构；②发布招标公告；③编制招标文件；④对申请投标者进行资格预审，并将结果通知各申请投标者；⑤向合格的投标者发招标文件及设计图纸、技术资料等；⑥建立评标、定标办法；⑦召开开标会议，审查投标书；⑧组织评标，决定中标单位；⑨发出中标通知书；⑩建设单位与中标单位签订承发包合同。

2．问题

（1）建设工程施工招标的条件是什么？

（2）上述招标程序妥否？说明理由。

3．分析与答案

（1）建设工程施工招标应具备的条件是：

1）招标人已经依法成立；

2）初步设计及概算应当履行审批手续的，已经批准；

3）招标范围、招标方式和招标组织形式等应当履行核准手续的，已经核准；

4）有相应资金或资金来源已经落实；

5）有招标所需的设计图纸及技术资料。

（2）上述招标程序不妥。

正常的招标工作程序是：①成立该项目施工招标机构；②编制招标文件；③发布招标公告；④对申请投标者进行资格预审，并将结果通知各申请投标者；⑤向合格的投标者发招标文件及设计图纸、技术资料等；⑥召开开标会议，审查投标书；⑦组织评标，决定中标单位；⑧发出中标通知书；⑨建设单位与中标单位签订承发包合同。

【案例1D420040-3】

1．背景

施工单位A应一大型机场的邀请对该机场的目视助航工程进行投标。工程造价约为3000万元人民币。在投标前施工单位A到该机场对本次工程的内容进行了实地考察，现场考察的主要内容如下：①自然地理条件；②市场情况；③招标方和监理工程师的情况；④竞争对手的情况；⑤其他需要考察的情况。在现场考察完毕后，施工单位A决定与另一家施工单位B联合，采用联合投标报价法对该工程进行投标。

2．问题

（1）招标的方式有哪几种？

（2）施工单位A进行现场考察内容是否完整？说明理由。

（3）在投标技巧中，常用的有哪几种报价法？

（4）什么情况下采用联合投标报价法？

3．分析与答案

（1）两种。公开招标和邀请招标。

（2）不完整。缺施工条件、工程所在地的地方法规这两项内容的考察。

（3）不平衡报价法、多方案报价法、突然降价法、增加建议方案法和联合投标报价法五种。

（4）当一家企业实力不足或工程风险较大时，可采用联合投标报价法。

【案例1D420040-4】

1．背景

某民用机场工程全部由政府投资新建。该项目已列入国家年度固定投资计划，概算已经主管部门批准，征地工作尚未全部完成，施工图纸及有关技术资料齐全。现决定对该项目进行施工招标。因估计除本市施工企业参加投标外，还可能有外省市施工企业参加投标，所以招标人委托咨询单位编制了两个标底，准备分别用于对本市和外省市施工企业投标价的评定。招标人于2012年3月5日向具备承担该项目能力的A、B、C、D、E五家施工单位发出投标邀请书，其中说明，3月10日—15日9：00—16：00在招标人总工程师室领取招标文件，4月5日14时为投标截止时间。该五家施工单位均接受邀请，并领取了招标文件。3月18日招标人对投标单位就招标文件提出的所有问题统一作了书面答复，随后组织各投标单位进行了现场踏勘。4月5日这五家施工单位均按规定的时间提交了投标文件。但施工单位A在送出投标文件后发现报价估算有较严重的失误，遂赶在投标截止时间前25min递交了一份书面声明，撤回已提交的投标文件。

开标时，由招标人委托的市公证处人员检查投标文件的密封情况，确认无误后，由工作人员当众拆封。由于施工单位A已撤回投标文件，故招标人宣布有B、C、D、E四家施工单位投标，并宣读该四家施工单位的投标价格、工期和其他主要内容。

评标委员会委员由招标人直接确定，共由7人组成，其中招标人代表2人，技术专家3人，经济专家2人。

按照招标文件中确定的综合评标标准，4个投标人综合得分从高到低的依次顺序为B、C、D、E，因此评标委员会确定施工单位B为中标人。由于施工单位B为外地企业，招标人于4月20日将中标通知书寄出，施工单位于4月26日收到中标通知书。最终双方于5月26日签订了书面合同。

2. 问题

（1）从招标投标的性质看，本案例中的要约邀请、要约和承诺的具体表现是什么？

（2）招标人对投标单位进行资格预审应包括哪些内容？

（3）在该项目的招标投标程序中哪些方面不符合《中华人民共和国招标投标法》的有关规定？

3. 分析与答案

（1）在本案例中，要约邀请是招标人的投标邀请书，要约是投标人提交的投标文件，承诺是招标人发出的中标通知书。

（2）招标人对投标单位进行资格预审应包括以下内容：投标单位组织与机构和企业概况；近3年完成工程的情况；目前正在履行的合同情况；资源方面，如财务状况、管理人员情况、劳动力和施工机械设备等方面的情况；其他情况（各种奖励和处罚等）。

（3）该项目招标投标程序中在以下几方面不符合《中华人民共和国招标投标法》的有关规定，分述如下：

1）本项目征地工作尚未全部完成，不具备施工招标的必要条件，因而尚不能进行施工招标。

2）不应编制两个标底，因为根据规定，一个工程只能编制一个标底，不能对不同的投标单位采用不同的标底进行评标。

3）现场踏勘应安排在书面答复投标单位提问之前，因为投标单位对施工现场条件也可能提出问题。

4）招标人不应仅宣布4家施工单位参加投标。按国际惯例，虽然施工单位A在投标截止时间前撤回投标文件，仍应作为投标人宣读其名称，但不宣读其投标文件的其他内容。

5）评标委员会委员不应全部由招标人直接确定。按规定，评标委员会中的技术、经济专家，一般招标项目应采取（从专家库中）随机抽取方式，特殊招标项目可以由招标人直接确定。本项目显然属于一般招标项目。

6）订立书面合同的时间过迟。按规定，招标人和中标人应当自中标通知书发出之日（不是中标人收到中标通知书之日）起30d内订立书面合同，而本案例为36d。

【案例1D420040-5】

1. 背景

某大型民用机场建设工程项目采取公开招标，招标公告中要求投标者应是具有一级资质等级的施工企业。在开标会上，共有15家参与投标的施工企业或联合体有关人员参加，此外还有市招标办公室、市公证处法律顾问以及建设单位的招标委员会全体成员和监理单位人员参加。开标前，公证处倾向提出要对各投标单位的资质进行审查。在开标中，对一家参与投标的R施工单位资质提出了质疑，虽然该公司资质材料齐全并盖有公章和项目负责人签字，但法律顾问认定该单位不符合投标资格要求，取消了该标书。另一投标的H施工联合体是由两个施工公司联合组成的联合体，其中A施工公司为一级施工企业，B施工公司为二级施工企业，也被认定为不符合投标资格要求，撤销了标书。

2. 问题

（1）开标会上能否列入"审查投标单位的资质"这一程序？为什么？

（2）为什么R施工公司被认定不符合投标资格？

（3）为什么H施工公司被认定不符合投标资格？

3. 分析与答案

（1）投标单位的资质审查，分为资格预审和资格后审，资格预审是指投标前对潜在投标人进行资格审查。资格后审是指在开标后由评标委员会对投标人进行审查。所以资格预审应放在发放招标文件之前进行一般不在开标会议上进行。

（2）因为R公司的资质资料没有法定代表人或法定代表人授权的代理人签字或盖章，所以该文件不具有法律效力，项目负责人签字是没有法律效力的。

（3）因为H施工联合体是由资质为一级施工企业的A公司和资质为二级施工企业的B公司组成的。根据《中华人民共和国建筑法》规定，不同资质等级的施工企业联合承包（投标）时，应以等级低的企业资质等级为准，即对该联合体应视为相当于二级施工企业，不符合招标要求一级企业投标的资质规定。

【案例1D420040-6】

1. 背景

某民用机场建设工程项目，施工单位通过资格预审后，对招标文件进行了仔细分析，发现建设单位（简称业主）所提出的工期要求过于苛刻，且合同条款中规定每拖延1d工期罚合同价的2‰。若要保证实现工期要求，必须采取特殊措施，从而大大增加成本；还发现原设计结构方案过于保守。因此，该施工单位在投标文件中说明业主的工期要求难以实现，因而按自己认为的合理工期（比业主要求的工期增加2个月）编制施工进度计划并据此报价；还建议修改设计方案，并对这两种设计方案进行了技术经济分析和比较，证明修改后的设计方案不仅可靠性和安全性高，而且可降低造价约5%。

该施工单位将技术标和商务标分别封装，在封口处加盖本单位公章和项目经理签字后，在投标截止前一天下午将投标文件报送业主。次日（即投标截止日当天）下午，在规定的开标时间前1h，该施工单位又递交了一份补充资料，其中声明将原报价降低5%。但是，招标单位的有关工作人员认为，根据国际上"一标一投"的惯例，一个施工单位不得递交两份投标文件，因而拒收施工单位的补充资料。

开标会由市招投标办的工作人员主持，市公证处有关人员到会，各投标单位代表均到场。开标前，市公证处人员对各投标单位的资质进行审查，并对所有投标文件进行审查，确认所有投标文件均有效后，正式开标。主持人宣读投标单位名称、投标价格、投标工期和有关投标文件的重要说明。

2. 问题

（1）该施工单位运用了哪几种投标技巧?其运用是否得当?请逐一加以说明。

（2）从所介绍的背景资料来看，在该项目招标程序中存在哪些问题?请分别作简单说明。

3. 分析与答案

（1）该施工单位运用了三种投标策略，即多方案报价法、增加建议方案法和突然降价法。其中，多方案报价法运用不当，因为运用该报价法时，必须对原方案（本案例指业主的工期要求）报价，而该施工单位在投标时仅说明了该工期要求难以实现，却并未报出相应的投标价。

增加建议方案法运用得当，通过对两个结构体系方案的技术经济分析和比较（这意味着对两个方案均报了价），论证了建议方案（框架体系）的技术可行性和经济合理性，对业主有很强的说服力。

突然降价法也运用得当，原投标文件的递交时间比规定的投标截止时间仅提前一天多，这既是符合常理的，又为竞争对手调整、确定最终报价留有一定的时间，起到了迷惑竞争对手的作用。若提前时间太多，会引起竞争对手的怀疑，而在开标前1h突然递交一份补充文件，这时竞争对手已不可能再调整报价了。

（2）该项目招标程序中存在以下问题：

1）招标单位的有关工作人员不应拒收施工单位的补充文件，因为施工单位在投标截止时间之前所递交的任何正式书面文件都是有效文件，都是投标文件的有效组成部分，也就是说，补充文件与原投标文件共同构成一份投标文件，而不是两份相互独立的投标文件。

2）根据《中华人民共和国招标投标法》，应由招标人主持开标会，并宣读投标单位名称、投标价格等内容，而不应由市招标投标办公室工作人员主持和宣读。

3）资格审查应在投标之前进行（背景资料说明了施工单位已通过资格预审），公证处人员无权对施工单位资格进行审查，其到场的作用在于确认开标的公正性和合法性（包括投标文件的合法性）。

4）公证处人员确认所有投标文件均为有效标书是错误的，因为该施工单位的投标文件仅有单位公章和项目经理的签字，而无法定代表人或其代理人的印鉴，应作为废标处理。即使该施工单位的法定代表人赋予该项目经理有合同签字权，且有正式的委托书，该投标文件仍应作废标处理。

【案例1D420040-7】

1. 背景

某承包商决定参加某机场行李处理系统扩建工程项目投标，该工程预算成本2300万元，其中钢结构、传送带、机械传动部件等材料费占70%，根据过去类似工程的投标经验，拟以高、中、低三个报价方案，相应的利润率分别为13%、9%、5%，中标率分别为0.25、0.6、0.85。据预测，在施工过程中因钢材料上涨，最终可能导致材料费平均上涨3%，其发生的概率为0.3。建设单位规定采用固定总价合同，承包商编制投标文件的费用为3万元。

2．问题

（1）运用决策树法进行投标方案的决策。

（2）所采纳的投标方案的报价和期望利润各为多少？

3．分析与答案

（1）投标方案决策过程如下：

1）计算各投标方案的利润值：

① 投高标材料不涨价时的利润：2300×13%=299万元；

② 投高标材料涨价时的利润：299−2300×70%×3%=299−48.3=250.7万元；

③ 投中标材料不涨价时的利润：2300×9%=207万元；

④ 投中标材料涨价时的利润：207−2300×70%×3%=207−48.3=158.7万元；

⑤ 投低标，材料不涨价时的利润：2300×5%=115万元；

⑥ 投低标，材料涨价时的利润：115−2300×70%×3%=115−48.3=66.7万元；

各方案的利润、概率如表1D420043-4所示。

各方案的利润、概率　　　　　　　　　　**表1D420043-4**

方案	效果	概率	利润（万元）
高标	好	0.7	299
	差	0.3	250.7
中标	好	0.7	207
	差	0.3	158.7
低标	好	0.7	115
	差	0.3	66.7

2）画决策树，并标出各方案的概率和利润，如图1D420043-1所示。

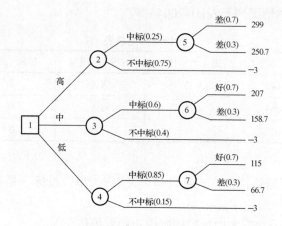

图1D420043-1　决策树

3）计算各机会点的期望值：

点⑤：299×0.7+250.7×0.3=209.3+75.21=284.51万元；

点②：284.51×0.25-3×0.75=71.1275-2.25=68.8775万元；

点⑥：207×0.7+158.7×0.3=144.9+47.61=192.51万元；

点③：192.51×0.6-3×0.4=115.506-1.2=114.306万元；

点⑦：115×0.7+66.7×0.3=80.5+20.01=100.51万元；

点④：100.51×0.85-3×0.15=85.4335-0.45=84.9835万元；

由于点③的期望利润最大，所以应投中标。

（2）所采纳的投标报价为：2300×（1+9%）=2507万元，相应的期望利润值为：114.31万元。

【案例1D420040-8】

1. 背景

某大型机场托运行李安全检查系统建设工程，拟采用后置式集中安全检查模式，多级安全检查设备需嵌入行李处理系统中，专业性强、技术难度大，对施工单位的施工设备和同类工程施工经验要求高。建设单位（简称业主）在对有关单位和在建工程考察的基础上，仅邀请了3家具有一级资质的施工企业参加投标，上报上级行政主管单位且已获批准，并预先与咨询单位和该3家施工单位共同研究确定了施工方案。业主要求投标单位将技术标和商务标分别装订报送。经招标领导小组研究确定的评标规定如下：

（1）技术标共30分，其中施工方案10分（因已确定施工方案，各投标单位均得10分）、施工总工期10分、工程质量10分。满足业主总工期要求（36个月）者得4分，每提前1个月加1分，不满足者不得分；业主希望该工程今后能被评为省优工程，自报工程质量合格者得4分，承诺将该工程建成省优工程者得6分（若该工程未被评为省优工程将扣罚合同价的2%，该款项在竣工结算时暂不支付给承包商），近三年内获鲁班工程奖每项加2分，获省优工程奖每项加1分。

（2）商务标共70分。报价不超过标底（35500万元）的±5%者为有效标，超过者为废标。报价为标底的98%者得满分（70分），在此基础上，报价比标底每下降1%，扣1分，每上升1%，扣2分（计分按四舍五入取整）。

各投标单位的有关情况列于表1D420043-5。

投标参数汇总表　　　　　　　　　表1D420043-5

投标单位	报价（万元）	总工期（月）	自报工程质量	鲁班工程奖	省优工程奖
A	35642	33	省优	1	1
B	34364	31	省优	0	2
C	33857	32	合格	0	1

2. 问题

（1）该工程采用邀请招标方式且仅邀请3家施工单位投标，是否违反有关规定？为什么？

（2）请按综合得分最高者中标的原则确定中标单位。

（3）若改变该工程评标的有关规定，将技术标增加到40分，其中施工方案20分（各投标单位均得20分），商务标减少为60分，是否会影响评标结果？为什么？若影响，应由哪家施工单位中标？

3. 分析与答案

本案例考核招标方式和评标方法的运用。要求熟悉邀请招标的运用条件及有关规定，并能根据给定的评标办法正确选择中标单位。本案例所规定的评标办法排除了主观因素，因而各投标单位的技术标和商务标的得分均为客观得分。

（1）不违反有关规定。因为根据有关规定，对于技术复杂的工程，经上级招标行政主管部门批准，允许采用邀请招标方式，邀请参加投标的单位不得少于3家。

（2）B公司综合得分最高，故应选择B公司为中标单位。

（3）这样改变评标办法不会影响评标结果，因为各投标单位的技术标得分均增加10分，而商务标得分均减少10分，综合得分不变。

【案例1D420040-9】

1. 背景

某施工单位决定参与某航站楼广播系统扩建工程的投标。在基本确定技术方案后，为提高竞争能力，对其中某关键技术措施拟定了三个方案进行比选。若以 C 表示费用（费用单位为万元），T 表示工期（时间单位为周），则方案一的费用为 $C_1=100+4T$；方案二的费用为 $C_2=150+3T$；方案三的费用为 $C_3=250+2T$。

经分析，这种技术措施的三个比选方案对施工网络计划的关键线路均没有影响。各关键工作可压缩的时间及相应增加的费用见表1D420043-6。

| 三种方案参数表 | | | | | 表1D420043-6 |
关 键 工 作	A配管配线	C机箱安装	E扬声器安装	H机房安装	M系统调试
可压缩时间（周）	1	2	1	3	2
压缩单位时间增加的费用（万元/周）	3.5	2.5	4.5	6.0	2.0

在问题2和问题3的分析中，假定所有关键工作压缩后不改变关键线路。

2. 问题

（1）若仅考虑费用和工期因素，请分析这三种方案的适用情况。

（2）若该工程的合理工期为60周，该施工单位相应的估价为1653万元。为了争取中标，该施工单位投标应报工期和报价各为多少？

（3）招标文件规定，评标采用"经评审的最低投标价法"，且规定，施工单位自报工期小于60周时，工期每提前1周，按其总报价降低2万元作为经评审的报价，则施工单位的自报工期应为多少？相应的经评审的报价为多少？

（4）如果该工程的施工网络计划如图1D420043-2所示，则压缩哪些关键工作可能改变关键线路？压缩哪些关键工作不会改变关键线路？为什么？

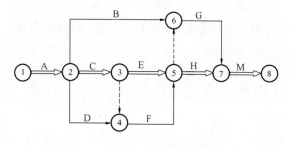

图1D420043-2 施工网络计划图

3. 分析与答案

本案例主要考核技术方案的比选、工

期和报价的关系、经评审的投标价、关键线路压缩等有关问题。

（1）当工期小于等于50周时，应采用方案一；当工期大于等于50周且小于等于100周时，应采用方案二；当工期大于等于100周时，应采用方案三。

（2）自报工期为：60-2-2=56周；

相应的报价为：1653-（60-56）×3+2.5×2+2.0×2=1650万元。

（3）自报工期为：60-1-2-1-2=54周；

相应的报价为：1653-（60-54）×（3+2）+3.5+2.5×2+4.5+2.0×2=1640万元。

（4）压缩关键工作C、E、H可能改变关键线路，因为如果这三项关键工作的压缩时间超过非关键线路的总时差，就会改变关键线路。

压缩关键工作A、M不会改变关键线路，因为它们是所有线路的共有工作，其持续时间缩短则所有线路的持续时间都相应缩短，不改变原非关键线路的时差。

【案例1D420040-10】

1. 背景

某机场拟对其在建工程追加附属小型停机坪，决定公开招标。原中标人仍具备承包能力参与投标，但被招标人无故拒绝。

2012年5月5日，招标人在国家指定的报刊信息网络上发布了招标公告，邀请特定的施工单位投标。2012年5月17日，招标人开始出售资格预审文件，2012年5月20日，一家外省市施工单位前来购买资格预审文件，被告知资格预审文件已经停止出售。

2. 问题

（1）拒绝原中标人参与投标是否妥当？

（2）《中华人民共和国招标投标法》规定的招标方式有哪些？

（3）外省市施工单位前来购买资格预审文件，被告知资格预审文件已经停止出售，其做法是否妥当？

（4）施工单位参加本项目投标，投标文件的编制内容主要包括哪几项？

3. 分析与答案

（1）不妥当。需要审批的在建工程建设项目追加的附属小型工程，原中标人仍具备承包能力的，经有关部门批准，可以不进行施工招标；不需要审批但依法必须进行招标的在建工程建设项目追加的附属小型工程，原中标人仍具备承包能力的，可以不进行施工招标。

（2）《中华人民共和国招标投标法》规定：招标分为公开招标和邀请招标两种。

（3）做法不妥。招标人应当按招标公告规定的时间、地点出售招标文件或资格预审文件。自招标文件或资格预审文件出售之日起至停止出售之日止，最短不得少于5日。发售期最后一天应当回避节假日。

（4）投标文件的编制内容主要包括：投标书、合同条件、具有标价的工程量清单与报价表、对招标文件中的合同协议条款内容的确认和响应。

1D420050 民航专业工程质量监督管理要求

1D420051 民航专业工程质量监督的范围

中国民用航空局（简称为民航局）负责全国民航专业工程质量的统一监督管理。中国民用航空地区管理局（以下简称为民航地区管理局）负责辖区内民航专业工程质量的监督管理。民航局和民航地区管理局统称为民航行政主管部门。民航专业工程质量监督机构（以下简称为质量监督机构）具体实施民航专业工程的质量监督工作，并接受民航行政主管部门监督管理。建设单位、勘察单位、设计单位、施工单位、工程监理单位（以下统称为质量责任主体）应当严格执行国家有关工程质量管理法律法规和强制性标准，保证民航专业工程质量，并接受质量监督机构的监督检查。任何单位和个人有权对民航专业工程的质量缺陷、质量事故和质量责任主体及其人员的违法行为向民航行政主管部门投诉和举报。

质量监督机构包括民航专业工程质量监督总站和下设的七个（东北、华北、华东、中南、西南、西北、新疆）地区站。民航专业工程质量监督的范围为民航专业工程，民航专业工程参见1D420011。

1D420052 民航专业工程质量监督的职责范围

质量监督机构的主要职责：

（1）贯彻执行国家和民航局有关民航专业工程质量管理的政策、法规、规定；

（2）负责对民航专业工程质量的法律、法规和强制性标准执行情况的监督检查；

（3）组织实施对民航专业工程的质量监督，参加工程的阶段性验收和竣工验收；

（4）检查质量责任主体资质等级的符合性；

（5）依据《民航专业工程质量监督管理规定》（CCAR—165）编制质量监督机构的管理制度、工作程序及质量监督工作实施细则；

（6）接受委托参与民航专业工程重大质量事故的调查处理；

（7）组织质量监督人员的培训及考核评定工作。

1D420053 民航专业工程质量监督管理内容

民航专业工程按照国家有关规定实行质量责任终身负责制。民航专业工程建设项目的质量责任主体依法对建设工程质量负相应责任。

一、民航专业工程质量监督管理内容

质量监督机构对各质量责任主体的下列情况进行监督：

（1）各质量责任主体执行有关法律、法规及工程技术标准的情况；

（2）质量责任主体质量管理体系的建立和实施情况。

质量监督机构应对建设单位的下列事项进行检查：

（1）基本建设程序的履行情况以及国家招标投标法律法规的执行情况；

（2）组织图纸会审、设计交底、设计变更工作情况；

（3）组织民航专业工程质量验收情况；

（4）原设计有重大修改、变动的、施工图设计文件重新报审情况；

（5）组织工程竣工验收的情况。

质量监督机构应对勘察、设计单位的下列事项进行检查：

（1）参加重要部位工程质量验收和工程竣工验收情况；

（2）签发设计修改变更、技术洽商通知情况；

（3）参加有关工程质量问题的处理情况；

（4）所承揽的任务与本单位资质及人员执业资格的符合性情况；

（5）勘察、设计单位出具的工程质量检查报告。

质量监督机构应对施工单位的下列事项进行检查：

（1）施工单位资质及人员配备情况；

（2）施工组织设计或施工方案审批及执行情况；

（3）施工现场施工操作技术规程执行国家有关规范、标准情况；

（4）工程技术标准及经审查批准的施工图设计文件的实施情况；

（5）分项、分部工程及隐蔽工程的检验、验收情况；

（6）质量问题的整改和质量事故的处理情况；

（7）技术资料的收集、整理情况；

（8）施工单位出具的工程竣工报告，包括结构安全、室内环境质量和使用功能抽样检测资料等合格证明文件，施工过程中发现的质量问题整改报告等。

质量监督机构应对工程监理单位的下列事项进行检查：

（1）监理单位资质和人员配备情况；

（2）监理规划、监理实施细则（关键部位和工序的确定及措施）编制的核定内容及执行情况；

（3）对材料、构配件、设备投入使用或安装前进行审查的情况；

（4）见证取样和平行检测制度的实施情况；

（5）对重点部位、关键工序实施旁站监理的情况；

（6）质量问题通知单签发及质量问题整改结果的复查情况；

（7）分项、分部工程及隐蔽工程的检验、验收情况；

（8）监理资料收集整理情况；

（9）监理单位出具的工程质量评估报告。

质量监督机构应对工程质量检测单位的下列事项进行检查：

（1）工程质量检测单位资质和人员配备情况；

（2）检测业务基本管理制度情况；

（3）检测内容和方法的规范性程度；

（4）检测报告形成程序、数据及结论的符合性程度。

质量监督人员进行现场监督检查时，各质量责任主体要予以支持和配合，并如实回答质量监督人员的工作询问，不得拖延、推诿或拒绝、阻碍。质量责任主体对所提供的有关资料负有解释、说明的义务，并对其真实性和有效性负责。

民航专业工程发生质量事故，建设单位应当在24h内向事故发生地民航地区管理局和质量监督机构报告；发生重大、特大质量事故，按照国务院有关规定，建设单位应立即向民航局和事故发生地民航地区管理局报告，并在24h内向民航局和事故发生地民航地区管理局书面报告，同时抄送质量监督机构。

二、质量监督基本程序及要求

建设单位应当在民航专业工程动工前办理质量监督手续。建设单位向质量监督机构提出质量监督申请时，应提交下列文件资料：

（1）质量监督申请表；

（2）工程项目的初步设计与概算的批准（核准）文件、施工图审查批准文件等；

（3）建设单位的基本情况：主要包括组织机构设置、项目法人授权书、工程质量与安全管理的具体措施等；

（4）施工和工程监理合同书（或协议书）的有效复印件；

（5）其他必要的资料。

质量监督机构收到建设单位的质量监督申请后，应在7个工作日内作出答复。建设单位取得质量监督机构的答复意见后，应尽快向质量监督机构提交施工组织设计、监理规划（监理实施细则）等文件。质量监督机构应在收到上述文件后15个工作日内向建设单位出具"民航专业工程质量监督方案书"，明确监督重点、内容与方式等。

项目建设过程中，建设单位应按要求及时将工程重点部位和关键工序的阶段性验收结论报质量监督机构备案。

满足竣工验收条件的工程，建设单位至少应提前5个工作日通知质量监督机构派员参加竣工验收。竣工验收合格后，质量监督机构应及时向建设单位提交该工程的质量监督报告。

建设单位申请行业验收时，必须出具质量监督机构提交的质量监督报告。

质量监督机构在履行监督管理职责时，有权采取下列措施：

（1）查阅各质量责任主体工程质量相关文件资料和质量行为记录；

（2）根据工程中存在的质量问题，召集各方召开专题质量会议；

（3）随机对工程进行监督检查、监督检测。监督过程中，如产生质量问题异议时，可以要求相关单位委托其他无利害关系的工程质量检测机构进行进一步检测与试验；

（4）进入施工现场、施工后台［搅拌站、材料（设备）堆放储存场地、制作加工场地等］以及质量控制室、检验试验室等，并进行监督检查、监督检测；

（5）对不符合质量标准或违反基本建设程序的，限期整改；发现有严重质量问题时，责令停工，并对相关设备和材料进行封存（备查）。工程质量问题所涉及的质量责任主体应按照质量监督机构的要求做出书面答复，并落实整改。

任何单位和个人对质量监督机构的质量监督行为和监督结论有异议的，可向民航行政主管部门申请复核。

【案例1D420050-1】

1. 背景

某地拟新建一大型机场，该建设工程项目已被列为国家重点工程，民航局授权质量监督机构对该项工程有关项目实施工程质量监督。在领取施工许可证之后，机场建设单位通知民航质量监督机构开始实施该工程有关的质量监督活动，并认为质量监督机构应对工程有关项目进行全过程检查，以保证工程建设质量。

2. 问题

（1）民航建设工程质量监督机构实行哪两级监督管制体制？本工程建设工程项目应由民航哪一级质量监督机构组织实施质量监督？

（2）民航建设工程质量监督的依据是什么？

（3）在本工程中民航质量监督机构的质量监督范围具体包括哪些专项工程？（列举

不少于三项）

（4）建设单位通知民航质量监督机构开始实施相关质量监督活动的时间在程序上是否正确？为什么？

（5）建设单位认为质量监督机构应对建设工程项目进行全过程检查的想法是否正确？为什么？

3．分析与答案

（1）民航建设工程质量监督实行民航专业工程质量监督总站、地区质量监督站两级监督管理体制。本工程已被列为国家重点工程，按质量监督职责划分本工程应由民航专业工程质量监督总站组织实施质量监督。

（2）民航建设工程质量监督的依据是国家和民航局颁发的有关法律、法规和技术标准、规范、规程以及经批准的设计文件及有效的设计变更文件。

（3）在本工程中，民航质量监督机构的质量监督范围具体包括：

1）飞行区工程；

2）航站区工程（航站楼弱电）；

3）航管工程（通信、导航、航管、气象）；

4）飞机维修设施工程；

5）供油工程；

6）其他民航专业工程。

（4）不正确。建设单位在领取施工许可证一个月前，应按规定办理工程质量监督手续。

（5）不正确。工程质量监督是政府监督管理活动，对建设工程项目主要采取抽查方式，对于国家或民航重点建设工程，应建立工程质量监督项目站进行跟踪监督。

【案例1D420050-2】

1．背景

某施工单位完成仪表着陆系统的安装任务后，在保修期未满情况下，航向台天线基础发生了不均匀沉降的质量事故。建设单位邀请当地一家工程质量检测单位A进行质量事故分析和处理，检查发现，天线基础不均匀沉降与该施工单位没有关系。

2．问题

（1）建设单位邀请当地质量检测部门来进行质量事故分析和处理方案是否妥当？

（2）本次质量事故应由什么机构组织质量监督和核查？

（3）简述天线基础施工工序及质量要求。

3．分析与答案

（1）这种做法不妥。工程质量检测单位应经民航专业工程质量监督机构资质验证后，方可从事民航建设工程质量检测工作。

（2）应由民航建设工程地区质量监督站来组织质量监督和核查。民航建设工程的质量监督期为从办理质量监督手续开始到保修期止。

（3）天线基础施工工序及质量要求：首先进行航向天线阵基础定位，确保天线阵中心基准点位于跑道中心线延长线上批复台址的位置，天线阵横向基准线与跑道中心线垂直，角度误差不大于±0.01°，中心基准点标高为设计标高，误差不大于±10cm，中心基准点与跑道终端间距为设计距离，误差不大于±1m，天线阵基础平面高度偏差不超过±2cm。

【案例1D420050-3】

1．背景

某民用机场场道工程建设项目，其初步设计已经完成，建设用地和筹资也已落实，某一级企业施工工程公司通过竞标取得了该项目的总承包任务，签订了工程承包合同，并建立了相应的施工质量保证体系，开工前按时参与了政府监督机构召开的各方参与的首次监督会议。

2．问题

（1）简述政府监督的申报程序。

（2）开工前的质量监督内容有哪些？

（3）除了开工前的质量监督，政府监督的实施还有哪些？

（4）简述施工过程中的质量监督内容有哪些？

（5）简述竣工阶段的质量监督内容有哪些？

3．分析与答案

（1）在建设工程项目开工前，监督机构接受建设工程质量监督的申报手续，并对建设单位提供的文件资料进行审查，审查合格签发有关质量监督文件。建设单位凭工程质量监督文件，向建设行政主管部门申领施工许可证。

（2）开工前的质量监督内容包括：

1）检查项目参与各方质保体系的组织机构、质量控制方案、措施以及质量责任制等制度建设情况。

2）检查按建设程序规定的工程开工前必须办理的各项建设行政手续是否完备。

3）审查施工组织设计、监理规划等文件以及审批手续。

4）各参与方的工程经营资质证书和相关人员的资格证书。

5）检查的结果记录保存。

（3）除了开工前的质量监督，政府监督的实施还有：

1）受理工程质量监督申报。

2）开工前的质量监督。

3）施工过程中的质量监督。

4）竣工阶段的质量监督。

5）建立工程质量监督档案。

（4）施工过程中的质量监督内容有：

1）在工程建设全过程，监督机构按照监督方案对项目施工情况进行不定期的检查。检查内容为工程参与各方的质量行为以及质量责任制的履行情况、工程实体质量和质量控制资料。

2）对建设工程项目的主要部位除了常规检查外，在分部工程交工验收时进行监督，主要分部工程未经监督检查并确认合格，不得进行后续工程的施工。

3）对施工过程中的质量问题、质量事故进行查处；根据质量检查情况，对查实的问题签发"质量问题整改通知单"或"局部暂停施工指令单"，对问题严重的单位也可以根据问题性质发出"临时收缴资质证书通知书"等处理意见。

（5）竣工阶段的质量监督内容有：

1）竣工验收前，对质量监督检查中提出质量问题的整改情况进行复查，了解其整改情况；

2）参与竣工验收会议，对验收程序以及验收过程是否坚持质量标准等进行监督；

3）编制单位工程质量监督报告，在竣工验收之日起5d内提交竣工验收备案部门。

1D420060   民航机场建设工程监理

1D420061   民航机场工程监理的程序

建设工程监理是指工程监理单位受建设单位委托，根据法律法规、工程建设标准、勘察设计文件及合同，在施工阶段对建设工程质量、造价、进度进行控制，对合同、信息进行管理，对工程建设相关方的关系进行协调，并履行建设工程安全生产管理法定职责的服务活动。民用机场是公共基础设施，其建设属国家规定必须实行监理的工程。

机场建设机构一般通过招标投标方式选定工程监理单位。工程监理单位承担监理业务，应当与机场建设机构签订书面建设工程监理合同。合同中应包括监理工作的范围、内容、服务期限、酬金以及双方的义务、违约责任等相关条款。工程监理单位应根据所承担的监理任务，组建建设工程项目监理机构。项目监理机构一般由总监理工程师、专业监理工程师和监理员组成，且专业配套数量应满足建设工程监理工作需要，必要时可设总监理工程师代表。承担工程施工阶段的监理，项目监理机构应进驻机场施工现场。

机场建设工程监理一般按图1D420061所列程序进行。

一、施工监理的前期准备工作

（1）组建工程项目监理机构。工程监理单位应在建设工程监理合同签订后，及时将项目监理机构的组织形式、人员构成及对总监理工程师的任命书面通知建设单位。总监理工程师一般应在项目监理过程中保持稳定，必须调整时，更换的总监理工程师应至少具有2项及以上民航专业工程监理经验，且应征得建设单位的书面同意，并报民航专业工程质量监督机构。工程监理机构的其他人员可根据工程项目进展的需要调整，但总监理工程师应书面通知建设单位。

（2）确定监理人员职责。实行总监

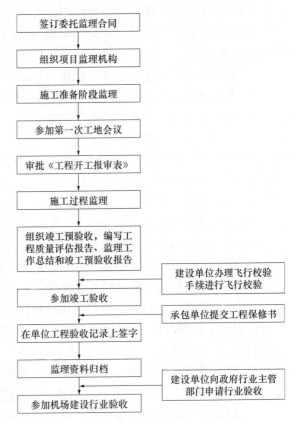

图1D420061   机场建设工程监理程序

理工程师负责制，履行建设工程监理合同，主持项目监理机构工作，确定项目监理机构人员及其职责。

（3）落实监理设施。项目监理单位应按建设工程监理合同的约定，配备满足监理工作需要的平行量测设备。平行试验及平行测试应由建设单位委托实施并承担费用，当建设单位委托监理单位进行平行试验和平行测试时，应在监理合同中单独明确，监理单位应配备相应试验和测试设备。建设单位应按建设工程监理合同约定提供监理工作需要的办公、交通、通信、生活等设施、设备，项目监理机构应妥善保管和使用建设单位提供的设施、设备，并在完成监理工作后移交建设单位。

（4）熟悉相关合同文件、勘察设计文件等。项目监理机构总监理工程师应组织监理人员熟悉相关合同文件、勘察设计文件等，了解工程特点以及质量要求，当发现有关文件存在问题时，应及时书面报告建设单位。

（5）组织编制监理规划及监理实施细则。监理规划应经监理单位技术负责人批准后报建设单位。

二、施工准备阶段监理工作的主要内容

（1）参加建设单位组织的图纸会审与设计交底。

（2）审查施工组织设计，编制监理规划和监理实施细则。

（3）审查施工质量、安全生产保证体系建立情况。

（4）参加第一次工地会议并整理会议纪要。介绍监理规划的主要内容。

（5）组织审核平行试验室及施工单位的工程试验室。

（6）核查开工条件，报建设单位批准后签发工程开工令。

三、施工阶段监理工作的主要内容

（1）核查施工测量放线成果及保护措施。

（2）对施工单位进场的工程材料、构配件、设备进行验收。

（3）对施工关键部位、关键工序采取旁站、巡视、抽检等手段进行质量控制。

（4）按国家法律法规、标准、规范、合同约定对报验的隐蔽工程、检验批、分项工程、分部工程进行验收。进行造价、进度控制，进行合同、信息管理，履行建设工程安全生产管理的监理职责。

（5）质量问题和质量、安全事故处理。

（6）监督绿色施工体系实施情况。

四、竣工验收阶段监理工作的主要内容

（1）竣工验收前，工程监理单位对施工单位提交的验收申请资料和工程完成情况进行审查，满足验收条件后，制定竣工预验收组织方案，组织建设、勘察、设计、施工、试验检测等单位参加竣工预验收，必要时可邀请运营单位和有关专家参加竣工预验收。

（2）竣工预验收应当具备下列条件：

1）完成建设工程设计及合同约定的各项内容；

2）各参建单位与工程同步生成的文件资料齐备，并基本完成收集、分类、组卷、编目等归档工作；

3）有工程主要材料、构配件和设备的进场试验报告；

4）施工单位完成工程质量自评，并形成工程竣工报告；

5）试验检测完成并出具检测合格报告（如涉及）；

6）完成验收工程竣工图的编制。

（3）竣工预验收应以验收组的形式组织，并形成验收意见。

（4）竣工预验收合格后，勘察、设计单位出具工程质量检查报告。监理单位出具经项目总监理工程师和监理单位技术负责人审核签署的竣工预验收报告和工程质量评估报告。

（5）监理单位在施工单位的竣工验收申请表上签署审核意见，参加建设单位组织的工程竣工验收。

五、参加行业验收

民用运输机场工程申请行业验收应当具备下列条件：

（1）竣工验收合格；

（2）已完成飞行校验；

（3）试飞合格；

（4）民航专业弱电系统需经第三方检测并符合设计要求；

（5）竣工验收时提出的问题已全部整改完成；

（6）环保、消防等专项验收合格、准许使用或同意备案；

（7）民航专业工程质量监督机构已出具同意提交行业验收的工程质量监督报告。

行业验收的内容包括：

（1）工程项目是否符合批准的建设规模、标准；

（2）工程质量是否符合国家和行业现行的有关标准及规范；

（3）工程主要设备的安装、调试、检测及联合试运转情况；

（4）航站楼工艺流程是否符合有关规定，满足使用需要；

（5）工程是否满足机场运行安全和生产使用需要；

（6）工程档案收集、整理和归档情况；

（7）有中央政府直接投资、资本金注入或资金补助方式投资的工程的概算执行情况。

六、监理资料的管理及归档

（1）监理合同文件。

（2）总监理工程师任命书、工程监理单位法定代表人授权书、项目总监理工程师工程质量终身责任制承诺书。

（3）监理规划及监理实施细则。

（4）工程开工/复工令、工程暂停令，工程开工报审表，复工报审表。

（5）第一次工地会议、监理例会、专题会议、工程协调会等会议纪要。

（6）工程变更、工程洽商、费用索赔及工程延期等审批文件资料。

（7）监理通知及回复单、工作联系单与监理报告。

（8）监理月报、监理日志、旁站记录。

（9）平行量测资料，监理抽检记录，平行试验报告、平行测试报告。

（10）工程款支付报审表及工程款支付证书。

（11）工程质量验收资料。

（12）工程竣工验收申请表、工程竣工验收记录及相关评定资料。

（13）工程质量评估报告，各阶段监理工作总结。

（14）工程质量或安全生产事故处理文件资料。

项目监理机构应向有关单位、部门提交纸质版及相应电子版监理档案。

1D420062　民航机场场道工程监理的内容和特点

一、飞行区场道工程监理的内容

飞行区场道工程施工监理主要包括如下内容：

1. 工程项目开工前

（1）在施工准备阶段，参加建设单位主持的设计交底和图纸会审会议、第一次工地例会。应负责审查：施工单位报送的施工组织设计和（专项）施工方案；施工单位现场质量、安全生产管理体系是否已建立，管理及施工人员是否已到位，施工机械具备使用条件，主要工程材料是否已落实；进场道路及水、电、通信等是否满足开工要求；施工单位现场管理组织机构、现场安全生产规章制度的建立和实施情况；施工单位安全生产许可证及施工单位项目经理、专职安全生产管理人员和特种作业人员、施工特种设备操作人员资格，同时应核查施工机械和设施的安全许可验收手续。

（2）协助业主做好开工前的准备工作。

（3）分包工程开工前，审查施工单位报送的分包单位资格报审表和分包单位有关资质资料（施工合同未指明的分包单位），符合规定后予以签认。同时还要审查施工单位报送的工程开工报审表等相关资料，具备规定开工条件时予以签发，并报建设单位。批复分部及分项工程开工报告。

（4）对施工单位报送的施工控制测量成果及保护措施进行检查、复核，签署意见。

（5）检查为工程提供服务的试验室。

2. 在施工过程中

（1）定期主持召开监理例会，并起草会议纪要。对于在跑道、滑行道进行的机场不停航施工宜每日召开一次协调会。根据需要及时组织专题会议，解决监理过程中的工程专项问题。当施工单位对已批准的施工组织设计进行调整、补充及变更时，组织审查并按规定的程序报审签认。

（2）在此阶段，需要审查的内容有：

审查施工单位报送的重点部位、关键工序的施工工艺和确保工程质量的措施。

当施工单位采用新材料、新工艺、新技术、新设备时监理工程师的审查可视具体情况要求施工单位提供相应的检验、检测、试验鉴定或评估报告及验收标准。项目监理机构认为有必要进行专家论证时施工单位应组织专家论证会。

审查施工单位选择的工程材料、构配件和设备的供货商资质，及施工单位报送的进场工程材料、构配件和设备的报审表及其质量证明资料，对进场实物进行见证取样送检；审批施工单位报送的施工总进度计划和季、月等阶段施工进度计划，并对计划实施情况进行跟踪检查、分析。

对施工单位在施工过程中报审的施工测量放线成果进行查验；对施工过程进行巡视和检查；对隐蔽工程的隐蔽过程、下道工序施工完成后难以检查的重点部位进行旁站。审核施工单位在道面混凝土施工前的试验段铺筑总结报告。

（3）对报验的已完工程进行验收，对不合格工程要求整改或返工处理。

（4）对施工单位报验的隐蔽工程、检验批、分项工程、分部工程进行验收，对验收合格的应给予签认，对验收不合格的应拒绝签认，同时应要求施工单位在规定的时间内整改并重新报验。应审查施工单位提交的单位工程竣工验收报验表及竣工资料，组织工程竣工预验收。发现施工中存在质量问题时或施工单位采用不适当的施工工艺或施工不当，造成工程质量不合格的，应及时签发监理通知单，要求施工单位整改，整改完毕后，项目监理机构应根据施工单位报送的监理通知回复单，对整改情况进行复查，提出复查意见。

（5）当施工存在重大质量、安全事故隐患或发生质量、安全事故时，应及时签发工程暂停令，要求施工单位停工整改，并对整改结果进行审查，符合要求后及时签发工程复工令，总监理工程师签发工程暂停令和签发工程复工令应征得建设单位的同意。在紧急情况下未能事先报告时，应事后及时向建设单位作出书面报告。

对需要返工处理或加固补强的质量缺陷，应要求施工单位报送经设计等相关单位认可的处理方案，并应对质量缺陷的处理过程进行跟踪检查，同时应对处理结果进行验收。

对需要返工处理或加固补强的质量事故，应要求施工单位报送质量事故调查报告和经设计等相关单位认可的处理方案，并应对质量事故的处理过程进行跟踪检查，同时应对处理结果进行验收。

（6）检查危险性较大的分部分项工程专项施工方案实施情况。发现未按专项施工方案实施时，应签发监理通知单，要求施工单位按专项施工方案实施。发现工程存在安全事故隐患时，应签发工程暂停令，并应及时报告建设单位。施工单位拒不整改或不停止施工时，应及时向有关主管部门报送监理报告。

（7）根据合同条款，会同建设单位制定工程计量与支付程序，使工程造价控制科学化、规范化。对质量合格的已完成工程进行准确的计量；并办理工程款（进度款）支付手续；按有关工程结算规定及合同约定对竣工结算进行审核。

（8）发生工程变更，应经过建设单位、设计单位、施工单位和监理单位的签认，并通过总监理工程师下达变更指令后，施工单位方可进行施工。

（9）按合同文件严格控制工期，做好预防工作，审查施工单位的延期申请，报建设单位批准。根据合同规定处理违约事件。根据合同受理索赔。

（10）协调建设单位、各施工单位的关系。接受政府监督部门的监督与检查，积极配合政府监督部门的工作。

（11）确保工程施工符合本项目环保要求。做好监理资料的管理、归档、移交等工作。

二、飞行区场道工程监理的特点

机场建设是一个复杂的系统工程。场道工程特点主要表现在以下几个方面：

（1）场道工程一般占地面积广，地质条件较为复杂。飞机起降及滑行对道面的要求比较高，因此场道工程主要解决道面的不均匀沉降和道面的刚度、强度等。监理工程师应充分了解设计意图，重视审查施工单位报审的地基处理方案、基础施工方案、安全作业方案、道面混凝土施工方案等，对工程中的薄弱环节及早向建设单位提出建议，对关键部位进行旁站，并掌握质量、进度、投资的平衡点，确保工程按时、保质、保量实施。

（2）场道工程施工过程中，经常涉及与供电、目视助航设施、通信导航、气象、供油、消防、机场配套综合管网、地铁、航站楼、市政道路、高架桥交叉作业，所交叉作业工程往往分属不同管理部门，干扰因素多，沟通量大，监理工程师应有大局观、全局观，充分了解设计意图，与建设单位、施工单位沟通顺畅，帮助施工单位合理安排工序及节点，协助建设方合理安排参建各方有序施工。

（3）由于场道工程都是露天作业，气候、气温对道面混凝土施工作业影响较大，故场道工程监理尤其强调事前控制，监理的重点应放在施工前的准备阶段和施工阶段。重点对原材料进行检查、及早完成混凝土配合比的确认，以免影响工程进度；对试验段作业要及时总结，以及早发现问题，形成有针对性的报告，更好地指导场道工作大面积作业；对于土方及混凝土施工等关键环节，应合理安排工程进度，避免冬期低温或大风环境施工，防患于未然。

（4）涉及不停航施工的场道工程，由于不能影响机场的正常运营，对其施工方案有着严格的审批程序及检查程序，各方应有高度的安全意识和经验。未经民航局或者民航地区管理局批准，不得在机场内进行不停航施工。实施不停航施工应当服从机场管理机构的统一协调和管理。

（5）将工程质量与工程款支付挂钩，严格按合同条件约定，未经监理工程师验收合格并签认的工程项目，一律不予支付工程款。

1D420063　民航空管工程监理的内容和特点

空管工程由导航系统、通信系统、监视系统及气象等系统组成，空管工程具有以下特点：专业性强、技术覆盖面广、技术含量高，而且主要设备是进口设备。

一、空管工程监理的主要内容

由于空管系统涉及内容复杂，而且随着科技水平的不断发展，系统的范围会相应增加，因此监理的内容也会随之不断变化，目前监理涉及的空管工程主要包括：导航系统、通信系统、监视系统、气象系统等。

二、监理具体程序

1. 施工条件是否具备

（1）台址批复是否完成，需要做电磁环境测试的工作是否完成；

（2）检查机房设备现场安装的基本条件是否具备，天线基础与天线安装的基本条件是否具备；

（3）检查设备是否已经到场，进口设备是否要履行必要的检验程序；

（4）检查施工组织设计是否合格。

2. 施工安装

（1）复核天线位置和标高，其次对场地环境要评估，以达到设计要求，满足相关部门提出的最低环境要求；

（2）天线基础土建是否符合天线本身安装要求；

（3）检查接地系统，要符合设计要求；

（4）设备各项技术指标是否达到合同规定的要求；

（5）测试设备是否合格。

3. 工程验收及校飞

（1）组织分系统的土建预验收；

（2）协助业主实施土建预验收；

（3）组织分系统的设备单机调试和预验收；

（4）协助建设单位实施设备单机验收；

（5）协助建设单位实施设备带负荷验收；

（6）协助建设单位实施分系统的校飞。

1D420064　民航专业弱电系统工程监理的内容和特点

民航专业弱电系统工程包括：航班动态显示、旅客离港系统、闭路电视监控系统、广播系统、地面信息管理系统、值机引导系统、行李处理系统、机位引导系统、登机门显示系统、时钟系统、旅客问讯系统、安全保卫系统、飞行区围界报警系统等工程及其他民航专有的弱电设施。

民航专业弱电系统工程监理具有建设工程监理活动特点，除包括造价控制、进度控制、质量控制、安全管理、合同管理、信息管理和组织与协调工作外，还有因弱电（含相关信息系统，下同）工程的特点导致的变更控制工作。

以下列出弱电系统工程监理与建筑工程监理之间的主要差别：

1. 技术含量

建筑工程属于劳动密集型；而弱电系统工程属于技术密集型。

2. 可视性

建筑工程可视性、可检查性强；而弱电工程可视性差，在度量和检查方面难度较高，需采用黑盒测试、白盒测试、功能测试、安全测试、单元测试、集成测试、系统测试等各种手段。

3. 设计独立性

建筑工程的设计通常由专门的设计单位承担；而弱电系统工程除需由专业的设计单位进行设计外，在实施过程中还需要结合产品特性进行进一步的深化设计，深化设计与实施通常是由一个系统集成商承担的。

4. 变更

建筑工程一旦施工开始，则投资单位一般不再对建筑的功能需求、设计等方面提出变更，建筑施工单位只需要严格按照图纸和说明书施工直至完成；而弱电系统工程则在实施过程中要不断面对"变更"问题，特别是用户需求的变更，不仅增大了工作量、复杂性，更增加了风险。

5. 复制成本

如果由同一套建筑设计生产 n 套建筑工程，则一般而言，其总投资（设为 TI）就应该为一套建筑工程投资（设为 i）的 n 倍（即 $TI=ni$）；而弱电系统工程建设中，则有 $TI \leqslant ni$。所以，只要花较小甚至很小代价，就可以将一个弱电系统再造为一个新的弱电系统以满足类似用户的需求，从而使该弱电系统的知识产权所有者蒙受损失。

6. 投资规模

建筑工程项目投资规模与弱电系统工程的投资规模不在同一数量级上，通常后者比前者小得多，但就复杂度而言却并没有降低多少。所以，在确定监理费收费标准时通常会遇到一定困难。

1D420065 民航机场目视助航工程监理的内容和特点

一、目视助航工程监理的内容

目视助航工程内容包括：立式灯具、设备安装；嵌入式灯具安装；标记牌安装；埋地式接线箱安装；隔离变压器及熔断器安装；目视进近坡度指示系统安装；风向标安装；进近灯塔安装；灯光电缆线路敷设；调光控制柜、切换柜、灯光监控柜安装；助航灯光系统调试；目视助航标志施工等。

二、目视助航工程监理的特点

目视助航工程是民用机场工程中最具有机场专用特点的工程，工程使用的设备、施工工艺、技术指标有其特殊的要求，相应的目视助航工程监理具有如下特点：

（1）从事目视助航工程的监理人员除应具备机电设备安装工程基本知识外，还必须熟悉《民用机场飞行区技术标准》MH 5001—2013（含第一修订案）的基本内容，掌握民用机场目视助航工程相关知识及规范要求。同时，监理人员还应掌握飞行区不同民航专业工程间的施工配合关系，以在施工监理时对各专业施工队伍施工作业面及流水作业程序进行合理协调。

（2）进行目视助航设施不停航施工监理时，应严格按中国民用航空局有关条令的规定对不停航施工方案进行审查，重点审查施工组织、应急方案和技术可行性，实施中检查应急组织结构的有效运转及安全技术措施的落实，是保证工程顺利完成的重要措施之一。

（3）目视助航工程中部分所用设备属于民航专用设备，监理应严格审查其专用设备生产许可。

（4）灯具设备的测量定位核查，是保障目视助航灯光系统质量的重要措施之一，特别是道面上嵌入式灯具的位置，一旦道面成品形成，调整灯的位置，将造成道面损坏或破除重新浇筑，严重影响质量，造成较大损失。

（5）灯光回路绝缘电阻测试。灯光回路由灯具、二次电缆、隔离变压器、一次电缆及接插接件串联或并联组成，任何一处施工质量达不到要求，回路绝缘电阻值将大大降低甚至为零，造成灯光功能无法实现。绝缘电阻值是灯光回路电气性能好坏的重要参数，反映回路中设备质量和施工工艺水平。

（6）检查灯具的发光颜色及朝向、同一类灯的线性和亮度效果。

（7）应急电源切换时间要求，非仪表跑道助航灯光设备的应急电源最大转换时间应尽可能地短，且不超过15min，一般运行Ⅰ类及低于Ⅰ类精密进近跑道的灯光系统时，应急电源切换时间不大于15s，常用的备用柴油发电机组自启动至稳定投入带动全部负载的时间可以满足要求；而一般运行Ⅱ、Ⅲ类精密进近跑道的灯光系统时，应急电源切换时间要求不大于1s，这就需要改变柴油发电机组运行方式（即备用柴油发电机组作为主用电源，正常市电作为应急电源来实现应急电源投入切换）的时间不大于1s，如果不改变备用柴油发电机组的运行方式，必须设置UPS不间断电源，以保证运行Ⅱ、Ⅲ类精密进近跑道灯光系统时切换时间不大于1s的负荷供电。

【案例1D420060-1】

1. 背景

某机场建设工程项目，机场建设指挥部通过招标选择了具有相应资质的甲单位承担飞行区场道施工，乙单位作为甲单位的分包商承担飞行区内的消防工程。又通过招标选择了丙监理单位承担相应的监理工作，由该公司副总经理任项目总监理工程师，并设总监理工程师代表一名。

监理合同签订后，监理单位总经理对该项目监理工作提出3点要求：①工程开工后的30d内应将项目总监理工程师的任命书面通知建设单位；②监理规划的编制要依据：建设工程的相关法律、法规、项目审批文件、有关建设工程项目的标准、设计文件、技术资料、监理大纲、建设工程监理合同文件和施工组织设计；③总监理工程师代表应在第一次工地会议上介绍监理规划的主要内容，如建设单位未提出意见，该监理规划经总监理工程师批准后可直接报送建设单位。总监理工程师提出了建立项目监理组织机构的安排，并委托给总监理工程师代表5项工作：①组织编制监理规划；②签发工程款支付证书；③调解建设单位与施工单位的合同争议；④组织工程竣工预验收；⑤组织召开监理例会。

在消防工程实施过程中，进行了设计变更。监理单位认为乙单位不能胜任变更后的工作，要求甲单位更换分包公司，甲单位认为监理单位无权提出该要求。乙单位以按照原定安装分包合同采购到的材料因设计变更需要退货为由，向监理单位提出申请，要求补偿因材料退货造成的费用损失。

2. 问题

（1）机场建设监理的一般工作程序是什么？

（2）监理单位总经理的要求和总监理工程师的安排是否妥当？

（3）甲单位认为监理单位无权提出该要求，是否妥当？乙单位向监理单位提出申请，要求补偿因材料退货造成的费用损失是否妥当？

3. 分析与答案

（1）机场建设监理一般工作程序为：

1）签订建设工程监理合同；

2）组织项目监理机构进行监理准备工作；

3）参加设计交底和图纸会审；

4）施工准备阶段的监理；

5）参加第一次工地会议；

6）审核《工程开工报审表》；

7）施工过程监理；

8）组织竣工预验收，编写竣工预验收报告、监理工作总结和工程质量评估报告；

9）参加竣工验收，在单位工程验收记录上签字，签发《竣工移交证书》；

10）监理资料归档；

11）参加机场建设行业验收。

（2）以上要求和安排不完全妥当，其中不妥之处主要包括：

1）根据监理规范的规定，应在监理合同签订后及时将项目监理机构的组织形式、人员构成及对总监理工程师的任命书面通知建设单位。

2）监理规划的编制依据不包括施工组织设计。

3）监理规划完成后应由监理单位技术负责人审核批准。第一次工地会议上由总监理工程师介绍监理规划主要内容。

4）组织编制监理规划、签发工程款支付证书、调解建设单位与施工单位合同争议、组织工程竣工预验收四项职责内容应由总监理工程师履行，不得委托给总监理工程师代表。

（3）答案如下：

1）"甲单位认为监理单位无权提出该要求"不妥当。依据有关规定，监理单位对工程分包单位有认可权及审批权，所以监理单位有权提出该要求。

2）"乙单位向监理单位提出申请"不妥当。应由乙分包单位向甲总施工单位提出，再由总施工单位向监理单位提出，费用损失由建设单位承担。

【案例1D420060-2】

1. 背景

某施工单位中标承建某机场的导航台站工程，该台站位于较为偏远的山区，地形较为复杂，土壤电阻率较高，而且附近有电力高压线通过。开始施工前，施工单位向监理工程师提交了施工组织设计文件，监理工程师审查了文件，并对台站场地的检查及接地施工方案提出了几点要求。

2. 问题

（1）施工进场时对于导航台站通常检查哪些方面？

（2）当土壤电阻率高，达不到接地要求时，通常有哪几种处理方法？

3. 分析与答案

（1）导航台址场地检查要求如下：

1）符合设计规范及相关标准要求；

2）导航设备通常工作在较高频段，对场地要求较为苛刻，监理工程师应根据相关规范判断天线场地是否符合设备工作保护要求；

3）对场地附近的电磁环境进行检查，判断是否符合相关规范标准。

（2）对于高电阻土壤地区，降低接地电阻的方法主要：

1）多支线外界接地体，外接长度不大于有效长度；

2）将垂直接地体深埋于土壤电阻较低的区域；

3）置换低电阻土壤；

4）采用经试验证明无毒、无腐蚀的环保型降阻剂。

【案例1D420060-3】

1. 背景

某施工单位通过合法竞标，承揽某机场航站楼视频监控系统工程建设项目，为保证重点区域室内设计美观、监控无盲区及画面质量，部分区域拟采用国外进口的球形云台摄像机。为确保工程进度与工程质量，机场拟聘请具有一定经验的弱电工程监理单位对该工程进行监理。

2. 问题

（1）在该航站楼弱电信息系统工程综合布线施工工序中，监理单位的主要任务有哪些？

（2）针对该工程光缆及网线的敷设，监理应重点检查哪些内容？

（3）球形云台摄像机开箱验收时，项目监理机构应主要检查哪些内容？

3. 分析与答案

（1）综合布线监理的主要任务有：

了解设计文件，评估和了解航站楼内各用户的通信要求，了解弱电系统布线的水平与垂直通道、各设备机房位置等建筑环境；考察每个楼层的可用面积、施工单位规划的各楼层信息出线盒的位置及信息点数；复核每个分配间的电缆对数、干线电缆长度以及分配线间的大小。必要时，向建设单位提出有关管道、配线间、房间等建议，并提出消防措施建议；审核施工单位设计方案和投资概算，审核设备、材料清单、施工图纸；审核施工单位编制的建设工程项目各阶段任务及相应的资金使用计划，并控制其执行；严格布线材料验收，对到现场的配管配线进行抽检，以确定性能、指标达到设计要求；确定使用网络部件的质量是否符合合同和技术规范；审核布线工程进度；严格审核施工单位提出的竣工结算书；在综合布线施工过程中，进行现场监理；检查综合布线文档。

（2）针对光缆及网线的敷设，监理应重点检查以下内容：线缆的敷设质量与标记；线缆排列位置，布放和绑扎质量；桥架、支架等结构件的安装质量；埋设深度及架设质量；焊接及插头安装质量；接线盒接线质量等。

（3）摄像机开箱验收时，项目监理机构应主要检查以下内容：

1）箱号、封识及箱体外观等；

2）装箱单；

3）质量证明文件，包括产品合格证及性能检测报告等；

4）摄像机铭牌的名称、型号、规格；

5）随机附件、备件、工具的规格与数量；

6）摄像机安装使用说明书；

7）进口设备的报关单、商检单；

8）中英文对照说明书；

9）其他相关技术资料。

【案例1D420060-4】

1. 背景

某民用机场目视助航设施工程，实施过程中发生如下事件：

事件一：工程刚开工，施工单位项目经理因意外事故住院，导致其项目合同期内不能到施工现场负责，为了不影响施工，项目经理指定施工单位项目技术负责人代表项目经理履行职责。

事件二：一批灯具、隔离变压器设备进场后，经施工单位审查设备供应商提供的出厂质量证明文件、民航专用设备生产许可证明文件等齐全有效，外观检查合格，设备规格、数量清点无误，在安装前对灯箱按规范要求比例作水密性抽查时，发现有水密性不合格的灯箱，监理工程师以灯箱水密性抽查不合格为由，要求施工单位对灯箱做全部退场处理。

事件三：灯光站各类电气设备安装完成后，施工单位编制了《灯光站电气设备试验专项方案》向项目监理机构报批，准备进行试验。项目监理机构根据施工单位试验专项方案编制了监理旁站计划。

2. 问题

（1）事件一中，项目监理机构和建设单位应如何处置？

（2）事件二中，灯箱安装前应按每批订货量的多少比例进行水密性抽查？监理工程师的要求对吗？如果不对，应怎样要求？

（3）事件三中，针对施工单位报审的专项方案，监理工程师应重点审查哪些方面？针对灯光站电气设备试验，监理应对那些试验内容进行旁站并记录？

3．分析与答案

（1）事件一中，项目监理机构与建设单位应要求施工单位尽快书面申请更换项目经理，派遣同等资质、能力的项目经理。申请更换的项目经理应经项目监理机构与建设单位按程序核查并书面同意后，方可正式进入现场开展工作。

（2）事件二中，灯箱安装前应按每批订货量的5%进行水密性抽查。监理工程师的要求不对。监理工程师应要求：针对灯箱做水密性抽查存在渗漏的情况，要求施工单位加倍抽查，直至逐个检查，不合格的灯箱修补后，再作水密性检查，如合格，方可使用，对修补仍不合格的灯箱做退场处理。

（3）事件三中，针对施工单位报审的专项方案，监理工程师应重点审查如下内容：

1）工程概况及编制依据；

2）试验计划；

3）质量保证措施应符合施工合同要求；

4）安全技术措施应符合工程建设强制性标准；

5）劳动力计划；

6）专项方案的编审程序应符合规定。

针对灯光站电气设备试验，监理应对如下内容进行旁站并记录：

1）电源切换及油机投入运行试验；

2）柴油发电机组加负载试验；

3）调光器的输出及切换；

4）首次电阻测试；

5）高低压配电设备联动试验。

1D420070　民航机场工程施工组织设计

1D420071　民航机场工程施工组织设计的作用及编制依据

组织设计是完成机场各项建设任务的必要条件，是制定先进合理的施工工序所作的规划设计，是施工项目管理的行动纲领和重要手段。它的基本任务是根据国家及民航行业对机场工程建设的要求，确定经济合理的规划方案，对拟建工程在人力、物力、时间、空间、技术和组织上做出全面而合理的安排，以保证按照规定，又快、又好地完成施工任务。

一、组织设计的作用

通过编制施工组织设计，可根据施工活动的客观规律，确定施工方案、安排施工进度、制定施工质量及安全管理措施、控制施工费用、设计施工场地平面布局，还可在工程开始施工之前，根据工程特点和要求，计算出工程所需的各种劳动力、施工机械设备、材料等的需要量及其供应办法。除此之外，合理布置工地上所有机具设备、仓库、道路、水电管网及各种临时设施，确定开工之前所必须完成的各项准备工作，建立系统的控制目标也应是施工组织设计所涉及的。实践证明，一个全面、科学的施工组织设计，对工程建设的顺利进行是非常关键的。

二、编制依据与程序

1. 编制依据

（1）工程的施工图，包括全部施工图和标准图；

（2）工程概算，应有详细的分部分项工程量；

（3）工期要求；

（4）工程地质勘察报告及地形图、测量控制网；

（5）国家、行业及地区现行的有关规范、规程、规定及定额等；

（6）有关新技术和类似工程的经验资料。

2. 编制的程序

（1）熟悉和会审图纸、调查研究；

（2）计算工程量；

（3）选择施工方案和施工方法；

（4）编制施工进度计划；

（5）编制施工机具、材料和劳动力需求计划；

（6）确定临时生活设施；

（7）确定临时供水、供电、供热管线；

（8）编制运输计划；

（9）编制施工准备计划；

（10）设计施工平面图；

（11）计算主要技术经济指标；

（12）审批。

1D420072　民航机场工程施工组织设计及编制方法

机场工程施工组织设计是直接指导现场施工活动的技术经济文件，其中核心部分是：施工方案、施工进度计划、质量与安全保证体系和施工平面图。

一、施工方案的选择

选择合理的施工方案是施工组织设计的核心。施工方案的合理与否直接关系到工程的进度、质量和成本，所以必须予以重视。选择施工方案时应根据工程情况，结合人力、材料、机械设备、资金、施工方法等条件，全面安排施工顺序，对拟建工程可能采用几个施工方案，选择最优方案。

选择施工方案实质上就是：①确定总的施工流向和施工顺序；②选择施工方法；③确定施工机械类型和数量；④施工方案的技术经济比较。

二、编制施工进度计划

施工进度计划反映了最佳施工方案在时间上的安排，采用先进的计划理论和计算方法，综合平行季度计划，使工期、成本、资源等通过优化调整达到既定目标。在此基础上，编制相应的人力和时间上的安排计划、资源需求计划、施工准备计划。

施工进度计划编制的一般步骤为：确定施工过程；计算工程量；确定劳动量和机械台班数；确定各施工过程的作业天数；编制施工进度计划；编制资源计划。

施工进度计划以施工方案为基础，通常使用横道图或网络图编制。

三、构建质量与安全保证体系

质量与安全保障体系是从组织、技术上采取切实可行的措施，确保施工顺利进行。在施工组织设计中，要分别建立质量组织保障体系、质量过程控制体系和安全组织保障体系、安全过程控制体系。

四、施工平面图

施工平面图是施工方案和进度在空间上的全面安排，它把投入的各项资源、材料、构件、机械、运输、工人的生产、生活活动场地及各种临时工程设施合理地布置在施工现场，使整个现场能有组织地进行文明施工。有的建筑工地秩序井然，有的则杂乱无章，这与施工平面图设计的合理与否有直接关系。施工平面图通常用1∶500～1∶200的比例绘制。

1. 设计的内容

主要内容：已建和拟建的地上和地下的一切建筑物；搅拌站、材料、施工设备的仓库、堆场和放置场地；临时道路和其他临时设施；测量放线桩；土方取弃场地；安全、防火设施。

2. 设计步骤

设计步骤：确定搅拌站、材料、施工设备的仓库、堆场和放置场地；布置运输道路；布置临时设施；布置水电网；按1∶500～1∶200的比例绘制施工平面图。

【案例1D420070-1】

1. 背景

某机场施工单位承揽了位于我国东北地区的一机场场道第1标段的建设任务。施工过程中，建设工程项目部对其施工质量进行了严格的管理，制定了质量组织保障措施，形成了严密的保障体系。

2. 问题

（1）用框图表示施工组织设计施工质量组织保障体系的构成及相关人员的隶属关系。

（2）用框图表示施工组织设计施工质量过程控制体系的构成。

3. 分析与答案

（1）施工质量组织保障体系及隶属关系如图1D420072-1所示。

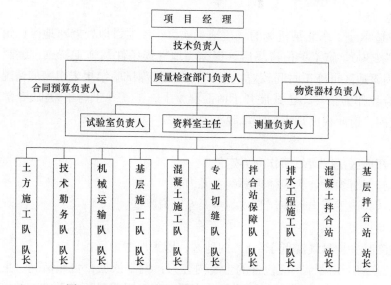

图1D420072-1　施工质量组织保障体系及隶属关系

（2）施工阶段质量全过程控制体系，如图1D420072-2所示。

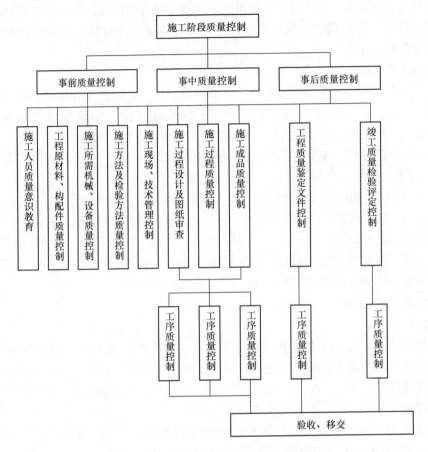

图1D420072-2　施工阶段质量全过程控制体系

【案例1D420070-2】

1. 背景

A施工单位承建了东北某机场的场道施工项目。该项目地处严寒地区，道面混凝土设计抗冻指标为F300。施工单位进场后，根据当地气候条件及施工特点，编制了《施工组织设计》。因该地区可施工时间较短，施工单位在抗冻试验结果未出来的情况下，即根据以往经验配合比作为指导，正式展开了道面混凝土施工，并于当年9月底全部竣工。在次年5月份移交前，道面板出现表层零星脱落现象。

2. 问题

（1）严寒地区是以何数值作为界定值？

（2）《施工组织设计》应体现哪些主要内容？

（3）你认为该工程出现表层脱皮的主要原因有哪些？

3. 分析与答案

（1）最冷月平均日气温低于-15℃的地区，即为严寒地区。

（2）《施工组织设计》应包含的主要内容为：编制依据；自然情况；主要工程量；质量、工期、安全目标；项目部组织机构；主要工程项目质量标准及施工技术措施；施工进度计划；投入机械设备及劳动力计划；材料采购计划；质量、工期、安全、环保保证措施；特殊工序及重点工序的施工方案；总平面布置图；应急预案等。

（3）主要原因：

1）施工前，未通过试验确定满足设计指标的合理配合比；

2）混凝土中的含气量未达到合理值，不具备较强的抗渗、抗冻性能；

3）在当年完工后未移交使用，积雪未及时清除，因昼夜反复冻融而导致表层脱皮。

1D420080　民航机场工程施工进度计划的编制

1D420081　民航机场工程施工进度计划的编制依据

一、机场工程施工计划编制的依据

机场工程施工计划编制的依据是：项目任务书，项目承包合同，项目建设地区原始文件，建设单位对建设工程项目的有关要求，经过会审的项目施工图纸和标准图及有关资料，工程地质勘察及有关测量资料，相关项目预算资料，有关项目的规定、规范、规程和定额资料，有关技术成果和类似工程的经验资料。

二、机场工程施工计划的编制

机场工程施工计划的编制包括施工成本计划编制、施工进度计划编制等。

1. 机场施工成本计划编制

机场施工成本计划编制的依据包括：合同报价书、施工预算，施工组织设计或施工方案，人、料、机市场价格，公司颁布的材料指导价格，公司内部机械台班价格、劳动力内部挂牌价格，周转设备内部租赁价格、摊销损耗标准，已签订的工程合同、分包合同，结构件外加工计划和合同，有关财务成本核算制度和财务历史资料等。

2. 机场施工进度计划编制

（1）机场施工进度计划编制的基本原则是：保证工程在合同规定的期限内完成，工序关系正确，工期安排合理、科学，保持施工的均衡性，节约施工费用、降低生产成本。

（2）机场建设工程项目进度计划的主要内容包括：计划开工、竣工的总工期，进度计划安排（根据标书要求，科学合理安排施工、人力、物力保证等），影响工期进度常见问题及解决方法（例如：设备材料出现交付延误，设备材料出现缺件或严重缺陷，图纸、技术文件出现交付延误，出现重大设计变更，出现较大自然灾害等。列出解决上述问题的具体方案），进度保证措施（例如：加强进度计划管理，组织保障措施，技术保障措施，管理保障措施等）。

1D420082　民航机场工程施工进度计划的编制方法

机场工程施工进度计划系统由文字和图表两部分组成，文字部分的编写方法如下：

（1）确定计划开工、竣工日期和总工期；

（2）根据标书要求，科学合理安排施工，人力、物力保证等；

（3）列出影响工期进度常见问题及解决方法。例如：设备材料出现交付延误，设备出现缺件或严重故障，图纸、技术文件出现交付延误，出现重大设计变更，出现较大自然

灾害等，列出解决上述问题的具体方案；

（4）进度保证措施。进度保证措施包括：加强进度计划管理，组织保障措施，技术保障措施，管理保障措施。

图表部分是利用横道图或网络图表达的施工进度计划图表和机械、材料及劳动力等资源需求计划表格。施工进度计划图表应该完整地反映施工工序、各个施工过程的开始及结束时间等，资源需求计划表格应反映各个施工时期各类资源需求的种类及数量。在编制进度计划图表部分时，首先应进行施工过程的分解、确定施工工序和单位工程工期计算，然后利用横道图和网络图绘制施工进度计划和其他相关计划图表。

1D420083　民航机场工程中使用横道图法编制施工进度计划

对整个机场建设工程而言，基本特性为流水施工，场道工程、桥梁工程、助航灯光工程、弱电工程及空管工程均属于单项工程。使用横道图编制单项工程的施工进度计划，应确定工艺、时间及空间参数。

一、工艺参数

1. 施工过程数

一个机场单项工程的施工，通常由许多施工过程组成。施工过程的划分应按工程对象、施工方法及计划性质等确定。

当编制控制性施工进度计划时，施工的过程划分可粗一些，一般只列出工程名称，如场道工程的土石方施工、基层施工、面层施工及排水工程施工等。当编制实施性施工进度计划时，施工过程可划分的细致一些。一个机场单项工程（场道工程、桥梁工程、助航灯光工程、弱电工程及空管工程）的施工过程数一般为10~30个。

2. 流水强度

每一个施工过程在单位时间内所完成的工程量叫流水强度，又称流水能力。

二、时间参数

1. 流水节拍

流水节拍是一个施工过程在一个施工段上的持续时间。它的大小关系着投入的劳动力、机械和材料的多少，决定着施工的速度和施工的节奏性。因此，流水节拍的确定具有很重要的意义。通常有两种确定方法，一种是根据工期要求来确定，另一种是根据现有能够投入的资源来确定。

2. 流水步距

两个相邻的施工过程先后进入流水施工的时间间隔，叫流水步距。流水步距的数目取决于参加流水的施工过程数，如施工过程数为n个，则流水步距的总数为$n-1$个。

三、空间参数

1. 工作面

工作面是表明施工对象上可能布置施工机械的空间大小，工作面是用来反映施工过程在空间上布置的可能性。

2. 施工段数

在施工流水施工时，通常把施工对象划分为劳动力相等或大致相等的若干个段，这些段叫施工段。每一个施工段在某一段时间内只供给一个施工过程的工作队使用。

四、计划的编制

1. 进度计划的基本内容

在确定以上参数的基础上，利用横道图编制机场施工的中短期计划。横道图应完整反映单位工程施工设计的主要内容。横道图分左右两部分，左边为基本数据，如施工过程、施工段数、工程量、劳动力和机械设备需要量等，右边为设计进度，如流水节拍、流水步距等。

2. 编制步骤

利用横道图编制民用机场工程施工计划的一般步骤为：

（1）确定施工过程；

（2）计算工程量及流水强度；

（3）确定劳动量和机械台班数；

（4）确定各施工过程的流水节拍（作业天数）及流水步距；

（5）编制施工进度计划。

1D420084 民航机场工程中使用网络图法编制施工进度计划

利用横道图编制的施工进度计划虽然能够简单、直观、易懂、明确地反映各工序间的前后搭接关系，但不能反映各个工序间复杂的逻辑关系，而且无法进行定量分析，不能计算时差和挖掘潜力，不能进行方案的电算和优化。针对横道图的不足，20世纪50年代国外陆续出现了计划管理的新方法，它把计划、协调、优化和控制有机地结合在一起，称之为网络计划技术。网络图有单代号、双代号之分，双代号网络图是应用较为普遍的一种网络计划形式。它是用圆圈和有向箭杆表达计划所要完成的各项工作及其先后顺序和相互关系而构成的网状图形。

一、双代号网络图的基本概念

1. 网络图

双代号网络图是应用较为普遍的网络计划形式。它是用圆圈和有向箭杆表达计划所要完成的各项工作及先后顺序和相互关系而构成的网络图形，如图1D420084所示。

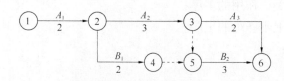

图1D420084　双代号网络图

在双代号网络图中有向箭杆表示工作，工作名称写在箭杆的上方，工作所持续的时间写在箭杆的下方，箭尾表示工作的开始，箭头表示工作的结束，箭头和箭尾衔接的地方画上圆圈（或方框、三角形框）并标上编号，用箭头和箭尾的号码作为工作的代号。

2. 工作

工作是指完成一项任务（施工过程）的过程，通常用箭头表示，工作的名称写在箭杆的上方，工作持续时间写在箭杆下方。在双代号网络图中，有一种既不消耗时间，又不消耗资源的工作——虚工作，它用虚箭杆表示，用来反映一些工作与另外一些工作之间的逻辑关系。

3. 节点

节点指工作的开始、结束或连接关系的圆圈。箭杆的出发节点叫工作的起点节点，箭头指向的节点叫工作的终点节点。网络图的第一个节点为整个网络图的原始节点，最后一个节点为网络图的结束节点，其余节点为中间节点，一个网络图只有一个原始节点，一个结束节点。

4．线路

从原始节点出发，沿箭头方向直至结束节点，中间经由一系列节点和箭杆，所构成的若干条"通道"称为线路。持续时间最长的线路为关键线路，关键线路上的工作为关键工作。关键工作无机动时间。

二、利用网络图编制施工进度计划

一般编制步骤如下：

（1）任务分解，划分施工工作（施工过程）；

（2）确定完成工作计划的全部工作和逻辑关系；

（3）确定每项工作（施工过程）的持续时间，确定各项工作的逻辑关系；

（4）根据各项工作的逻辑关系，绘制网络图。

【案例1D420080-1】

1．背景

某施工单位中标一机场场道工程，项目经理组织项目部有关人员编制该场道工程的施工组织设计。在施工组织设计中包括工程概况和特点、施工方案、施工进度计划、施工平面图设计、质量计划等多项内容。

2．问题

（1）作为施工组织设计核心部分的施工方案，包括哪三方面的内容？

（2）在遇到哪些情况下，施工方法应详细具体到拟定操作过程和方法，提出质量要求和技术措施，单独编制施工作业计划？

（3）在编制施工进度计划时一般按哪六个步骤进行？

3．分析与答案

（1）施工方案主要包括：施工方法的确定；施工机具的选择；施工顺序的确定。

（2）遇到以下四种情况时，施工方法应详细而具体：

1）工程量大，在整个工程中占有重要地位的分部分项工程；

2）施工技术复杂的项目；

3）采用新技术、新工艺及对工程质量起关键作用的工序；

4）不熟悉的特殊施工过程或工人在操作上不熟练的工序。

（3）在编制施工进度计划时一般步骤为：

1）确定施工过程；

2）计算工程量；

3）确定机械台班数和劳动量；

4）编制施工进度计划；

5）确定各施工过程的作业天数；

6）编制主要工种劳动力需要量计划及施工机械、辅材、主材、构件、加工品等需要计划。

【案例1D420080-2】

1．背景

北方某机场场道工程计划2002年5月30日开工，2003年10月8日竣工，工期共计498d。

本工程的施工全过程共分五个阶段：第一阶段为施工准备阶段；第二阶段为土石方工程施工全面展开阶段；第三阶段为冬期休整、备料阶段；第四阶段为基层、道面混凝土、排水工程施工全面展开阶段；第五阶段为施工收尾验收阶段。第一阶段：施工准备阶段，需32d。第二阶段各项工作明细见表1D420084-1。

土石方工程施工各项工作明细　　　　　　表1D420084-1

工作编号	工作名称	工程量	日施工进度	施工顺序要求
（1）	表层植物土剥离	34032m³	1097.8m³	施工准备完成后可开始
（2）	填方区原地面碾压	238900m²	7963.3m²	可与（1）工作平行作业
（3）	填方	403891m³	6621.2m³	须在（1）、（2）工作完成后开始
（4）	弃方	771744m³	12651.5m³	可与（3）工作平行作业
（5）	土面区平整	313638m²	10454.6m²	须在（3）、（4）工作完成后开始

2．问题

（1）阐述施工准备阶段的主要工作。

（2）利用横道图编制第一、二阶段的施工进度计划。

3．分析与答案

（1）此阶段主要完成以下几项准备工作：

1）项目部的组建，人员、设备、车辆进场，技术人员熟悉施工图纸和现场，对所属施工队进行技术交底，建立工地试验室等项准备工作。

2）场内的三通一平和临设搭建。

3）障碍物拆除、场地接收。

4）原地形复核、测量放线及复测布桩、材料取样和试验等工作。

（2）第一、二阶段的施工进度计划见表1D420084-2。

施工进度计划表　　　　　　表1D420084-2

序号	工作名称	单位	数量	工期(d)	2002年					
					5 2	6 30	7 31	8 30	9 31	10 30
一	施工准备			32						
二	土石方工程									
1	表层植物土剥离	m³	34032	31						
2	填方区原地面碾压	m²	238900	30						
3	填方	m³	403891	61						
4	弃方	m³	771774	61						
5	土面区平整	m²	313638	30						

【案例1D420080-3】

1．背景

某施工单位中标仪表着陆系统和全向信标台安装合同，合同约定工期6个月。工期惩罚额为1000元/d，采用固定总价合同，保修期一年。该工程于2012年4月1日开工。在施工过程中，因为设计变更使得施工单位采购的主要材料规格不符合设计要求，只能重新采购，因此耽误15d，又因为雨天不能施工耽误5d。建设单位为了争取在原定时间通航，想该工程不经校飞就投入使用。

2. 问题

（1）该工程工期拖延20d，施工单位是否承担责任？若承担责任，工期延误惩罚额为多少？

（2）建设单位让该工程不经过校飞就投入使用的想法对吗？为什么？

（3）2013年5月8日，该工程出现质量问题，施工单位是否需要保修？

3. 分析与答案

（1）工程工期耽误20d，其中15d是由于设计变更造成，施工单位不承担责任。雨天是正常的气候条件，施工单位在制定进度计划和确定工期时应该考虑这一因素，故承担由此造成的5d工期延误责任，工期延误惩罚额为5000元。

（2）建设单位让该工程不经过校飞就投入使用的想法不对。因为根据民航规定，对投产的导航设备必须进行投产校验，然后根据校验结果，由民航有关部门予以开放。

（3）施工单位需要保修。因为工程移交时是保修期的开始。而工程移交的实际时间为2012年10月21日。保修期应该到2013年10月21日止。

1D420090   民航机场工程施工进度计划的管理

1D420091   民航机场施工过程中工序控制的相关内容

在机场建设过程中，施工单位与监理单位均要对施工工序进行有效管理，施工工序是否得到有效管理，将影响到施工的进度、质量、费用及安全。工序控制管理的相关内容为：

（1）在分部、分项工程施工之前，施工单位应向监理工程师提出相应的施工计划，详细说明完成施工项目的施工方法，检查机械设备、人员配置，质量检验手段和保证措施是否得当。材料或设备检验不合格不得使用，上道工序或分部、分项工程检验不合格的不得转入下一道工序，整改后，要重新进行检验。

（2）对主要的分部、分项工程，监理工程师应在开工前进行施工方案的重新审查，对设计要求、施工图纸、施工及验收规范、质量检查验收标准、安全操作规程有异议的，要做好调整，确认无误方可实施。

（3）平行作业、交叉作业、各施工区段的施工，对施工方法、工艺及施工方案有影响的要组织专家进行评估，若确实可行，并有可靠的组织保证措施方可施工。

（4）施工机械设备的选择要在技术和质量方面有可靠保证。

（5）监理工程师对主要的分部分项工程，应按国家有关规定，做出施工机械设备选择和施工组织的评价报告。

1D420092   民航机场施工中使用S曲线分析法控制施工进度

一、施工进度控制的实质

机场建设工程项目的施工过程，需要消耗大量的财力和物力。因此，项目施工进度控制是项目管理的重要组成部分。它是项目施工进度计划实施监督、检查、控制和协调的综合过程。这一过程的效果如何，不仅对工程施工进度及资源协调和消耗水平有重要的影响，也将是衡量项目管理水平的重要标志。施工进度控制的作用主要体现在：减少不同单位和部门之间的相互干扰；缩短项目建设周期；减少项目建设资源的消耗等。可用的施工进度控制方法有：S曲线分析法和网络图控制法。

二、S曲线分析法

S曲线分析法是机场施工进度管理的有效方法。所谓S曲线分析法，即在对施工进度统计分析的基础上，通过实际进度与计划进度的比较，计算进度偏差（超前或拖后完成的工程量及工期），分析进度偏差对后续工作的影响并调整施工进度。

使用S曲线分析法对施工进度管理的步骤为：

（1）首先画出S曲线。该曲线主要反映不同时间工作量完成情况。如在任意t时刻完成的工作量y可用公式表示为：

$$y=f(t)　　　　　　　　　　　　（1D420092）$$

（2）计算不同时间的累计完成工作量，见图1D420092。

（3）S形曲线比较。利用S形曲线比较，可获得如下信息：①实际工程进展速度。如果按工程实际进展描出的点落在原计划的S曲线左侧，则表示此刻实际进度比计划进度超前，见图1D420092的a点；如果按工程实际进展描出的点落在原计划的S曲线的右侧，则表示实际进度比计划进度落后，见图1D420092的b点。②进度超前或拖后的时间。例如，在图中，Δt_b表示t_b时刻进度拖后的时间。③工程量完成情况。在图1D420092中，Δy_b表示t_b时刻拖欠的工程量。

（4）分析进度偏差对后续工作的影响，如总工期可能出现的延误。

（5）找出出现进度偏差的原因，有针对性地调整施工进度计划。

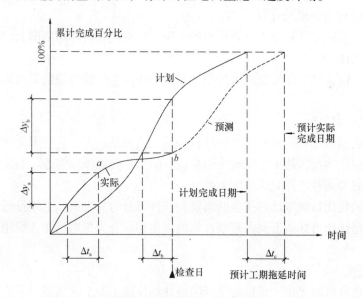

图1D420092　进度与计划对比图

1D420093　网络图在民航机场工程施工进度控制中的应用

一、网络计划技术的应用程序

按《网络计划技术 第3部分：在项目管理中应用的一般程序》GB/T 13400.3—2009的规定，网络计划的应用程序包括7个阶段18个步骤，具体程序如下：

（1）准备阶段。步骤包括：确定网络计划目标；调查研究；项目分解；工作方案设计。

（2）绘制网络图阶段。步骤包括：逻辑关系分析；网络图构图。

（3）计算参数阶段。步骤包括：计算工作持续时间和搭接时间；计算其他时间参数；确定关键线路。

（4）编制可行网络计划阶段。步骤包括：检查与修正；可行网络计划编制。

（5）确定正式网络计划阶段。步骤包括：网络计划优化；网络计划的确定。

（6）网络计划的实施与控制阶段。步骤包括：网络计划的贯彻；检查和数据采集；控制与调整。

（7）收尾阶段：分析；总结。

二、网络计划的分类

按照《工程网络计划技术规程》JGJ/T 121—2015，我国常用的工程网络计划类型包括：双代号网络计划；双代号时标网络计划；单代号网络计划；单代号搭接网络计划。

双代号时标网络计划兼有网络计划与横道计划的优点，它能够清楚地将网络计划的时间参数直观地表达出来，随着计算机应用技术的发展成熟，目前已成为应用最为广泛的一种网络计划。

三、网络计划时差、关键工作与关键线路

时差可分为总时差和自由时差两种：工作总时差，是指在不影响总工期的前提下，本工作可以利用的机动时间；工作自由时差，是指在不影响其所有紧后工作最早开始的前提下，本工作可以利用的机动时间。

关键工作：是网络计划中总时差最小的工作，在双代号时标网络图上，没有波形线的工作即为关键工作。

关键线路：由关键工作所组成的线路就是关键线路。关键线路的工期即为网络计划的计算工期。

四、网络计划优化

网络计划表示的逻辑关系通常有两种：一是工艺关系，由工艺技术要求的工作先后顺序关系；二是组织关系，施工组织时按需要进行的工作先后顺序安排。通常情况下，网络计划优化时，只能调整工作间的组织关系。

网络计划的优化目标按计划任务的需要和条件可分为三方面：工期目标、费用目标和资源目标。根据优化目标的不同，网络计划的优化相应分为工期优化、费用优化和资源优化三种。

1. 工期优化

工期优化也称时间优化，其目的是当网络计划计算工期不能满足要求工期时，通过不断压缩关键线路上的关键工作的持续时间等措施，达到缩短工期，满足要求的目的。选择优化对象应考虑下列因素：

（1）缩短持续时间对质量和安全影响不大的工作；

（2）有备用资源的工作；

（3）缩短持续时间所需增加的资源、费用最少的工作。

2. 资源优化

资源优化是指通过改变工作的开始时间和完成时间，使资源按照时间的分布符合优化目标。通常分两种模式："资源有限、工期最短"的优化，"工期固定、资源均衡"的优化。

资源优化的前提条件是：

（1）优化过程中，不改变网络计划中各项工作之间的逻辑关系；

（2）优化过程中，不改变网络计划中各项工作的持续时间；

（3）网络计划中各工作单位时间所需资源数量为合理常量；

（4）除明确可中断的工作外，优化过程中一般不允许中断工作，应保持其连续性。

3. 费用优化

费用优化也称成本优化，其目的是在一定的限定条件下，寻求工程总成本最低时的工期安排，或满足工期要求前提下寻求最低成本的施工组织过程。

费用优化的目的就是使项目的总费用最低，优化应从以下几个方面进行考虑：

（1）在既定工期的前提下，确定项目的最低费用；

（2）在既定的最低费用限额下完成项目计划，如何确定最佳工期；

（3）若需要缩短工期，则考虑如何使增加的费用最小；

（4）若新增一定数量的费用，则可给工期缩短到多少。

五、网络计划的调整方法

1. 调整关键线路的方法

（1）提前的调整：延缓后续资源量占用较大的关键工作；

（2）滞后的调整：加快后续资源量占用较小的关键工作。

2. 调整非关键工作时差的方法

（1）将工作在其最早开始时间和最迟完成时间范围内移动；

（2）延长工作的持续时间；

（3）缩短工作的持续时间。

3. 调整逻辑关系

逻辑关系的调整只有当实际情况要求改变施工方法或施工组织方法时才可进行，调整时应避免影响原定计划工期和其他工作的顺利进行。

4. 调整工作的持续时间和资源的投入

当发现某些工作的原持续时间和资源投入有误或现实条件不充分时，应重新估算其持续时间，调整资源投入量。

1D420094 民航机场施工进度的保证措施

施工进度控制的程序包括确定进度控制目标，编制施工进度计划，申请开工并按指令日期开工，实施施工进度计划，进度控制总结并编写施工进度控制报告。施工进度计划是进度控制的依据，要编制两种施工进度计划：施工总进度计划和单位工程施工进度计划。

民航机场施工方进度控制的保证措施主要包括组织措施、管理措施、经济措施和技术措施。

一、民航机场施工方进度控制的组织措施

民航机场施工方进度控制的组织措施如下：

（1）为实现项目的进度目标，应充分重视健全项目管理的组织体系。

（2）在项目组织结构中应有专门的工作部门和符合进度控制岗位资格的专人负责进度控制工作。

（3）进度控制的主要工作环节相应的管理职能应在项目管理组织设计的任务分工表和管理职能分工表中标示并落实。

（4）应编制施工进度控制的工作流程。

（5）进度控制工作包含了大量的组织和协调工作，而会议是组织和协调的重要手段，应进行有关进度控制会议的组织设计。

二、民航机场施工方进度控制的管理措施

民航机场施工方进度控制的管理措施如下：

（1）施工进度控制的管理措施涉及管理的思想、管理的方法、管理的手段、承发包模式、合同管理和风险管理等。

（2）编制进度计划必须很严谨地分析和考虑工作之间的逻辑关系，通过工程网络的计算可发现关键工作和关键路线，也可知道非关键工作可使用的时差，工程网络计划的方法有利于实现进度控制的科学化。

（3）承发包模式的选择直接关系到工程实施的组织和协调。

（4）分析影响工程进度的风险，并在分析的基础上采取风险管理措施，以减少进度失控的风险量。

（5）应重视信息技术在进度控制中的应用。

三、民航机场施工方进度控制的经济措施

民航机场施工方进度控制的经济措施如下：

（1）为确保进度目标的实现，应编制与进度计划相适应的资源需求计划，包括资金需求计划和其他资源（人力和物力资源）需求计划，以反映工程施工的各时段所需要的资源。

（2）在编制工程成本计划时，应考虑加快工程进度所需要的资金，其中包括为实现施工进度目标将要采取的经济激励措施所需要的费用。

四、民航机场施工方进度控制的技术措施

民航机场施工方进度控制的技术措施如下：

（1）在工程进度受阻时，应分析是否存在设计技术的影响因素，为实现进度目标有无设计变更的必要和是否可能变更。

（2）施工方案对工程进度有直接的影响，在决定是否选用时，不仅应分析技术的先进性和经济合理性，还应考虑其对进度的影响，在工程进度受阻时，应分析是否存在施工技术的影响因素，为实现进度目标有无改变施工技术、施工方法和施工机械的可能性。

【案例1D420090-1】

1. 背景

某施工单位在机场场道施工前，与监理单位就施工工序控制问题进行了交底。在交底过程中，监理工程师发现施工单位的设备配置与施工进度计划不符，无法满足施工进度与质量的要求（如：无重型碾压设备，挖掘机数量不足等）。施工单位认为设备配置问题无关紧要，要求立即开工。在施工过程中，监理工程师对土基、基层及面层的施工质量进行了严格的检验，检查发现土基多处压实度达不到设计要求，道面面层施工设计的内容已被施工单位单独修改，监理工程师进行了相应的处置。

2. 问题

（1）施工单位在施工前的交底中，应向监理单位提交哪些施工资料？

（2）在场道施工中，施工单位应确定的施工方法与技术措施有哪些？

（3）施工单位如果立即开工，且不作任何调整，会给工程带来哪些问题？

（4）土基施工整改之前，是否可以进行基层摊铺？

（5）施工过程中，施工单位是否有权根据施工具体情况单独对道面面层施工设计作出修改？

3. 分析与答案

（1）为了保证对机场工程施工过程中的工序进行有效控制管理，施工单位在施工前的交底中应向监理单位提交如下资料：

1）施工进度计划；

2）详细的各施工项目的施工方法；

3）机械设备、人员配置情况；

4）质量检验手段和保证措施；

5）材料购置计划。

（2）机场场道施工中，主要的施工方法与技术措施有：

1）施工测量方法包括：首级平面控制测量；首级高程控制测量施工放线定位测量；钢模安装的调校测量等；

2）土石方工程施工方法和技术措施；

3）垫层施工方法和技术措施；

4）基层施工方法和技术措施；

5）道面工程的施工方法和技术措施；

6）排水工程施工方法和技术措施。

（3）如对施工设备存在的问题不加以调整，将给以后的施工带来一系列问题，主要有：

1）由于没有重型碾压机，将影响土基、基层和面层（沥青混凝土）的压实度；

2）施工设备数量不足，将影响施工进度，正常的施工进度计划执行将无法得到保证，施工工期有可能拖后。

（4）在施工过程中，由于监理工程师检查发现土基多处压实度达不到设计要求，此时应立即进行整改，并进行重新检验，合格后，方可进入下道工序的施工。整改合格前，绝对不能进行下道工序施工。

（5）施工单位无权单独对施工设计进行任何修改，是否对施工设计进行修改（变更），应由建设单位、设计单位、施工单位、监理单位等共同协商决定。

【案例1D420090-2】

1. 背景

某机场场道第2标段的一个单位工程施工进度与计划进度对比（S曲线分析法）见图1D420094-1。

2. 问题

（1）第3天实际施工进度情况及应采取的措施。

（2）第6天实际施工进度情况。

（3）第9天的施工进度是超前还是拖后？

（4）该单位工程是否按期完成？

（5）剔除客观因素，根据实际施工进度曲线，分析施工进度管理的问题。

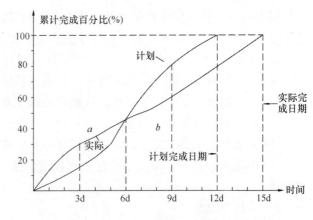

图1D420094-1   该工程实际进度与计划对比图

3. 分析与答案

（1）第3天工程进度超前，进度超前2d，工程量完成计划的200%。前3天虽然实际进度超前计划进度，但超前幅度过大，不利于施工管理和费用控制，应采取放缓施工进度的措施，使实际进度接近计划进度。

（2）第6天实际施工进度情况与计划进度相符。

（3）第9天的实际施工进度落后于计划进度。工期进度拖后2d，工程量完成计划的75%。

（4）该单位工程没有按期完成，计划12d完成，而实际15d完成，整个工期拖后3d。

（5）由图1D420094-1可知，该工程施工进度存在以下问题：

1）前紧后松。6d之前，施工进度超过计划进度，6d后，实际进度开始落后计划进度。由图1D420094-1可以看出，当实际进度落后于计划进度时，施工单位没有及时采取措施，致使整个工程没有按期完成。

2）除第5天～第7天外，实际进度曲线基本远离计划进度曲线，说明施工单位在此期间，没有遵循施工进度计划安排施工，没有采取施工进度调控措施，随意性较大。

【案例1D420090-3】

1. 背景

航站楼弱电工程的施工管理主要针对与管线、桥架施工相关的子系统及防雷接地系统，它们须与工程的土建、装饰施工很好配合。

2. 问题

（1）现场安装阶段，弱电工程的施工工作与建筑土建、装饰施工有哪些配合？

（2）为防止与其他工程发生干扰，航站楼弱电系统工程应在楼内哪些分部工程验收后进行？

3. 分析与答案

（1）现场安装阶段，弱电工程的施工工作与建筑土建、装饰施工的配合有：

1）土建施工配合阶段：应依据弱电设计图纸上标注的预埋件，预留楼板洞、墙洞等预留孔洞条件，对现场情况进行复核，对遗漏的孔洞上报监理并协调土建施工单位进行完善；根据各系统平面管线敷设图进行暗管预理工作。

2）线路敷设、安装阶段：依据各系统平面管线敷设图进行桥架、主干管、支干管等明线的敷设工作，在与水暖电专业管路有交叉时，应协调沟通，保证标高和管路间安全间距要求。

3）土建施工单位（或建设单位）要为弱电系统专项施工单位提供施工所需的水、电条件。

4）机电设备供应商应提供机电设备本体的预留测点位置及连接件规格，提供进入各系统元件的原理及接线方式，提供智能设备的原理及通信接口等技术文件及图纸，并义务进行技术配合。

（2）只有在建筑装修、建筑给水排水及采暖工程、建筑电气、通风与空调和电梯等分部工程交接验收合格后，并经检查确认，方可对航站楼弱电工程进行检测验收。

【案例1D420090-4】

1. 背景

某航站楼视频监控系统改造工程双代号施工网络计划如图1D420094-2所示，其中A-电缆沟开挖、敷设、回填，B-货机坪摄像机基础制作，C-货运区前端设备安装，D-飞行区前端设备安装，E-中心控制室设备安装，G-货运控制室设备安装，F-系统调试，H-系统试运行，I-竣工验收。该进度计划已经监理工程师审核批准，合同工期为24个月。

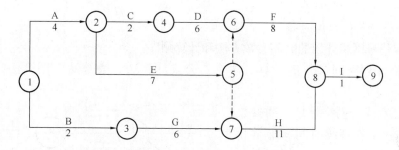

图1D420094-2　双代号施工网络计划（单位：月）

2. 问题

（1）该施工网络计划的计算工期为多少个月？

（2）计算货机坪摄像机基础制作B、货运区前端设备安装C、货运控制室设备安装G等工作的总时差和自由时差。

3. 分析与答案

本案例考核网络计划的有关问题。网络计划的调整不仅可能改变总工期，而且可能改变关键线路。本案例为了强调这一点，在设置网络计划各工作的逻辑关系和持续时间时，互不相同。

（1）该网络计划的计算工期为23个月。关键工作为A，E，H。

（2）工作B的总时差为3，自由时差为0；

工作C的总时差为2，自由时差为0；

工作G的总时差为3，自由时差为3。

【案例1D420090-5】

1. 背景

某民用机场工程有8道工序，网络图绘制如图1D420094-3所示。

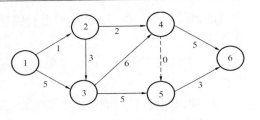

图1D420094-3　某工程网络图

2．问题

（1）简述双代号网络计划时间参数的含义。

（2）简述计算双代号网络计划时间参数的步骤。

（3）请计算时间参数并找出关键线路。

3．分析与答案

（1）时间参数的含义（见图1D420094-4）：

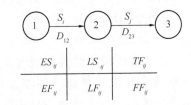

图1D420094-4　时间参数示意图

S_i，S_j——工作名称；

D_{ij}——持续时间；

ES_{ij}——工作的最早开始时间；

EF_{ij}——工作的最早结束时间；

LS_{ij}——工作的最迟开始时间；

LF_{ij}——工作的最迟结束时间；

TF_{ij}——工作的总时差；

FF_{ij}——工作的自由时差。

（2）双代号网络计划的时间参数方法和计算顺序：

1）网络计划时间参数的计算方法有：公式计算法、表算法、图算法、计算机计算法。

2）计算双代号网络计划时间参数及其步骤是：工作持续时间→最早开始时间→最早完成时间→计划工期→最迟完成时间→最迟开始时间→总时差→自由时差。

（3）关键线路的确定：

见图1D420094-5。

1）从起点到终点线路最长。

2）从起点节点开始到终点节点为止，各项工作的计算总时差最小。

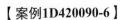

图1D420094-5　某工程网络图计算结果

本关键线路是：①→③→④→⑥，总工期为16d。

【案例1D420090-6】

1．背景

已知某分部工程单代号网络计划如图1D420094-6所示。

2．问题

（1）简述单代号网络计划时间参数的含义。

（2）简述计算单代号网络计划时间参数的步骤。

（3）请计算时间参数并找出关键线路。

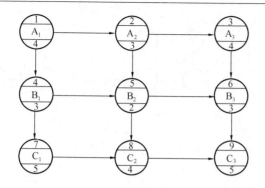

图1D420094-6 某分部工程单代号网络计划

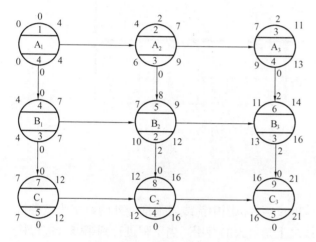

图1D420094-7 时间参数计算

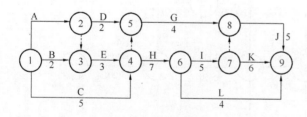

图1D420094-8 某建设合同双代号网络计划(单位:月)

3. 分析与答案

（1）时间参数的含义（同双代号）：

D_{ij}——持续时间；

ES_{ij}——工作的最早开始时间；

EF_{ij}——工作的最早结束时间；

LS_{ij}——工作的最迟开始时间；

LF_{ij}——工作的最迟结束时间；

TF_{ij}——工作的总时差；

FF_{ij}——工作的自由时差。

（2）单代号网络计划的时间参数的计算顺序：

计算单代号网络计划时间参数及其步骤是：工作持续时间→最早开始时间→最早完成时间→计划工期→最迟完成时间→最迟开始时间→总时差→自由时差。

（3）关键线路的确定见图1D420094-7：

1）从起点到终点线路最长；

2）从起点节点开始到终点节点为止，各项工作的计算总时差最小关键线路为：①→④→⑦→⑧→⑨，总工期为21d。

【案例1D420090-7】

1. 背景

某建设工程合同工期为25个月，其双代号网络计划如图1D420094-8所示。

2. 问题

（1）该网络计划的计算工期是多少？为确保工程按期完工，哪些施工过程应作为重点工作对象？为什么？

（2）当该计划执行7个月末，发现施工过程C和D已完成，而施工过程E拖后两个月。试绘出第7个月末检查的实际进度前锋线，并说明施工过程E的实际进度是否影响原计划总工期？为什么？

3. 分析与答案

（1）该网络计划的总工期为25个月，关键线路见图1D420094-9中粗实线①→②→③→④→⑥→⑦→⑨，满足合同要求。

为确保工程工期，应重点控制A、E、H、I、K施工过程。这是因为它们为关键工作，决定计划的工期。

（2）所绘双代号时标网络计划如图1D420094-10所示。图中点画线为第7个月底检查时的实际进度前锋线。

由于E为关键工作，原计划总时差为0，所以拖后两个月影响工期2个月。

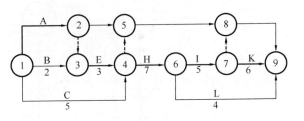

图1D420094-9　关键线路（单位：月）

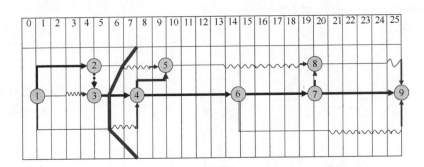

图1D420094-10　双代号时标网络计划（单位：月）

【案例1D420090-8】

1. 背景

某机场场道工程的网络计划见图1D420094-11，图中箭线之下括号外的数字为正常持续时间；括号内的数字是最短时间；箭线之上是每天的费用。当工程进行到第95天进行检查时，节点⑤之前的工作全部完成，工程耽误了15d。

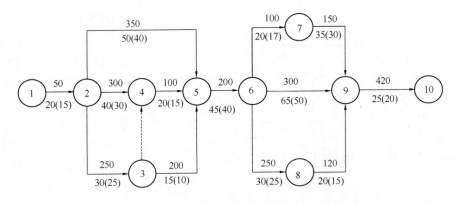

图1D420094-11　某机场场道工程的网络计划（单位：d）

2. 问题

（1）试述赶工的对象。

（2）要在以后的时间进行赶工，使合同工期不拖期，问怎样赶工才能使增加的费用最少？

3. 分析与答案

（1）工期费用调整的原则是：压缩有压缩潜力的、增加赶工费最少的关键工作。因此，要在⑤节点后的关键工作上寻找调整对象。

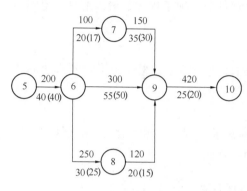

图1D420094-12　调整后的网络计划(单位：d)

（2）第一步：在⑤→⑥、⑥→⑨和⑨→⑩工作中挑选费用最小的工作，故应首先压缩工作⑤→⑥，利用其可压缩5d的潜力，增加费用$5 \times 200 = 1000$元，至此工期压缩了5d。

第二步：删掉已压缩的工作，在工作⑥→⑨，⑨→⑩中选择费用最小的工作⑥→⑨压缩10d。

费用$10 \times 300 = 3000$元，累计增加费用$1000 + 3000 = 4000$元。

调整后的网络计划如图1D420094-12所示。

1D420100　民航机场工程施工资源需求计划的编制

1D420101　民航机场工程施工机械设备配置计划的编制方法

机械设备是机场建设施工的必要条件，机场建设施工离不开机械设备，科学而全面的机械设备配置计划是工程施工顺利进行的重要保证。编制施工机械设备配置计划的主要依据是施工方案及施工进度计划。

一、施工机械设备的概念

施工机械设备是在工程施工中所需要的机器、装置和设施等。如机场场道工程施工常用的机械设备有：挖装机械设备、运输机械设备、平整机械设备、碾压机械设备和摊铺机械设备等。

二、施工机械设备配置计划的主要内容

（1）施工机械设备的类型和数量；

（2）施工机械设备调拨地点；

（3）施工机械设备进场时间及方式；

（4）施工机械设备配置计划表。

1D420102　民航机场工程施工项目进度与资源调控程序

在项目施工中，劳动力、机械设备、施工材料是主要的资源。为实现合理有序施工的目的，必须依据施工进度科学合理地调控各类施工资源。由于民航机场工程建设规模普遍较大，所以，在调控施工资源时，一般均在项目经理部设多个职能部门，使项目施工由这些职能部门支持，这样，既能发挥职能部门的纵向优势，又可发挥项目组织的横向优势。项目经理对施工资源有权控制与使用，以达到顺利完成大型、复杂项目之目的。资源调控的主要程序是：

一、施工资源的配置

施工资源的配置是在建设工程任务划分、施工方案和工期进度计划比较明确的情况下

进行的，根据类似工程的实际统计经验，对每个施工过程需要的资源进行配置。

二、确定资源总需要量

施工设计是施工资源配置的重要依据之一，计算过程是根据各项工程量，查相应定额，同时根据本施工单位的内部定额进行调整，得到各个分项工程的数量，汇总后得到施工资源总需要量。

三、资源计划编制

依据施工进度计划，编制施工资源计划。资源计划是确定和组织施工资源进场的依据，具有动态性和指导性，它是预测施工成本的重要数据。

四、编制施工资源动态调配图

施工资源动态图能够反映施工前对施工资源的需求情况，一般采用Excel软件编制资源动态分布直方图，将其与项目施工进度图绘在同一张图上。

1D420103　民航机场工程施工劳动力配置计划的编制方法

按照项目进度计划和建设工程项目要求，套用概算定额或经验资料便可计算出所需的劳动力人数，据此可编制劳动力需要计划。

编制劳动力计划时，应防止人工数量突增突减或时增时减现象，因为那样会增加劳动力队伍的调遣费、临时工程费及生活物资供应带来的困难。因此，劳动力调配应力争平缓。一般劳动力调配图与项目进度计划图绘制在同一张图上，从图上可以看出项目施工进度计划安排是否合理。劳动力配置计划的主要内容有：

（1）施工队的技术工种人员配置；

（2）劳动工日总需要量；

（3）依据施工进度计划编制劳动力计划表（确定各类施工人员的进离场时间）。

1D420104　民航机场工程施工材料供应计划的编制方法

材料供应计划是保证工程顺利进行，降低工程成本费用的重要措施。由于建筑材料用量较大。为了保证材料质量以及材料供应，不至于出现停工等料或囤积大量材料造成成本积压，或材料不合格造成浪费，必须编制材料供应计划。编制合理的材料供应计划对机场施工的顺利进行至关重要。

一、机场场道施工的重要材料

机场场道工程中主要的建筑材料有：水泥、砂、碎石、粉煤灰、石灰、沥青等。

二、材料供应计划

主要材料的供应计划，是根据施工项目和工程量总表参考本地区概算定额和同类工程历史资料，并按项目进度计划、材料消耗及存储定额等计算出各种材料的需用量。据此编制各类材料需用计划，再编制其运输计划，进行运输组织及筹建仓库等。

【案例1D420100-1】

1. 背景

某建设工程项目部在承揽了某机场跑道第4标段施工任务后，编制了施工组织设计，制定了施工进度计划（见表1D420104-1），土（石）方、基层主要施工机械的选型和数量（见表1D420104-2）。

工程进度计划表　　　　　　　　　　　　　　　　　**表1D420104-1**

序号	工作名称	持续时间(d)	2005.1	2005.2	2005.3	2005.4	2005.5	2005.6
1	土方施工准备	10						
2	腐殖土的清理	10						
3	探沟开挖	10						
4	土方开挖	70						
5	填方施工	70						
6	基层施工	20						
7	面层施工	40						
8	跑道刻槽	10						
9	灌缝	20						

土（石）方、基层主要施工设备型号与数量一览表　　　　**表1D420104-2**

设备名称	规格、型号	单位	数量	备注
推土机	TY-220	台	2	
单斗挖掘机	M3300LC-5	台	2	
自卸汽车	22t	台	8	
自卸汽车	EQ1092F　5t	台	4	用于混合料运输
120kW自行式平地机	PY190A自行式平地机	台	2	
振动碾压机	YZJ10　10t	台	1	
	YZB8　8t	台	1	
	YL-20　20t	台	1	
洒水车	EQ1092F 6000L	台	1	
搅拌机	WCQ300	台	1	
摊铺机	LTU45	台	2	

2. 问题

（1）表1D420104-2中各类设备数量的计算依据是什么？

（2）在选择场道施工设备规格与型号时，应考虑哪些因素？

（3）常用的填方设备有哪些？

（4）编制土（石）方、基层施工机械设备配置计划表。

3. 分析与答案

（1）在确定机场场道施工设备数量时，主要的依据是施工进度计划；土基、基层及面层工程量，土基、基层及面层施工方案；施工工期；各类机械施工定额等。

（2）在选择场道施工设备规格与型号时，主要应考虑下列因素：

1）地形地貌条件（高差）；

2）挖、填作业地点距离；

3）土（石）物理力学特性；

4）作业环境；

5）施工方案；

6）工程量；

7）工期。

（3）常用的填方设备有：平地机、碾压机等。

（4）根据施工进度计划的要求，各类设备必须按施工机械设备配置计划表（见表1D420104-3）的安排进入施工现场。

施工机械设备配置计划表　　　　表1D420104-3

设备名称	规格型号	数量	2005.1			2005.2			2005.3			2005.4			2005.5		
			10	20	30	10	20	30	10	20	30	10	20	30	10	20	30
推土机	TY-220	2	2		2	2	2	2	2	2	2						
单斗挖掘机	M3300LC-5	2	2		2	2	2	2	2	2	2						
自卸汽车	22t	8	2	2	8	8	8	8	8	8	8						
自卸汽车	EQ1092F 5t	4										4	4	4	4	4	4
120kW自行式平地机	PY190A自行式平地机	2			2	2	2	2	2	2	2						
振动碾压机	YZJ10 10t	1			1	1	1	1	1	1	1	1	1				
	YZB8 8t	1	1		1	1	1	1	1	1	1	1	1				
	YL-20 20t	1			1	1	1	1	1	1	1	1	1				
洒水车	EQ1092F 6000L	1	1	1	1							1	1	1	1	1	1
搅拌机	WCQ300	1										1	1	1	1	1	1
摊铺机	LTU45	2										2	2				

【案例1D420100-2】

1．背景

某建设工程项目部在承揽了某机场跑道第1标段施工任务后，编制了施工组织设计，制定了施工进度计划（见表1D420104-4）。成立了专业施工队伍：土石方开挖与运输队1个（90人），混凝土施工队1个（110人），基层施工队1个（100人）。

机场场道施工进度表　　　　表1D420104-4

项目	项目进度（月）															
	1	2	3	4	5	6	7	8	9	10	11	12	13	14	15	16
土基	T_1			T_2			T_3			T_4						
基层							J_1		J_2			J_3		J_4		
面层							M_1			M_2				M_3		M_4

表中：T_1、T_2、T_3……——土基施工区段；J_1、J_2、J_3……——基层施工区段；M_1、M_2、M_3……——面层施工区段。

2．问题

（1）按施工程序排列各施工队的开始工作时间及主要工作内容。

（2）编制劳动力需求计划的依据是什么？

（3）根据背景资料制作劳动力需求计划表。

3．分析与答案

（1）按开始工作时间的先后，各施工队的开始工作时间及主要工作内容分别为：

1）土石方开挖与运输队的开始工作时间为第1个月的第1天，主要工作有：挖方区的挖运土；填方区的土方平整与碾压。

2）垫层及基层施工队的开始工作时间为第7个月的第1天，主要工作有：垫层摊铺与碾压，基层混合料的摊铺、碾压与养护。

3）搅拌站保障队的开始工作时间与基层摊铺开始时间相同，主要工作有：混合料拌合与运输。

4）混凝土施工队的开始工作时间为第9个月的第1天，主要工作有：混合料的摊铺、振捣、安放传力杆、做面、养护及灌缝。

5）专业切缝队的开始工作时间略晚于混凝土施工队，主要工作是切割各种施工缝。

（2）编制劳动力需求量计划的依据有：主要的依据是施工进度计划；土基、基层及面层工程量，土基、基层及面层施工方案；施工工期；各类劳动定额等。

（3）劳动力需求计划见表1D420104-5。

劳动力需求计划表　　　　　　　　　　　　　　　　表1D420104-5

施工项目	需求劳力	用工时间（月）															
		1	2	3	4	5	6	7	8	9	10	11	12	13	14	15	16
土基	90	90	90	90	90	90	90	90	90	90	90	90					
基层	100							100	100	100	100	100	100	100	100		
面层	110									110	110	110	110	110	110	110	110
合计	300	90	90	90	90	90	90	190	190	300	300	300	210	210	210	110	110

【案例1D420100-3】

1．背景

在某民用机场场道建设过程中，建设单位（简称业主）与第一标段的施工单位A签订了施工承包合同，合同中规定水泥由业主指定厂家，施工单位A负责采购，厂家负责运输到工地。当水泥运至工地时，施工单位A认为是业主指定用的材料，在检查了产品合格证、质量保证书后即可用于工程，有质量问题由业主负责。

与此同时，第二标段的施工单位B比较重视施工原材料的质量，为了控制原材料的质量，建立了工地试验室，制定如下试验管理制度：

（1）项目经理部必须严格控制原材料；

（2）试验室在项目总工程师的领导下开展试验检验工作，业务上受上级公司中心试验室领导，同时还需接受监理工程师的监督和检查；

（3）试验室在工序施工前，应完成工序质量控制所必需的各项基础试验，并提出控制参数和数据；

（4）试验室对压实度检测、混凝土试件制作、测定混凝土稠度、测定沥青混合料温度等频率较高的检测项目安排试验人员按规定的取样地点、时间进行检测试验，试验管理人员按规定频率的进行抽检；

（5）试验室对试验检测的原始记录和报告印成一定格式的表格，同时应有试验、计算、负责人签字及试验日期。

2. 问题

（1）施工单位A的做法是否正确？说明理由。

（2）若施工单位A将该批材料用于工程，造成质量问题是否有责任？说明理由。

（3）施工单位B制定的试验管理制度是否有不妥之处？若有不妥之处，请指出改正。

3. 分析与答案

（1）不正确。对进场的材料施工单位A有职责进行抽样检验，合格才可用于工程，不能由业主指定。

（2）有责任。施工单位A对用于工程中的原材料必须确保质量，出现质量问题由施工单位负责。

（3）有不妥之处。第（2）条：除接受监理工程师监督和检查外，还有业主、质量监督站的监督检查；第（5）条：试验报告还应有复核人签字，并加盖试验专用章。

【案例1D420100-4】

1. 背景

施工地区为丘陵山区。该机场飞行区的设计基本概况：（1）机场道面面层为水泥混凝土道面，跑道长3600m，跑道宽45m，厚35cm；（2）机场道面基层为二灰稳定土（碎石），40cm厚；（3）水泥混凝土配合比，水泥、砂、石子之比为1∶3∶4（体积比），二灰土配合比，石灰、粉煤灰、集料之比为1∶3∶9（体积比）。施工单位施工安排见表1D420104-6。

施工进度明细表　　　　　　　　　　表1D420104-6

施工项目	施工开始时间	施工结束时间
土基施工	2002.5.1	2003.1.1
基层施工	2003.1.1	2003.3.1
面层施工	2003.3.1	2003.8.1

注：各项施工每月完成量相同。

2. 问题

（1）计算各类施工材料的用量（假设基层与水泥混凝土面层平面尺寸相同）。

（2）编制施工材料的需要量计划（假设施工进度均衡）。

（3）水泥、砂、石子的抽样检验批次是什么？

（4）水泥进料要求是什么？

3. 分析与答案

（1）各类施工材料的用量计算。

依据基层与面层的摊铺体积计算各类材料用量，作为材料需求计划的编制依据。

1）基层施工材料：

石灰用量为：$3600 \times 45 \times 0.40 \times 1/13 = 64800/13 = 4985 m^3$；

粉煤灰用量为：$3600 \times 45 \times 0.40 \times 3/13 = 64800 \times 3/13 = 14954 m^3$；

集料为：$3600 \times 45 \times 0.40 \times 9/13 = 64800 \times 9/13 = 44862 m^3$。

2）面层施工材料：

水泥用量为：$3600 \times 45 \times 0.35 \times 1/8 = 56700/8 = 7088 m^3$；

石子用量为：$3600 \times 45 \times 0.35 \times 3/8 = 56700 \times 3/8 = 21263 m^3$；

砂用量为：$3600 \times 45 \times 0.35 \times 4/8 = 56700 \times 4/8 = 28350 m^3$。

（2）依据各项施工开始、结束时间及各月计划完成的工程量编制各类材料的需求计划，该计划是材料采购的依据。施工材料的需要量计划见表1D420104-7。

施工材料的需要量计划（单位：m^3）　　　　表1D420104-7

序号	施工类别	材料名称	2003年						
			1	2	3	4	5	6	7
1	基层施工	石灰	2492.5	2492.5					
2		粉煤灰	7477	7477					
3		骨料	22431	22431					
4	面层施工	水泥			1417.6	1417.6	1417.6	1417.6	1417.6
5		石子			4252.6	4252.6	4252.6	4252.6	4252.6
6		砂			5670	5670	5670	5670	5670

（3）水泥每进场1000～2000t进行一次抽样检验，砂、石子每进场2000～3000m^3抽样检验一次。

（4）水泥进场时，必须附有产品合格证和质量化验单，对其品种、强度等级、代号、包装、数量、出厂日期均应进行检查。

1D420110　民航机场工程质量检查与检验

1D420111　民航机场场道道面工程质量检查与检验

一、土基施工质量控制

1. 土基施工质量控制重点

土基密实度是土石方施工重点质量控制内容，为了保障土基密实度达到相关施工技术规范要求，主要应从以下方面采取措施：

（1）控制土壤的含水量，碾压前应尽量使实际含水量接近最佳含水量；

（2）合理确定松铺土的碾压厚度；

（3）针对土壤及各类碾压设备的特点，合理选择碾压设备。

2. 土基质量检查程序

土基工程施工质量控制项目有压实度、高程、平整度和宽度。质量检测程序见图1D420111-1。

3. 施工质量控制

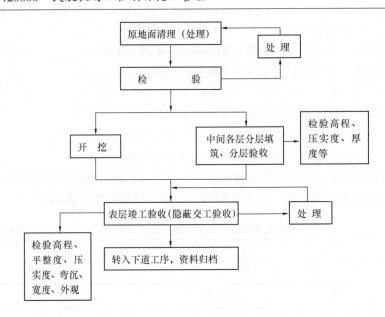

图1D420111-1　土基工程质量检测程序图

土基区和土面区的土方密实度要求不得小于表1D420111-1的规定值。

土方密实度要求　　　　　　　　　　　表1D420111-1

部　　位		土基顶面或土面以下深度（cm）	重型击实法的密实度（%）	
			飞行区指标Ⅱ	
			A、B	C、D、E、F
土基区	填　方	0～100	96	98
		100～400	93	95
		>400	92	93
	挖方及零填	0～30	96	98
土面区	填　方	跑道端安全区 0～80	85	90
		>80	83	88
		升降带平整区 0～80	85	90
		>80	83	88
		其他土面区 0～80	80	85
		>80	80	85
	挖方及零填	跑道端安全区 0～30	85	90
		升降带平整区 0～30	85	90
		其他土面区 0～20	80	85

注：①表列仅为一般土质压实要求。特殊土质，通过现场试验分析经设计单位研究确定压实标准；
　　②在多雨潮湿地区或当土质为高液限黏土时，根据现场实际情况并经设计单位同意，可将表内密实度适当降低1%～3%；
　　③对于高填方区，除了满足土基密实度要求外，还应满足沉降控制要求。

　　为保证压实质量，应按规定检查土基的密实度。取样检验数目，应符合表1D420111-2的规定。土基及土面区竣工高程和平整度应符合表1D420111-3规定。

土基及土面区密实度检测要求 **表1D420111-2**

项目	频率	检测方法	标准值
土基	每层1000m²一点	环刀法、灌砂法或水袋法	密实度符合要求 固体体积率符合要求
跑道端安全区、升降带平整区	每层1000m²一点	同上	同上
其他土面区	每层2000m²一点	同上	同上
坑、沟、塘处理	每层≤500m²一点	同上	同上

土基及土面区平整度及高程检测要求 **表1D420111-3**

项目		频率	检测方法	标准值（mm）
土基	高程	10m×10m方格网控制	水准仪	+10, -20
	平整度	每层1000m²一点	3m直尺（最大值）	≤20
跑道端安全区，升降带平整区	高程	20m×20m方格网控制	水准仪	+30
	平整度	每层2000m²一点	3m直尺（最大值）	≤50
其他土面区	高程	20m×20m方格网控制	水准仪	+50
	平整度	每层5000m²一点	3m直尺（最大值）	≤50

二、基层工程质量控制

1. 基层施工质量检测的必要性

基层是道面结构的承重层。坚实、稳固和耐久性好的基层，能够提高道面结构的整体强度，保证道面具有良好的通行条件，延长道面的使用寿命。基层的良好性能，一是依赖级配良好的各种结合料来实现，二是依赖优良的工程质量。因此，在施工过程中，必须对工程质量进行实时控制，以达到优良的结果。

2. 基层施工质量检测程序

基层施工过程中，质量的控制主要项目有：施工材料的质量、材料配合比、高程、压实度、平整度、强度等。施工质量检测程序见图1D420111-2。

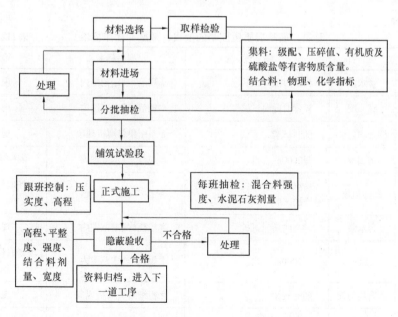

图1D420111-2 基层施工质量检测程序框图

3．施工质量控制

基层、底基层的外形尺寸检查项目、频度、质量标准和检验方法，应符合表1D420111-4的规定。

基层、底基层外形尺寸检查项目、频度、质量标准和检验方法　　表1D420111-4

工程类别	项　目		频　度	质量标准	检验方法
底基层	高程（mm）		10m×10m方格网控制	+5，−15	水准仪
	厚度（mm）	均值	每5000m²六个点	−10	挖坑或钻孔取芯
		单个值		−25	挖坑或钻孔取芯
	宽度（mm）		每100延米一处	+0以上	用尺量
	横坡度（%）		每100延米三处	±0.3	水准仪
	平整度（mm）		每100延米三处	<12	每处用3m直尺连续量10尺，取最大值
基层	高程（mm）		10m×10m方格网控制	+5，−10	水准仪
	厚度（mm）	均值	每4000m²六个点	−8	挖坑或钻孔取芯
		单个值		−10	挖坑或钻孔取芯
	宽度（mm）		每100延米一处	+0以上	用尺量
	横坡度（%）		每100延米三处	±0.3	水准仪
	平整度（mm）		每100延米三处	<8	每处用3m直尺连续量10尺，取最大值

基层、底基层质量控制的项目、频度、质量标准和检验方法应符合表1D420111-5的规定。

基层、底基层质量控制的项目、频度和质量标准　　表1D420111-5

工程类别		项目	频度	质量标准	检验方法
级配碎石级配砂砾	底基层	含水量	异常时随时试验	本规范①规定范围内	现场观察
		级配	异常时随时试验	本规范①规定范围内	现场观察
		拌合均匀性	随时试验	无粗细集料离析现象	现场观察
		密实度	每2000m²三点	本规范①规定范围内	灌砂法或水袋法
		塑性指数	每4000m²一次，异常时随时增加试验	小于本规范①规定值	现场取样，试验室试验
级配碎石	基层	含水量	异常时随时试验	本规范①规定范围内	现场观察
		级配	每2000m²一次	本规范①规定范围内	现场取样，试验室试验
		拌合均匀性	随时观察	无粗细集料离析现象	现场观察
		密实度	每2000m²三点	本规范①规定范围内	灌砂法或水袋法

续表

工程类别		项　目	频　度	质量标准	检验方法
级配碎石	基层	塑性指数	每1000m²一次，异常时随时增加试验	小于本规范①规定值	现场取样，试验室试验
		集料压碎值	随时观察，异常时随时试验	不大于本规范①规定值	现场取样，试验室试验
水泥或石灰稳定土		级　配	每2000m²一次	本规范①规定范围内	现场取样，试验室试验
		集料压碎值	现场观察，异常时随时试验	不大于本规范①规定值	现场取样，试验室试验
		水泥或石灰剂量	每5000m²或每台班一次，至少6个样品	不少于设计值−1.0%	现场取样，试验室试验
		含水量	异常时随时试验	符合本规范①规定要求	现场观察
		拌合均匀性	现场随时观察	无灰条、灰团、色泽均匀，无离析现象	现场观察
		密实度	每2000m²检查三次以上	本规范①规定范围内	灌砂法或水袋法
		抗压强度	每2000m²不少于六个试件	符合本规范①规定要求	现场取样，试验室试验
石灰工业废渣稳定土		配合比	每2000m²一次	石灰剂量不小于设计值−1%	现场取样，试验室试验
		级　配	每2000m²一次	本规范①规定范围内	现场取样，试验室试验
		含水量	现场观察，异常时随时试验	在最佳含水量+1%	现场观察
		拌合均匀性	随时观察	无灰条、灰团、色泽均匀，无离析现象	现场观察
		密实度	每2000m²检查三次以上	本规范①规定范围内	灌砂法或水袋法
		抗压强度	每2000m²不少于六个试件	符合本规范①规定要求	现场取样，试验室试验

①表中"本规范"指《民用机场飞行区土（石）方与道面基础施工技术规范》MH 5014—2002。

三、面层工程质量控制

民用机场场道面层施工工艺复杂，工程量比较大，施工工序比较多。

1. 场道面层施工质量控制重点

在场道面层施工过程中，施工质量控制的重点是：面层几何尺寸，平整性、摩阻特性，抗折性及"通病"（掉边、掉角、麻面、裂纹、断板等）的防治等。为了保障场道面层施工质量达到相关施工技术规范要求，应做以下工作：

（1）强化各类质量保障措施的实施。将质量监督措施落实到各个施工环节中。

（2）加强对各个施工环节的质量监督，尤其是材料的选择，如：水泥（沥青）混凝土配合比设计、模板和立模、搅拌、振捣、做面、拉毛、养护、沥青混凝土施工温度、沥青碾压等环节。

2. 场道面层工程质量控制程序

水泥混凝土道面施工与沥青混凝土道面施工的质量控制程序，分别见图1D420111-3和图1D420111-4。

3. 水泥混凝土道面面层施工质量控制标准、检验频率与检验方法，应符合表1D420111-6的规定。

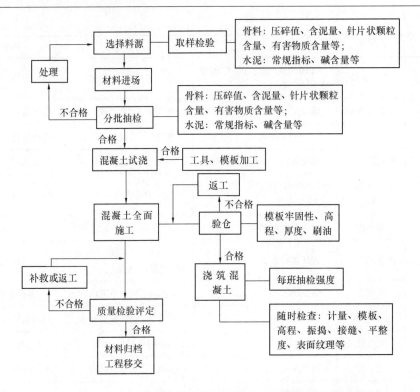

图1D420111-3 水泥混凝土道面面层施工质量控制程序框图

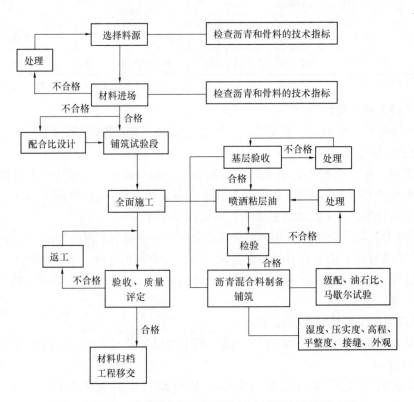

图1D420111-4 沥青混凝土道面面层施工质量控制程序框图

水泥混凝土道面面层施工质量控制标准和检验方法

表1D420111-6

检查项目	质量指标或允许偏差	检验频率	检验方法
弯拉强度	不小于混凝土设计强度	每500m³成型1组28d试件；每3000m³增作不少于1组试件，供竣工验收时进行试验；每20000m²钻芯1处进行劈裂强度试验，每标段不少于3个芯样	现场成型室内标养小梁弯拉强度试验，试验方法：JTG E30—2005中T 0551—2005及T 0558—2005钻芯劈裂强度试验方法：JTG E30—2005中T 0551—2005及T 0561—2005，劈裂强度折算为弯拉强度方法见《民用机场水泥混凝土面层施工技术规范》MH 5006—2015第18.0.9条的规定
混凝土抗冻等级	有抗冻要求时：≥F250	在摊铺现场未振捣前留样制件，每20000m²留1组，每标段不少于3组	JTG E30—2005中T 0565—2005
板厚度	与设计厚度偏差不超过：-5mm	抽查分块总数的10%	拆模后用尺量
		每一个钻芯试件	对钻芯试件用尺量
平整度	≤3mm（合格率≥90%） ≤5mm（极值）	分块总数的20%	用3m长直尺和塞尺测定，一块板量3次，纵、横、斜各测1次，取其中最大值
	跑道IRI≤2.2mm/km	跑道主要轮迹带	车载平整度检测仪检测
表面平均纹理深度	符合设计要求（合格率≥90%）与设计值偏差不超过：-0.1mm（极值）	用铺砂法、检查分块总数的10%	每块抽查3点，布置在板的任一对角线的两端附近和中间，检测方法：JTG 3450—2019中T 0962—1995
跑道摩擦系数	≥0.55	跑道主要轮迹带	摩擦系数测试车检测
刻槽质量	符合《民用机场水泥混凝土面层施工技术规范》MH 5006—2015表13.0.5的规定	每5000m²抽测一处	用游标卡尺及尺量
高程	±5mm（合格率≥85%） ±8mm（极值）	不大于10m间距测一横断面，相邻测点间距不大于两块板宽	用水准仪测量板角表面高程
相邻板高差	≤2mm（合格率≥85%） ≤4mm（极值）	分块总数的20%	纵、横缝，用塞尺量
纵、横缝直线性	≤10mm（合格率≥85%）	抽查接缝总长度10%	用20m长直线拉直检查
长度偏差	跑道、平行滑行道：≤1/7000	验收时延中线测量全长	按一级导线测量规定精度检查
宽度偏差	跑道、滑行道、机坪：≤1/2000	每100m测量1处	用钢尺自中线向两侧测量
预埋件预留孔位置中心偏差	≤10mm（合格率≥85%）	抽查总数的20%	纵、横两个方向用钢尺量
外观	（1）不应有以下严重缺陷：断板，严重裂缝，错台，边角断裂，大面积不均匀沉陷、起皮、剥落、露石等； （2）不宜有以下一般缺陷：局部较小面积的剥落、起皮、露石、粘浆、印痕、积瘤、发丝裂纹、蜂窝、麻面、灌缝不良等； （3）面层表面纹理应均匀一致； （4）填缝料饱满，粘结牢固，无开裂、脱落、气泡，缝缘清洁整齐		

4．沥青混凝土道面面层施工质量控制标准、检验频率与检验方法，应符合表1D420111-7的规定。

沥青面层施工过程中工程质量的控制标准   表1D420111-7

项　　目		检查频度及单点检验评价方法	质量要求或允许偏差	试验方法
沥青道面外观		随时	表面平整密实，不得有明显轮迹、裂缝、推挤、油斑、油包等缺陷，且无明显离析	目测
横向接缝（高差）		逐条缝检测评定	所有接缝应紧密平顺，应保证冷接缝连续粘结	目测
		逐条缝检测评定	不大于3mm	3m尺量
施工温度	摊铺温度	逐车检测评定	符合本规范规定①	JTG 3450—2019中T 0981
	碾压温度	随时	符合本规范规定①	插入式温度计实测
厚度	每一层次	每2000m²测1处	-3mm	施工时插入法量测松铺厚度及压实厚度
	总厚度	每2000m²测1处	-3mm	JTG 3450—2019中T 0912 利用灯坑测量不超过芯样总数的1/3
	每一层次			
压实度		每1000m²测1点，逐个试件评定	符合设计要求	JTG 3450—2019中T 0924 JTG 3450—2019中T 0925
平整度（最大间隙）	上面层	每2000m²测一点，接缝处单杆评定	不大于3mm	JTG 3450—2019中T 0931
	中、下面层	每2000m²测一点，接缝处单杆评定	不大于3mm	JTG 3450—2019中T 0931
宽度		纵向每100m检测3处，逐处检测评定	不小于设计宽度	JTG 3450—2019中T 0911
长度		沿中线测量全长	不小于设计长度	JTG 3450—2019中T 0911
高程	上面层	纵向每10m检测1个断面，测5个点	±3mm	JTG 3450—2019中T 0911
	中、下面层		-3～+5mm	
构造深度		每2000m²测1点	符合设计要求	JTG 3450—2019中T 0961 JTG 3450—2019中T 0962
渗水系数		每2000m²测1组	AC沥青混合料：不大于120ml/min	JTG 3450—2019中T 0971
			SMA沥青混合料：不大于100ml/min	

① "本规范"指《民用机场沥青道面施工技术规范》MH/T 5011—2019。

1D420112 民航机场滑行道桥工程质量检查与检验

当滑行道必须跨越其他交通设施或露天水面或沟壑时，机场必须设置滑行道桥。但是滑行道桥与公路桥梁不同，一是承受的荷载不同，滑行道桥承受的飞机荷载要远远大于汽车荷载；二是滑行道桥的设计宽度相对公路桥梁而言要宽得多。因为所受荷载大，为了保障飞机在上面安全滑行，设计时应加大桥梁上部结构和桥墩的强度及基础的承载力，施工时更应采用高标准，严格控制工程质量。

一、质量检验

各种材料、各建设工程项目和各工序应经常进行检验，保证符合设计和施工验收规范的要求。检验项目和次数应符合下列规定：

1. 灌注混凝土前的检验

施工设备和场地；混凝土组成材料及配合比（包括外加剂）；混凝土凝结速度等性能；基础、钢筋、预埋件等隐蔽工程及支架、模板；养护方法及设施。

2. 拌合灌注混凝土时的检验

混凝土组成材料的外观及配料、拌制，每一工作班至少两次，必要时随时抽样试验；混凝土的和易性每工班至少两次；砂石材料的含水率，每日开工前一次，气候有较大变化时随时检测；当含水率变化较大、将使配料偏差超过规定时，应及时调整；钢筋、模板、支架等的稳固性和安装位置；混凝土的运输、灌注方式和质量；外加剂的使用效果，制取混凝土试件及强度检验。

二、质量标准

1. 灌注预应力混凝土梁质量标准见表1D420112-1。

灌注预应力混凝土梁质量标准　　　　　　　　　　表1D420112-1

项　　目		规定值或允许偏差（mm）
混凝土强度（MPa）		符合设计要求
轴线偏位	$L \leq 100$m	10
	$L > 100$m	$L/10000$
顶面高程	$L \leq 100$m	±20
	$L > 100$m	$L/5000$
	相邻节段高差	10
断面尺寸	高度	+5，-10
	顶宽	±30
	顶底腹板厚	+10，0
同跨对称点高程差	$L \leq 100$m	20
	$L > 100$m	$L/5000$

2. 预制梁、板的允许偏差见表1D420112-2。

预制梁、板的允许偏差　　　　　　　　　　表1D420112-2

检 查 项 目		规定值或允许偏差（mm）
梁、板长度		+5，-10
宽度	干接缝（梁翼缘、板）	±10
	湿接缝（梁翼缘、板）	±20
	箱梁顶宽	±30
	腹板或肋板	+10，0

续表

检查项目		规定值或允许偏差（mm）
高度	梁、板	±5
	箱梁	+0，−5
跨径（支座中心至支座中心）		±20
支座平面平整度		2
平整度		5
横系梁及预埋件位置		5

3．墩、台安装的允许偏差见表1D420112-3。

墩、台安装的允许偏差   表1D420112-3

检查项目	允许偏差（mm）	检查项目	允许偏差（mm）
轴线平面位置	10	倾斜度	0.3%墩、台高，且不大于20
顶面高程	±10	相邻墩、台柱间距	±15

4．简支梁、板就位后与支座需密合，否则应重新安装，安装的允许偏差见表1D420112-4。

简支梁、板安装的允许偏差   表1D420112-4

检查项目		允许偏差	检查项目	允许偏差
支座中心偏位（mm）	梁	5	竖直度	1.2%
	板	10	梁板顶面纵向高程（mm）	+8，−5

5．基础施工允许偏差见表1D420112-5。

基础施工允许偏差   表1D420112-5

检查项目	允许偏差（mm）	检查项目		允许偏差（mm）
轴线偏位	25	基底高程	土质	±50
断面尺寸	±50		石质	+50，−200
顶面高程	±30			

1D420113 民航机场排水工程质量检查与检验

一、机场排水工程质量控制重点

机场排水工程按其构造形式分为土明沟、砌石明沟、砌石盖板沟、钢筋混凝土盖板沟、钢筋混凝土管涵等设施。在施工过程中，需要重点控制的是排水工程的外形尺寸、沟槽外形尺寸、中心线位置、顶底板高程、土基压实度、坡度、垫层厚度等。

二、机场排水工程质量控制标准与方法

在机场排水工程中，最主要的设施是各类沟槽，其施工质量标准及检测方法分别见表1D420113-1～表1D420113-6。

沟槽开挖质量标准及检测方法　　　　　**表1D420113-1**

项　目	规定值或允许偏差（mm）	检　查		检查方法
		范　围	数　量	
开槽中心线	30	每20（延米）	1次	经纬仪测量
槽底面高程	+20 −30		两端各1处，中部1处	水准仪测量
长度			1次	尺量
土基压实度			任意3点取样，每点相距不小于5m	重型击实标准

级配砾石、级配碎石垫层质量标准　　　　　**表1D420113-2**

部　位	级　配	均匀性	抗压强度	碎石或砾石的压碎值	压实度（重型击实）
道面区	最大粒径不宜大于40mm	无粗细集料离析现象	符合设计要求	不大于30%	不低于92%
土面区					不低于90%

结合料稳定垫层质量标准　　　　　**表1D420113-3**

部　位	级　配	均匀性	抗压强度	碎石或砾石的压碎值	压实度（重型击实）
道面区	符合设计要求	无灰条灰团、色泽均匀，无离析	符合设计要求	不大于30%	不低于92%
土面区					不低于90%

垫层检验项目质量标准　　　　　**表1D420113-4**

检查项目	规定值及允许偏差值（mm）	检　查		检查方法
		范　围	数　量	
垫层中心线	20	20延米	1次	经纬仪测量
宽度	不小于设计规定		3处	尺量，两端、中部各1处
厚度	±20		3处	
垫层面高程	+10 −20		3处	水准仪测量，两端、中部各1处
外观	表面平整、边缘稳固、无松散现象			

钢筋混凝土盖板沟质量标准及检测方法　　　　　**表1D420113-5**

检查项目		允许偏差值（mm）	检　查		检查方法
			范　围	数　量	
中心线	盖板沟	15	每20延米	1次	经纬仪测量
	沟墙	5			
沟底高程		±10		3处	水准仪测量，两端、中部各1处
沟内部尺寸		±10		2~3处	尺量
沟底平整度		5		2处	用2m直尺

续表

检查项目		允许偏差值（mm）	检　查		检查方法
			范　围	数　量	
盖板顶面高程	暗沟	±30	每20延米	各3处	水准仪测量，两端、中部各1处
	土面区明沟	±10			
	道面区明沟	≤±5			
墙厚		±5		4处	尺量，两端、墙各2处
底板厚		±5		2处	尺量
墙面垂直度或接缝垂直度		0.3%且不大于6		各2处	垂线测量
预留孔中心位置		10		全检	尺量

砖石砌盖板沟质量标准及检测方法　　　　　**表1D420113-6**

检查项目		允许偏差值（mm）		检　查		检查方法
		砖砌	石砌	范围	数量	
中心线		15	20	两接缝之间	1次	经纬仪测量
墙身轴线		10	15		2次	经纬仪测量两侧墙各1次
沟底高程		±10	±20		3处	水准仪测量，两端、中部各1处
盖板顶面高程	暗沟	±20	±30		各2处	水准仪测量
	土面区明沟	±10	±10		3处	
	道面区明沟	±5	±5		2处	
平整度	清水墙面	5	20		2处	2m直尺两侧墙各1次
	混水墙面	8	30			
基础厚度		+10 -5	+30 -20		2处	尺量
墙厚度		±5	±20		4处	尺量，两侧墙各2次
墙面垂直度 或接缝垂直度		0.2%且 不大于5	0.5%且 不大于10		两侧墙各2处、墙接缝全检	垂线测量

1D420114　民航空管工程施工质量检查与检验

空管工程质量控制包括空管工程与土建工程的配合、工程实施条件准备、进场设备和材料的验收、隐蔽工程检查验收和过程检查、系统自检和试运行、飞行校验等。

一、与土建工程的配合和空管工程实施条件准备

（一）空管工程与土建工程的配合

空管工程在土建工程建设期间，就要进场与其密切配合施工，确认空管专业设计与建筑结构、装饰装修、建筑给水排水及采暖、建筑电气等分部工程的接口确认。特别是预埋管线、电缆桥架、供电、通信线路进出建筑通道与建筑各专业的协调，避免因为专业冲突引起的质量缺陷。预留预埋、屋面天线基础、室内设备基础、室内电缆沟（槽）应在装饰装修专业实施前完成。

（二）空管工程实施条件

（1）检查工程设计文件及施工图的完备性；若出现设计变更，应及时办理相应手续。

（2）完善施工现场质量管理检查制度和施工技术措施，做到人员到位、措施到位。

（3）仪表着陆系统、气象自动观测站、常规观测站、航管雷达、气象雷达、卫星地面站等需要向民航主管部门办理台址申请的，应当在台址批复下发后及时与施工图设计核对，确认台址批复的台站位置是否与施工图设计位置一致，若不一致的，以台址批复为准，并及时办理变更手续。

二、进场设备和材料的验收

施工机具和检测器具的选用及控制措施：

（一）施工机具和检测器具的选用

必须综合考虑施工现场条件、施工工艺和方法、施工机具和检测器具的性能、施工组织与管理、技术经济等各种因素，并进行多方案比较。

（二）工程设备和材料的控制和质量检验的方法

工程设备和材料的质量是工程质量的基础。工程设备质量检验一般有：制造的关键材料检查、关键工序检查、出厂前试验检查、进场检查、开箱检查和试运转检查。材料质量的检验方法有书面检验、外观检验、理化检验和无损检验四种。

三、工程质量控制

（一）工程质量控制的策划

工程施工过程的质量策划，可以按照实体质量形成的时间阶段，或按照施工阶段工程实体形成过程中物质形态的转化，或对其组成按施工层次加以分解，进行质量策划。

1. 按工程实体形成过程各阶段进行策划

施工阶段的质量控制可以分为事前控制、事中控制、事后控制三个时间阶段。

2. 按影响工程质量的因素进行策划

在质量控制的过程中，应对影响工程实体质量的五个重要因素，即对施工有关人员、设备和材料、施工机具、施工方法以及环境等因素进行全面的控制。

3. 按工程施工层次控制进行策划

通常一个空管安装工程可以划分为单位工程、分部工程、分项工程等层次。每个层次在各自层面上由多个专业共同施工，各专业工序间有着顺序上的逻辑关系。因此，工序的施工质量控制是最基础的质量控制，它决定有关分项工程的质量，而分项工程的质量又决定了分部工程的质量。

（二）工程质量控制的程序

工程质量形成的全过程分七个阶段：施工准备阶段；材料、设备采购阶段；材料检验与施工工艺试验阶段；施工作业阶段；系统检测阶段；建设工程项目交竣工验收阶段；回访与保修阶段。在这些阶段中，应对影响施工质量的五个因素"人、机、料、法、环"进行控制。

（三）施工方法和操作工艺的制定与实施要点

工程质量是在施工过程中形成的，工序质量控制是项目施工过程中质量控制的基础，制定正确的施工方法和操作工艺，才能对各工序施工活动的质量进行有效的控制。

（四）对施工人员的主要控制环节及措施

工程质量的关键是人（包括参与工程建设的组织者、指挥者、管理者和作业者）。对人员的主要控制环节包括：资格和能力的控制、增强意识教育和严格培训、持证上岗。

（五）关键技术对整体工程质量的影响与控制

关键技术是为了解决关键过程或关键工序的技术问题而确定的。确定关键技术，并提出解决的对策，才能保证工程质量，使施工顺利进行。

四、工程检查验收与系统自检和试运行

（1）应做好隐蔽工程检查验收和过程检查记录，并经监理工程师签字确认；未经监理工程师签字，不能实施隐蔽作业。

（2）采用现场观察、核对施工图、抽查测试等方法，对工程设备安装质量进行检查验收。根据有关规定按检验批要求进行，并按规定要求填写质量验收记录。

（3）系统承包商在安装调试完成后，应对系统进行自检，自检时要求对检测项目逐项检测。

（4）根据系统的不同要求，应按规定的合理周期对系统进行连续不中断试运行，并按规定填写试运行记录、提供试运行报告。

五、飞行校验

飞行校验是控制空管工程施工质量的一个关键环节，也是检验空管工程前期施工质量的一个重要环节。各类通信、导航、监视设施在完成试运行后，都要进行投产飞行校验，校验过程中通过机载设备的配合，将设备参数调整到最佳状态，将最大限度地发挥空管设施的运行保障能力。

需要进行飞行检验的还有PAPI灯。

六、施工环境的控制

影响建设工程项目施工质量的环境因素较多，有工程技术环境、工程管理环境、作业劳动环境等。环境因素对工程施工质量的影响具有复杂多变的特点。

1D420115 民航机场弱电系统工程施工质量检查与检验

机场弱电工程施工质量控制包括：与前期工程的交接和工程实施条件准备、进场设备和材料的验收、隐蔽工程检查验收和过程检查、工程安装质量检查、系统自检和试运行等。

一、与前期工程的交接和工程实施条件准备

（一）与前期工程的交接

工程实施前应进行工序交接，做好与建筑结构、建筑装饰装修、建筑给水排水及采暖、建筑电气等分部工程的接口确认。

（二）工程实施条件准备

（1）检查工程设计文件及施工图的完备性；若出现设计变更，应按要求填写设计变更审核表。

（2）完善施工现场质量管理检查制度和施工技术措施，做到人员到位、措施到位。

二、进场设备和材料的验收

（一）施工机具和检测器具的选用及控制措施

施工机具和检测器具的选用，必须综合考虑施工现场条件、施工工艺和方法、施工机具和检测器具的性能、施工组织与管理、技术经济等各种因素，并进行多方案比较。

（二）工程设备和材料的控制和质量检验的方法

工程设备和材料的质量是工程质量的基础。工程设备质量检验一般有：制造的关键材料检查、关键工序检查、出厂前试验检查、进场检查、开箱检查和试运转检查。材料质量的检验方法有书面检验、外观检验、理化检验和无损检验四种。

三、工程质量控制

（一）工程质量控制的策划

工程施工过程的质量策划，可以按照实体质量形成的时间阶段，或按照施工阶段工程实体形成过程中物质形态的转化，或对其组成按施工层次加以分解，进行质量策划。

1. 按工程实体形成过程各阶段进行策划

施工阶段的质量控制可以分为事前控制、事中控制、事后控制三个时间阶段。

2. 按影响工程质量的因素进行策划

在质量控制的过程中，应对影响工程实体质量的五个重要因素，即对施工有关人员、设备和材料、施工机具、施工方法以及环境等因素进行全面的控制。

3. 按工程施工层次控制进行策划

通常一个安装工程可以划分为单位工程、分部工程、分项工程等层次。每个层次在各自层面上由多个专业共同施工，各专业工序间有着顺序上的逻辑关系。因此，工序的施工质量控制是最基础的质量控制，它决定有关分项工程的质量，而分项工程的质量又决定了分部工程的质量。

（二）工程质量控制的程序

工程质量形成的全过程分七个阶段：施工准备阶段；材料、设备采购阶段；材料检验与施工工艺试验阶段；施工作业阶段；系统检测阶段；建设工程项目交竣工验收阶段；回访与保修阶段。在这些阶段中，应对影响施工质量的五个因素"人、机、料、法、环"进行控制。

（三）施工方法和操作工艺的制定与实施要点

工程质量是在施工过程中形成的，工序质量控制是项目施工过程中质量控制的基础，制定正确的施工方法和操作工艺，才能对各工序施工活动的质量进行有效的控制。

（四）对施工人员的主要控制环节及措施

工程质量的关键是人（包括参与工程建设的组织者、指挥者、管理者和作业者）。对人员的主要控制环节包括：资格和能力的控制、增强意识教育和严格培训、持证上岗。

（五）关键技术对整体工程质量的影响与控制

关键技术是为了解决关键过程或关键工序的技术问题而确定的。确定关键技术，并提出解决的对策，才能保证工程质量，使施工顺利进行。

四、工程检查验收与系统自检和试运行

（1）应做好隐蔽工程检查验收和过程检查记录，并经监理工程师签字确认；未经监理工程师签字，不得实施隐蔽作业。

（2）采用现场观察、核对施工图、抽查测试等方法，对工程设备安装质量进行检查验收。根据有关规定按检验批要求进行，并按规定要求填写质量验收记录。

（3）系统承包商在安装调试完成后，应对系统进行自检，自检时要求对检测项目逐项检测。

（4）根据系统的不同要求，应按规定的合理周期对系统进行连续不中断试运行，并按规定填写试运行记录、提供试运行报告。

五、施工环境的控制

影响建设工程项目施工质量的环境因素较多，有工程技术环境、工程管理环境、作业劳动环境等。环境因素对工程施工质量的影响具有复杂多变的特点。

六、视频监控系统工程施工质量检查项目和内容

（一）系统的工程验收方案应包括的内容

系统的工程验收方案应包括下列内容：系统工程的施工质量、系统功能性能的检测、图像质量的主观评价、图像质量的客观测试和图纸、资料的移交。

（二）工程施工质量检查项目和内容

工程的施工质量应按设计要求进行验收，检查的项目和内容应符合表1D420115的规定。

施工质量检查项目和内容　　　　　　　　　表1D420115

项　　目	内　　容	抽查百分数（%）
摄像机	① 设置位置，视野范围； ② 安装质量； ③ 镜头、防护套、支承装置、云台安装质量与紧固情况； ④ 通电试验	10~15（10台以下摄像机至少验收1~2台）
显示设备	① 安装位置； ② 设置条件； ③ 通电试验	100
控制设备	① 安装质量； ② 遥控内容与切换路数； ③ 通电试验	100
记录设备	① 安装质量； ② 检索与回放； ③ 存储时间； ④ 通电试验	100
其他设备	① 安装位置与安装质量； ② 通电试验	100
控制台与机架	① 安装垂直水平度； ② 设备安装位置； ③ 布线质量； ④ 塞孔、连接处接触情况； ⑤ 开关、按钮灵活情况； ⑥ 通电试验	100
光（电）缆及网线的敷设	① 敷设质量与标记； ② 光（电）缆排列位置，布放和绑扎质量； ③ 地沟、走道支铁吊架的安装质量； ④ 埋设深度及架设质量； ⑤ 焊接及插头安装质量； ⑥ 接线盒接线质量	30

续表

项　　目	内　　容	抽查百分数（％）
接地	①接地材料； ②接地线焊接质量； ③接地电阻	100

建设单位应对隐蔽工程进行随工验收，凡经过检验合格并办理验收签证后，在进行竣工验收时，可不再进行检验。工程明确约定的其他施工质量要求，应列入验收内容。

1D420116　民航机场目视助航工程施工质量检查与检验

民航机场助航灯光工程施工质量要求应按《民用机场目视助航设施施工质量验收规范》MH/T 5012—2010的要求，对工程的评价也应按此标准进行评价。《民用机场目视助航设施施工质量验收规范》MH/T 5012—2010主要内容含：总则；设备、器材及施工配合；灯具及标记牌的安装及验收；灯箱和灯盘的安装及验收；隔离变压器和熔断器的安装及验收；灯光电缆线路施工及验收；调光柜、计算机监控柜、升压变压器的安装及验收；目视助航灯光系统调试；目视助航标志的施工及验收。《民用机场目视助航设施施工质量验收规范》MH/T 5012—2010中含附篇：目视助航灯光安装工程质量评定标准。此标准包含上述所有项目的具体要求和目视助航灯光安装工程质量评定说明、灯具及标记牌的安装工程质量评定表、灯箱和灯盘安装工程质量评定表、隔离变压器和熔断器的安装质量检验评定表、灯光电缆线路施工工程质量检验评定表、调光柜、计算机监控柜、升压变压器的安装工程质量检验评定表、电源系统调试表、灯光回路（负载）调试表、目视助航灯光系统总体功能调试表、目视助航灯光安装工程质量保证资料评定表和目视助航灯光安装工程质量综合评定表。机场助航灯光工程施工过程中，每一阶段都应按此要求进行检查，发现问题及时纠正，以保证施工质量。

1D420117　民航机场施工过程中的质量保证体系及措施

一、质量保证体系

（一）自检体系组成

（1）项目经理部下应设质量安全部，在项目经理和总工程师的领导下负责工程质量的检测、验收。

（2）工地试验室作为工程施工自检体系的核心部门，在质量检测科领导下工作。

（3）工程自检人员包括：项目经理、总工程师、责任工程师、质量检查人员、试验人员、检测人员、记录人员和内业人员等。

（二）质量保证体系工作职责

（1）检查和控制施工组织计划方案的实施，做好工程质量目标细化分解方案的落实和执行工作，并对设计文件负有复核责任。

（2）对工程（包括单项工程）的开工准备情况进行自检自查，提交工程开工报告及有关的开工准备资料，向监理工程师报批。

（3）在工程实施过程中，对各种原材料、半成品及每道工序或工艺过程进行严格的检查控制。

（4）对重点部位、重要工序、关键环节，设专人负责管理，负专门的质量责任。

（5）负责混凝土搅拌站和基层混合料拌合站的质量监控。

（6）按施工合同及有关规范要求的项目、程序、方法、频率、时间进行试验检测工作，保证质量检查控制的及时性、准确性。

（7）自检体系人员根据自己的职责，进行现场管理，不得出现空位及漏检、漏查现象。

（8）负责已完工工序或完工分项工程的自检、报验，施工原始记录的整理、存档。

（三）质量保证体系工作程序

1. 开工前负责

（1）原材料的试验、配合比设计及定位放线测量工作的校验。

（2）施工准备情况的自检自查。

（3）开工报告的报批。

2. 施工过程中负责

（1）进行工序及工艺过程的试验检测控制。规范操作方法，改进和提高工艺水平，控制工程的质量标准。

（2）记录、整理施工原始记录。

（3）对完工的分项工程或部位进行自检评定，形成自检记录，对自检合格的工程提交转序申请报告。

（4）对工程施工过程中出现的各种影响工程质量的情况、问题，及时进行协调、改正和处理。

（5）负责落实雇主、监理工程师关于工程施工及质量的要求或指令。

3. 工程竣工后负责

（1）对工程进行自检评定。

（2）完成竣工报告。

（3）负责工程质量责任期内出现的质量缺陷问题的处理。

（4）完成竣工资料。

（5）配合有关部门对工程进行交（竣）工工程质量鉴定和竣工验收工作。

二、质量保证措施

（一）组织保证措施

（1）项目经理部设质量检测科，由专职质检工程师负责（试验、测量人员参加），对施工队的各项施工内容进行检查评定。

（2）各施工队设质检组和专职质检员，严格按"自检、互检、交接检、日检、周检、月评比"开展活动，以消除质量隐患，确保工序质量。

（二）制度保证措施

（1）强化全员质量意识。紧密结合本工程的实际情况，以开展讲课及现场会等形式，教育全员牢固树立"百年大计，质量第一"的思想，增强全员的规范意识、质量意识和精品意识，营造全员自觉重视质量和自觉遵守职业道德的氛围。作为项目经理部的决策者，将严格遵循"质量第一"的原则，真正做到"项目经理关注质量，管工程的负责质量，管技术的控制质量，管操作的保证质量"。

（2）完善岗位责任制，明确各部门的职责。总工程师负责对工程技术人员的业务培训及考核；组织制定总体工程及子项目工程施工的技术方案；组织工程技术人员熟悉和领会施工图纸；组织对易发生质量问题的因素进行分析，并确定预防对策及解决方案；当工程质量或工序质量出现问题时，实行责任工程师、现场施工员一票否决权，有权制止和责令停工与返工。责任工程师负责对施工队进行技术交底和上岗前的施工操作培训与考核。施工人员经培训和技能考核合格，方可上岗作业。

（3）做好隐蔽工程施工记录，严格隐蔽工程的验收制度。只有在自检合格，监理工程师复检验收合格后，方能进行下道工序的施工。

（4）工程施工所用的计量器具必须经计量部门鉴定合格后方可使用。搅拌站的施工配合比只有试验室根据材料情况，才可以进行调整。试验室每天要进行至少两次的计量检查和随机维勃稠度抽查。

（5）完善质量保证体系。由专职质检工程师、试验员及测量员组成质检组，具体负责对各道工序及成品（半成品）的检测验收，监督施工工艺的贯彻执行情况，并将跟踪检查情况及时反馈，向项目经理、总工程师提供质量动态信息，使整个建设工程项目全过程、全方位处于有效的质量监控之下。为保证工程质量，严格实行"五不施工"和"三不交接"制度，即：施工图纸未复核不施工；测量资料未校核不施工；技术交底不清楚不施工；材料无合格证不施工；上道工序未经检测验收，下道工序不施工。无自检资料不交接；无专职质检人员验收签字不交接；无施工记录不交接。

（6）实行奖优罚劣制度。对各施工队实行优质优价奖优罚劣制度，对于不合格成品（半成品），坚决推倒重来，绝不给工程留下任何质量隐患。

（7）施工期间，实行每日工地例会制度。及时讲评施工中执行规范和操作规程的情况，安排第二天的施工任务，解决施工过程中存在的问题。

（三）技术保证措施

（1）组织专业技术人员学习图纸，熟悉和掌握施工图纸的全部内容和设计意图。及时参加由雇主、设计单位、监理工程师组织的图纸会审会议。

（2）对施工人员进行技术交底，使施工人员技术要求、质量标准和操作规程，使施工人员明确每道工序的工作标准及成品（半成品）质量指标，以便科学的组织、合理安排施工作业。

（3）为保证施工的顺利展开，进场后及时与雇主、监理工程师等有关部门和人员取得联系，接收场区内雇主提供的施工控制桩和水准点，共同进行复测。

（4）在工地建立试验室。试验、检测设备进场安装完成后，立即报请计量技术监督局进行校核和鉴定，取得使用合格证后，投入试验、检测工作。首先进行原材料试验，水泥稳定碎石基层、水泥混凝土配合比方案优选，并报建设单位、监理工程师审批。

（四）材料保证措施

（1）原材料供应场（厂）由质检科、试验室和材料部门相关人员共同确定，只有经检测、试验合格的材料方可使用。

（2）试验室在规范要求的基础上对进场工程材料增加检验频率，杜绝不合格材料进场。

（3）对材料验收人员和检测人员实行材料质量责任追究制度。

（4）无条件服从建设单位、监理工程师及设计单位对工程材料质量的监督。

（5）所有进场的水泥、沥青、钢材、砂、碎石及外加剂，必须索要原始材质化验单，经工地试验室复试合格后，并抽送建设单位、监理工程师指定的试验中心检测合格后，方可进场使用，同时定期、不定期地随机分批抽查。

（6）每批进场水泥验收时要做好抽查、检验记录。对不同时间进场的水泥分库、分罐储存，设明显标识，遵循"先进先用"的原则。

（7）对进场的砂、碎石等材料要按品名、规格分类堆放并设标识牌，填写《现场验收记录》。当遇雨天或有其他不宜材料进场的原因时，暂停进料，防止污染。

（8）对材料采购全过程按设计规定进行控制，确保采购的材料质量符合规定要求。现场材料的贮存、保管设专人、专库，并认真填写《入库单》。

1D420118　民航机场质量控制的内容及质量事故的处理程序

一、施工单位现场质量检查的内容

（1）开工前检查；

（2）工序交接检查；

（3）隐蔽工程检查；

（4）停工后复工前的检查；

（5）分项、分部工程完工后，应经检查认可，签署验收记录后，才允许进行下一建设工程项目施工；

（6）成品保护检查。

二、工程质量问题的分类

1. 工程质量缺陷

工程质量缺陷是指建筑工程施工质量中不符合规定要求的检验项或检验点，按其程度可分为严重缺陷和一般缺陷。严重缺陷是指对结构构件的受力性能或安装使用性能有决定性影响的缺陷；一般缺陷是指对结构构件的受力性能或安装使用性能无决定性影响的缺陷。

2. 工程质量通病

工程质量通病是指各类影响工程结构、使用功能和外形观感的常见性质量损伤。犹如"多发病"一样，故称质量通病。

3. 工程质量事故

工程质量事故是指对工程结构安全、使用功能和外形观感影响较大、损失较大的质量损伤。

三、工程质量事故的分类

根据事故造成的人员伤亡或者直接经济损失，民航专业工程安全事故分为特别重大事故、重大事故、较大事故和一般事故四个等级：

（1）特别重大事故，是指造成30人以上死亡，或者100人以上重伤（包括急性工业中毒，下同），或者1亿元以上直接经济损失的事故。

（2）重大事故，是指造成10人以上30人以下死亡，或者50人以上100人以下重伤，或者5000万元以上1亿元以下直接经济损失的事故。

（3）较大事故，是指造成3人以上10人以下死亡，或者10人以上50人以下重伤，或者1000万元以上5000万元以下直接经济损失的事故。

（4）一般事故，是指造成3人以下死亡，或者10人以下重伤，或者1000万元以下直接经济损失的事故。

本条中所称的"以上"包括本数，所称的"以下"不包括本数。

四、工程质量事故常见的成因

（1）违背建设程序；

（2）违反法规行为；

（3）地质勘察失误；

（4）设计差错；

（5）施工与管理不到位；

（6）使用不合格的原材料、制品及设备；

（7）自然环境因素；

（8）使用不当。

五、工程质量问题处理的依据

进行工程质量问题处理的主要依据有四个方面：质量问题的实况资料；具有法律效力的，得到有关当事各方认可的工程承包合同、设计委托合同、材料或设备购销合同以及监理合同或分包合同等合同文件；有关的技术文件、档案和相关的建设法规。

六、质量事故的处理程序

（1）进行事故调查，了解事故情况，并确定是否需要采取防护措施；

（2）分析调查结果，找出事故的主要原因；

（3）确定是否需要处理，若需处理，由施工单位确定处理方案；

（4）事故处理；

（5）检查事故处理结果是否达到要求；

（6）事故处理结论；

（7）提交处理方案。

【案例1D420110-1】

1. 背景

某在建机场的飞行区指标Ⅱ为E，在土基填方施工过程中，为了加快施工进度，碾压施工队数次在降雨停止后，立刻按碾压遍数的要求分别使用轻型光轮压路机、20t振动压路机和中型静压光轮压路机进行了初压、复压和终压。在施工过程中，监理工程师按每层400m²一点的频数在土质区布置了土方密实度的检测点，利用重型检测法进行了检测。检测结果为：在土基区顶面下0~100cm范围内，80个点的密实度大于98%，10个点的密实度介于95%~95.5%之间。

2. 问题

（1）填方土基区的土方密实度是否完全合格？

（2）分析造成土基密实度不合格的可能原因。

（3）如果土方密实度全部合格，可否转入下一道施工程序？

3．分析与答案

（1）因为《民用机场飞行区土（石）方与道面基础施工技术规范》MH 5014—2002要求飞行区指标Ⅱ为E的土基区填方部分顶面下（深度0～100cm）的土方密实度达到98%，故不能定为完全合格。

（2）由于压路机的类型和碾压遍数均符合碾压的一般要求，可能造成部分土基密实度不合格的原因是土基含水量过高，远离最佳含水量。

（3）不能立刻转入下道工序，应在土方密实度、高程及平整度全部检验合格后，方可转入下道施工工序。

【案例1D420110-2】

1．背景

某机场场道全长3200m，宽度45m，根据当地情况，设计底基层采用级配碎石、基层采用水泥粉煤灰稳定碎石。根据施工进度要求，施工单位向监理单位提交了基层施工方案，采用厂拌法进行施工，并在施工方案中提出了质量控制关键点。

2．问题

（1）道面基层施工主要质量控制程序是什么？

（2）简述该基层施工中主要质量检测的项目、频数和检验方法。

（3）简述基层、底基层的外形尺寸检查项目、频数和检验方法。

（4）现场进行质量控制的主要方法有哪些？

3．分析与答案

（1）道面基层施工主要质量控制程序：料源选择、材料进场、分批抽查、铺筑试验段、正式施工、隐蔽验收、资料归档、进入下一道工序。

（2）该基层施工中主要质量检测的项目是：底基层级配碎石含水量、级配、拌合均匀性、密实度；基层水泥粉煤灰稳定碎石集料的级配、压碎值、有害物质含量、水泥剂量、含水量、拌合均匀性、密实度、抗压强度。检测频数及方法为：

1）含水量采用现场观察法，异常时随时试验；

2）级配采用现场观察法，异常时随时试验；

3）拌合性采用现场观察法，异常时随时试验；

4）级配碎石密实度采用灌砂法或水袋法，每2000m²三点；

5）水泥粉煤灰稳定碎石密实度采用灌砂法，每2000m²三次以上；

6）级配碎石压碎值和级配采用现场取样，试验室试验法，每4000m²一次，异常时随时增加试验；

7）水泥粉煤灰稳定碎石集料的压碎值、有害物质含量和级配采用现场取样，试验室试验法，异常时随时增加试验；

8）稳定土（碎石）石灰剂量采用现场取样，试验室试验法，每5000m²或每台班一次，至少6个样品；泥粉煤灰稳定碎石抗压强度采用现场取样，试验室试验法，每2000m²不少于6个试件。

（3）基层、底基层的外形尺寸检查项目包括高程、厚度、宽度、横坡度、平整度。高程采用水准仪法，10m×10m方格网控制；厚度采用挖坑或钻孔取芯法，底基层每

5000m²六个点，基层每4000m²六个点；宽度采用尺量法，每100延米一处；横坡度采用水准仪法，每100延米三处；平整度采用3m直尺连续量10次，取最大值方法，每100延米三处。

（4）场道土基工程质量控制方法包括测量、试验、观察、分析、监督和总结提高。

【案例1D420110-3】

1．背景

某机场场道全长3200m，宽度45m，面层采用水泥混凝土，厚度32cm。模板为钢模板，在道面的弯道部分、异形块部位选用木模板，嵌缝料采用氯丁橡胶类嵌缝料。

2．问题

（1）道面面层施工主要质量控制程序是什么？

（2）简述该面层施工中质量控制的项目、频数和检验方法。

（3）水泥混凝土道面外观检查都包括哪些内容？

（4）模板的检查项目包括哪些？

（5）简述接缝板施工质量和嵌缝料施工质量检测项目和检测方法。

3．分析与答案

（1）道面施工主要质量控制程序：选择料源、材料进场、材料试验和配合比、全面施工、验收、质量评定、资料归档、工程移交。

（2）该面层施工中质量控制的项目是：抗折强度、平整度、相邻板高差、表面平均纹理深度、接缝直线性、高程、板厚度、跑道长度、跑道宽度、预埋件预留孔位置中心。

1）抗折强度检验方法有两种，即现场成型室内标准养护小梁抗折试件法和现场随机取样钻圆柱体试件进行劈裂试验作校核。频数为每400m³成型一组28d试件；每1000m³增做一组90d试件；留一定数量试件供竣工验收检验；每10000m²钻一圆柱体；

2）平整度采用3m直尺和塞尺检查，一块板分3次，纵、横、斜随机取样，取一次最大值，检验频度是分块总数的20%；

3）相邻板高差纵、横缝，用尺量方法检验，频数是分块总数的20%；

4）接缝直线性用20m长直线拉直检查，频数是抽查接缝总长度的10%；

5）表面平均纹理深度用填砂法，每块抽查三点，布置在板的任意对角线的两端附近和中间，频数是抽查分块总数的10%；

6）板厚度分拆模后用尺量和随机钻孔取芯后用尺量法两种，拆模后用尺量法抽查分块总数的10%，随机钻孔取芯后用尺量法每10000m²抽查一处；

7）跑道长度按三级导线测量规定精度检查，范围为验收时沿中线测量全长；

8）跑道宽度用钢尺自中心线向两侧丈量，频数为每100m测量一处；

9）道面高程用水准仪测量，每10m测一横断面，测处间距不大于两块板；

10）预埋件预留孔位置中心纵、横两个方向用钢尺量。

（3）外观检查包括：

1）不应有以下严重缺陷：断板、裂缝、错台、板角断裂、露石、脱皮起壳、大面积不均匀沉陷、接缝缺边掉角。

2）不应有以下一般缺陷：小面积剥落、起皮、粘浆、凹坑、足迹、积瘤、蜂窝、麻面等现象。

3）应纹理均匀一致，嵌缝料饱满，粘结牢固，缝缘清洁整齐。

（4）模板的检查项目包括：高度偏差、长度偏差、企口位置及其各部尺寸偏差、两垂直边所夹角的偏差、各种预留孔位置及其孔径的偏差。

（5）接缝板施工检查项目包括：厚度、平面尺寸、平整度、垂直度、粘结强度、外观检查，包括无裂缝、麻面、树节及无缺边掉角。厚度、平面尺寸用钢尺量测；平整度用1m直尺量尺底与板面最大空隙；垂直度用框架水平尺测量；粘结强度用接缝板与混凝土剥离强度检测；外观检查用观测法检查。

嵌缝料施工检测项目：高度、粘结度、外观检查，高度采用尺量，粘结度用眼睛观察，用手剥离、尺量法，外观检查包括不起泡、不溢油、颜色均匀、嵌缝料饱满、密实、缝面整齐、手感软硬均匀一致，接缝两侧板面干净，无嵌缝料污点。

【案例1D420110-4】

1. 背景

某滑行道桥主跨为预制预应力混凝土简支T梁桥，主墩基础为直径2.0m的钻孔灌注桩，桥址处地质为软岩层，设计深度为20m，采用回转钻进施工法钻孔。根据有关检验标准，施工单位制定了钻孔灌注桩的主要检验内容和实测项目如下：

（1）终孔和清孔后的孔位、孔形、孔径、倾斜度、泥浆相对密度；

（2）钻孔灌注桩的混凝土配合比；

（3）凿除桩头混凝土后钢筋保护层厚度；

（4）需嵌入柱身的锚固钢筋长度。

施工单位严格按照设计文件和相关施工验收规范的要求进行预制T梁施工，并拟定了以下主要检验内容：混凝土强度，T梁的宽度和高度，支座表面平整度以及横系梁及预埋件位置。在质量控制方面，重点对主梁预制混凝土强度支座预埋件位置、主梁高差、支座安装型号与方向等进行控制。

2. 问题

（1）请提出钻孔灌注桩成孔质量检查的缺项部分。

（2）对钻孔灌注桩混凝土的检测是否合理？请说明理由。

（3）质量控制关键点按什么原则设置？

（4）施工单位对预制T梁的实测项目是否完备？

（5）在预制T梁质量控制方面，还应开展哪些质量控制？

3. 分析与答案

（1）钻孔灌注桩成孔质量检查除上述项目外，还应检查孔深、孔底沉淀厚度。

（2）不合理，应检测混凝土的强度以及凿除桩头后有无残缺的松散混凝土、桩身的完整性。

（3）质量控制点按以下原则分级设置：

1）施工过程中的重要项目、薄弱环节和关键部位；

2）影响工期、质量、成本、安全、材料消耗等重要因素的环节；

3）新材料、新技术、新工艺的施工环节；

4）质量信息反馈中缺陷频数较多的项目。

（4）不完备，还应检测跨径及梁长。

（5）除上述质量控制重点外，还应对T梁的长度、跨径、预拱度、吊点位置、伸缩缝安装及现浇带混凝土质量进行控制。

【案例1D420110-5】

1．背景

某滑行道桥梁工程设计为T形截面简支梁桥，采用现场灌注方法，施工技术人员为确保工程质量设置了如下一些质量控制点：

（1）支架施工；

（2）后浇段收缩控制；

（3）支座预埋件的位置控制；

（4）支座安装型号、方向的控制；

（5）伸缩缝安装质量的控制。

2．问题

（1）桥梁工程质量检验在灌注混凝土前检验项目包括哪些内容？

（2）拌合、灌注混凝土时的检验项目及抽检次数包括哪些内容？

（3）该技术人员所列的质量控制点是否妥当，请指出错误，并补充完整。

3．分析与答案

（1）灌注混凝土前的检验项目：

1）施工设备和场地；

2）混凝土组成材料及配合比（包括外加剂）；

3）混凝土凝结速度等性能；

4）基础、钢筋、预埋件等隐蔽工程及支架、模板；

5）养护方法及设施。

（2）拌合、灌注混凝土时的检验项目：

1）混凝土组成材料的外观及配料、拌制，每一工作班至少两次，必要时随时抽样试验；

2）混凝土的和易性每工班至少两次；砂石材料的含水率，每日开工前一次，气候有较大变化时随时检测；

3）当含水率变化较大、将使配料偏差超过规定时，应及时调整；

4）钢筋、模板、支架等的稳固性和安装位置；

5）混凝土的运输、灌注方式和质量；

6）外加剂的使用效果，制取混凝土试件及强度检验。

（3）该技术人员所列的质量控制点不妥当，支架施工及后浇段收缩控制不是简支梁桥的质量控制点。简支梁桥的质量控制点除背景中的（3）、（4）、（5）外，还有以下几个方面：

1）简支梁混凝土的强度控制；

2）预拱度的控制；

3）主梁安装梁与梁之间高差控制；

4）梁板之间现浇段混凝土质量控制；

5）简支梁轴线偏位；

6）简支梁与墩台顶面高程。

【案例1D420110-6】

1. 背景

某施工单位承担了某机场弱电系统综合布线系统扩建工程。施工过程中，因运输原因造成光缆、电缆等器材推迟7d到货。为赶工期，施工人员在核对了光缆的型式、规格后，即开始施工，最终弱电机房按预定施工计划完成了设备安装，并准备邀请机场扩建指挥部对安装质量进行检验。

2. 问题

（1）试写出该工程施工前检验项目及内容。

（2）施工人员的做法对吗？施工前还应对光缆进行哪些检查？

（3）设备机柜、机架安装质量检验主要包括哪些内容？

3. 分析与答案

（1）施工单位应进行一系列的施工前检查，包括施工前准备资料的准备是否完备、施工环境是否满足、施工器材是否合格以及安全、防火措施是否满足相关规定等。

（2）施工人员的做法不对。施工前除需检查光缆的型式、规格外，施工前还应对光缆进行以下检查：

1）工程使用光缆的阻燃等级是否符合设计要求；

2）光缆出厂质量检验报告、合格证、出厂测试记录等各种随盘资料是否齐全，所附标志、标签内容是否齐全、清晰，外包装是否注明型号和规格；

3）光缆开盘后应先检查光缆端头封装是否良好。光缆外包装或光缆护套有损伤时，应对该盘光缆进行光纤性能指标测试。同时还应符合下列规定：当有断纤时，应进行处理，并应检查合格后使用；光缆A、B端标识应正确、明显；光纤检测完毕后，端头应密封固定，并应恢复外包装。

4）单盘光缆应对每根光纤进行长度测试；

5）光纤接插软线或光跳线检验是否符合下列规定：两端的光纤连接器件端面应装配合适的保护盖帽；光纤应有明显的类型标记，并应符合设计文件要求；使用光纤端面测试仪对该批量光连接器件端面进行抽验，比例不宜大于5%～10%。

（3）设备机柜、机架安装质量检验主要包括以下内容：

1）规格、外观；

2）安装垂直度、水平度；

3）油漆不得脱落，标志完整齐全；

4）各种螺丝必须紧固；

5）抗震加固措施；

6）接地措施及接地电阻。

【案例1D420110-7】

1. 背景

某施工单位经过合法的招标投标程序承接了某省会新建机场弱电系统综合布线系统工程，要求光纤链路应满足10Gbit/s及以上数据通信需求。为保证工程质量，该单位设计了该工程电气性能测试方法，施工过程中对缆线敷设质量全程跟踪检验，并对测试、检验结果进行了实时记录。

2．问题

（1）综合布线系统工程电气测试主要包括哪些内容？

（2）简述航站楼内缆线敷设质量的检验内容。

（3）光纤特性测试主要包含哪几项？

（4）光纤布线系统性能测试应符合哪几项规定？

3．分析与答案

（1）综合布线系统工程电气测试主要包括：电缆布线系统电气性能测试和光纤布线系统性能测试两部分。

（2）航站楼内缆线敷设质量的检验内容主要有：

1）缆线的型式、规格是否与设计规定相符。

2）缆线在各种环境中的敷设方式、布放间距是否符合设计要求。

3）缆线的布放应自然平直，不得产生扭绞、打圈等现象，不应受到外力的挤压和损伤。

4）缆线的布放路由中不得出现缆线接头。

5）缆线两端应贴有标签，应标明编号，标签书写应清晰、端正和正确。标签应选用不易损坏的材料。

6）缆线应有余量以适应成端、终接、检测和变更，有特殊要求的应按设计要求预留长度。

7）各类缆线的弯曲半径应符合规范要求。

8）综合布线系统缆线与其他管线的间距应符合设计文件要求。同时，电力电缆与综合布线系统缆线应分隔布放；室外墙上敷设的综合布线管线与其他管线的间距应满足规范要求；综合布线缆线宜单独敷设，与其他弱电系统各子系统缆线间距应符合设计文件要求。

9）屏蔽电缆的屏蔽层端到端应保持完好的导通性，屏蔽层不应承载拉力。

（3）光纤特性测试主要包含以下3项：

1）衰减；

2）长度；

3）OTDR曲线。

（4）光纤布线系统性能测试应符合下列规定：

1）光纤布线系统每条光纤链路都必须进行测试，信道或链路的衰减应符合相关规定，并应记录测试所得的光纤长度；

2）应使用发射和接收补偿光纤进行双向OTDR测试；

3）当光纤布线系统性能指标的检测结果不能满足设计要求时，宜通过OTDR测试曲线进行故障定位测试。

【案例1D420110-8】

1．背景

某单位承担了一项民航机场助航建设工程，此机场飞行区技术等级为4D。机场运行等级为Ⅰ类精密进近，跑道长2800m，宽45m，道肩宽各7.5m，对应的平行滑行道长

2800m，宽23m。主要设置包括：灯光站两座、顺序闪光灯、进近灯、障碍灯、跑道边灯、跑道中线灯、滑行道边灯、滑行道中线灯、跑道入口灯（末端灯）、翼排灯、跑道警戒灯、精密进近航道指示器（PAPI灯）及单灯故障检测系统、灯光计算机监控系统、滑行道标记牌、机位标记牌、400Hz中频电源，站坪照明及机务用电。该项工程安装分项工程质量合格率为100%，工程质量均为合格工程。

2. 问题

（1）根据题目要求，列写出助航灯光主要工程项目。

（2）目视助航设施应遵照什么进行安装、施工？

（3）试列写助航灯光安装工程质量综合评定表。

3. 分析与答案

（1）助航灯光主要工程项目包括：

1）跑道灯光系统：中线灯、跑道边灯、跑道入口灯、末端灯、入口翼排灯。

2）滑行道灯光系统：滑行道边灯、滑行道中线灯、跑道警戒灯。

3）进近灯光系统：跑道两端均为Ⅰ类精密进近，设置Ⅰ类精密进近灯光系统。

4）精密进近航道指示器：两端各设一套，设在由飞机进近时驾驶员看到的跑道左侧。

5）单灯故障检测装置：只对跑道中线灯、进近灯安装。

6）敷设电缆。

7）安装隔离变压器、灯箱、灯盘。

8）助航灯光计算机监控系统的安装、调试。

（2）工程施工应严格按设计要求并遵照《民用机场目视助航设施施工质量验收规范》MH/T 5012—2010进行。

（3）助航灯光安装工程质量综合评定表，见表1D420118。

助航灯光安装工程质量综合评定表　　　　　　　　　　表1D420118

序　号	分项工程名称	质量情况	备　注
1	高低压配电装置安装工程	合格	
2	电力变压器安装工程	合格	
3	柴油发电机组安装工程	合格	
4	调光柜、计算机监控系统安装工程	合格	
5	通用电缆线路工程	合格	
6	灯箱及灯盘安装工程	合格	
7	灯具及标记牌安装工程	合格	
8	隔离变压器安装工程	合格	
9	灯光电缆线路工程	合格	
10	电源系统调试	合格	

续表

序　号	分项工程名称	质量情况	备　注
11	灯光回路调试	合格	
12	目视助航灯光系统总体功能调试	合格	
13	站坪照明及机务用电	合格	
14	质量保证资料	合格	
15	土建工程	合格	

【案例1D420110-9】

1. 背景

2015年5月×日，夜间2时许，某市的民用机场滑行道桥发生断裂，幸未造成人员伤亡。经事故调查、原因分析，发现造成该质量事故的主要原因是施工队伍技术水平低，施工时将受力钢筋位置放错，使滑行道桥下部结构受拉区无钢筋而产生脆性破坏。

2. 问题

（1）如果该工程施工过程中实施了工程监理，监理单位对该起质量事故是否应承担责任？原因是什么？

（2）施工单位现场质量检查的内容有哪些？

（3）本工程施工单位应采取哪些质量控制对策来保证施工质量？

（4）钢筋隐蔽工程验收要点是什么？

（5）简述施工项目质量控制的方法与过程。

3. 分析与答案

（1）如果该工程施工过程中实施了工程监理，监理单位应对该起质量事故承担责任。原因是：监理单位接受了建设单位委托，并收取了监理费用，具备了承担责任的条件，而施工过程中，监理未能发现钢筋位置放错的质量问题，因此，必须承担相应责任。

（2）现场质量检查的内容：

1）开工前检查；

2）工序交接检查；

3）隐蔽工程检查；

4）停工后复工前的检查；

5）分项、分部工程完工后，应经检查认可，签署验收记录后，才允许进行下一施工；

6）成品保护检查。

（3）质量控制的对策主要有：

1）以人的工作质量确保工序质量；

2）严格控制投入品的质量；

3）全面控制施工过程，重点控制工序质量；

4）严把分项工程质量检验评定关；

5）贯彻"预防为主"的方针；

6）严防系统性因素引起的质量变异。

（4）钢筋隐蔽验收要点：

1）按施工图核查纵向受力钢筋，检查钢筋品种、直径、数量、位置、间距、形状；

2）检查混凝土保护层厚度，构造钢筋是否符合构造要求；

3）钢筋锚固长度、箍筋加密区及加密间距；

4）检查钢筋接头，如绑扎搭接，要检查搭接长度、接头位置和数量（错开长度、接头百分率）；焊接接头或机械连接，要检查外观质量、取样试件力学性能试验是否达到要求、接头位置（相互错开）和数量（接头百分率）。

（5）质量控制的方法，主要是审核有关技术文件的报告直接进行现场质量检验或必要的试验等。施工项目的质量控制过程是从工序质量到分项工程质量、分部工程质量、单位工程质量的过程，也是一个由投入原材料的质量控制开始，直到完成工程质量检验为止的全过程的系统的过程。

【案例1D420110-10】

1. 背景

某机场场道工程，由于赶上雨期不能施工，造成工期延误。在赶工期过程中，对填土区压实处理不当，致使土基发生沉陷。在监理的要求下，施工单位对发生沉陷的土基进行了处理。这次质量事故造成经济损失200万元。

2. 问题

（1）根据事故的性质及严重程度，工程质量事故可分为哪几类？该质量事故属于哪一类？为什么？

（2）对该质量事故的处理程序是什么？

3. 分析与答案

（1）按事故的性质及严重程度划分，工程质量事故分为四个等级，分别是：一般事故、较大事故、重大事故、特别重大事故。该事故属于一般事故。因为此事故经济损失为200万元，在100万~1000万元之间。

（2）质量事故的处理程序：

1）进行事故调查，了解事故情况，并确定是否需要采取防护措施；

2）分析调查结果，找出事故的主要原因；

3）确定是否需要处理，若需处理，施工单位确定处理方案；

4）事故处理；

5）检查事故处理结果是否达到要求；

6）事故处理结论；

7）提交处理方案。

1D420120　民航机场工程合同管理

1D420121　民航机场工程合同变更程序

合同变更是指合同成立以后和履行完毕以前由双方当事人依法对合同的内容所进行的修改，包括合同价款、工程内容、工程的数量、质量要求和标准、实施程序等的一切改变都属于合同变更。

工程变更一般是指在工程施工过程中，根据合同约定对施工的程序、工程的内容、数量、质量要求及标准等做出的变更。工程变更属于合同变更，合同变更主要是由于工程变更而引起的，合同变更的管理也主要是进行工程变更的管理。

一、工程变更的原因

工程变更一般主要有以下几个方面的原因：

（1）建设单位新的变更指令，对建筑的新要求。如建设单位有新的意图，建设单位修改项目计划、削减项目预算等。

（2）由于设计人员、监理方人员、承包商事先没有很好地理解建设单位的意图，或设计的错误，导致图纸修改。

（3）工程环境的变化，预定的工程条件不准确，要求实施方案或实施计划变更。

（4）由于产生新技术和知识，有必要改变原设计、原实施方案或实施计划，或由于建设单位指令及建设单位责任的原因造成承包商施工方案的改变。

（5）政府部门对工程新的要求，如国家计划变化、环境保护要求、城市规划变动等。

（6）由于合同实施出现问题，必须调整合同目标或修改合同条款。

二、变更范围和内容

根据国家发展和改革委员会等九部委联合编制的《标准施工招标文件》（2017年版）中的通用合同条款的规定，除专用合同条款另有约定外，在履行合同中发生以下情形之一，应按照本条规定进行变更：

（1）取消合同中任何一项工作，但被取消的工作不能转由发包人或其他人实施；

（2）改变合同中任何一项工作的质量或其他特性；

（3）改变合同工程的基线、标高、位置或尺寸；

（4）改变合同中任何一项工作的施工时间或改变已批准的施工工艺或顺序；

（5）为完成工程需要追加的额外工作。

三、变更权

根据九部委《标准施工招标文件》（2017年版）中通用合同条款的规定，在履行合同过程中，经发包人同意，监理人可按合同约定的变更程序向承包人作出变更指示，承包人应遵照执行。没有监理人的变更指示，承包人不得擅自变更。

四、变更合同价款的调整原则

（1）合同中已有适用于变更工程单价的，按合同已有的单价计算和变更合同价款；

（2）合同中只有类似于变更工程的单价，可参照它来确定变更价格和变更合同价款；

（3）合同中没有上述单价时，由承包方提出相应价格，经监理工程师确认后执行。

五、工程变更的程序

根据《标准施工招标文件》（2017年版）中通用合同条款的规定，变更的程序如下：

（1）变更发生后的14d内，承包方提出变更价款报告，经监理工程师确认后调整合同价；

（2）若变更发生后14d内，承包方不提出变更价款报告，则视为该变更不涉及价款变更；

（3）监理工程师收到变更价款报告日起14d内应对其予以确认；若无正当理由不确认时，自收到报告时算起14d后该报告自动生效。

根据《标准施工招标文件》（2017年版）中通用合同条款的规定，变更指示只能由监理人发出。

六、承包人建议

根据九部委《标准施工招标文件》（2017年版）中通用合同条款的规定，在履行合同过程中，承包人对发包人提供的图纸、技术要求以及其他方面提出的合理化建议，均应以书面形式提交监理人。监理人应与发包人协商是否采纳建议。建议被采纳并构成变更的，应按合同约定的程序向承包人发出变更指示。

七、变更估价原则

除专用合同条款另有约定外，因变更引起的价格调整按照本款约定处理。

（1）已标价工程量清单中有适用于变更工作的子目的，采用该子目的单价。

（2）已标价工程量清单中无适用于变更工作的子目，但有类似子目的，可在合理范围内参照类似子目的单价，由监理人按《标准施工招标文件》（2017年版）第3.5款商定或确定变更工作的单价。

（3）已标价工程量清单中无适用或类似子目的单价，可按照成本加利润的原则，由监理人提出或确定变更工作的单价。

1D420122　民航机场工程施工索赔及相关规定

一、施工单位的索赔要求成立必须同时具备的四个条件

（1）与合同相比较，已造成了实际的额外费用或工期损失；

（2）造成费用增加或工期损失的原因不属于施工单位的行为责任；

（3）造成的费用增加或工期损失不是应由施工单位承担的风险；

（4）施工单位在事件发生后的规定时间内提交了索赔的书面意向通知和索赔报告。

二、工期索赔的依据

主要有：施工日志；气象资料；建设单位或监理工程师的变更指令；合同规定工程总进度计划；对工期的修改文件，如会议纪要、来往信件；受干扰的实际工程进度；影响工期的干扰事件。

三、索赔程序

1. 意向通知

索赔事件发生后的28d内，受害方向监理工程师发出索赔意向通知。当该索赔事件持续发生时，应该阶段性地发出索赔意向通知，并在索赔事件结束后的28d内向监理工程师送交总的索赔意向通知。

2. 提交索赔报告和有关资料

发出索赔意向通知后的28d，向监理工程师提出延长工期和补偿经济损失的索赔报告及有关资料。如果承包人未能按时间提出索赔报告，则失去就该项事件请求补偿的权利。

3. 索赔报告评审

监理工程师在接到正式索赔报告后，应认真研究该资料，依据合同条款划清责任界限，剔除报告中不合理的部分，拟定自己计算的合理索赔款额和工期顺延天数。

4. 谈判

监理工程师核查后初步确定的补偿额度往往与承包人索赔报告中的不一致，因此，双

方应就索赔处理进行协商，在与发包人、承包人广泛讨论后，监理工程师应提出自己的"索赔处理决定"。

5. 发包人审查索赔处理

如果监理工程师批准的补偿额度和工期顺延天数在授权范围之内，则可将结果直接通知承包人，并抄送发包人。但是，如果超出了授权范围，则必须报请发包人批准。经发包人同意后，监理工程师方可签发有关证书。

6. 承包人是否接受最终索赔处理

由于上述索赔处理决定并不是终局的，如果承包人不同意该处理，则会导致合同争议。解决合同争议推荐采用和解、调解的方式，如果仍未能解决争议，则可以采用仲裁或诉讼手段。

1D420123 民航机场工程项目合同担保的规定

一、投标担保

1. 投标担保的概念

投标担保，或投标保证金，是指投标人保证其投标被接受后对其投标书中规定的责任不得撤销或者反悔。否则，招标人将对投标保证金予以没收，投标保证金的数额一般为投标价的2%左右，但最高不得超过80万元人民币。投标保证金有效期应当与投标有效期一致。投标人不按招标文件要求提交投标保证金的，该投标文件将被拒绝，作废标处理。

2. 世行《采购指南》关于投标保证金的规定

投标保证金应当根据投标商的意愿采用保付支票、信用证或者由信用好的银行出具保函等形式。应允许投标商提交由其选择的任何合格国家的银行直接出具的银行保函。投标保证金应当在投标有效期满后28d内一直有效，其目的是给借款人在需要索取保证金时，有足够的时间采取行动。一旦确定不能对其授予合同，应及时将投标保证金退还给落选的投标人。

二、履约担保

1. 履约担保的概念

所谓履约担保，是指发包人在招标文件中规定的要求承包人提交的保证履行合同义务的担保。

2. 世行《采购指南》对履约担保的规定

工程的招标文件要求一定金额的保证金，其金额足以抵偿借款人（发包人）在承包人违约时所遭受的损失。该保证金应当按照借款人在招标文件中的规定以适当的格式和金额采用履约担保书或者银行保函形式提供。担保书或者银行保函的金额将根据提供保证金的类型和工程的性质和规模有所不同。该保证金的一部分应延期至工程竣工日之后，以覆盖截至借款人最终验收的缺陷责任期或维修期；另一种做法是，在合同规定从每次定期付款中扣留一定百分比作为保留金，直到最终验收为止。可允许承包人在临时验收后用等额保证金来代替保留金。

3. FIDIC《土木工程施工合同条件》对履约担保的规定

（1）如果合同要求承包人为其正确履行合同取得担保时，承包人应在收到中标函之后28d内，按投标书附件中注明的金额取得担保，并将此保函提交给发包人。该保函应与投标书附件中规定的货币种类及其比例相一致。当向发包人提交此保函时，承包人应将这一情况通知工程师。该保函采取本条件附件中的格式或由发包人和承包人双方同意的格式。提供担保的机构须经发包人同意。除非合同另有规定，执行本款时所发生的费用应由承包人负担。

（2）在承包人根据合同完成施工和竣工，并修补了任何缺陷之前，履约担保将一直有效。在发出缺陷责任证书之后，即不应对该担保提出索赔，并应在上述缺陷责任证书发出后14d内将该保函退还给承包人。

（3）在任何情况下，发包人在按照履约担保提出索赔之前，皆应通知承包人，说明导致索赔的违约性质。

三、预付款担保

1. 预付款担保的概念

预付款担保是指承包人与发包人签订合同后，承包人正确、合理使用发包人支付的预付款的担保。建设工程合同签订以后，发包人给承包人一定比例的预付款，一般为合同金额的10%，但需由承包人的开户银行向发包人出具预付款担保。

2. 世行《采购指南》关于预付款担保的规定

世行《采购指南》规定，货物或土建工程合同签字后支付的任何预付款及类似的支出应参照这些支出的估算金额，并应在招标文件中予以规定。对其他预付款的支付金额和时间（比如为交运到现场用于土建工程的材料所作的材料预付款）也应有明确规定。招标文件应规定为预付款所需的任何保证金所应做出的安排。

四、支付担保

1. 支付担保的概念

支付担保是指应承包人的要求，发包人提交的保证履行合同中约定的工程款支付义务的担保。

2. 支付担保的形式

支付担保主要形式有银行保函、履约保证金和担保公司担保。

发包人支付担保应是金额担保。实行履约金分段滚动担保。担保额度为工程总额的20%~25%。本段清算后进入下段。已完成担保额度，发包人未能按时支付，承包人可依据担保合同暂停施工，并要求担保人承担支付责任和相应的经济损失。

3. 支付担保的作用

支付担保的主要作用是通过对发包人资信状况进行严格审查并落实各项反担保措施，确保工程费用及时支付到位；一旦发包人违约，付款担保人将代为履约。

4. 支付担保有关规定

《建设工程施工合同（示范文本）》（GF–2017–0201）第41条规定了关于发包人工程款支付担保的内容：

发包人承包人为了全面履行合同，应互相提供以下担保：发包人向承包人提供担保，按合同约定支付工程价款及履行合同约定的其他义务；承包人向发包人提供担保，按合同约定履行自己的各项义务。

一方违约后，另一方可要求提供担保的第三人承担相应责任。

提供担保的内容、方式和相关责任，发包人承包人除在专用条款中约定外，被担保方与担保方还应签订担保合同，作为本合同附件。

【案例1D420120-1】

1. 背景

某民用机场工程在施工图设计完成后，建设单位（简称业主）通过招标投标选择了一家承包单位承包该工程的施工任务。由于地基情况复杂且工程量难以确定，双方商定拟采用单价合同形式签订施工合同，以减少双方的风险。合同的部分条款摘要如下：

（1）协议书中的部分条款：

工程概况：×××

工程名称：某民用机场；

工程地点：某市；

工程内容：建筑面积为9000m²的航站楼。

（2）工程承包范围：

承包范围：某机场工程设计院设计的施工图所包括的土建、装饰、水暖电工程。

（3）合同工期：

开工日期：2013年6月1日；

竣工日期：2014年12月30日；

合同工期（总日历天数）：545d（扣除10月1日—3日，春节初一—初七，5月1日—3日）。

（4）质量标准：

工程质量标准：达到甲方规定的质量标准。

（5）合同价款：

合同总价为：叁佰玖拾陆万肆仟圆人民币（396.4万元）。

……

（6）乙方承诺的质量保修：

在该项目设计规定的使用年（50年）内，乙方承担全部保修责任。

（7）甲方承诺的合同价款支付期限与方式：

1）工程预付款：于开工之日起支付合同总价的10%作为预付款。预付款不予扣回，直接抵作工程进度款。

2）工程进度款：基础工程完工后，支付合同总价的10%；主体结构三层完成后，支付合同总价的20%；主体结构全部封顶后，支付合同总价的20%；工程基本竣工时，支付合同总价的30%。为确保工程如期竣工，乙方不得因甲方资金的暂时不到位而停工、拖延工期。

（8）补充协议条款：

1）乙方按业主代表批准的施工组织设计（或施工方案）组织施工，乙方不应承担因此引起的工期延误和费用增加的责任。

2）甲方向乙方提供施工场地的工程地质和地下主要管网线路资料，供乙方参考使用。

3）乙方不能将工程转包，但允许分包，也允许分包单位将分包的工程再次分包给其他施工单位。

2. 问题

（1）该项工程合同中业主与施工单位选择单价合同形式是否妥当？

（2）假如在施工招标文件中，按工期定额计算，该工程工期为545d。那么你认为该工程合同的合同工期应为多少天？

（3）该合同拟订的条款有哪些不妥当之处？应如何修改？

（4）合同价款变更的原则包括哪些内容？

（5）合同价款变更的程序包括哪些内容？

（6）合同争议如何解决？

3．分析与答案

（1）该项工程采用单价合同形式妥当。因为项目工程量难以确定，采用单价合同可以规避一定风险。

（2）根据合同文件的解释顺序，协议条款与招标文件在内容上有矛盾时，应以协议条款为准，应认定工期目标为545d。

（3）该合同条款存在的不妥之处及其修改：

1）合同工期总日历天数不应扣除节假日，可以将该节假日时间加到总日历天数中。

2）不应以甲方规定的质量标准作为该工程的质量标准，而应以《建筑工程施工质量验收统一标准》GB 50300-2013中规定的质量标准作为该工程的质量标准。

3）质量保修条款不妥，应按《建设工程质量管理条例》（中华人民共和国国务院令第279号，2019年4月23日第二次修正）的有关规定进行修改。

4）工程价款支付条款中的"基本竣工时间"不明确，应修订为具体明确的时间；"乙方不得因甲方资金的暂时不到位而停工和拖延工期"条款显失公平，应说明甲方资金不到位在什么期限内乙方不得停工和拖延工期，且应规定逾期支付的利息如何计算。

5）补充条款第2条中，"供乙方参考使用"提法不当，应修订为保证资料（数据）真实、准确，作为乙方现场施工的依据。

6）补充条款第3条不妥，不允许分包单位再次分包。

（4）变更合同价款的调整原则：

1）合同中已有适用于变更工程单价的，按合同已有的单价计算和变更合同价款；

2）合同中只有类似于变更工程的单价，可参照它来确定变更价格和变更合同价款；

3）合同中没有上述单价时，由承包方提出相应价格，经监理工程师确认后执行。

（5）确定变更价款的程序是：

1）变更发生后的14d内，承包方提出变更价款报告，经监理工程师确认后调整合同价；

2）若变更发生后14d内，承包方不提出变更价款报告，则视为该变更不涉及价款变更；

3）监理工程师收到变更价款报告日起14d内应对其予以确认；若无正当理由不确认时，自收到报告时算起14d后该报告自动生效。

（6）合同双方发生争议可通过下列途径寻求解决：

1）协商和解；

2）有关部门调解；

3）按合同约定的仲裁条款申请仲裁；

4）向有管辖权的法院起诉。

【案例1D420120-2】

1. 背景

2015年5月，某民用机场建设工程项目，按FIDIC合同条件签订了施工合同。在施工中，发现建设单位资料提供有差错，监理工程师遂书面指令暂停施工，事件发生后18d，承包方根据重新复查结果，正式书面通知监理工程师要求索赔，并于事件发生后26d提交了索赔报告，提出了索赔数额及有关证据，监理工程师按有关合同条款及索赔程序进行了处理。

2. 问题

（1）监理工程师审查索赔事实时应做哪些查证工作？不同情况如何处理？

（2）如果由于建设单位提供的有差错的资料而导致承包方停工，由此产生的费用索赔是否应包括利润？为什么？

（3）如果承包方已按建设单位提供的有差错资料实施工程，承包方对已完工程进行补救而增加了费用索赔是否应包括利润？为什么？

3. 分析与答案

（1）监理工程师应做如下查证工作及相应处理：

1）检查承包方的索赔申请符合索赔程序及时效要求。

2）检查承包方对地面标桩或控制点的保证工作及有关资料。如查明事件是由于承包方的保护不善，使其发生移位或变动等所致，则应由承包方承担纠正差错的所有费用。

3）检查承包方施工放线的方法、仪器及操作记录。如系由于方法不当、仪器精度和可用性问题或操作有误，因而导致差错，则也应由承包方承担责任。

4）核查建设单位提供资料的正确性（按照不免除承包商的责任条款）。如系开工前由所提供资料的差错造成，应由承包方负责，因为承包人在开工前，必须复核资料的准确性并且应纠正；如果施工中监理认为有错，然后复查又没有错，则应批准承包方的费用索赔要求。

（2）不应包括利润，因为利润是包括在工程施工项的价格（综合单价）内，未施工仅停工，其损失费用不应包括利润。

（3）应包括利润，因为利润应包括在施工费用中，所以对已完工程进行补救及改正的费用应计入利润。

【案例1D420120-3】

1. 背景

某民用机场工程，在签订施工合同前，建设单位（简称业主）即委托一家项目管理公司协助业主完善和签订施工合同，某工程师查看了业主和施工单位草拟的施工合同条件后，注意到有以下一些条款：

（1）施工单位按监理工程师批准的施工组织设计（或施工方案）组织施工，施工单位不应承担因此引起的工期延误和费用增加的责任。

（2）建设单位向施工单位提供施工场地的工程地质和地下主要管网线路资料，仅供施工单位参考使用。

（3）施工单位不能将工程转包，但允许分包，也允许分包单位将分包的工程再次分包给其他施工单位。

（4）无论建设单位是否参加隐蔽工程的验收，当其提出对已经隐蔽的工程重新检验的要求时，施工单位应按要求进行剥露，并在检验合格后重新进行覆盖或者修复。检验如果合格，建设单位承担由此发生的经济支出，赔偿施工单位的损失并相应顺延工期。检验如果不合格，施工单位则应承担发生的费用，工期应予顺延。

2. 问题

请逐条指出以上合同条款中的不妥之处，并提出应如何改正。

3. 分析与答案

（1）"施工单位不应承担因此引起的工期延误和费用增加的责任"不妥。

改正：施工单位按监理工程师批准的施工组织设计（或施工方案）组织施工，不应承担非自身原因引起的工期延误和费用增加的责任。（说明：如果在答案中包含了"不应免除施工单位应承担的责任"的内容，亦可）

（2）"仅供施工单位参考使用"不妥。

改正：保证资料（数据）真实、准确（或作为施工单位现场施工的依据）。

（3）"再次分包"不妥。

改正：不允许分包单位再次分包。

（4）"检验如果不合格，工期应予顺延"不妥。

改正：工期不予顺延。

【案例1D420120-4】

1. 背景

某机场工程建设项目，业主与施工单位签订了工程施工承包合同，工程未进行投保。在工程施工过程中，遭受了罕见的特大暴风雨袭击，造成了相应的损失。施工单位及时向监理工程师提出索赔要求，并附索赔有关的资料和证据。索赔报告的基本内容如下：

（1）罕见的特大暴风雨属于非施工单位原因造成的损失，故应由业主承担赔偿责任。

（2）已建部分工程造成损坏，损失计23万元，应由业主承担修复的经济责任，施工单位不承担修复的经济责任。

（3）施工单位人员因此灾害数人受伤，处理伤病医疗费用和补偿金总计5万元，业主应给予赔偿。

（4）施工单位进场的在用机械、设备受到损坏，损失金额4.2万元，业主应负担赔偿和修复的经济责任，工人窝工费3.8万元，业主应予支付。

（5）因罕见的特大暴风雨造成现场停工10d，要求合同工期顺延10d。

（6）由于工程破坏，清理现场需要费用2.4万元，业主应予支付。

2. 问题

（1）监理工程师接到施工单位提交的索赔申请后，应进行哪些工作（请详细分条列出）？

（2）不可抗力发生后风险承担的原则是什么？

（3）索赔成立的前提条件有哪些？

（4）对施工单位提出的要求如何处理（请逐条回答）？

3. 分析与答案

（1）监理工程师接到索赔申请通知后应进行以下工作：

1）进行调查、取证；

2）审查索赔成立条件，确定索赔是否成立；

3）分清责任，认可合理索赔；

4）与施工单位协商，统一意见；

5）签发索赔报告，处理意见报业主核准。

（2）不可抗力风险承担责任的原则：

1）工程本身的损害由业主承担；

2）人员伤亡由其所属单位负责，并承担相应费用；

3）造成施工单位机械、设备的损坏及停工等损失，由施工单位承担；

4）工程清理、修复费用，由业主承担；

5）工期给予顺延。

（3）索赔成立的前提条件包括以下4条，且必须是同时具备，缺一不可：

1）与合同相比较，已造成了实际的额外费用或工期损失；

2）造成费用增加或工期损失的原因不属于施工单位的行为责任；

3）造成的费用增加或工期损失不是应由施工单位承担的风险；

4）施工单位在事件发生后的规定时间内提交了索赔的书面意向通知和索赔报告。

（4）对施工单位提出要求的处理方法如下：

1）经济损失由双方分别承担，工期延误应给予签证顺延；

2）工程修复、重建的23万元工程款应由业主支付；

3）施工单位人员因灾受伤的医疗费和补偿金索赔不予认可，5万元损失由施工单位承担；

4）施工单位机械、设备的损失索赔不予认可，所有损失由施工单位承担；

5）认可顺延合同工期10d；

6）工程现场清理费用2.4万元由业主承担。

【案例1D420120-5】

1. 背景

某工程，建设单位在招标公告中明确要求投标单位须交纳保证金，中标单位不得拒签合同，否则不予退还保证金。A施工单位中标，在合同谈判中，建设单位提出：（1）原定建设单位提供的材料和设备，按建设单位提供的价款加入中标价作为总价款；（2）合同价款在总价款的基础上下浮7%，为固定总价合同；（3）施工方不得以任何理由延误工期，每延迟1d，罚款人民币5万元，并视为违约，可向施工方进行进度索赔。由于建设单位原因延误工期，施工方不得索赔。A施工单位在与律师商讨后，拒签合同。建设单位以在招标公告中已明确为由，拒绝退还保证金，经协商无效，诉诸法律，后建设单位败诉。

2. 问题

（1）订立工程承包合同后应符合哪些基本原则？本案中，哪些条款违背了这些原则？

（2）建设单位为何败诉？

（3）当事人违约的责任包括了哪些情况？A施工单位是否违约？

（4）本案中，建设单位要求进行索赔是否合理？

3. 分析与答案

（1）订立工程承包合同后应符合下列原则：

1）合同当事人的法律地位应平等。合同一方不能改变招标文件和投标书的实质性内容，以上三点都属实质性内容，一方不得将自己的意志强加给另一方；

2）当事人依法享有自愿订立合同的权利，任何单位和个人不得非法干预；

3）当事人确定各方的权利和义务应当遵守公平原则；

4）当事人行使权利、履行义务应遵循诚实信用原则；

5）当事人应当遵守法律、行政法规和社会公德，不得扰乱社会经济秩序，不得损害社会公共利益；在本案中建设单位将原定的合同价款在总价款基础上下浮7%是不合理的；施工方不得以任何理由延迟工期，也是不合理的。如遇建设单位的原因，不可抗力等原因都不能延迟工期，典型的不平等条约，违反了公平的原则。

（2）由于合同条件违反的公平原则，A施工单位拒签合同是合理的，建设单位理应退还保证金。

（3）当事人违约责任包括：

1）当事人一方不履行合同义务或履行合同义务不符合合同约定的，应当承担继续履行，采取补救措施或赔偿损失等责任，而不论违约方是否有过错责任。

2）当事人一方因不可抗力不能履行合同的，应对不可抗力的影响部分（或者全部）免除责任，但法律另有规定的除外。当事人延迟履行后发生不可抗力的，不能免除责任，不可抗力不是当然的免责条件。

3）当事人一方因第三方的原因造成违约的，应要求对方承担违约责任。

4）当事人一方违约后，对方应采取适当措施防止损失的扩大，否则不得就扩大的损失要求赔偿。

A施工单位没有违约。

（4）索赔是当事人在合同实施过程中，根据法律、合同规定，由于对方原因给自己造成损失而向对方提出给予补偿要求的一种行为。本案中，建设单位不问原因进行索赔，不合理也不合法。

【案例1D420120-6】

1. 背景

某施工单位中标某机场民航空管工程改造、建设项目。施工期间发生如下事件。

事件一：安装航向天线时，不小心弄坏一根射频电缆，监理在处理事件时发现施工单位的施工方案中关于电缆敷设的质量控制不明晰，要求施工单位进行整改上报批准后再施工。

事件二：完成了机场附近的多普勒全向信标设备安装调试。

2. 问题

（1）说明天线电缆敷设的质量控制要点。

（2）多普勒全向信标安装调试包括哪些工作内容？

（3）说明全向信标天线地网安装施工工序。

3. 分析与答案

（1）射频电缆铺设前应仔细检查电缆无明显损伤，电缆标志清楚正确，电缆头安装牢固，无松动；分别检查天线系统所有射频电缆的物理和电气长度，确保所有射频、交/直流电缆的物理、电气长度和绝缘性正常；埋地电缆（即航向天线阵至机房段发射和监控用同轴电缆和障碍灯电源电缆）应按设计要求进行施工，埋地电缆如无特殊要求下应采用保护管保护埋地，同轴电缆和障碍灯电源电缆应分管铺设；电缆铺设中不能损伤电缆，电缆如需弯曲，弯曲半径不能小于电缆直径的15倍或不小于15cm，两者采用大的数值。

（2）多普勒全向信标安装调试分为室外机械部分安装、室内设备安装、设备电气调试三个部分。

（3）天线地网施工前应按台站设计要求平整处理场地，场地高程应达到设计标高，地面硬度或密实度符合设计要求，且排水顺畅。之后进行地网基础施工、地网安装调试、接地连接等。

【案例1D420120-7】

1．背景

某机场次降方向安装仪表着陆系统，某施工单位承接该工程。在工程进行过程中发生如下事件：

事件一：在合同执行过程中，由于建设单位拖欠工程进度款，造成合同工期延长和巨大额外开支；

事件二：施工单位完成了下滑信标安装调试。

2．问题

（1）可以进行索赔的项目有哪些？

（2）索赔的程序是怎样的？

（3）简述下滑塔拼装工序及质量要求。

3．分析与答案

（1）工期索赔和费用索赔。费用索赔包括人员往来费用、保函延期费、人工费上涨、行政管理费增加的额外费用、材料费上涨、机械设备折旧。

（2）索赔事件发生后28d内，向建设单位代表提出索赔意向通知。发出索赔意向通知后28d内，向工程师提出延长工期和补偿经济损失的索赔报告及有关资料。建设单位代表收到索赔报告及有关资料28d内答复或要求进一步补充索赔理由和证据。如未在28d内答复，视为索赔认可。如果索赔事件持续进行，应阶段性向建设单位代表发出索赔意向，在索赔事件终了后28d，向工程师提交索赔有关资料和最终索赔报告。索赔答复程序与上述规定相同。

（3）下滑塔拼装工序及质量要求：应按设备所配的技术资料进行铁塔组装，各部分的所用螺栓螺母不能混用，螺栓紧固时力矩应大小一致，铁塔组装好后应不存在目视可察觉的弯曲；如需在吊装铁塔前安装天线和铺设RF电缆，应把铁塔在地面上固定牢固，防止铁塔翻转损坏天线和RF电缆；铁塔吊装时应按厂家手册中提供的规范和吊装工作安全施工原则操作，采取安全措施，配备安全人员。如无须通过铁塔进行天线前后倾设置，铁塔各段垂直投影的重合误差不宜超过1.5cm。如在铁塔上加装雷电接闪器装置，应与铁塔电气隔离，避雷器的工艺要求参见相关避雷规范。

【案例1D420120-8】

1．背景

某机场进行空管及助航灯光工程扩建，在承包合同中规定进口设备和助航灯光电缆材料由建设单位指定的供应商提供，按合同约定设备材料应于开工后1个月内运抵施工现场，但实际上进口设备在开工后35d运抵现场，助航灯光电缆在开工后45d才运抵现场，致使工程无法按原施工进度计划进行，造成工程窝工。

2. 问题

（1）由于设备材料未及时到达施工现场造成的损失，施工单位是否可提出索赔？如果要索赔，应该向谁索赔，为什么？

（2）哪些单位参加设备材料到场后的验收？

（3）设备材料进场时应具备哪些质量证明文件？

3. 分析与答案

（1）施工单位可提出索赔，应向建设单位提出索赔，理由：①由于施工单位与设备材料供应商之间并无合同关系，故施工单位不可能向设备材料供应商提出索赔；②设备材料应在工程开工1个月内运抵施工现场是施工承包合同的约定，故设备材料未按约定时间运抵现场是建设单位违约。

（2）参加验收的单位包括：建设单位、施工单位、监理单位和设备材料供应商。

（3）设备材料进场时应具备的质量证明文件：

1）对于工程材料，进场时应具备正式的出厂合格证和材质化验单；

2）对于工程设备，进场时应具备厂家批号和出厂合格证及民航局颁发的准入许可证；

3）对于进口设备，必须经海关商检合格。

【案例1D420120-9】

1. 背景

某机场弱电系统建设工程项目采用了固定单价施工合同。工程招标文件参考资料中提供的光缆供应商为当地一家公司。但是开工后，经检查该光缆不符合要求，承包商只得从另一家外地企业采购，造成光缆部分成本上升。而在一个关键工作面上又发生了几种原因造成的临时停工：5月20日—5月26日承包商的施工设备出现了从未出现过的故障；应于5月24日交给承包商的后续图纸直到6月10日才交给承包商；6月7日—6月12日施工现场下了罕见的特大暴雨，造成了6月11日—6月14日该地区的供电全面中断。就上述问题，承包方向相关部门提出索赔。

2. 问题

（1）承包商的索赔要求成立的条件是什么？

（2）光缆异地采购引起的费用增加，承包商经过仔细认真计算后，于建设单位指令下达的第3天，向建设单位的造价工程师提交了将原用光缆单价每米提高0.5元人民币的索赔要求。该索赔要求是否可以被批准？为什么？

（3）承包商对因建设单位原因造成窝工损失进行索赔时，要求设备窝工损失按台班计算，人工的窝工损失按日工资标准计算是否合理？如不合理该怎样计算？

3. 分析与答案

对该案例的求解首先要弄清工程索赔的概念，工程索赔成立的条件，施工进度拖延和费用增加的责任划分与处理原则，特别是在出现共同延误情况下工期延长和费用索赔的处理原则与方法，以及竣工拖期违约损失赔偿金的处理原则与方法。

（1）承包商的索赔要求成立须同时具备如下四个条件：

1）与合同相比较，已造成了实际的额外费用或工期损失；

2）造成费用增加或工期损失的原因不是由于承包商的过失；

3）造成的费用增加或工期损失不是应由承包商承担的风险；

4）承包商在事件发生后的规定时间内提出了索赔的书面意向通知和索赔报告。

（2）光缆异地采购提出的索赔不能被批准，原因是：

1）承包商应对自己招标文件的解释负责；

2）承包商应对自己报价的正确性与完备性负责；

3）作为一个有经验的承包商可以通过现场踏勘确认招标文件参考资料中提供的光缆质量是否合格，若承包商没有通过现场踏勘发现将用光缆质量问题，其相关风险应由承包商承担。

（3）不合理。因窝工闲置的设备按折旧费或停滞台班费或租赁费计算，不包括运转费部分；人工费损失应考虑这部分工作的工人调做其他工作时工效降低的损失费用；一般用工日单价乘以一个测算的降效系数计算这一部分损失，而且只按成本费用计算，不包括利润。

1D420130　民航机场工程施工成本管理

1D420131　民航机场施工项目成本管理的内容

民用机场工程施工项目成本管理就是要在保证工期和质量满足要求的情况下，利用组织措施、经济措施、技术措施、合同措施把成本控制在计划范围内，并进一步寻求最大限度的成本节约。民用机场工程施工项目成本管理的内容主要包括：成本预测、成本计划、成本控制、成本核算、成本分析和成本考核。

1D420132　民航机场施工成本控制的措施

民用机场工程施工成本控制的主要措施包括：利用价值工程原理进行成本控制，利用盈亏平衡法和挣值法进行成本控制。

下面主要介绍利用价值工程原理和挣值法进行机场工程施工成本控制的步骤：

（1）根据价值工程的公式 $V=F/C$（F 为功能，C 为成本），提高价值的途径有5条：

1）功能提高，成本不变；

2）功能不变，成本降低；

3）功能提高，成本降低；

4）降低辅助功能，大幅度降低成本；

5）功能大大提高，成本稍有提高。

（2）挣值法是通过分析项目目标实施与项目目标期望之间的差异，从而判断项目实施的费用绩效和进度绩效的一种方法。国外又称为赢得值评估原理。该方法主要通过三个费用值来分析费用和进度情况。这三个费用值分别是计划完成工作预算费用 $BCWS$（Budgeted Cost of Work Scheduled）、已完成工作预算费用 $BCWP$（Budgeted Cost of Work Performed）和已完成工作实际费用 $ACWP$（Actual Cost of Work Performed），具体含义如下。

1）计划完成工作预算费用 $BCWS$：

$$BCWS=计划工程量 \times 预算单价$$

2）已完成工作预算费用BCWP（挣得值或挣值）：

$$BCWP=已完成工程量×预算单价$$

3）已完成工作实际费用ACWP。

在这三个费用值的基础上，可以确定挣值法的四个评价指标：

① 费用偏差CV（Cost Variance）：

$$CV=BCWP-ACWP$$

当CV为负值时，即表示项目运行超出预算费用；

当CV为正值时，表示项目运行节支，实际费用没有超出预算费用。

② 进度偏差SV（Schedule Variance）：

$$SV=BCWP-BCWS$$

当SV为负值时，表示进度延误，即实际进度落后于计划进度；

当SV为正值时，表示进度提前，即实际进度快于计划进度。

③ 费用绩效指数CPI（Cost Performance Index）：

$$CPI=BCWP/ACWP$$

当CPI<1时，表示超支，即实际费用高于预算费用；

当CPI>1时，表示节支，即实际费用低于预算费用。

④ 进度绩效指数SPI（Schedule Performance Index）：

$$SPI=BCWP/BCWS$$

当SPI<1时，表示进度延误，即实际进度比计划进度拖后；

当SPI>1时，表示进度提前，即实际进度比计划进度快。

1D420133　民航机场施工成本的分析方法

民用机场工程施工成本分析根据统计核算、业务核算和会计核算提供的资料，对项目施工成本形成过程和影响成本升降的因素进行分析，以寻求进一步降低成本的途径；另一方面，通过施工成本分析，可以通过现象看本质，从而增强项目施工成本的透明度和可控性，为加强施工成本控制，实现项目施工成本目标创造条件。

民用机场工程施工成本分析的方法有比较法，因素分析法，差额分析法和比率法。

比较法是通过经济指标的对比，检查目标的完成情况，分析产生差异的原因，进而挖掘内部潜力的方法。可以将实际指标与目标指标对比、本期实际指标与上期实际指标对比、与本行业平均水平或先进水平对比。

因素分析法又称为连锁置换法或连环替代法。可用这种方法分析各种因素对成本形成的影响程度。在进行分析时，首先要假定众多因素中的一个因素发生了变化，而其他因素则不变，然后逐个替换，并分别比较其计算结果，以确定各个因素的变化对成本的影响程度。

差额分析法是因素分析法的一种简化形式，它是利用各个因素与实际值的差额来计算。

比率法是利用两个以上指标的比例进行分析的方法。

1D420134　民航机场工程预付款和进度款的支付及竣工价款的结算方法

民用机场工程预付款支付的有关规定和计算方法，民用机场工程进度款支付的有关规定和计算方法，竣工价款的结算方法和原则。

1D420135　民航建设工程设计变更管理

依据《民航建设工程设计变更及概算调整管理办法》（AP-129-CA-2008-02），民航建设工程初步设计经批准后，项目法人在工程招标、签订承发包合同及建设实施中，应严格执行批准的工程内容、规模、标准及概算，除按有关规定进行设计变更及概算调整外，工程实际投资不得超出批准概算。

民航建设工程的设计单位在初步设计及施工图设计的编制工作中，应严格按照批准的可行性研究报告的工程规模、标准及投资估算进行设计，提出具有足够深度并能满足编制概算条件的设计技术资料，严把设计变更关。

民航建设工程的造价咨询单位在提供调整概算的评审及工程造价咨询服务时，应依据国家有关法律、法规、规章，公平、公正、合理地提出评审及咨询意见，不得高估冒算或随意压价。

民航建设工程的施工单位应严格按照工程承发包合同约定的内容组织工程施工，除经批准的设计变更外，一律不允许以现场洽商、签证等形式变相变更设计或增加工程投资。

一、工程设计变更

民航建设工程设计变更是指自工程初步设计批准后至工程竣工验收前，对已批准的初步设计文件、技术设计文件或施工图设计文件进一步优化和完善。

民航建设工程设计变更应当以"优化设计、节约投资"为前提，应符合国家及民航现行有关民用机场工程强制性标准和技术规范的要求，满足使用功能的要求，符合节约用地和环境保护的要求。

民航建设工程设计变更分为重大设计变更和一般设计变更。有下列情形之一的属于重大设计变更：

（1）增加或减少单项工程项目内容的；

（2）影响到结构安全、使用安全、运行效率、系统性能的；

（3）单项工程设计变更后，投资超过该单项工程批准概算5%的。

除重大设计变更外的其他设计变更为一般设计变更。

民航建设工程重大设计变更应报原初步设计审批部门审查批准，未经审查批准的重大设计变更不得实施。民航建设工程重大设计变更可以由该工程的勘察设计单位、施工单位或监理单位向项目法人提出。重大设计变更的建议应当以书面形式提出，并注明变更理由。

项目法人也可以直接提出工程重大设计变更。项目法人应首先对重大设计变更的内容及理由进行审查。必要时应当组织勘察设计单位、施工单位、监理单位及有关专家对重大设计变更进行技术、经济论证。

二、工程设计变更管理办法

（1）重大设计变更经项目法人审查后，向原设计审批部门提出变更申请，并提交以下申请材料：

1）设计变更申请书。包括拟变更设计的工程名称、工程的基本情况、变更的主要内容及主要理由等；

2）与原批准项目的内容、规模、单价、概算等的对照清单（表）；

3）重大设计变更的设计文件。

设计变更批准部门收到项目法人的重大设计变更申请后，应及时审批。如技术特别复杂或引起投资增加较多的，应组织有关部门及专家进行评审。

（2）如重大设计变更的规模和投资与批准的可行性研究报告内容变化较大时（一般按10%掌握），应征得可行性研究报告批准部门的同意。

（3）民航建设工程一般设计变更由项目法人审查确认，并应形成书面材料存档。

（4）民航建设工程重大设计变更和一般设计变更引起的投资增加累计不应超过该工程的基本预备费。

（5）项目法人应当建立工程设计变更管理台账，定期对设计变更情况进行汇总。

（6）由于工程勘察设计、施工等有关单位的过失引起工程设计变更并造成损失的，该单位应当承担相应的责任。

（7）经过审查批准的民航建设工程设计变更，其费用变化纳入财务决算。未经批准的设计变更，其费用变化不得纳入决算。

【案例1D420130-1】

1. 背景

某施工单位中标一机场的空管设备安装工程，在签订合同时建设单位要求施工单位采用地方定额标准。最后经过协商，顺利签订了合同。由于施工单位注重项目成本各阶段的控制，因此，取得了较好的经济效益。

2. 问题

（1）建筑安装工程费用组成有哪些？

（2）施工项目成本控制从施工项目的哪个阶段开始？

（3）合同价款能按地方定额确定吗？为什么？

3. 分析与答案

（1）由人工费、材料费、施工机械使用费、企业管理费、利润、规费和税金组成。

（2）施工项目成本控制应贯穿于施工项目从投标阶段开始到项目竣工验收的全过程，从投标阶段开始进行成本控制。

（3）合同价款不能按地方定额确定，投标人用什么定额由投标人决定，而不能指定定额形式。

【案例1D420130-2】

1. 背景

某机场的安装工程，由于竞争激烈，合同价除去税金和公司管理费后，还剩1000万元。按施工方案核算，比工程的实际成本还少了10%。公司要求项目部内部挖潜，创造利润20万元。已知按原施工方案施工，人工费占实际成本的10%，材料费占实际成本的60%，机械使用费占15%，企业管理费占15%，项目部聘请专家对该工程中几个重要工序重新编制施工方案，按新方案施工，人工费可在原来的基础上降低20%，材料费可降低3%，机械使用费降低40%，企业管理费降低8%。

2. 问题

（1）编制降低成本计算式，计算能否达到公司要求的创造20万元的利润目标？

（2）为控制成本，在施工准备阶段应进行哪些工作？

3．分析与答案

（1）工程的实际成本：1000×（1+10%）=1100万元；

人工费的降低额：1100×10%×20%=22万元；

材料费的降低额：1100×60%×3%=19.8万元；

机械费的降低额：1100×15%×40%=66万元；

企业管理费的降低额：1100×15%×8%=13.2万元；

共计降低费用：22+19.8+66+13.2=121万元；

实际利润：1000-（1100-121）=21万元；

根据新方案，可以达到20万元的利润目标。

（2）在施工准备阶段应进行以下工作：

①优化施工方案；②编制成本计划进行分解；③对施工队伍、机械的调迁、临时设施建设等其他间接费用的支出做出预算、进行控制。

【案例1D420130-3】

1．背景

在某场道工程的施工中，项目经理部将工程划分为土基工程、基层工程、面层工程、排水工程四个功能项目，并对其功能项目进行评分，评分值及其预算成本如表1D420135-1所示。预算成本为14550万元，目标成本应控制在13400万元。

2．问题

（1）说明如何运用功能的价值系数分析功能的重要性。

功能评分和预算成本　　　　　　　　表1D420135-1

功能项目	功能评分	预算成本（万元）
基层工程	10	1650
排水工程	15	1500
土基工程	35	5100
面层工程	40	6300
合计	100	14550

（2）用价值工程原理说明提高价值的途径。

（3）用价值工程原理说明降低成本的途径。

（4）求出本工程各分部工程的评价系数、成本系数和价值系数。

（5）用价值工程原理分析各功能项目的目标成本，以使总预算成本控制在目标成本范围内。

3．分析与答案

（1）运用价值系数V_i对功能作分析：

1）$V_i>1$，说明该功能较重要，而目前成本偏低，可能未能充分实现该重要功能，应适当增加，以提高该功能的实现程度；

2）$V_i=1$，说明该功能的重要性与其成本的比重大体相当，是合理的，无须再进行价值工程分析；

3）$V_i<1$，说明该功能不太重要，而目前成本比重偏高，可能存在过剩功能，应作为

重点分析对象，寻找降低成本的途径。

（2）提高价值的途径：

按价值工程的公式$V=F/C$分析，提高价值的途径有5条：

1）功能提高，成本不变；

2）功能不变，成本降低；

3）功能提高，成本降低；

4）降低辅助功能，大幅度降低成本；

5）功能大大提高，成本稍有提高。

（3）上述途径中的2）、3）、4）条途径也是降低成本的途径。应当选择价值系数低、降低成本潜力大的工程作为价值工程的对象，寻求对成本的有效降低。

（4）各分部工程的评价系数、成本系数和价值系数结果如表1D420135-2所示。

各分部工程的评价系数、成本系数和价值系数计算表　　　表1D420135-2

功能项目	功能评分	功能系数	预算成本（万元）	成本系数	价值系数	目标成本（万元）	成本降低额（万元）
（1）	（2）	（3）	（4）	（5）	（6）	（7）	（8）
基层工程	10	0.10	1650	0.1134	0.8818	1340	310
排水工程	15	0.15	1500	0.1031	1.4549	2012	−510
土基工程	35	0.35	5100	0.3505	0.9986	4690	410
面层工程	40	0.40	6300	0.4330	0.9238	5360	940
合　计	100	1.00	14550	1.00		13400	1150

注："目标成本=总目标成本×功能系数"；
　　"成本降低额=预算成本−目标成本"。

（5）用价值工程求出降低成本的工程对象和目标：

工程总预算成本为14550万元，目标成本应控制在13400万元，总成本降低额为1150万元。从上表中可知，由于价值系数小于1的功能项目应作为价值改进对象，则降低成本潜力最大的是面层工程，降低成本目标是940万元，其次是土基工程、基层工程。排水工程的目标成本比预算成本高，故可不考虑降低成本。

【案例1D420130-4】

1. 背景

某机场工程机坪扩建项目施工进展到25周时，对前24周的工作进行了统计检查，检查结果列于表1D420135-3中。

检查记录表　　　表1D420135-3

工作代号	计划完成工作预算费用BCWS（万元）	已完工作量（%）	实际发生费用ACWP（万元）	挣得值BCWP（万元）
A	180	100	190	
B	160	100	155	
C	310	100	330	
D	250	100	210	

续表

工作代号	计划完成工作预算费用BCWS（万元）	已完工作量（%）	实际发生费用ACWP（万元）	挣得值BCWP（万元）
E	400	100	310	
F	580	50	400	
G	1600	80	1150	
H	600	100	580	
I	180	50	100	
J	250	0	0	
K	1340	40	510	
L	780	100	800	
M	850	100	800	
N	120	0	0	
O	80	30	20	
合计				

2．问题

（1）求出前24周每项工作的BCWP并汇总；

（2）计算24周末的合计ACWP、BCWS；

（3）计算24周的CV与SV并分析成本和进度状况；

（4）计算24周的CPI、SPI并分析成本和进度状况。

3．分析与答案

（1）第24周末每项工作的挣得值BCWP及汇总如表1D420135-4所示。

（2）由表1D420135-4可知，24周末已完成工作实际费用ACWP为5555万元，计划完成工作预算费用BCWS为7680万元，BCWP=5750万元。

（3）CV=BCWP-ACWP=5750-5555=195>0，说明项目运行节支，实际费用在预算范围内。

挣得值BCWP汇总表　　　　　　　　　　　表1D420135-4

工作代号	计划完成工作预算费用BCWS（万元）	已完工作量（%）	实际发生费用ACWP（万元）	挣得值BCWP（万元）
A	180	100	190	180
B	160	100	155	160
C	310	100	330	310
D	250	100	210	250
E	400	100	310	400
F	580	50	400	290
G	1600	80	1150	1280

续表

工作代号	计划完成工作预算费用BCWS（万元）	已完工作量（%）	实际发生费用ACWP（万元）	挣得值BCWP（万元）
H	600	100	580	600
I	180	50	100	90
J	250	0	0	0
K	1340	40	510	536
L	780	100	800	780
M	850	100	800	850
N	120	0	0	0
O	80	30	20	24
合计	7680		5555	5750

$SV=BCWP-BCWS=5750-7680=-1930<0$，说明进度延误，实际进度落后于计划进度。

（4）$CPI=BCWP/ACWP=5750/5555=1.04>1$，表示节支，即实际费用低于预算费用。

$SPI=BCWP/BCWS=5750/7680=0.75<1$，表示进度延误，即实际进度比计划进度拖后。

【案例1D420130-5】

1. 背景

某民用机场建设工程项目本年节约"三材"的目标为100000元，实际节约110000元，上年节约95000元，企业先进水平节约140000元。

2. 问题

利用对比法分析本年成本节约实际数与本年目标数、上年实际数、企业先进水平的差异。

3. 分析与答案

比较法又称指标对比分析法，是通过指标对比，以反映出成本升降的方法。它直观、简便而有效。

在本题中，通过计算本年成本节约实际数与本年目标数、上年实际数、企业成本管理水平的差异，可以直观地看到成本目标的升降幅度和实现情况，有助于确定成本控制的方向。如表1D420135-5所示，成本节约实际数比目标数增加10000元，比上年实际数增加15000元，表明成本目标不但实现，而且还有提高；但是与企业先进水平相比，还有3万元的差距，应该进一步采取成本控制措施，提高成本管理水平。

实际指标与目标指标、上年指标、先进指标对比表　　　　　表1D420135-5

指　　标	本年目标数	上年实际数	企业先进水平	本年实际数	差异数		
					与目标比	与上年比	与先进比
"三材"节约额（元）	100000	95000	140000	110000	+10000	+15000	-30000

【案例1D420130-6】

1．背景

某机场工程承包公司在机坪扩建工程中浇筑机场道面混凝土时，第五周计划和实际完成的工程量、单价、损耗率如表1D420135-6所示，目标材料费436800元，实际材料费为451205元，比目标增加14405元。

商品混凝土目标成本与实际成本对比表　　　表1D420135-6

项目	单位	第五周计划	第五周实际	项目	单位	第五周计划	第五周实际
工程量	m³	600	620	损耗率	%	4	2.5
单价	元/m³	700	710	材料费	元	436800	451205

2．问题

（1）试述因素分析法的基本理论。

（2）根据表中所给资料，用因素分析法分析其材料费增加的原因。

3．分析与答案

（1）因素分析法的基本理论：

因素分析法又称因素替换法、连锁置换法或连环代替法。采用这种方法可以计算并衡量各有关因素对成本形成的影响程度，有助于施工项目成本管理水平和措施的改进。具体做法是：当一项成本受几个因素影响时，先假定其中的一个因素发生变化，而其他因素不变，计算出该因素的影响额度，然后依次替换其他影响因素，并比较其替换前后的计算结果，以确定各个因素的变化对成本影响程度的大小。

（2）分析材料费增加的原因：

1）分析对象是浇筑混凝土的材料费，实际材料费与目标材料费的差额为14405元。该指标受到产量、单价、损耗率三个因素的影响，用公式可表示为："材料费=工程量×单价×（1+损耗率）"。

2）以目标数436800元［600×700×（1+4%）］作为替换和进行分析的基础。

第一次替换：以实际工程量620m³替换计划工程量600m³，620×700×（1+4%）=451360元；

第二次替换：在第一次替换的基础上，以实际单价710元/m³替代计划单价700元/m³，即：620×710×（1+4%）=457808元；

第三次替换：在第二次替换的基础上，以实际损耗率2.5%替换计划损耗率4%，即：620×710×（1+2.5%）=451205元。

3）计算差额：

第一次替换与目标数的差额为：451360-436800=14560元；

第二次替换与第一次替代的差额为：457808-451360=6448元；

第三次替换与第二次替代的差额为：451205-457808=-6403元。

4）浇筑量增加使材料费增加了14560元，单价提高使材料费增加了6448元，而损耗率降低使材料费减少了6403元。

5）各因素的影响程度之和为：14560+6448-6403=14405元，与实际材料费与目标材料费的总差额相等。

6）为了使用方便，企业也可以通过运用因素分析表来求出各因素变动对实际材料费的影响程度，其具体形式见表1D420135-7。

商品混凝土成本变动因素分析表　　　　　　表1D420135-7

顺　序	连环替代计算	差异（元）	因素分析
目标数	$600 \times 700 \times (1+4\%) = 436800$		
第一次替换	$620 \times 700 \times (1+4\%) = 451360$	14560	由于浇筑量增加20m³，材料费增加14560元
第二次替换	$620 \times 710 \times (1+4\%) = 457808$	6448	由于单价提高10元，材料费增加6448元
第三次替换	$620 \times 710 \times (1+2.5\%) = 451205$	-6403	由于损耗率下降1.5%，材料费减少6403元
合　计	$14560+6448-6403 = 14405$	14405	

【案例1D420130-7】

1．背景

某民用机场工程施工项目某月的实际成本降低额比目标数提高了1.7万元（见表1D420135-8）。要用差额分析法进行分析，找出成本降低超目标的原因。

低成本目标与实际对比表　　　　　　表1D420135-8

项　目	目　标	实　际	差　异
预算成本（万元）	250	230	-20
成本降低率（%）	3	4	+1
成本降低额（万元）	7.5	9.2	+1.70

2．问题

根据所给资料，应用"差额分析法"分析预算成本和成本降低率对成本降低额的影响程度。

3．分析与答案

预算成本减少对成本降低额的影响程度：（230-250）×3%=-0.60万元；

成本降低率提高对成本降低额的影响程度：（4%-3%）×230=2.3万元；

以上两项合计：-0.60+2.3=1.7万元。其中成本降低率提高是影响成本降低额的主要原因，应进一步分析寻找成本降低率提高的原因。

【案例1D420130-8】

1．背景

某建设单位（简称业主）与承包商签订了某机场排水工程施工承包合同。合同总价为2000万元。工期为1年。承包合同规定：

（1）业主应向承包商支付合同价总价的25%为工程预付款；

（2）工程预付款应从未施工工程尚需的主要材料及构配件价值相当于工程预付款时起扣，每月以抵充工程款的方式陆续收回。主要材料及构件费比重按60%考虑；

（3）工程质量保修金不超工程价款结算总额的3%，经双方协商，业主从每月承包商的应付工程款中按3%的比例扣留。在保修期满后，保修金及保修金利息扣除已支出费用后的剩余部分退还给承包商；

（4）除设计变更和其他不可抗力因素外，合同总价不做调整；

（5）由业主直接提供的材料和设备应在发生当月的工程款中扣回其费用。

经业主的工程师代表签认的承包商各月计划和实际完成的建安工作量以及业主直接提供的材料、设备价值见表1D420135-9。

工程结算数据表（单位：万元）　　　　　　　　　表1D420135-9

月　　份	1～6	7	8	9	10	11	12
计划完成建安工作量	900	200	200	200	190	190	190
实际完成建安工作量	900	180	220	205	195	180	120
业主直供材料设备价值	90	35	24	10	20	10	5

2．问题

（1）工程预付款的计算有哪些规定？

（2）预付款计算有哪些方法？

（3）本例的工程预付款是多少？

（4）工程预付款从几月开始起扣？

（5）1～6月以及其他各月工程师代表应签证的工程款是多少？应签发付款凭证金额是多少？

3．分析与答案

（1）有关工程预付款的计算规定：

《建设工程施工合同（示范文本）》（GF-2017-0201）规定，"实行工程预付款的，双方应在专用条款约定发包人向承包人预付工程款的时间和数额，开工后，按约定的时间和比例逐次扣回。预付时间应不迟于约定的开工日期前7d。发包人不按约定预付，承包人在约定预付时间7d后向发包人发出要求预付的通知，发包人收到通知后仍不能按要求预付，承包人可在发出通知后7d停止施工，发包人应从约定应付之日起向承包人支付应付款的贷款利息，并承担违约责任。"

（2）下面主要介绍几种确定额度的方法：

1）百分比法。百分比法是按年度工作量的一定比例确定预付备料款额度的一种方法。

2）数学计算法。

（3）本例的工程预付款计算：

工程预付款金额=2000×25%=500万元。

（4）工程预付款的起扣点计算：

2000−500÷60%=2000−833.3=1166.7万元；

开始起扣工程预付款的时间为8月份，因为8月份累计实际完成的建安工作量为：

900+180+220=1300万元＞1166.7万元。

（5）1～6月以及其他各月工程师代表应签证的工程款数额及应签发付款凭证金额：

1）1～6月份：

1～6月份应签证的工程款金额为：900×（1−3%）=873万元；

1～6月份应签发付款凭证金额为：873−90=783万元。

2）7月份：

7月份应签证的工程款金额为：180×（1−3%）=174.6万元；

7月份应签发付款凭证金额为：174.6−35=139.6万元。

3）8月份：

8月份应签证的工程款金额为：220×（1−3%）=213.4万元；

8月份应扣工程预付款金额为：（1300−1166.7）×60%=79.98万元；

8月份应签发付款凭证金额为：213.4−79.98−24=109.42万元。

4）9月份：

9月份应签证的工程款金额为：205×（1−3%）=198.85万元；

9月份应扣工程预付款金额为：205×60%=123万元；

9月份应签发付款凭证金额为：198.85−123−10=65.85万元。

5）10月份：

10月份应签证的工程款金额为：195×（1−3%）=189.15万元；

10月份应扣工程预付款金额为：195×60%=117万元；

10月份应签发付款凭证金额为：189.15−117−20=52.15万元。

6）11月份：

11月份应签证的工程款金额为：180×（1−3%）=174.6万元；

11月份应扣工程预付款金额为：180×60%=108万元；

11月份应签发付款凭证金额为：174.6−108−10=56.6万元。

7）12月份：

12月份应签证的工程款金额为：120×（1−3%）=116.4万元；

12月份应扣工程预付款金额为：120×60%=72万元；

12月份应签发付款凭证金额为：116.4−72−5=39.4万元。

【案例1D420130-9】

1. 背景

与案例1D420130−8相同。

2. 问题

（1）试述有关工程进度款的规定。

（2）怎样进行工程进度款的计算？

（3）怎样支付工程进度款？

3. 分析与答案

（1）有关工程进度款的规定：

施工企业在施工过程中，按逐月（或形象进度、控制界面等）完成的工程数量计算各项费用，向建设单位（业主）办理工程进度款的支付（即中间结算）。

国家工商行政管理总局、住房城乡建设部颁布的《建设工程施工合同（示范文本）》（GF−2017−0201）中对工程进度款支付作了如下详细规定：

1）工程款（进度款）在双方确认计量结果后14d内，发包方应向承包方支付工程款（进度款）。按约定时间发包方应扣回的预付款，与工程款（进度款）同期结算。

2）符合规定范围的合同价款的调整，工程变更调整的合同价款及其他条款中约定的追加合同价款，应与工程款（进度款）同期调整支付。

3）发包方超过约定的支付时间不支付工程款（进度款），承包方可向发包方发出要求付款通知，发包方收到承包方通知后仍不能按要求付款，可与承包方协商签订延期付款协议，经承包方同意后可延期支付。协议须明确延期支付时间和从发包方计量结果确认后第15天起计算应付款的贷款利息。

4）发包方不按合同约定支付工程款（进度款），双方又未达成延期付款协议，导致施工无法进行，承包方可停止施工，由发包方承担违约责任。

（2）工程进度款的计算：

1）工程进度款的计算，主要涉及两个方面：一是工程量的核实确认；二是单价的计算方法。

2）工程进度款单价的计算方法主要根据由发包人和承包人事先约定的工程价格的计价方法决定。目前一般来讲，工程价格的计价方法可以分为工料单价法和综合单价法两种方法。

3）可调工料单价法计算的工程进度款：在确定所完工程量之后，可按以下步骤计算工程进度款：

① 根据所完工程量的项目名称，配上分项编号、单价，得出合价；

② 将本月所完全部项目合价相加，得出人工费、材料费、机械费小计；

③ 按规定计算企业管理费、利润、规费；

④ 按规定计算主材差价或差价系数；

⑤ 按规定计算税金；

⑥ 累计本月应收工程进度款。

（3）工程进度款支付：

工程进度款的支付，是工程施工过程中的经常性工作，其具体的支付时间、方式都应在合同中作出规定。

时间规定和总额控制。建筑安装工程进度款的支付，一般实行月中按当月施工计划工作量的50%支付，月末按当月实际完成工作量扣除上半月支付数进行结算，工程竣工后办理竣工结算的办法。在工程竣工前，施工单位收取的备料款和工程进度款的总额，一般不得超过合同金额（包括工程合同签订后经发包人签证认可的增减工程价值）的95%，其余5%尾款在工程竣工结算时扣除保修金外一并清算。承包人向发包人出具履约保函或其他保证的，可以不留尾款。

【案例1D420130-10】

1. 背景

某承包商承包一机场工程排水工程项目施工，与建设单位签订的承包合同要求：工程合同价2000万元，工程价款采用调值公式动态结算；该工程的人工费占工程价款的35%，材料费占50%，不调值费用占15%；开工前建设单位向承包商支付合同价20%的工程预付款，当工程进度款达到合同价的60%时，开始从超过部分的工程结算款中按60%抵扣工程预付款，竣工前全部扣清；工程进度款逐月结算，每月月中预支半月工程款。

2. 问题

（1）竣工结算的程序是什么？

（2）列出动态结算公式。

（3）工程预付款和起扣点是多少？

3．分析与答案

（1）竣工结算程序：

1）对确定作为结算对象的工程项目全面清点，备齐结算依据和资料。

2）以单位工程为基础对施工图预算、报价内容进行检查核对。

3）对发包人要求扩大的施工范围和由于设计修改、工程变更、现场签证引起的增减预算进行检查、核对，如无误，则分别归入相应的单位工程结算书中。

4）将各单位工程结算书汇总成单项工程的竣工结算书。

5）将各单项工程结算书汇总成整个建设项目的竣工结算书。

6）编写竣工结算说明，内容主要为结算书的工程范围、结算内容、存在的问题、其他必须说明的问题。

7）复写、打印竣工结算书，经相关部门批准后，送发包人审查签认。

（2）具体的动态结算调值公式：

$$P=P_0 \times (0.15+0.35A/A_0+0.23B/B_0+0.12C/C_0+0.08D/D_0+0.07E/E_0)$$

式中　　　　　　　　　P——调值后合同价款或工程实际结算款；

P_0——合同价款中工程预算进度款（本例P_0为2000万元）；

A_0、B_0、C_0、D_0、E_0——基期价格指数或价格；

A、B、C、D、E——工程结算日期的价格指数或价格。

（3）本例的预付备料款为：$2000 \times 20\% = 200$万元；

本例的起扣点为：$T = 2000$万元$\times 60\% = 1200$万元。

1D420140　民航机场工程施工现场管理

1D420141　民航机场施工的管理制度

施工单位项目管理的任务包括：安全管理、投资控制和施工单位的成本控制、进度控制、质量控制、合同管理、信息管理和与施工单位有关的组织和协调。根据相应任务施工单位应当写出各项管理制度，它包括工地施工现场管理制度、施工现场材料管理制度、机械设备现场管理制度、消防保卫管理制度、财务管理制度、质量管理制度等。如果在机场开航情况下施工，需建立不停航施工管理制度。

1D420142　场道工程与滑行道桥工程前期准备阶段现场管理

一、技术准备

1．会审施工图纸

（1）会审单位：设计单位、上级主管单位、施工单位、监理单位、建设单位。

（2）会审重点：①设计计算的假设条件是否与当地实际情况相符；②地基处理和基础设计有无问题；③平面设计与结构设计有无矛盾；④图纸和说明书是否齐全；⑤对设计提出改进意见。

2．现场调查现场调查的主要内容

（1）水文地质、气象情况；

（2）供水、供电、交通及通信情况；

（3）拆迁与征地情况；

（4）当地建材供应与价格情况。

3. 编制施工组织设计和施工预算

二、现场准备

1. 清理现场

在清理现场过程中，需要做的主要工作有：①拆迁原有建筑和工程管网；②清理树木；③坑、井、墓的处理。

2. "三通一平"

为了给施工创造必要的条件，施工前，要做到通路、通水、通电，施工场地平整。

3. 建立现场测量控制网

根据勘测单位给定的永久性坐标和高程控制点，按照施工总平面图要求，进行施工场地闭合导线和水准线路控制网的布设，设置工程施工的临时控制测量标桩（网）。

三、临时排水、防洪设施

为了克服洪水、地表水及地下水对施工的影响，在施工准备阶段应设置临时排水、防洪设施，主要的设施有截水沟、防洪土堤、围堰、排水沟、排水干管等。

1D420143　民航空管工程前期准备阶段现场管理

一、技术准备

1. 对施工班组编写技术交底

对本工程的重点施工部位及工序要编写书面的技术交底，如空管设备的安装施工、防雷接地施工等。

2. 施工前编制施工方案、技术措施

施工前应对本工程的重点工序和重点施工部位编写较为细致的方案，内容应包括工程概况，施工部署，施工方法，材料、机械设备的供应，保证施工质量、安全、工期的措施，降低成本和提高经济效益的方法，施工总平面图等。

二、现场准备

做好现场控制网测量。如：各种管线，并对重要点标记。搞好"三通一平"（路、水、电、场地平整）。根据工程情况建造临时设施。安装、调试施工机具，做好材料等储藏，设置消防、保安设施，做好材料、工程质量的检测。

三、材料准备

确定材料数量、构配件和制品的加工，施工机具的准备。编制设备材料进入现场时间，各种材料、设备堆放按要求放置。

1D420144　机场弱电系统工程技术准备与现场管理

一、技术准备

（1）会审施工图纸，编写重点施工部位技术交底。

（2）根据施工图提出预埋件、桥架等材料的加工计划及管线、控制设备等的购置时间，并根据工程进度计划确定进场日期，同时做好各种材料进场的复试准备。

（3）施工组织设计的编写、工程预算书及材料单的编制。

（4）控制柜的制作及安装构件的预制加工、配合土建工程预埋管路等。

二、现场准备

（一）施工机械设备

根据弱电系统工程施工特点，一般弱电系统工程施工分以下几个阶段进行：管槽施工、线缆敷设、设备安装、线路测试、网络调试等阶段。应列出各施工阶段需要的机具和检测设备。

（二）施工的临时设施

根据工程的施工特点，对施工区布置临时设施，如管槽加工制作场所、仓库、现场办公用房、工人换衣间、休息房等。

1. 管槽加工制作场所

在管槽施工阶段，由于要现场对管槽进行一定的加工，应提出所需加工制作场所的面积。

2. 仓库

用于现场急用的管槽、线缆及部分设备的临时储藏。

3. 现场办公用房

给出所需办公用房的面积及设施要求，如配备照明、电话等办公设备。

4. 现场临时用电

现场施工所需用电的功率、电压、电流等要求。

三、施工阶段

在机场弱电系统施工阶段，应配合土建工程、机电设备安装工程和装修工程在其工程施工内容界面上划分和协调，注意和遵循其施工规律。

（一）预留孔洞和预埋管线与土建工程的配合

在土建基础施工中，应做好接地工程引线孔、地坪中配管的过墙孔、电缆过墙保护管和进线管的预埋工作。

（二）线槽架的施工与土建工程的配合

线槽架的安装施工，在土建工程基本结束以后，与其他管道（风管、给水排水管）的安装同步进行，也可稍迟于管道安装一段时间，但必须解决好弱电线槽架与管道在空间位置上的合理安置和配合。

（三）管线施工与装饰工程的配合

配线和穿线工作，在土建工程完全结束以后，与装饰工程同步进行，进度安排应避免装饰工程结束以后，造成穿线敷设的困难。

（四）各控制室布置与装饰工程的配合

各控制室的装饰应与整体的装饰工程同步，弱电系统设备的定位、安装、接线端连接，应在装饰工程基本结束时开始。

以视频监控系统为例。视频监控系统的安装主要包括摄像机与云台的安装，线路敷设，监控室内控制与监视设备的安装，电源与接地保护装置的安装等方面。为了提高效率，一般的安装程序如图1D420144所示。

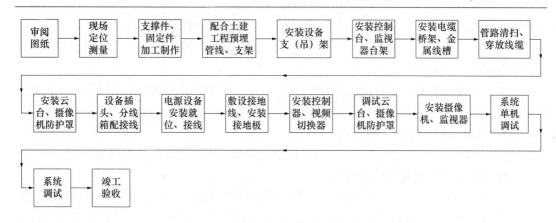

图1D420144 视频监控系统安装施工程序

（五）安装工艺管理

弱电工程是一个技术性、工艺性都很强的工作，要做好整个弱电工程的技术管理，主要要抓住各个施工阶段安装设备的技术条件和安装工艺的技术要求。现场工程技术人员要严格把关，凡是遇到与规范和设计文件不相符的情况或施工过程中做了现场修改的内容，都要记录在案，为最后系统整体调试和开通，建立技术管理档案和数据。

四、调试开通阶段

首先进行实验室单体设备或部件调试，然后各子系统联调。

实验室调试完成后，进行现场单体设备或部件调试，然后各子系统调试，最后整体系统调试。

五、竣工验收阶段

弱电工程验收分为隐蔽工程验收、分项工程验收、竣工验收三个阶段进行。弱电安装中的线管预埋、直埋电缆、接地极等都属隐蔽工程，这些工程在下道工序施工前，根据该隐蔽工程的规模，由质量监督站或建设单位代表（或监理人员）进行隐蔽工程检查验收，并认真办理好隐蔽工程验收手续，纳入记录档案。

1D420145 机场目视助航工程前期准备阶段现场管理

一、设备、材料、成品和半成品进场验收及保管

按《民用机场目视助航设施施工质量验收规范》MH/T 5012—2010中3.2的要求。

（1）主要设备、材料、成品和半成品进场检验结论应有记录，确认符合设计文件的要求和《民用机场目视助航设施施工质量验收规范》MH/T 5012—2010规定，才能在施工中应用。

（2）进口设备进场验收，除符合《民用机场目视助航设施施工质量验收规范》MH/T 5012—2010规定外，尚应提供商检证明和中文的质量合格证明文件、技术指标、性能检测报告以及中文的安装、使用、维修和试验要求等技术文件。

（3）设备及器材到达现场后，应及时作下列验收检查：

包装及密封良好，在运输过程中无碰撞损坏现象；开箱检查清点，型号规格应符合装箱清单及设计文件的要求；查验合格证和随机技术文件应齐全；实行许可证和安全认证制度的产品，应有许可证编号和安全认证标志；附件、备件、特殊安装工具应齐全；按

《建筑电气工程施工质量验收规范》GB 50303—2015的要求作外观检查。

（4）设备安装用的紧固件，应采用镀锌制品，并宜采用标准件。户外用的紧固件应采用热镀锌或不锈钢制品。

（5）设备及器材在安装前其保管期限一般为一年及以下。当需长期保管时，应符合设备及器材保管的专门规定。

（6）设备运输应满足下列要求：

包装应良好；不应受到剧烈的冲击、碰撞或跌落；应避免雨淋、水浸及受潮。

二、施工前技术准备工作的内容

（1）组织有关人员认真熟悉图纸、领会设计意图、做好图纸会审，由项目负责人组织编制切实可行的分部分项施工组织设计，针对工程情况，对施工班组进行技术交底；

（2）根据施工图提出预埋件、模板、半成品等材料的加工计划，并根据工程进度计划确定进场日期，同时做好各种材料进场的复试准备；

（3）提前做好模板设计和钢筋抽样翻样，组织加工和现场拼装；

（4）根据水准点，做好工程控制网桩的引入定位，并做好定位桩的闭合复测工作，同时做好桩位的保护工作；

（5）根据工程需要培训操作工人，特殊工种操作人员必须持合格证上岗。

三、施工前现场准备工作的内容

（1）进场前在施工现场做场地清理，道路硬化处理；

（2）根据平面规划和施工平面图做到临时道路畅通；

（3）现场队伍进场后清理现场，布置周围环境和标识；

（4）将给水排水口接入场内，将电源线引入工地的总配电箱内，并按平面图敷设电缆，分设三级箱；

（5）探清地下障碍物，有用的管线加以保护。

四、材料与临时设备准备工作的内容

（1）编制材料使用计划，并选择名厂名牌供应厂家，制定进场计划，钢筋、水泥等建筑材料在使用前必须有材料供应部门出具的材质力学合格证及出厂证明，并按材料品种做好复试；

（2）临建设施，尤其是施工机械棚必须采取严密的降噪声措施，实行全封闭降噪声，并设置在离居民区较远的地方，按平面布置图完成现场临时设施的搭建。

1D420146　民航机场施工机械设备现场管理的要求

机场施工主要依靠施工设备完成，对机场施工机械设备现场管理是机场工程施工现场生产要素管理的重要内容之一。

一、机场场道施工的主要设备

在机场场道施工中，常用的机械设备有：

（1）推土机：主要对土石方物料进行切削和短距离搬运。有履带和轮式之分。

（2）装载机：主要用来铲、装、卸、运土，是一种广泛用于工程施工的机械。

（3）挖掘机：主要用于土石方挖掘。

（4）平地机：用于土基的切削、刮送和整平。

（5）压路机：用于土基、基层和沥青混凝土面层的碾压。分为静力压路机、轮胎压路机和振动压路机。

二、机场施工设备现场管理的实质

机场施工设备管理主要涉及各类施工设备的性能、适用条件、机械设备的配置与组合、维护保养、操作程序、设备事故预防措施及处理程序、设备费用、使用管理等内容。对施工设备进行科学、有效的管理，将对项目的顺利实施、降低工程成本起着重要的作用。

1D420147　民航机场场道施工材料现场管理的要求

在机场工程建设中，材料占着极为重要的地位。因为材料质量的优劣、配制是否合理以及选用是否恰当都直接影响结构物的质量，这要考虑安全性和舒适性。而且建筑材料费用在总造价中比例占50%以上。认真合理地选用材料是节约工程投资、降低工程造价的一个重要环节。如果选用不当，将会造成不可估量的损失。

材料的管理主要是在采购、运输、储存等各方面进行，各个环节都要严格控制，严格管理，以保证材料质量，降低材料成本，从而降低工程造价。

一、施工现场材料管理制度

施工现场材料管理涉及材料堆放位置、防雨防潮措施、用料计划、场地清理、进料计划等。为了对施工现场材料进行有效管理，需要制定相应的规章制度，制度应包含：须按指定位置堆放、须有防雨（防潮）措施、须有用料计划、按计划进料等强制性规定。

二、消防保卫管理措施

在施工现场材料管理中，消防保卫管理是核心内容，需要采取制定消防保卫方案、定期进行安全消防检查、保持消防道路畅通、严禁无关的人员和车辆进入材料储存现场、不准存放易燃易爆物品、成立安全消防小组等管理措施。

1D420148　民航机场场道施工现场资源的合理配置

一、施工现场工、料、机的概念

机场工程施工中，工、料、机是现场施工的三个要素。工指施工人员，如：施工员、技术工人等。料指施工材料，对场道施工而言，主要包括水泥、沥青、砂石及钢筋等。机指施工机械，包括挖掘机、碾压机、自卸汽车等。

二、工、料、机合理配置的实质

在充分了解施工设计，各施工过程及施工具体实际情况的基础上，根据施工进度计划，合理确定人员、材料及设备的配置，主要有：

（1）施工工作岗位、工种、人员数量及劳动组合形式等；

（2）材料要求，材料需求数量、进料时间、各类材料进料比例；

（3）各类施工设备数量、规格型号、数量及组合等。

在施工过程中，合理地配置施工三要素，对工程进度、质量、费用及安全至关重要。

【案例1D420140-1】

1. 背景

某施工单位准备承接一新建民航机场目视助航工程，在投标书中写了工地施工现场管理制度、施工现场材料管理制度、机械设备现场管理制度、消防保卫管理制度四项管理制度。

2. 问题

分别写出四项管理制度的内容。

3. 分析与答案

（1）工地施工现场管理制度：

1）施工现场围墙要严密、完整、牢固、美观，高度不得低于1.8m；

2）施工现场设五牌一图，安置在大门口明显部位；

3）施工现场要有排水设施，运输道路平整坚实、畅通；

4）建筑物内外的零碎料和垃圾渣土要及时清理；

5）施工区域和生活区域要明确划分责任区，并设标志牌，分片包干到人；

6）施工现场要保持整洁卫生，办公室、职工宿舍要保持整洁、有序，生活垃圾要集中堆放、及时清理；

7）要严格执行食品卫生有关管理规定，办理食品卫生许可证、炊事人员身体健康证和持有卫生知识培训证，伙房内外要整洁、操作人员要穿戴整洁的工作服，并保持个人卫生，要做到生、熟食分开操作和保管，有灭鼠、防蝇措施。

（2）施工现场材料管理制度：

1）现场材料严格按施工平面图指定位置堆放。将材料分规格码放整齐、稳固。砖应成行成列码放，高度不得超过1.5m，砂、石散料应成堆，不能混杂；

2）材料要依据其性能采取必要的防雨防潮措施，贵重物品应及时入库，设人专管并加设明显标志，严格领退料手续；

3）水泥库内外散落灰必须及时清理，水泥袋认真打包、回收；

4）砌块、砂、石和其他散料应随用随清，不留料底；

5）施工现场应有用料计划，按计划进料，减少退料或浪费；对钢材、木材等合理使用，长料不短用，优材不劣用。

（3）机械设备现场管理制度：

1）各部门应向设备部门统一报设备机具需要计划，并由专人负责接收设备和机具；

2）各种设备、机具到现场后要有双方签收单据，并有机库房专人管理；

3）现场使用机具要有使用手续，使用后及时收回；

4）露天使用设备应上有盖、下有垫，中型设备要有防护棚；

5）设备机具的使用者也是设备机具的保管者和维护者；

6）机械的操作人员应有有关方面发放的操作证、上岗证；

7）使用各种机具设备严格按操作规程及使用说明进行，手持电动工具加装漏电保护器，不得随意拉长电源线。

（4）消防保卫管理制度：

1）对职工、外地民工进行经常性的法制、防火知识的教育，增强法制观念；

2）根据现场需要制定消防、保卫方案，成立义务消防队、治安会，定期进行安全消防检查，落实各项制度；

3）警卫人员必须严格遵守各项消防、保卫制度，熟悉现场消防器材的分布情况，并进行经常性的保养；

4）与施工无关的人员和车辆严禁进入施工现场；

5）施工现场的消防道路畅通，防火标志明显；

6）消防器材须布局合理，各种手续齐全；

7）严格用火制度，动用明火必须持消防人员审批的用火证方可作业；

8）工地内部不准作仓库、不准存放易燃易爆物品。成立安全消防小组。

【案例1D420140-2】

1. 背景

某单位中标机场信息集成系统，根据招标文件要求，该集成商除需向建设单位提供硬件平台、软件平台外，还需提供如AODB、RMS、FIMS、中间件等生产运行应用系统软件。项目部成立后，集成商委派了2人到现场，没有其他人员到场。建设单位多次要求相关人员到场开展调研工作，集成商回复说所提供产品为成熟的商业化产品，不需进行调研，只需在建设后期直接进行软件安装、调试、运行。

2. 问题

（1）集成商的说法是否正确？按照集成商的做法能不能保证建设质量？

（2）应怎样实施才能有效地保证建设质量？说明3个步骤即可。

3. 分析与答案

（1）集成商说法不正确。信息系统建设特点决定了其实施与工程现场安装关系不密切，而与机场实际的运营管理流程密切相关，集成商进场后应首先对机场现有的流程进行调研，从而将用户需求体现到系统功能中。

按照集成商的做法，不能保证最后的建设质量。由于集成商未进行调研，不能很好地将机场实际需求融入其所提供的产品中，同时没有通过交流将自身软件特点介绍给用户，在实际使用时将给用户使用带来困难。

（2）为保证项目建设，集成商在项目部成立后需开展以下几项工作：

1）首先应进行需求调研，调研对象为机场各相关生产运行部门，并形成调研报告。

2）根据调研结果，分析出用户需求与所提供的产品的异同，从而确定软件调整修改所需工作量。

3）与需集成的其他系统承包商进行沟通，确定相互间需交互的信息以及信息交互的方式。根据双方确定的接口协议，修改接口程序。并最终形成系统深化设计报告，报监理批准。

【案例1D420140-3】

1. 背景

某承包商中标某机场围界报警系统工程建设项目，进场后，承包商经过现场探勘，发现监控摄像机与机场物理围界的直线垂直距离只有2m，摄像机视角不好。为此，承包商提出需将摄像机向飞行区跑道方向调整，使摄像机安装位置与围栏距离为10m。

2. 问题

（1）承包商在调整摄像机位置时，除需考虑摄像机监控范围外，还必须考虑什么问题？

（2）安装在飞行区的摄像机立杆有什么特殊要求？

3. 分析与答案

（1）承包商在考虑摄像机监控视角时，还必须考虑摄像机调整后的安装位置应避开飞行区内航向信标台保护区和下滑信标台保护区。否则将破坏机场净空条件，影响上述信标台的正常工作，造成飞行安全隐患。

（2）为避免安装在飞行区内的摄像机立杆在特殊情况下对飞行器的损害，飞行区的摄像机立杆应为易折杆。

【案例1D420140-4】

1. 背景

某施工单位承揽了一项机场场道的建设工程项目，施工地区为丘陵山区，地形比较复杂，平均挖方高度大于10m。土基挖方区既有土方，又有石方，土体为非黏性土。机场道面基层为水泥稳定碎石，摊铺机摊铺。机场道面面层为水泥混凝土道面，人工摊铺。施工单位根据施工进度计划，编制了设备需求计划。

2. 问题

（1）根据施工现场实际情况、施工设备的性能及适用条件，初选主要土（石）方工程的施工设备。

（2）初选主要基层施工机械。

（3）制定设备事故预防措施及处理程序。

（4）施工机械的使用管理措施有哪些？

（5）施工机械设备费用控制的措施有哪些？

3. 分析与答案

（1）土石方工程的施工设备按挖方、填方分别选择：

1）挖方设备。由于施工现场位于丘陵山区，且地形复杂、挖方高度较大，土基挖方区既有土方，又有石方。需要的主要挖方设备有：$\phi50$气腿凿岩机或$\phi150$潜孔钻机（根据石方量大小）；履带挖掘机或装载机；自卸汽车。需要注意的是：

① 装载设备铲斗容积与自卸汽车载重的合理匹配，以每车装3～5斗为挖、运设备规格配置的原则；

② 依据运距、车速及装卸车时间确定车辆与装载设备的数量关系——车铲比；

③ 挖方工作效率要与填方工作效率相协调。

2）填方设备。由背景资料可知，填方区土体为碎石和非黏性土组成的混合土。需要的施工设备有：平地机、推土机、静光轮压路机或振动轮压路机。

（2）基层施工的主要设备配置是：混合料搅拌机、运输车辆、混合料摊铺机和碾压机。需要注意的是拌合设备的生产能力要与运输车辆、混合料摊铺机的效率相匹配。

（3）施工设备进场前，需要制定设备事故预防措施及处理程序：

1）设备事故预防措施：

① 建立安全管理制度；

② 做好冬期前机械防冻工作；

③ 做好机械的防洪工作；

④ 做好机械的防火工作。

2）处理程序分别为：

① 机械事故发生后，进行妥善处理；

② 肇事者和肇事单位均应如实上报，并填写"机械事故报告单"；

③ 机械事故发生后，必须按照"四不放过"的原则进行批评教育；

④ 在处理过程中，对责任者要追究责任，对非责任事故也要总结教训；

⑤ 单位领导忽视安全，追究领导责任；

⑥ 机械事故处理完毕后，将事故详细情况记录下来。

（4）在使用过程中，由于机械设备受到各种力的作用和环境条件、使用方法、工作规范、工作持续时间长短等的影响，技术状况发生变化而逐渐降低工作能力。要控制这一时期的变化，延缓机械工作能力下降的进程，最重要的措施就是正确合理地使用机械。

（5）施工机械设备费用控制的措施有：

1）经济核算。控制机械设备费用的最好办法就是经济核算，可分为单机核算、机械班组核算、项目部机械使用费核算及维修班组核算等。

2）核算形式：

① 选项核算：是针对机械台班费用定额组成中的一项或几项费用进行的有选择的核算。

② 逐项核算：是针对机械台班费用定额全部费用组成进行的核算。

③ 经营性租赁核算：是针对机械经营性租赁收费进行的台班费用的核算。

【案例1D420140-5】

1．背景

某施工单位承包了一新建民用机场场道基层和面层施工。跑道宽45m，长3600m，基层厚度60cm，下基层采用30cm厚级配碎石，上基层采用水泥稳定碎石，道面面层使用32cm厚的水泥混凝土。该单位拿到设计图纸后开始制定材料采购计划和材料管理计划。

2．问题

（1）怎样选择和确定合格材料供方？

（2）材料消耗定额的确定有哪几种方法？

（3）材料核算的内容有哪些？

（4）现场材料管理如何控制施工成本？

（5）材料计划管理包括哪些内容？

3．分析与答案

（1）选择和确定合格材料供方：

1）公开招标：招标方通过媒体以公告的方式邀请材料供应商参加竞标，招标方按照法律规定的程序进行招标、开标、评标、定标等活动。

2）竞标供应商的综合分析：成立评标小组，严格按照评标要求进行评审，评标工作按商务、材质技术、价格三大部分进行。对投标书的有效性、投标人法人授权书、投标资格文件、商务文本、投标文本和报价进行综合分析，必要时对样品进行检验比较。

3）合格材料供方的评价：评价依据包括供方资信状况、供方业绩及信誉、生产及供货保证能力、质量保证能力、售后服务保证能力。

评价方法：

① 采购钢材等主要工程材料，对供应商提供的各种文件资料进行评价；

② 采购碎石等大宗地材，必须进行实地调查并取样试验，对试验结果进行评价；

③ 走访其他用户，了解材料供应商的情况。

4）合格材料供方的选定：招标单位以会议和会签的形式组织有关人员对材料供货商进行集体评价，在评价的基础上选择合格的材料供应商。经主管领导批准后，方可确定为材料供应商。

5）合格分供方的考核：对合格材料供应商进行定期考核，考核内容包括供货过程中的产品质量情况、供货能力、工程信誉、服务等方面，发现问题应通知材料供应商及时解决，材料供应商在规定的时间内不能解决问题的，应按规定取消其供货资格。

（2）材料消耗定额的确定方法：

1）分析法：对过去施工生产同类型产品的工程材料实际消耗进行统计分析，测算出材料消耗的定额用量的一种方法。

2）写实测定法：对施工生产现场的材料消耗进行观察和实测后，制定材料消耗定额的一种方法。

3）计算法：分计算法、试验法和搭配下料计算法三种：

① 计算法是完全以施工图和施工中有关资料为主要依据计算材料净耗定额，再综合其工艺性损耗定额制定材料消耗定额的方法；

② 试验法是以完全的试验资料为主要依据计算材料消耗定额的方法；

③ 搭配下料计算法是根据施工技术设计要求，运用合理搭配下料为基础，计算材料消耗定额的一种方法。

（3）材料核算的内容：

1）量差核算：

① 限额领料单的核算；

② 优化试验配合比的核算；

③ 总量差核算。

2）价差核算：

① 购入原价的核算：即以预算中的材料原价与实际采购价格的比较节超；

② 运杂费的核算：是以实际发生的运杂费与预算运杂费比较节超；

③ 场外运输损耗的核算：根据概预算编制办法，部分地材和水泥、沥青等有场外运输定额损耗；

④ 采购及保管费的核算：包括采购费、仓管费、仓储损耗和物资人员的开支四个部分。

（4）控制材料费成本：

主要通过控制"物耗"和控制"物价"实现。

1）控制物耗的管理：

① 量差控制：一是节约降耗，通过新技术、新工艺等手段，减少定额内的材料消耗；二是控制物耗，对施工各环节、各工艺进行实际物耗控制。

② 量差考核：一是对各层次物耗量差进行考核；二是对总的物耗量差进行考核。

③ 限额领料及量差核算：在施工中为达到控制物耗的目的，最常用的办法是推行限额领料制度，材料的"限额"是根据工程量和施工方案按照施工定额确定的，限额领料制

度是量差核算的基本办法。

2）控制供料成本（物价）的管理：

① 价差的控制和考核：包括购入原价、运杂费、场外运输损耗、采购及保管费的控制和考核。

② 价差核算包括：购入原价降低额；运杂费降低额；场外运输损耗的考核。

（5）材料计划管理：

材料计划是指从查明材料的需要和资源开始，经过对材料的供需综合平衡而编制的各种计划。材料计划管理包括以下内容：

1）材料需用量计划；

2）材料供应计划；

3）材料采购计划；

4）材料用款计划；

5）材料计划的调整；

6）材料计划的执行与检查。

【案例1D420140-6】

1. 背景

某机场建设公司在承揽一项机场场道建设工程后，依据施工设计、施工进度安排、施工方案等，制定了工、料、机的配置方案。设计与施工的具体情况为：机场道面基层为水泥稳定碎石，摊铺机摊铺。机场道面面层为水泥混凝土道面，人工摊铺。

2. 问题

（1）技术工人的主要工种构成及可能有的组合形式有哪些？

（2）该工程主要需要哪些施工材料？

（3）可供选择的施工设备有哪些？

（4）设备选型及组合原则有哪些？

3. 分析与答案

（1）投入施工现场的劳动力由技术人员、技术工人、机械工人和普通工人构成，技术工人主要有测量工、试验工、机修工、钢筋工、木工、混凝土工等。除测量工和试验工在所有工程中必须配置和机械工随机械配置外，所有工程的劳动力组合由工程的性质、工期决定。通常采用的组合形式有：综合作业组合形式和专业分工作业组合形式。

（2）该工程所需的主要施工材料有：

1）土质材料。粗粒土、细粒土及黏土。

2）砂石材料。块状石料，砂、石屑、石粉。

3）水泥。硅酸盐水泥等。

4）石灰。又称白灰，按品种可分为生石灰和熟石灰。

5）钢筋等。

（3）可供选择的土基、基层及面层施工设备。

1）土基施工可供选择的主要设备包括：推土机、装载机、平地机、压路机、凿岩机及石料破碎和筛分设备。

2）基层施工可供选择的主要设备包括：水泥稳定碎石的拌合设备、拌合料摊铺机、装载机、运输车辆、压路机等。

（4）设备选型及组合原则主要有：

1）各类设备总的施工能力要达到进度计划要求，确保工期；

2）各类设备的效率得到充分的发挥；

3）主要施工设备与辅助施工设备及运输设备之间，各机械的工作能力要保持平衡；

4）进行比较和核算，使机械设备经营费用达到最低。

1D420150   民航机场建设工程施工安全管理

1D420151   民航机场工程施工的安全技术措施

一、建立机场施工安全管理体系

1. 安全管理职责

安全管理目标——工程项目实施施工总承包的，由总承包单位负责制定并实施施工项目的安全管理目标，内容包括：（1）项目经理（一级建造师）为施工项目安全生产第一责任人，对安全生产应负全面的领导责任，实现重大伤亡事故为零的目标；（2）有适合于工程项目规模、特点的应用安全技术；（3）应符合国家安全生产法律、行政法规和建筑行业安全规章、规程及对业主和社会要求的承诺；（4）形成全体员工理解的文件，并实施、保持。

2. 安全管理体系

安全管理体系原则：（1）安全生产管理体系应符合建筑业企业和本工程项目施工生产管理现状及特点，并符合安全生产法规的要求；（2）建立安全管理体系并形成文件。体系文件包括安全计划，企业制定的各类安全管理标准，相关的国家、行业、地方法律和法规文件，各类记录、报表和台账。

建立健全安全管理的各级组织机构，保证各项规章制度得到贯彻执行，使安全管理工作机构形成网络，一抓到底。项目经理部、施工队层层建立由主要领导任组长的安全领导组织机构，施工队设一名专职安全员，坚持跟班作业，负责日常安全工作的实施。绘制《安全施工保证体系框图》。

二、民航专业工程危险性较大的工程安全管理

危险性较大的工程（以下简称"危大工程"）是指民航专业工程在施工过程中存在的、可能导致作业人员群死群伤、造成重大经济损失或者造成重大社会影响的工程。民航专业工程中危大工程及超过一定规模的危大工程范围，详见《民航专业工程危险性较大的工程安全管理规定（试行）》（AP-165-CA-2019-05）附件1、附件2。

施工单位应当建立危大工程安全管理制度。施工单位应当在危大工程施工前组织工程技术人员编制专项施工方案。

超过一定规模的危大工程专项施工方案，在施工单位审查、总监理工程师审核后，施工单位还应当组织召开专家论证会，经建设单位审批后方可实施。

三、生产安全保证措施

在施工中严格遵守《建筑施工安全检查标准》JGJ 59—2011、建筑机械操作相关规程

及民航局和雇主关于安全生产的有关规定。认真落实"四、三、二、一"的安全基础管理模式，即："四个到位"（思想、组织、措施、责任到位）；"三个'实'字"（织实安全网络、捆实安全和经济利益共同体、用实安全防护措施）；"两项措施"（安全组织、安全技术措施）；"一个坚持"（始终坚持"安全第一，预防为主"的方针），夯实施工安全基础。

由安全领导小组成员在施工现场轮流值班。严格遵守机场安全综合治理的相关管理规定，与雇主有关部门签订施工安全责任书，制定严格的安全责任制度。

（1）建立以项目经理为第一责任人的安全生产领导小组，依据安全管理规定，落实安全管理工作。

（2）健全各级人员安全生产责任制度，全员承担安全生产责任，把安全工作引入竞争机制，纳入承包内容，逐项签订安全责任状，明确分工，责任到人。

（3）建立各种安全规章制度，并定期监督检查，保证各项规章制度得到贯彻落实。在每一个施工队设一名专职安全员，坚持跟班监督，把安全管理工作落到实处。

（4）进行安全知识和安全技能教育与训练，增强全员的安全生产意识，减少人为失误。项目经理部、施工队经常对施工人员进行安全生产常识教育，提高全体施工人员的安全意识和执行安全规章制度的自觉性。定期分析安全形势，经常开展事故预想活动，防微杜渐。

（5）坚持持证上岗。所有从事生产管理与操作的人员，必须依照从事的生产内容通过施工项目安全审查，取得安全操作许可证后方可上岗。特殊工种上岗必须持有劳动部门签发的上岗证书。

（6）合理使用劳动保护用品。项目部做到安全生产专项资金投入，确保安全防护用品数量、质量到位。统一采购劳保用品，妥善保管，及时发放，教育施工人员按规章制度正确使用，预防和减轻意外伤害。

（7）加强施工管理，严格劳动纪律。定期检查施工安全，采取亮黄牌警告和安全工作一票否决权的办法，始终把安全工作置于受控状态。

（8）定期对现场施工的用电设备、电缆线、熔断器进行检查，发现漏电或保险设备过载要及时更换。

（9）抓好现场管理，保持现场各种物资摆放整齐，做到灯明、路平、无积水。

四、交通安全保证措施

（1）加强对车辆的管理和对司乘人员的安全教育，严禁违章开车，严格执行交通法规，严禁超速行驶和超载运输。

（2）运输车辆均在驾驶室挡风玻璃右侧贴单位标识，在场内临时道路的各个交叉路口设交通警示标志，防止车辆事故发生。

（3）夜间施工时，各施工队设专职车辆指挥员，车辆指挥员一律穿荧光服指挥施工作业车辆。所有夜间进入施工现场的车辆，按要求配上橘黄色的警示灯。机械设备停放场均设置明显标志，明确责任人及相关规定。

（4）严格执行机械、车辆的管理规定，严格运输作业信号联络。安排专职运输调度员，合理调配砂、石、水泥运输力量和运输时间。

（5）加强车辆维护检修，确保车辆无故障上路。

1D420152　民航机场爆破及拆除作业安全控制

爆破与拆除作业安全控制方法包括：

（1）拆除工程在开工前，应组织技术人员和工人学习安全操作规程和拆除工程施工组织设计。

（2）拆除工程的施工，应在项目负责人的统一指挥和监督下进行。项目负责人根据施工组织设计和安全技术规程向参加拆除的施工人员进行详细的安全技术交底。

（3）拆除工程在施工前，应将电线、天然气或煤气管道、上下水管道、供热管道等干线、通往该建筑物的支线切断或迁移。

（4）工人从事拆除工作的时候，应该站在专门搭设的脚手架上或者其他稳固的结构部分上操作。

（5）拆除区周围应设立围栏，挂警告牌，并派专人监护，严禁无关人员逗留。

（6）拆除建筑物，应自上而下顺序进行，禁止数层同时拆除。当拆除某一部分的时候，应防止其他部分倒塌。

（7）拆除过程中，现场照明不得使用被拆除建筑物中的配电线，应另外设置配电线路。

（8）拆除建筑物的栏杆、楼梯和楼板等，应与整体工程相配合，不能先行拆除。建筑物的承重支柱和横梁，要待它所承担的全部结构和荷重拆掉后才可拆除。

（9）拆除建筑物一般不得采用推倒方法。遇有特殊情况采用推倒方法的时候，应遵守下列规定：

1）砍切墙根的深度不能超过墙厚的1/3，墙的厚度小于两块半砖的时候，不得进行掏掘。

2）为防止墙壁向掏掘方向倾倒，在掏掘前，要用支撑撑牢。

3）建筑物推倒前应发出信号，待所有人员远离建筑物高度2倍以上的距离后方可进行。

4）在建筑物推倒倒塌范围内，有其他建筑物时，严禁采用推倒方法。

（10）拆除建筑物时，楼板上不许有多人聚集和堆放材料，以免楼盖结构超载发生倒塌。

（11）在高处进行拆除工程，应设置溜放槽，以便散碎废料顺槽溜下。拆下较大的或者沉重的材料，应用吊绳或者起重机械及时吊下或运走，禁止向下抛掷。拆卸下来的各种材料要及时清理，分别堆放在一定位置。

（12）拆除石棉瓦及轻型结构屋面工程时，严禁施工人员直接踩踏在石棉瓦及其他轻型板上进行工作，应使用移动板梯，板梯上端挂牢，防止高处坠落。

（13）采用控制爆破拆除工程时应执行下列规定：

1）严格遵守建筑类规范中有关拆除爆破的规定。

2）在人口稠密、交通要道等地区爆破建筑物，应采用电力或导爆索起爆，不得采用火花起爆。当分段起爆时，应采用毫秒雷管起爆。

3）采用微量炸药的控制爆破，可减少飞石，但不能绝对控制飞石，仍应采用适当保护措施，如对低矮建筑物采取适当护盖，对高大建筑物爆破设一定安全区，避免对周围建筑物和人身的危害。

4）爆破时，对原有蒸汽锅炉和空压机房等高压设备，应将其压力降到0.1~0.2MPa。

5）爆破各道工序应认真操作、检查与处理，杜绝各种不安全事故发生。爆破应设临时指挥机构，便于分别负责爆破施工与起爆等安全工作。

6）用爆破方法拆除建筑物部分结构的时候，应保证其他结构部分的良好状态。爆破后，如发现保留的结构部分有危险征兆，应采取安全措施后，再行施工。

1D420153　民航机场结构物施工安全控制

检查"三宝""四口"、安全用电等防护设施是否到位。"三宝"是指安全帽、安全带、安全网；"四口"是指楼梯口、电梯井口、预留洞口、通道口。在结构物施工过程中，对上述易发生安全事故部位，必须采取可靠的防护措施确保施工安全。作为防护的补充措施，针对施工现场不同工种、不同的作业环境，要严格要求作业人员正确佩戴和使用个人防护用品。

施工现场用电必须按照临时用电施工组织设计施工，有明确的保护系统，符合三级配电两级保护要求，坚决做到"一机、一闸、一漏、一箱"，线路架设要符合规定。

对施工过程中安全措施的落实是做好施工安全的重要环节。安全措施的落实检查：

（1）在砌筑砖基础前应检查基槽是否有裂纹、水浸、冻土或变形等现象。在深基础砌筑时，上下基槽必须设工作梯或坡道，不得任意踩跳基槽，不得登踩砌体或加固土壁的支撑上下。

（2）在搭设脚手架三步以上时，作业人员必须带安全带，传递架杆时应绑安全绳。搭架时，如遇到六级以上大风或雷雨天气时，必须停止作业。高度在20m以上的高空作业时，风力超过五级也应停止作业。在高压线附近搭架时，如遇到小于10kV线路时，安全距离为6m以上，如遇到10~35kV线路时，安全距离为8m以上。

（3）在电焊操作场所5m以内不得堆放易燃、易爆材料。工作前应仔细检查焊接设备，无问题方可焊接。焊接电源应保持稳定，焊接时电压波动不得大于5%，否则停止施焊。为防止触电，必须遵守有关电气安全规定。

（4）起重机械的钢丝绳表面磨损达到10%时，要更换，如果不更换，必须降低负荷。吊钩、卡环如有变形或裂纹时应报废更换，吊钩断面磨损达10%时，应当更换。

（5）抹灰工在操作前应检查脚手架、高凳是否牢固，架子上物料散开放稳，层高3.6m以下的脚手架，采用脚手凳，间距2m。不准有探头板。多项工程立体交叉作业应有防护措施，佩戴安全帽。临时用移动照明、机电设备严禁随意拆卸。操作工经过培训考试合格后方可上岗操作。冬季施工期间，室内热作业时要注意防止燃气中毒、火灾。外架要注意经常清扫积雪，春暖开冻应注意脚手架的沉陷。

（6）木工机械操作人员必须掌握机械的技术操作规范，了解其性能。使用机械操作时，禁止戴手套，女工的发辫要盘入工作帽内。在操作前，现场清理干净，检查电源，在停电情况下检查各部位，经试运行正常后，方可进入工作状态。在使用电锯截料时，严禁操作人员站在锯的对面。使用自动手压刨时，严禁将手伸进进料口附近，如断料横放在刨口或锯口时，必须停电后取出。严禁在机械运转时用手去清锯末、刨花、齿渣等。经常检查电线，注意电器设备是否漏电，是否存在安全隐患和妨碍施工作业的因素。

1D420154   民航机场施工人员安全管理措施

（1）加强领导健全组织，各分部成立安全领导小组，由主管领导抓安全，制定严格的安全措施，建立健全各级安全岗位责任制，研究施工中存在的问题，排除安全隐患，责任落实到人。

（2）进行全面的、针对性的安全技术交底，各分部必须设立专职安全员，明确安全指标，杜绝死亡事故及重大工伤事故。

（3）设立安全领导小组，每月召开安全生产专题会，安全教育要经常化、制度化，坚持每日召开班前会，并且做好记录。

（4）特种作业人员必须持证上岗，严禁酒后上岗，随时抽检上岗证。

（5）严格安全监督、建立和完善定期安全检查制度，各分部安全领导小组要定期组织检查，各级安全监督人员要经常检查，真正把事故消灭在萌芽状态。

（6）各分部设立现场安全标语，通过安全竞赛等形式，增强全员安全生产的自觉性，时时处处注意安全，把安全生产工作落实到实处。

（7）加强安全防护、设置安全防护标志，施工作业设立安全栏杆、安全网，进入施工现场必须戴安全帽，高空作业戴安全带。

（8）各分部根据施工现场的具体情况制定各工种的安全保护措施，施工机械停放时，排列有序，保持安全距离。

（9）施工用电安全，严格按有关规定，安装线路及设备，用电设备都安装地线，不合格的电气器材严禁使用，库房、油库严禁烟火。

（10）大型吊装作业，应制定安全技术措施，并向参加施工人员进行安全技术交底，吊装作业应指派专人统一指挥，严格检查起重设备各部件的安全性和可靠性。各起重机具不得超负荷使用。

（11）机械设备夜间作业必须有充足的照明，夜间施工要有良好的照明设备。

（12）严格执行安全生产法律、法规和操作规程，与各分部负责人签订安全生产责任状。

1D420155   民航机场施工消防安全管理

（1）建立和完善各项安全防火责任制度。

（2）施工现场实行逐级防火责任制，做到层层有专人负责。

（3）进行经常性的防火安全检查，对发现的火险隐患和一些违章现象消除、整改和制止，对暂时难以消除的火险隐患必须采取应急措施。

（4）建立施工现场防火档案，确立施工现场的防火重点部位。

（5）施工现场内要粘贴各种防火标志，设置消防门、消防通道和警报系统，组建义务消防队，配备完善的消防器材与应急照明装置等设施；做到有能力迅速扑灭初期火灾和有效地进行人员财产的疏散转移。

（6）对员工进行消防知识的普及，对消防器材使用的培训，特别是消防的重点部位，要进行专门的消防训练和考核，做到经常化、制度化。

（7）施工现场内消防器材，消火栓必须按消防部门指定的明显位置放置。

（8）禁止私接电源插座，乱拉临时电线，私自拆修开关和更换灯管、灯泡、保险丝等。

（9）工作结束后，要进行电源关闭检查，保证各种电器不带电过夜，各种该关闭的开关处于关闭状态。

（10）部门配制消防义务组员，每天进行防火检查，发现问题及时记录上报。

（11）消防义务检查员要认真负责，检查中不留死角，确保不留发生火情的隐患。

（12）施工人员每月要进行一次消防自检，检查消防重点区域和重点设备，实行定点、定人、定措施的制度，发现问题及时向安全部门汇报（书面材料）。

（13）施工现场严禁放置易燃易爆危险品。

（14）使用的电器设备的质量，必须符合消防安全要求，电器设备的安装和电器线路的设计、铺设必须符合安全技术规定并定期检修。

（15）所有消防器材任何人不得私自移动、损坏、挪用并应由专人定期检查和更换。

（16）发现安全问题或消防隐患及时处理并报相关部门。

（17）施工现场内具体落实巡查制度，根据人口密度调查巡查频率，发现隐患及时处理并备案。

（18）要坚持经常性消防安全宣传和教育工作，利用各种形式（如黑板报、图片、录像等）宣传，普及消防知识，提高施工现场人员消防安全意识，增强防火工作的自觉性。

1D420156　民航机场施工用电安全管理

一、外电防护

（1）在建工程不得在高、低压线路下方施工，高、低压线路下方不得搭设作业棚、建造生活设施，或堆放构件、架具、材料及其他物品。

（2）操作安全距离：即在建工程（含脚手架具）的外侧边缘与外电架空线路的边线之间必须保持的距离，具体要求按《施工现场临时用电安全技术规范》JGJ 46—2005的要求选择。

（3）防护措施：当操作距离达不到规范要求时，必须采取防护措施，如：增设屏障、遮栏或保护网，并悬挂醒目的标志；防护设施必须使用非导电材料，并考虑到防护棚本身的安全（防风、防大雨、防雪等）；特殊情况下无法采用防护设施，则应与有关部门协商，采取停电、迁移外电线路或改变工程位置等措施。

二、接地与接零

（1）接地：即将电气设备的某一可导电部分与大地之间用导体作电气连接，简单地说，是设备与大地作金属性连接。

（2）接零：即电气设备与零线连接。

（3）当施工现场与外电线路共用同一供电系统时，不得一部分设备作保护接零，另一部分作保护接地。

三、防雷

（1）施工现场所有防雷装置的冲击接地电阻不得大于30Ω。

（2）施工现场内的起重机、井字架及龙门架等机械设备应安装防雷设备。若最高机械设备上的避雷针，其保护范围按60°计算能够保护其他设备，且最后退场，则其他设备可不设防雷装置。

（3）机械设备上的避雷针长度1～2m。

四、配电线路

施工现场的配电线路一般可分为室外和室内配电线路。室外配电线路又可分为架空配电线路和电缆配电线路。保证配电线路安全供电要注意以下问题：导线截面；架空线路的敷设；电缆线路的敷设；室内配电线路。

五、配电箱与开关箱

三级配电：指总配电箱（间）、分配电箱（工地大的可分几级分配）及开关箱。

两级保护：指分配电箱和开关箱必须经漏电保护开关保护。

六、现场照明

室外照明：施工现场的一般场所宜选用额定电压为220V的照明器。为便于作业和活动，在一个工作场所内，不得装设局部照明。停电时，应有自备电源的应急照明。同时注意以下问题：照明器使用的环境条件；特殊场合照明器应使用安全电压；行灯使用要求；照明线路；照明系统中的每一单相回路中，灯具和插座的数量；室外照明装置。

七、用电档案

1. 档案内容

（1）施工组织设计（分三个阶段，即基础、结构、装饰）；

（2）修改的临时用电施工组织设计；

（3）技术交底，向施工人员、电工等交底内容；

（4）电器设备的调试、测试和检验资料，主要是设备绝缘和性能完好的情况；

（5）接地电阻测试记录；

（6）定期检查表，按施工组织设计中要求及基层公司安全管理制度中的要求进行；

（7）电工维修记录，注明日期、部位、维修内容。

2. 施工组织设计

施工现场临时用电施工组织设计是施工现场临时用电安装、架设、使用、维修和管理的重要依据，指导和帮助供电用电人员准确按照用电施工组织设计的具体要求和措施执行，确保施工现场临时用电的安全性和科学性。按照《施工现场临时用电安全技术规范》JGJ 46—2005的规定："临时用电设备在5台及5台以上或用电设备总容量在50kW及50kW以上者，应编制临时用电施工组织设计。"

（1）临时用电施工组织设计的重要内容：

现场勘测；确定电源进线，变电所、配电室、总配电箱、分配电箱等的位置及线路走向；进行负荷计算；选择变压器容量、导线截面和电器类型、规格；绘制电气平面图、立面图和接线系统图；制定安全用电技术措施和电气防火措施。

（2）临时用电施工组织设计必须由电气工程技术人员编制，技术负责人审核，经主管部门批准后方能实施。

（3）施工现场的临时用电布置必须按施工组织设计的要求完成，并经上级主管部门验收后方可使用。

3. 临时用电的档案管理

（1）单独编制的施工现场临时用电施工组织设计相关的审批手续；

（2）技术交底资料；

（3）安全验收和检查资料：包括临时用电工程的验收表，电气设备的调试、测试和检验资料（主要是设备绝缘和性能完好情况），电阻值定期测试记录，定期检查表等；

（4）电工维修记录：应注明日期、部位、维修内容、技术措施、处理结果等。

【案例1D420150-1】

1. 背景

某施工单位承接一项机场的助航灯光系统、供电系统、通导系统的安装工程。施工单位在建设单位划分的地点兴建施工临时设施，整个临时设施的临时用电设备总容量达到80kW。同时，施工单位编制了临时用电施工组织设计，包括了如下内容：①电源进线、变电所、配电室、总配电箱、分配电箱等的位置及线路走向；②负荷计算；③变压器容量、导线截面面积和电器的类型、规格；④电气平面图、立面图。

2. 问题

（1）在什么情况下编制临时用电施工组织设计？什么情况下编制安全用电技术措施和电气防火措施？

（2）该施工组织设计是否完整？缺哪些内容？

（3）临时用电检查验收的主要内容有哪些？

3. 分析与答案

（1）临时用电设备在5台及其以上或设备总容量在50kW及其以上者，应编制临时用电施工组织设计；临时用电设备不足5台和设备总容量不足50kW者，应编制安全用电技术措施和电气防火措施。

（2）不完整。缺：①现场勘察情况；②接线系统图；③安全用电技术措施和电气防火措施。

（3）内容有：①接地与防雷；②配电室与自备电源；③各种配电箱、开关箱；④配电线路、变压器、电气设备安装；⑤电气设备调试、接地电阻测试记录等。

【案例1D420150-2】

1. 背景

在某机场的建设中，施工单位委派了一家专业爆破公司进行石方爆破。施工期间，当地安全管理部门对其进行了安全检查。发现了多处违规现象，主要有：①该公司具备所在地县以上的安全管理部门颁发的爆炸物品购买证、爆炸物品运输证和公安机关颁发的爆炸物品存储许可证；②炸药与雷管共用一个房间保存；③炸药及爆破器材库房全天24h有专人（2人）看守；④阴天使用电雷管起爆；⑤由于施工地点偏僻，爆破时没有布置安全警戒线。

2. 问题

（1）哪些证件不符合爆炸物品管理的规定？

（2）炸药、雷管的存贮与保管的违规之处有哪些？

（3）为何阴天不能使用电雷管起爆？

（4）叙述布置爆破安全警戒线的必要性。

3. 分析与答案

（1）依据爆炸物品管理条例、爆炸物品购买证、爆炸物品运输证和爆炸物品存储许可证必须由所在地市以上公安机关颁发，而不是由安全管理部门颁发。

（2）雷管作为炸药的起爆器材，必须与炸药隔离储存，且必须有3人全天24h值班看护，该公司仅派2人看护，显然是违规的。

（3）由于阴天有杂散电流存在，而杂散电流可能引爆电雷管，故阴天只能用非电起爆方式引爆炸药。常用的非电起爆方式有"导爆管+火雷管"起爆；"导火索+火雷管"起爆等。

（4）不论爆破地点处于何处，都必须布置安全警戒线。施工地点虽然偏僻，但爆区内仍有施工人员和设备在活动，为了保护施工人员和设备的安全，必须在爆破时布置警戒线。

【案例1D420150-3】

1. 背景

A施工单位中标承建了某机场工程，对道面混凝土切缝作业进行了劳务分包，并与劳务公司签订了劳务合同，明确了分包工作内容及单价等条款。同时，合同注明："劳务公司对其劳动防护用品自行采购，如作业人员发生安全事故，由劳务公司负全责，A施工单位不承担责任"。为确保工程质量，在劳务公司进场后，A施工单位对其人员进行了技术培训、考核及施工技术交底。劳务公司为降低成本，所用电缆线均为旧电缆线，也未给作业人员配置必备的防护用品。在切缝作业第5天，一名切缝机操作手发生触电。事故发生后，现场作业人员和A施工单位管理人员惊慌失措，抢救现场混乱，最终导致触电人员死亡。

2. 问题

（1）该《劳务合同》是否合理？为什么？

（2）A施工单位进场后，在安全生产方面应做哪些工作？

（3）请分析本次事故发生的原因及教训？

3. 分析与答案

（1）该《劳务合同》不合理，属违法合同。无论发生任何安全事故，总承包商均为责任主体，是安全第一责任人。

（2）在安全生产方面，A施工单位应做到：对施工全员进行安全培训，考核合格者方可上岗作业；开工前，应进行安全技术交底；必须为操作人员配备必需的安全防护用品；对安全设施及安全作业执行情况进行检查、监督；进场后及时了解附近医院、消防等有关单位的联系电话，以便于及时救援；制定应急预案，并进行演练。

（3）事故原因及教训：

1）A施工单位未进行安全培训及安全技术交底，操作人员缺乏安全常识和安全防范意识；

2）A施工单位未履行对安全设施与安全操作进行检查、监督的职责；

3）所用电缆线破损，导致漏电，且操作人员未佩戴绝缘手套及未穿绝缘靴，在带水作业时导致触电；

4）A施工单位未制定应急预案，也未组织演练，致使发生事故后，抢救人员惊慌失措；

5）未在事故发生的第一时间向附近医院求援，丧失了抢救的最佳时间。

【案例1D420150-4】

1. 背景

西南某4F新建机场，一期工程主要包括地基处理及土石方工程，属于高填方施工。在地基处理施工中，施工单位使用最大粒径为50mm、含泥量为8%的级配砂砾石作为施工垫层；在土石方工程施工中，土基平整碾压后，进行密实度检测合格后立即开始垫层施工；挖方区地质结构为中风化砂岩，需要爆破施工，在一次爆破作业中，因操作不当造成了2死2伤的安全事故。

2．问题

（1）砂砾石材料检测结果是否完全合格？请写出正确合格标准。

（2）土基密实度检测合格后进行垫层施工是否合理，还需要进行哪些检测项目？

（3）土基施工质量控制重点是什么？

（4）机场高填方工程要控制好"三面一体"，指的是哪四个要素？

（5）对进场材料质量管理的要求是什么？

（6）爆破工程共分为几个级别，按照什么指标进行分级的？

（7）飞石危害是工程爆破主要危险源之一，应采取哪些措施防止飞石危害？

（8）工程爆破工艺流程有哪些？

（9）事故发生后，需第一时间向政府相关部门报告事故情况，事故报告应包括哪些内容？

（10）事故隐患整改要执行"三定"的原则，"三定"指的是什么？

3．分析与答案

（1）粒径指标合格，含泥量不合格。根据《民用机场飞行区土（石）方与道面基础施工技术规范》MH 5014—2002要求，级配砂砾最大粒径不大于53mm，含泥量不大于5%。

（2）不合理。土基检测项目包括密实度、宽度、平整度、横坡度、高程。

（3）①控制土壤含水量，碾压前应尽量使实际含水量接近最佳含水量；②确定合理的松铺土的碾压厚度；③针对土壤及各类碾压设备的特点，合理选择碾压设备。

（4）基底面、临空面、交接面、填筑体。

（5）①材料进场时，应提供材质证明，并根据供料计划和有关标准进行现场质量验证和记录。质量验证包括材料品种、型号、规格、数量、外观检查和见证抽样，进行物理、化学性能试验。验证结果报监理工程师审批。②现场验证不合格的材料不得使用或按有关标准规定降级使用。③对于项目采购的物资，建设单位的验证不能代替项目对采购物资的质量责任，而建设单位采购的物资，项目的验证不能取代建设单位对其采购物资的质量责任。④物资进场验证不齐或对其质量有怀疑时，要单独堆放，该部分物资，待资料齐全和复验合格后，方可使用。⑤严禁以劣充好，偷工减料。⑥要严格按施工组织平面布置图进行现场堆料，不得乱堆乱放。检验与未检验物资应标明分开码放，防止非预期使用。

（6）爆破工程分为A、B、C、D四个级别。分别按照工程类别、一次爆破总药量、爆破环境复杂程度和爆破物特征等指标进行分级。

（7）①加强对炮孔的定位和补钻的技术管理，严格控制炮孔的位置与深度。②严格把好装药关，确保合理的填塞长度和填塞质量，对于特别的位置，由富有经验的爆破工程技术人员进行药量调整，确保炸药爆炸力低于最小抵抗线阻力，且最小抵抗线朝向应背离危险区域。③杜绝前排药包临空面的薄弱位，前排药包临空面若有局部抵抗线很小或有张开裂隙通过炮孔，就会有飞石距离增大现象，因此在布置前排炮孔时，应避免这种情况的发生。若钻好孔后发现有这种情况，则应适当减少该孔的装药量或采用局部不装药，用堵塞物充填的方法解决。④严格执行防护方案，在距离被保护物100m爆破作业时，爆区上方覆盖1层或多层炮被，炮被应超出炮孔边缘2m以上，坚决不能出现危害性飞石。

（8）工程爆破主要工艺流程有：平整工作面→孔位放线→钻孔→孔位检查→装药→堵塞→网路连接→安全警戒→起爆→爆破安全检查→危石、盲炮处理。

（9）事故报告应包括以下内容：①发生事故的工程名称、工程规模；②事故发生的时间、地点；③事故的简要经过、伤亡人数、直接经济损失和初步估计；④事故原因、性质的初步判断；⑤事故抢救处理的情况和已采取的措施；⑥需要有关部门和单位协助事故抢救、处理的相关事宜；⑦事故的报告单位、签发人的时间。

（10）"三定"是指：定整改责任人、定整改时间、定整改措施。

1D420160   民航机场施工项目组织协调

1D420161   民航机场施工项目协调的作用和意义

（1）施工项目协调的作用是排除障碍、解决矛盾、保证施工项目的顺利实现。

（2）施工项目进行协调的意义有：

1）通过协调疏通决策渠道、命令传达渠道以及信息沟通渠道，避免管理网络的梗阻或不畅，提高管理效率和组织运行效率。

2）通过协调使得各层次、各部门、各个执行者之间增进理解、互相支持，共同为项目目标努力工作，确保项目目标的顺利实现。

3）通过协调避免和化解各利益集体、组织各层次之间、个人之间的矛盾冲突，提高合作效率，增强凝聚力。

4）协调工作质量的好坏，直接关系到一个项目组织、一个企业乃至于一个行业的管理水平和整体素质，减少甚至避免了各种不必要的内耗。

1D420162   民航机场施工项目经理部内部关系协调

内部关系的协调是行政力可以起作用的，故主要应使用行政的方法，包括：利用企业的规章制度，利用各级人员和各岗位人员的地位和权力，做好思想政治工作，搞好教育培训，提高人的素质，加强内部管理等。

1D420163   民航机场施工项目经理部外部关系协调

施工项目经理部的外部关系包括近外层关系和远外层关系。

近外层关系包括项目经理部与监理机构的关系，项目经理部与设计单位的关系，项目经理部与供应人的关系，项目经理部与公用部门有关单位的关系，项目经理部与分包人的关系。

远外层关系指没有合同的关系，如与政府和社会的关系。处理远外层关系必须严格守法，遵守公共道德，并充分利用中介组织和社会管理机构的力量。

【案例1D420160-1】

1. 背景

某民用机场场道工程建设工程项目，项目经理为注册一级建造师。在施工过程中遇到以下问题：噪声扰民；材料价格上涨；在土（石）方施工期间连续降雨；土（石）方施工队、基层摊铺施工队因施工场地产生相互干扰；设备维护人员与设备使用人员因设备问题发生矛盾。

2. 问题

（1）作为项目经理，你认为属于该项目经理部协调的内容有哪些？

（2）施工项目进行协调的意义有哪些？

（3）试述施工项目进行协调的重要性。

3. 分析与答案

（1）属于项目经理部协调的内容有：噪声扰民；土（石）方施工队、基层摊铺施工队因施工场地产生相互干扰；设备维护人员与设备使用人员因设备问题发生矛盾。

（2）施工项目进行协调的意义有：

1）通过协调疏通决策渠道、命令传达渠道以及信息沟通渠道，避免管理网络的梗阻或不畅，提高管理效率和组织运行效率。

2）通过协调使得各层次、各部门、各个执行者之间增进理解、互相支持，共同为项目目标努力工作确保项目目标的顺利实现。

3）通过协调避免和化解各利益集体、组织各层次之间、个人之间的矛盾冲突，提高合作效率，增强凝聚力。

4）协调工作质量的好坏，直接关系到一个项目组织、一个企业乃至于一个行业的管理水平和整体素质，减少甚至避免了各种不必要的内耗。

（3）任何项目的管理只有通过沟通才能实现，所以，一个项目沟通的效果是检查管理效果的最好尺度。

沟通的重要性：

1）是良好决策的必要前提；

2）对于活动的有效启动极为重要；

3）对于完成一项工作所涉及人员的协调也很重要；

4）对于接受有关绩效的反馈也很重要。

【案例1D420160-2】

1. 背景

民用机场场道工程工期要求紧张，施工场地狭小，并且由于采用了大量新工艺、新技术、新材料，使得施工工艺复杂。

2. 问题

（1）你认为项目经理部中技术部主要应负责哪些工作？

（2）为避免扬尘现象发生，应采取哪些措施？

（3）施工过程中如何协调好与劳务作业层之间的关系？

3. 分析与答案

（1）组织图纸会审和负责工程洽商工作；编制施工组织设计与施工技术方案，呈报公司总工程师审批；编制施工工艺标准及工序设计；特殊工程或复杂工程在公司设计所的领导下，做好土建施工详图和安装综合布线图；编写项目质量计划及质量教育实施计划；负责组织项目技术交底工作；负责引进与推广指导有实用价值的新技术、新工艺、新材料；负责对工程材料、设备的选型，报批工作及材质的控制；负责做好项目的技术总结工作；参与项目结构验收和竣工验收工作。

（2）处理方法：施工前公布连续施工时间，向工程周围居民、单位做好解释工作；按要求报批工程所在地的建设行政主管部门审核批准，报公安交通管理部门核发制定行车路线的专用通行证；按要求报环保部门，经环保部门检测并出具检测报告书；及时和当地建设行政主管部门、环保部门、环卫部门、城管部门联系沟通，取得以上部门的理解和支持；提高施工单位员工自觉保护环境意识，积极采取措施，如对易产生灰尘的砂、回填土等松散材料表面及时覆盖，对进出车辆做好封闭，对拖泥带水的车辆在离开工地时做好清理工作等，尽可能减少扬尘现象的产生。

（3）由于项目经理部与劳务作业层之间实行两层分离，实质二者已经构成了甲乙双方平等的经济合同关系，所以在组织施工过程中，难免发生一些矛盾。在处理这方面矛盾时必须做到三个坚持：坚持履行合同；坚持相互尊重、支持，协商解决问题；坚持服务为本，不把自己放在高级地位，而是尽量为作业层创造条件，特别是不损害劳务作业层的利益。

【案例1D420160-3】

1. 背景

某民用机场场道工程建设工程项目，其初步设计已经完成，建设用地和筹资也已落实，监理单位已经落实，某一级企业施工工程公司通过竞标取得了该项目的总承包任务，签订了工程承包合同，并实行了项目经理责任制，并建立了项目经理部。

2. 问题

（1）施工项目经理部的内部关系的协调包括哪些协调内容？分别如何实施？

（2）应从哪几个方面与监理工程师进行协调才能保证工作的顺利进行？

（3）试述项目经理部设置的原则。

3. 分析与答案

（1）内部关系的协调是行政力可以起作用的，故主要应使用行政的方法，包括：利用企业的规章制度，利用各级人员和各岗位人员的地位和权利，做好思想政治工作，搞好教育培训，提高人的素质，加强内部管理等。

1）项目经理部与企业管理层关系的协调依靠严格执行《项目管理目标责任书》，因为它是两层之间约定的行为目标和考核标准。

2）项目经理部与劳务作业层关系的协调依靠履行劳务合同与项目管理实施规划。前者是双方的约定，后者是根据项目管理目标责任书编制的指导项目管理的文件，对双方都有约束力。

3）项目经理部进行内部供求关系的协调（包括人力资源、材料和构配件、机械设备、技术和资金），首先要利用好各种供应计划；其次要充分发挥调度人员的管理作用，随时解决出现的供应障碍。

（2）为保证与监理工程师协调工作的顺利进行要求做到如下几点：

1）施工过程中，严格按照监理工程师批准的施工组织设计、施工方案进行管理，接受监理工程师的验收及检查，如有问题，按监理工程师要求进行整改；

2）分包单位严格管理，杜绝现场施工分包单位不服从监理工程师的监理，使监理工程师的一切指令得到全面的执行；

3）有进入现场的成品、半成品、设备、材料、器具等主动向监理工程师提交合格证或质保书、复试报告；

4）严格进行质量检查，确保监理工程师能顺利开展工作；对可能出现工作意见不一致的情况，遵循"先按监理工程师的指导，后磋商统一"的原则，维护监理工程师的权威性。一切工作应符合规程要求。

（3）根据项目管理规划大纲确定的组织形式设立项目经理部；根据施工项目的规模、复杂程度和专业特点设立项目经理部；应使项目经理部成为弹性组织，随工程任务的变化而调整，不是成为固定的组织；项目经理部的部门和人员设置应面向现场，满足目标控制的需要；项目经理部组建以后，应建立有益于组织运转的规章制度。

【案例1D420160-4】

1. 背景

某民用机场场道建设工程项目，该项目较复杂、工期紧、工程量大，属于大型项目；施工企业为国家一级企业，且项目经理为国家一级建造师，能力较强，管理人员及员工素质较高，管理水平较高。该工程的项目组织形式如图1D420163所示。

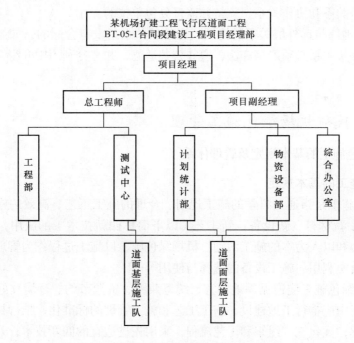

图1D420163 某建设工程项目组织形式

2. 问题

（1）该施工项目管理组织是否全面？缺少哪些部门？

（2）项目经理部的外部关系协调包括近外层关系和远外层关系，它们的协调分别包括哪几个方面？

3. 分析与答案

（1）该施工项目管理组织不全面，缺少安全质量部门、财务部门和合同管理部门。

（2）包括如下方面：

1）近外层关系的协调方法：近外层关系协调主要依靠合同方法，因为合同是建立近外层关系的基础。

项目经理部与发包人之间关系的协调贯穿于施工项目管理的全过程。协调的方法除了全面、实际地履行施工合同以外，还应加强协作，及时向发包人提供生产计划、统计资料和工程事故报告等。发包人也应按时向项目经理部提供技术资料，积极配合项目经理部解决问题，排除障碍。要紧紧抓住资金、质量、进度等重点问题进行协调。

项目经理部与监理机构关系的协调要按《民航专业工程监理规范》MH 5031—2015的规定和施工合同的要求，接受监理机构的监督和管理，搞好协作配合。

项目经理部与设计单位的关系协调主要是在设计交底、图纸会审、设计洽商变更、地基处理、隐蔽工程交工验收和竣工验收等环节中密切配合，接受发包人或监理机构的协调。

项目经理部与供应人关系的协调应充分依靠供应合同，运用价格机制、竞争机制和供求机制搞好协作配合，还要充分发挥企业法人的社会地位和作用。

项目经理部与公用部门有关单位的关系应通过加强计划进行协调，还要接受发包人或监理机构的协调。

项目经理部与分包人关系的协调应按分包合同执行，处理好目标控制和各项管理中的技术关系、经济关系和协作关系，支持并监督分包单位的工作。

2）项目经理部与远外层关系的协调：远外层关系指没有合同的，如与政府和社会的关系。处理远外层关系必须严格守法，遵守公共道德，并充分利用中介组织和社会管理机构的力量。

1D420170　民航机场绿色施工管理

1D420171　绿色施工的基本规定及管理体系

一、绿色施工的基本规定

（1）绿色施工是指通过科学的施工规划、合理的施工工艺、高效的施工管理和先进适宜的新技术、新材料、新设备、新工艺（以下简称四新技术）的应用，实现资源消耗低、环境影响小和以人为本的施工活动。机场绿色施工以施工过程作为管理对象，主要包括环境保护、资源利用、施工设备的选择与使用等。

（2）机场绿色施工应遵循因地制宜、统筹兼顾、资源节约、环境友好、以人为本的基本要求，施工中应推行工地建设、施工工艺和施工管理的标准化，推行材料、构（配）件加工的工厂化；优化施工组织和工艺流程，采用先进适宜的四新技术；开挖工程应核实既有地下管网，并做好保护或迁移工作；推行机场施工信息化管理，实现施工过程的实时监测、监控和可追溯性。

（3）环境保护：

1）应系统分析潜在的环境风险，制定相应的大气、土壤、水环境等保护措施；

2）应采取措施控制施工场地扬尘污染及扩散，主要包括：①应根据用途对场内施工道路进行适宜的硬化处理，并定期洒水、清扫；②对裸露场地和集中堆放的土石方应采取覆盖、绿化或固化等措施；③对易产生扬尘的材料和作业应采取遮挡、苫盖、洒水等降尘措施；④对易产生扬尘的施工车辆应采取封闭措施，并在出口处设置车辆清洗设施；⑤露天作业时，应根据天气预报及时调整作业计划；因天气原因易造成施工扬尘时应暂停施工作业；⑥宜采取技术手段对工地扬尘进行监控。

3）应采取措施控制废气排放，主要包括：①场内的施工车辆、机械设备、油机等应符合国家、行业的排放要求；②场内不应焚烧各类废弃物；③有限空间内进行焊接作业应严格控制有害气体浓度；④不应使用释放量超标的阻燃剂和混凝土外加剂；⑤室内装修应使用环保材料，并按规定检测室内有害气体或废气的浓度。

4）应采取措施防止水土污染，主要包括：①防腐用油漆、稀料等化学品应集中存放，并采取防雨、防晒等措施；存放区地面应按相关要求进行防渗处理；②使用后的化学品应集中回收处理，收集率应达到100%；③清理出的残渣、废机油、油污、污（废）水和生活垃圾等废弃物应集中回收处理。

5）应采取措施防止因地表径流引起的水土流失。

6）宜采取措施控制噪声污染，主要包括：①合理安排施工时间；②使用低噪声、低振动的机械设备；③既有机场改（扩）建应进行噪声动态监测；④对产生噪声污染的作业，应采取减噪、隔声、吸声等措施。

7）对焊接等易产生强光的施工作业以及夜间施工照明等，宜根据场地环境条件采取光污染防控措施。

8）场地范围内的树木移栽、砍伐应经相关部门批准后实施。

（4）节地与土地利用：

土地利用应结合场地环境条件，统一规划、优化施工总平面布置；临时占地宜使用荒地、废地，减少占用绿地、耕地及规划红线以外的场地；工程完工后，应及时对施工占用场地进行恢复。

（5）节能与能源利用：

1）应制定施工能耗控制指标，并纳入施工组织设计；应进行施工能源计量管理，并建立记录台账；对能耗高的施工工艺应制定专项节能措施；应优先使用清洁能源，合理利用可再生能源；施工照明应配置可控制、可调节的节能灯具。

2）施工车辆和机械设备的配置、管理应符合下列要求：

① 选择功率与负载相匹配的机械设备；

② 使用国家、行业鼓励的节能、高效、环保产品；

③ 制定合理的作业计划，配备合适的施工机械，提高机械设备的使用率，减少空转率。

（6）节水与水资源利用：

1）应制定施工用水控制指标，并纳入施工组织设计；应进行施工用水计量管理，并建立记录台账；应采用节水施工工艺和养护技术；应使用节水型器具，并在水源处设置醒目的节约用水标识。

2）应加强施工用水管理，实现循环利用，主要措施包括：

① 有条件的施工场地应设置雨水收集设施；

② 对大量用水的施工工艺，应制定水资源利用方案；

③对路面清洁、车辆清洗、绿化浇灌等用水，应优先采用非传统水源，对使用的非传统水源，应制定水质检测与卫生保障措施。

（7）节材与材料资源利用：

1）应采购符合国家、行业环保要求的材料。

2）宜根据当地资源状况，提高本地材料使用的比例。

3）应及时掌握施工用料信息，根据施工进度安排、材料周转时间以及库存等情况制定合理的材料采购计划。

4）宜推行施工材料的标准化、工厂化，减少二次加工和材料损耗。

5）周转材料可重复利用率不宜低于70%。

6）应对材料进行分类管理，并采取相应的保护措施。

7）应选择适宜的运输工具和装卸方法，减少材料的损坏和遗撒。

8）应根据材料特性，采用适宜的施工工艺，充分发挥材料的使用性能。

9）应对施工过程中的建筑垃圾、余料和包装材料等进行回收、处理与再利用。

二、绿色施工管理体系及评价

工程项目应建立绿色施工体系，建设单位负责统筹组织，监理单位负责实施监督，施工单位具体实施，勘察设计单位和其他单位配合实施；应将机场绿色施工的相关内容分解到相应的管理目标中，将绿色施工嵌入管理体系，实行动态管理。

（1）建设单位的职责为：在招标文件中明确绿色施工要求；制定绿色施工管理规定；会同参建单位接受行政管理部门的监督、检查；组织参建单位开展绿色施工管理与评价工作。

（2）监理单位的职责为：审核绿色施工专项方案或技术措施；开展绿色施工专项监督检查工作；定期或分阶段向建设单位提交绿色施工监理报告。

（3）施工单位的职责为：

1）建立以项目经理为第一责任人的绿色施工管理责任制。总承包单位对绿色施工负总责，专业分包单位对所承包工程的绿色施工承担第一责任，总承包单位承担连带责任；

2）设定绿色施工目标，建立绿色施工组织保障体系；

3）编制绿色施工专项方案，开展绿色施工组织设计；

4）根据绿色施工要求开展施工图纸会审和深化设计，工程技术交底应包含绿色施工内容；

5）制定环境保护、职业健康与安全等突发事件的应急预案；

6）组织绿色施工教育培训，提高施工人员的绿色施工意识；

7）设置绿色施工公告栏，及时发布绿色施工动态信息；

8）加强对绿色施工策划、施工准备、材料采购、现场施工与工程验收等过程的动态监控，定期开展自查、考核和评价工作；

9）形成并保存绿色施工记录。

（4）勘察设计单位和其他单位的职责为：设计体现绿色理念，设计文件应涵盖绿色施工要求；配合各单位开展绿色施工。

（5）绿色施工评价：

机场绿色施工评价宜根据建设工程实际情况，基于自愿的原则开展。评价以机场内单项工程或多个单项工程的组合为评价对象。

绿色施工评价主要节点包括施工准备、施工过程和施工验收。绿色施工宜由施工单位组织阶段性自评，或由建设单位、主管单位组织第三方机构进行评价，评价机构应按照申请方提交的报告、文件进行审查和现场核查，出具评价报告、确定等级。

绿色施工评价体系由各单项工程绿色施工评价表构成，评定结果为分值。绿色施工分为不合格、合格、优良三个等级，绿色施工总分在60分以下时为不合格，60分（含）到85分之间为合格，85分（含）以上时为优良。

1D420172　施工临时设施管理

一、施工临时设施一般规定

（1）施工临时设施主要包括生产临时设施与生活临时设施，应统一规划、永临结合。

（2）应控制临时设施用地规模与范围，布局合理、紧凑。

（3）临时设施场地应稳定，并满足安全、防火、卫生、环保等要求；在场地条件允许的前提下，临时设施的地面标高不宜低于场地设计标高，防止出现积水洼地。

（4）主要施工道路和排水系统应遵循永临结合的原则，统一规划、提前建设。排水系统宜以自然排水为主、强制排水为辅；宜充分利用场内原有建（构）筑物，在安全可靠的前提下充分利用原有市政配套设施。

（5）生产临时设施与生活临时设施供电宜分路、单独计量；临时设施用水应集中、定点供应，并安装计量水表。

（6）应结合日照和风向等环境条件，合理布置临时设施建筑物，采用天然采光、自然通风、遮阳等被动式设计。

（7）应设置各种醒目的绿色施工、安全警示标识牌；临时设施场内应进行适宜绿化。

二、生产临时设施

（1）生产临时设施场地宜设置在交通便利，供水、供电便捷且紧邻施工作业面的位置。

（2）临时变（配）电设施宜设置在施工用电量大的场地附近，减少线路损耗。

（3）场内水泥混凝土、沥青混凝土宜集中拌合，拌合站的设置与运行应满足国家、行业相关规定，并符合下列要求：

1）拌合站位置宜靠近主体工程施工区域，减少拌合料的运输距离；

2）拌合设备能力应符合施工需要，满足施工高峰期拌合料不间断供给；

3）合理布局拌合站内的办公区、作业区、材料区及设备停放区，办公区与其他区域间应进行分隔，拌合站四周应设置一定高度的隔离设施；

4）作业区宜采用不等高平面，由高往低分别设置砂石料场、拌合设备、蓄水池、沉淀池等；

5）拌合楼、料场地面与场内道路应进行硬化处理；

6）拌合设备和配料设备应设在封闭的拌合楼内，并配置除尘设备；

7）卸料口应配备防喷溅设备，生产废渣或堆积物应及时清理，保持料口下方的清洁；

8）拌合站内应设置混凝土泵车、罐车、运输车清洗专区和余料专区；

9）应对沥青混合料拌合过程中产生的烟尘、粉尘进行净化处理；

10）集料、结合料、水、添加剂等应采用电子自动计量；

11）宜设置拌合数据传输系统、视频监控系统以及信息管理系统等；

12）拌合站内车辆速度宜不大于15km/h。

（4）应采取措施控制扬尘污染，并符合下列要求：宜在料场车辆进出口和卸料区配置喷淋或负压等降尘设备；不宜在现场生产集料和筛分。

（5）材料应集中、分类存放，设置醒目标识，采取保护措施，主要包括：露天材料堆放场地应平整坚实，并设置排水坡度；水泥、外加剂和其他细颗粒材料应入库存放，在库外临时存放时应进行苫盖；金属材料应整齐码放并进行苫盖，防止生锈、腐蚀；非金属管道、衬里管道及部件的存放应限制堆码高度，并避免阳光直射和热源辐射。

（6）沥青存放场地应避免阳光直射，防止受热熔化；油料和化学药剂等存放应符合1D420171中"一、（3）4）"的要求；电气设备应存放在清洁、通风、无腐蚀性气体的库房内。

三、生活临时设施

临时办公与生活用房，应符合下列要求：采用经济、适用、美观、紧凑的标准化装配式结构；使用保温、阻燃、防雨、可循环利用的材料；生活区宜集中规划，统一设置厨房，集中供应生活用水。

生活临时设施内应加强环境卫生与排放管理，主要措施包括：①应设置封闭式垃圾容器，分类收集垃圾，集中、定期清运；②生活污水应进行无害化处理，厨房污水应设置隔油池，应对排污系统进行定期、定点、定人清理和检测；③应实现雨污分流，并对污水排放路线及排放点进行标识与编号；④有条件时应设置水冲式厕所、淋浴间。

临时设施应选用节能型办公设备与灯具，并使用自动控制装置。

1D420173　民航机场工程绿色施工相关内容

（1）土石方工程主要包括原地基处理、场地平整、土方挖运、土石方填筑等。

（2）飞行区工程主要包括场道工程、目视助航工程和附属设施工程。

（3）空管工程主要包括航管小区及塔台、场内通信工程与导航台站、场外导航台站等。

（4）机场弱电系统工程主要包括航站区、飞行区、货运区及生产办公区等区域的弱电系统。

（5）航站区工程主要包括航站楼及与其结构或功能密切相连的建（构）筑物。

（6）机场公用配套工程主要包括场内管网工程、道路与照明工程、场站工程和绿化景观工程等。

（7）供油工程主要包括油码头、输油管线、铁路卸油站、中转油库、机场油库、航空加油站、机坪加油管线、地面设备加油站等。

（8）飞行区不停航施工，是指在机场不关闭或者部分时段关闭并按照航班计划接收和放行飞机的情况下，在飞行区内实施的施工。

【案例1D420170-1】

1. 背景

某机场施工单位承揽了位于我国东北某山区的一机场场道第1标段的建设任务。在施工中发生了以下事件：

事件一：施工单位在编制的施工组织设计中，将施工道路分别设在挖、填区域的中部。

事件二：在当年的飞行区土石方施工期间，中央环保督察巡视组对其环保工作进行了检查，检查发现该工程项目部未做任何扬尘防护措施。巡视组进行了反馈，并限期整改。

事件三：监理工程师在审查施工组织设计时，发现拌合站的布局与隔离措施均不合理。

事件四：由于紧前施工延误，致使跑道南端土基填土施工延至低温期进行。

2. 问题

（1）施工道路宜布置在施工区域的哪些部位？

（2）对土石方施工应采取何种措施防止扬尘？

（3）在布局拌合站时，应考虑哪些因素？

（4）低温期进行土基填土施工须由谁批准？说明依据。

3. 答案

（1）对山区高填方机场，宜将主要施工道路布置在填挖零线附近，以减少道路的改线和工程量。

（2）主要措施有：土石方作业粉尘易发区域应及时洒水降尘；封闭土石方运输车辆；在运行的飞行区、航站区等环境敏感区域附近进行土石方作业时，应采取洒水、覆盖等措施。

（3）应考虑的因素有：位置宜靠近主体工程施工区域，减少拌合料的运输距离；拌合设备能力应符合施工需要，满足施工高峰期拌合料不间断供给；合理布局拌合站内的办公区、作业区、材料区及设备停放区，拌合站应建在办公区和生活区的下风处，尽量避免扬尘和噪声的污染，办公区与其他区域间应进行分隔，拌合站四周应设置一定高度的隔离设施。

（4）局部土基填土必须延至低温期结束的工程，应制定低温施工组织设计方案（包括工程数量、施工方法、防冻措施、施工工期等），经监理工程师、建设单位批准后，方可进行施工。依据来自中国民航局发布的《民用机场飞行区土（石）方与道面基础施工技术规范》MH 5014—2002。

【案例1D420170-2】

1. 背景

某施工单位中标一机场场道工程，在施工建设期间发生了以下事件：

事件一：该机场工程项目虽然成立了绿色施工体系，但各方责任并未得到落实；

事件二：在飞行区水泥混凝土铺筑期间，中央环保督察巡视组发现拌合站内的扬尘污染措施不符合要求；

事件三：根据环评报告、工程地质资料与设计要求，在工程施工期间的，制定了相应的土石方施工保护措施。

2. 问题

（1）工程项目绿色施工体系建设的统筹组织、检查监督和具体实施应由谁负责？

（2）在机场绿色施工中，建设单位的职责有哪些？

（3）在拌合站内扬尘污染防护中，应符合哪些要求？

（4）土（石）方工程包括哪些施工项目？

3. 答案

（1）建设单位负责统筹组织，监理单位负责实施监督，施工单位具体实施，勘察设计单位和其他单位配合实施。

（2）在招标文件中明确绿色施工要求；制定绿色施工管理规定；会同参建单位接受行政管理部门的监督、检查；组织参建单位开展绿色施工管理与评价工作。

（3）在采取相关防护措施基础上，还应符合下列要求：

1）宜在料场车辆进出口和卸料区配置喷淋或负压等降尘设备；

2）不宜在现场生产集料和筛分。

（4）土（石）方工程主要包括原地基处理、场地平整、土（石）方挖运、土（石）方填筑等。

【案例1D420170-3】

1. 背景

某新建机场飞行区技术指标4D，空管工程建设内容包括通信导航监视系统、气象工程等，建设单位要求施工单位进行绿色施工。施工单位A中标，按照相关要求设定绿色施工目标，建立绿色施工组织保障体系，编制绿色施工专项方案，开展绿色施工组织设计。

2. 问题

（1）空管工程绿色施工有哪些主要内容？

（2）航管小区及塔台绿色施工有哪些主要内容？

（3）场内通信工程及导航台站绿色施工有哪些主要内容？

（4）场外导航台站绿色施工有哪些主要内容？

3. 分析与答案

（1）一般规定包括：

1）空管工程主要包括航管小区及塔台、场内通信工程与导航台站、场外导航台站等；

2）项目应制定合理的运输计划，台站建筑材料宜集中运输；

3）导航台站搬迁或改造时，宜充分利用既有建筑物、设施等；

4）室外通信箱和电源箱宜就近设置，实现电井和基础的共用；

5）室外设备的接地系统应采用接地极，在条件允许的前提下，室外地网宜连成一体；

6）通往气象系统外部观测设备的步道，宜采用环保和防滑地坪；

7）场内工程（航管小区与塔台、场内台站）建设应与其他工程同步进行；

8）在台站设备安装前，应对周围电磁环境进行复核；

9）应制定校飞工作预案，并对拟校飞科目按规定开展模拟演练，实现校飞一次通过。

（2）航管小区及塔台：设备安装应与土建施工密切配合，合理安排施工工序；宜采用低噪声的施工工艺和方法；应制定合理的塔台设备安装方案，实现安装或吊装一次到位。

（3）场内通信工程及导航台站：应根据项目总计划、气象条件，合理安排工期；与其他专业或系统施工交叉作业时应能有效衔接。

（4）场外导航台站：应对导航台站场地所在地区的环境状况进行调查，并在施工中采取合理的水土保持、植被保护和恢复措施；应充分利用原有道路；开辟新的道路应按照永临结合的原则布置，并减少对周边环境的影响；取、弃土场地应符合1D420171中"一、（4）"的要求；应设置雨水（雪）收集设施，减少市政用水或井水的使用；应制定水污染防治方案，建造小型化粪池及渗透井对生活污水进行处理；应充分利用太阳能、风能等可再生能源作为生活用能；设备调试时，应考虑飞机等对拟调试设备的影响，减少设备调试时间。

【案例1D420170-4】

1. 背景

某机场欲新建一座航站楼，要求其满足《绿色航站楼标准》MH/T 5033—2017，并在招标文件中明确了绿色施工要求，同时指出机场弱电系统应进行效能优化。甲、乙两单位分别承担了该新建航站楼的公共广播系统和航班动态显示系统建设工程。

广播系统调试过程中，监理工程师发现在候机隔离区一指廊入口处有两个扬声器遮挡了离港航班动态显示屏的部分视场，而且该处环境嘈杂，广播混响较明显。随后将上述情况向机场扩建指挥部进行了汇报，商议后决定由监理工程师主持、通过召开工作协调会征求各方意见后进行改进，会后甲单位按要求调整了扬声器的安装位置，问题得以解决。

2. 问题

（1）航班动态显示系统效能优化应符合哪些要求？

（2）监理工程师的做法合理吗？哪些单位应出席此次工作协调会？

（3）依据《绿色航站楼标准》MH/T 5033—2017，该广播系统应符合哪些规定？

（4）甲单位对施工过程中的废弃物等应采取哪些措施？

3. 分析与答案

（1）航班动态显示系统效能优化应符合下列要求：

1）应从运行稳定、提高效率以及节能等方面对实施方案进行优化设计；

2）软件开发时，在保证系统正确性、稳定性的前提下，应提高代码效率，并通过优化数据库结构和算法，减少对硬件的需求；

3）设备配置时，应开展节能方案设计，并进行实际能耗测量；

4）应采用敏捷开发、搭建测试模拟环境等方式，开发原型系统，缩短开发周期；

5）对客户化的定制系统宜进行全面测试验证，以保证系统功能、效能和质量。

（2）监理工程师的做法合理。

应出席此次协调会的单位有：监理、甲单位、乙单位、公共广播设计单位、航班动态显示设计单位、机场建设指挥部。

（3）依据《绿色航站楼标准》MH/T 5033—2017，该广播系统应符合以下规定：

1）广播系统应分区控制，减少相互干扰；

2）应合理设置屋顶构造控制混响时间；

3）应采取合理的墙面、内部构造设计和设置吸声材料以减少和消除多重回声、颤动回声和声聚焦。

（4）对施工过程中的废弃物等应采取以下措施：

1）回收利用设备包装废弃物，并与设备厂家建立回收机制；

2）对于含有有毒物质成分或易对环境造成污染的破损设备（部件）和材料，应进行回收管理。

【案例1D420170-5】

1. 背景

某施工单位承接一民航机场道面盖被和新建滑行道的所有目视助航工程。施工中按《民用机场绿色施工指南》（AC-158-CA-2017-02）指导机场绿色施工。按《民用机场目视助航设施施工及验收规范》MH/T 5012—2010进行安装、调试和验收。

2. 问题

（1）叙述《民用机场绿色施工指南》（AC-158-CA-2017-02）中目视助航工程绿色施工的内容。

（2）目视助航立式灯具、设备安装的主控项目是什么？

3. 分析与答案

（1）《民用机场绿色施工指南》（AC-158-CA-2017-02）中目视助航工程绿色施工的内容是：

目视助航设备基础制作、管线预埋、电缆人孔井制作等工作应先于基础及道面施工进行；

隔离变压器箱（设备）基础及电缆人孔井宜进行批量浇筑；

在半刚性基层或混凝土中进行剔凿作业时，不宜干式作业，同时应防止湿式作业形成的泥浆直接排入土面区；

埋设电缆管应根据每段管路长度选择标准管长，适当调整电缆人孔井位置，使管路长度等于标准管长的倍数，减少废管量；

灯光一次电缆在隔离变压器之间宜交替连接，避免单根电缆段过长，不易寻找故障点；同一回路的两条单芯电缆宜穿在一根保护管敷设；

应合理制定电源系统调试方案，备用柴油发电机组与电源系统调试宜同步进行，柴油发电机组带载调试与灯光回路调试相结合，减少带载调试时间；避免调试完成前开亮全部灯光系统；

在高杆灯灯具安装固定前，应合理设置每个灯具的投射方向和角度；应减少调试次数，在调试完成前应减少开常亮灯；

电缆头制作产生的废料应及时回收；电缆保护管余料应及时回收和利用。

（2）目视助航立式灯具、设备安装的主控项目是：

应按设计文件的要求，确定灯具的朝向、发光颜色及易折性；

灯具安装前、后应对灯具的位置进行复测，做好记录，并应满足以下要求：

1）直线上的灯具应具有直线性，没有明显的目视偏差。

2）转弯处的灯具应能显示出设计确定的转弯轨迹，灯具不得明显偏离转弯轨迹。

3）在跑道中线两侧对应的灯具（如跑道边灯等），其连线应与跑道中线垂直。

灯具、设备的底座在混凝土道肩上安装时应水平安装，应以安装处高程最高的一点为基准，用镀锌垫圈调整水平，在顶孔位置用水平尺测量，气泡应居中；

灯具、设备的底座在土面区或铺砌块上安装时，必须将底座基础周围及底座下的土方夯实，密实度应达到场道设计要求。按设计要求的尺寸及深度，浇筑混凝土基础，基础应水平，表面高程应符合设计要求；

灯具的安装高度必须使光中心高程符合设计文件的要求；

必须按设计文件的要求和灯具的特性调整其垂直方向和水平方向的发光角度。对称于跑道中线及延长线两侧的灯具，其内倾角值应符合相关规范的要求。

1D420180　民航机场工程建设过程验收管理

1D420181　民航机场隐蔽工程验收管理

一、隐蔽工程的概念
凡是被后续施工所覆盖的分部分项工程称为隐蔽工程，如机场施工中的土石方、基层工程，以及空管工程、目视助航设施工程和航站楼弱电工程中相关管线的敷设等。

二、隐蔽工程的验收程序
隐蔽工程的验收程序：自检、开单、通知、验收、签证、后续施工。

三、隐蔽工程验收的注意事项
（1）隐蔽工程在隐蔽前应由施工单位通知有关单位进行验收，并形成验收文件。

（2）自检含施工单位的"三检"，自检并合格，才能开单通知，保证单实一致，不合格整改后须重新检验合格方可签证。

（3）钢筋工程隐蔽验收的要点：

1）按施工图核查纵向受力钢筋，检查钢筋品种、直径、数量、位置、间距、形状；

2）检查混凝土保护层厚度，构造钢筋是否符合构造要求；

3）钢筋锚固长度，箍筋加密区及加密间距；

4）检查钢筋接头：如绑扎搭接，要检查搭接长度、接头位置和数量（错开长度、接头百分率），焊接接头或机械连接，要检查外观质量，取样试件力学性能试验是否达到要求，接头位置（相互错开）数量（接头百分率）。

1D420182　民航机场分项工程验收管理

1. 工程项目划分

从建筑工程施工质量验收的角度来说，项目划分的要求如下：

（1）工程项目应逐级划分为单位（子单位）工程、分部（子分部）工程、分项工程和检验批。

（2）单位工程的划分应按下列原则确定：

1）具备独立施工条件并能形成独立使用功能的建筑物或构筑物为一个单位工程；

2）建筑规模较大的单位工程，可将其能形成独立使用功能的部分划为若干个子单位工程。

（3）分部工程的划分应按下列原则确定：

1）分部工程的划分应按专业性质、建筑部位确定；

2）当分部工程较大或较复杂时，可按材料种类、施工特点、施工程序、专业系统及类别等划分为若干子分部工程。

（4）分项工程应按主要工种、材料、施工工艺、设备类别等进行划分。如机场工程中的土石方施工中的碾压、平整等均为分项工程。

（5）分项工程可由一个或若干个检验批组成，检验批可根据施工及质量控制和专业验收需要按楼层、施工段、变形缝等进行划分。

（6）室外工程可根据专业类别和工程规模划分单位（子单位）工程。一般室外单位工程可划分为室外建筑环境工程和室外安装工程。

2．分项工程验收

应由监理工程师（如果没实施监理则由建设单位项目技术负责人）组织施工单位项目专业质量（技术）负责人进行验收。

3．分项工程验收管理的内容

分项工程所含的检验批质量均应合格；质量验收记录应完整。

1D420183 民航机场分部工程验收管理

一、分部工程的划分原则：

（1）可按专业性质、工程部位确定；

（2）当分部工程较大或较复杂时可按材料种类、施工特点、施工程序、专业系统以及类别将分部工程划分为若干子分部工程。

二、分部工程验收合格的规定

所含分项工程质量均应合格；质量控制资料应完整；有关安全、节能、环境保护及主要使用功能的检验和抽样检测结果应符合有关规定；观感质量应符合要求。

三、分部工程质量验收的组织

分部工程应由总监理工程师（如果没实施监理则由建设单位项目负责人）组织施工单位项目负责人和技术、质量负责人等进行验收。

四、单位工程的竣工验收

1．单位工程竣工验收的条件

（1）完成建设工程设计和合同规定的内容；

（2）有完整的技术档案和施工管理资料；

（3）有工程使用的主要建筑材料、建筑构配件和设备的进场试验报告；

（4）有勘察、设计、施工、工程监理等单位分别签署的质量合格文件；

（5）按设计内容完成，工程质量和使用功能符合规范规定的设计要求，并按合同规定完成了协议内容。

2．单位工程验收的基本要求

（1）质量应符合统一标准和砌体工程及相关专业验收规范的规定；

（2）应符合工程勘察、设计文件的要求；

（3）参加验收的各方人员应具备规定的资格；

（4）质量验收应在施工单位自行检查评定的基础上进行；

（5）隐蔽工程在隐蔽前应由施工单位通知有关单位进行验收，并形成验收文件；

（6）涉及结构安全的试块、试件以及有关材料，应按规定进行见证取样检测；

（7）检验批的质量应按主控项目和一般项目验收；

（8）对涉及结构安全和使用功能的重要分部工程应进行抽样检测；

（9）承担见证取样检测及有关结构安全检测的单位应具有相应资质；

（10）工程的观感质量应由验收人员通过现场检查，并应共同确认。

3. 单位工程验收内容

（1）单位（子单位）工程所含分部（子分部）工程的质量均应验收合格；

（2）质量控制资料应完整；

（3）单位（子单位）工程所含分部工程有关安全、节能、环境保护和主要使用功能的检验资料应完整；

（4）主要使用功能项目的抽查结果应符合相关专业质量验收规范的规定；

（5）观感质量验收应符合要求。

4. 单位工程质量如何验收

单位工程完工后，施工单位应自行组织有关人员进行检查评定，并向建设单位提交交工验收报告；建设单位收到交工验收报告后，应由建设单位（项目）负责人组织施工（含分包单位）、设计、监理等单位（项目）负责人进行单位工程交工验收；分包单位对所承包建设工程项目检查评定，总包派人参加，分包完成后，将资料交给总包；当参加验收各方对工程质量验收不一致时，可请当地建设行政主管部门或工程质量监督机构协调处理；单位工程质量验收合格后，建设单位应在规定时间内将工程竣工验收报告和有关文件，报建设行政管理部门备案。

1D420190 民航机场工程验收管理

竣工验收由建设单位负责组织实施，竣工预验收由监理单位负责组织实施。施工单位负责完成工程质量的自检、自评，提交竣工资料，配合完成竣工预验收和竣工验收工作。民航专业工程质量监督机构（以下简称质监机构）负责监督专业工程竣工验收。竣工预验收和竣工验收可根据实际情况分阶段进行。

1D420191 民航机场竣工验收条件

竣工预验收和竣工验收的依据是：经批准的项目可行性研究报告、初步设计、施工图设计、设计变更等文件；合同文本；主要设备的技术规格说明书；国家及行业相关法律、法规、规章、技术标准与规范。

一、竣工预验收

竣工预验收是竣工验收的前置工作。

监理单位应当组织勘察、设计、施工、试验检测等单位参加竣工预验收，根据实际需要，可邀请运营单位和有关专家（包括安保专家）参加竣工预验收。建设单位应当参加竣工预验收。在建设项目满足竣工预验收条件后，进行竣工预验收。

竣工预验收不合格的，监理单位应当督促施工单位进行整改。整改完成后，监理单位重新组织竣工预验收。竣工预验收合格的，勘察、设计单位出具工程质量检查报告；监理单位出具竣工预验收报告和工程质量评估报告；施工单位提交竣工验收申请表，监理单位在竣工验收申请表上签署审核意见。

二、竣工验收条件

建设单位应当组织勘察、设计、施工、监理、试验检测、运营等单位参加竣工验收，可根据需要邀请有关专家（包括安保专家）参加验收。质监机构应当监督竣工验收。

1. 竣工验收条件

（1）完成建设工程设计及合同约定的各项内容；

（2）各参建单位与工程同步生成的文件资料齐备，并基本完成收集、分类、组卷、编目等归档工作；

（3）竣工预验收合格；

（4）已完成飞行校验并形成飞行校验报告（如涉及），且导航设备完成飞行校验后，设备运行状态和相关场地环境未发生变化；

（5）勘察、设计单位已分别签署工程质量检查报告；

（6）施工单位已签署工程竣工报告和工程保修书；

（7）监理单位已签署工程质量评估报告。

涉及飞行校验的，飞行校验前与飞行校验相关的飞行区场道工程、助航灯光工程、地空通信工程、导航工程、监视工程、气象工程等应当建成并通过竣工预验收。

2. 竣工预验收合格后，各相关单位向建设单位提交材料

（1）竣工验收申请表；

（2）勘察、设计单位签署的工程质量检查报告；

（3）施工单位签署的工程竣工报告和工程保修书；

（4）监理单位签署的竣工预验收报告和工程质量评估报告；

（5）飞行校验报告（如涉及）。

三、竣工验收的内容

（1）工程项目是否按批准的规模、标准和内容建成；

（2）工程质量是否符合国家和行业有关标准及规范；

（3）工程项目与合同约定及主要设备的技术规格与说明书符合情况；

（4）工程主要设备的安装、调试、检测情况；

（5）各参建单位与工程同步生成的文件资料是否完整、准确、系统、规范、安全，并是否基本完成收集、分类、组卷、编目等归档工作；

（6）工程的概算执行情况；

（7）工程项目竣工预验收和校飞问题的整改情况。

四、竣工验收的程序

（1）建设单位对满足竣工验收条件的工程，制定竣工验收组织方案，在竣工验收前5个工作日向质监机构提交竣工验收邀请函、验收条件符合清单和竣工验收组织方案，通知勘察、设计、施工、监理、试验检测单位项目负责人和运营单位相关负责人等参加

验收。

（2）召开验收准备会，成立由建设、勘察、设计、施工、监理、试验检测、运营单位组成的验收组，分专业设立专业验收组，明确验收组和专业验收组长、各专业验收组的验收范围和工作要求。

（3）召开验收启动会，主要内容包括：工程建设情况汇报（由建设、勘察、设计、施工、监理、试验检测等单位汇报）；宣布竣工验收日程安排、验收依据、验收范围、验收要求、验收组人员组成及专业分组情况等。

（4）各专业验收组根据验收依据、验收内容开展验收检查，按照验收检查单进行抽查抽测，形成书面验收意见。

（5）召开验收组会议，各专业验收组向验收组汇报验收情况，验收组讨论并形成竣工验收意见。

（6）召开验收情况通报会，通报各专业验收情况并宣读竣工验收意见。

（7）验收组成员在竣工验收意见上签字确认。

（8）建设单位印发竣工验收意见。

竣工验收不合格的，建设单位应当组织相关参建单位进行整改。整改完成后，建设单位重新组织竣工验收。竣工验收合格的，建设单位应当及时形成竣工验收报告并提交质监机构，抄送民航行政机关。

1D420192　民航机场行业验收程序

运输机场专业工程应当履行行业验收程序。

一、运输机场专业工程行业验收条件

（1）竣工验收合格；

（2）已完成飞行校验；

（3）试飞合格；

（4）民航专业弱电系统经第三方检测符合设计要求；

（5）涉及机场安全及正常运行的项目存在的问题已整改完成；

（6）环保、消防等专项验收合格、准许使用或同意备案；

（7）民航专业工程质量监督机构已出具同意提交行业验收的工程质量监督报告。

二、运输机场建设项目法人在申请运输机场工程行业验收报送材料

（1）竣工验收报告，内容包括：

1）工程项目建设过程及竣工验收工作概况；

2）工程项目内容、规模、技术方案和措施、完成的主要工程量和安装的设备等；

3）资金到位及投资完成情况；

4）竣工验收整改意见及整改工作完成情况；

5）竣工验收结论；

6）竣工验收项目一览表。

（2）飞行校验结果报告；

（3）试飞总结报告；

（4）运输机场专业工程设计、施工、监理、质监等单位的工作报告；

（5）环保、消防等主管部门的验收合格意见、准许使用意见或备案文件；

（6）运输机场专业工程有关项目的检测、联合试运转情况；

（7）有关批准文件。

三、运输机场专业工程行业验收程序

（1）A类工程、B类工程的行业验收分别由运输机场建设项目法人向所在地民航地区管理局提出申请；

（2）对于具备行业验收条件的运输机场工程，民航管理部门在受理运输机场建设项目法人的申请后20d内组织完成行业验收工作，并出具行业验收意见。

四、运输机场专业工程行业验收的内容

行业验收的内容包括：

（1）工程项目是否符合批准的建设规模、标准；

（2）工程质量是否符合国家和行业现行的有关标准及规范；

（3）工程主要设备的安装、调试、检测及联合试运转情况；

（4）航站楼工艺流程是否符合有关规定、满足使用需要；

（5）工程是否满足机场运行安全和生产使用需要；

（6）运输机场工程档案收集、整理和归档情况；

（7）有中央政府直接投资、资本金注入或资金补助方式投资的工程的概算执行情况。

运输机场建设项目法人应当按国家、民航及地方人民政府有关规定及时移交运输机场工程档案资料。未经行业验收合格的运输机场专业工程，不得投入使用。

1D420193　民航机场竣工资料的组成及编制要求

施工单位编写竣工资料应按下面的要求编写。

一、竣工资料的组成

竣工资料包括建设工程项目通用部分竣工资料、土建部分竣工资料、给水排水部分竣工资料、设备安装部分竣工资料、供配电照明部分竣工资料和助航灯光及站坪照明部分竣工资料。

通用部分竣工资料包括以下内容：

竣工技术文件说明；竣工技术文件目录；图纸会审记录；技术交底记录；开工报告；材料设备开箱交接检查记录；设计变更；材料设备质量证明；隐蔽工程验收记录；中间施工验收证书；竣工报告；竣工验收证书；单位工程质量评定表；竣工技术文件移交书；特殊工种上岗证复印件；竣工图；施工日志和施工技术总结。

二、竣工资料的编制要求

（1）竣工资料必须按照工程施工设计的内容和所采用的标准进行编制；

（2）竣工资料由项目工程技术人员在施工过程中编制、收集、积累、保管、整理而成，在工程竣工后，由项目总工审核，再由项目资料员整理装订成册；

（3）竣工资料的整理应做到分类标示、规格统一，便于查找，字迹清楚，图形规整，尺寸齐全，签章完整，没有漏项，数据真实可靠；

（4）竣工资料的编制和书写不得用铅笔和圆珠笔，用钢笔不得使用易褪色的墨水，应用碳素墨水；

（5）竣工图的绘制，凡施工中完全没有变更的图纸，由项目专业技术人员在施工图上加盖竣工章后作为竣工图；凡施工中变更不大的图纸，由项目专业技术人员将所改内容改在原蓝图上，并在蓝图醒目处汇总示出变更单号，或在原蓝图上加贴修改通知单，加盖竣工章后作为竣工图；对于重大修改且需要施工单位重新绘制竣工图时，由项目专业技术人员负责绘制，并在图的右下脚注明原图编号，经审核无误后，加盖竣工章作为竣工图；

（6）所有的竣工图都必须由项目总工审核，包括重新绘制的竣工图。

1D420194　民航空管工程竣工验收管理

空管工程经过民航管理部门验收后，方可投入使用。

一、项目法人向民航管理部门申请验收空管工程条件

（1）竣工验收合格；

（2）已完成飞行校验；

（3）主要工艺设备经检测符合设计要求；

（4）涉及安全及正常使用的项目存在的问题已整改完成；

（5）环保、消防等专项验收合格、准许使用或同意备案；

（6）工程质量监督机构已出具同意提交验收的工程质量监督报告。

由民航局组织验收的空管项目包括民航局空管局为项目法人的建设工程，批准的可行性研究报告总投资2亿元（含）以上的民航地区空管局或空管分局（站）为项目法人的建设工程。其他空管工程由所在地管理局组织验收。

二、民航管理部门验收空管工程的内容

（1）工程项目是否符合批准的建设规模、标准；

（2）工程质量是否符合国家和行业现行的有关标准及规范；

（3）主要工艺设备的安装、调试、检测情况；

（4）工程是否满足运行安全和生产使用需要；

（5）工程档案收集、整理和归档情况；

（6）工程概算执行情况。

未经验收合格的空管工程，不得投入使用。

1D420200　民用航空通信导航监视设备飞行校验管理

1D420201　民航飞行校验相关内容

一、飞行校验

民用航空通信导航监视设备飞行校验是指为保证飞行安全，使用装有专门校验设备的飞行校验飞机，按照飞行校验的有关标准、规范，检查、校准和评估各种通信、导航、监视设备的空间信号质量、容限及系统功能，并依据检查、校准和评估结果出具飞行校验报告的过程。

中国民用航空局（以下简称民航局）负责飞行校验工作的统一管理，民航地区管理局

（以下简称地区管理局）负责监督本辖区的飞行校验工作，飞行校验工作由民航局飞行校验机构（以下简称校验机构）和校验对象的运行管理单位具体实施。

飞行校验分为投产校验、监视性校验、定期校验、特殊校验四类。

1. 投产校验

投产校验是指校验对象新建、迁建或更新后，为获取校验对象全部技术参数和信息而进行的飞行校验。

2. 监视性校验

监视性校验是指投产校验后的符合性飞行校验；或者民航局、地区管理局认为有其他必要的情况下，对运行中的校验对象进行的不定期飞行校验。

3. 定期校验

定期校验是指为确定校验对象是否符合技术标准和满足持续运行要求，按照规定的校验周期对运行中的校验对象所进行的飞行校验。

4. 特殊校验

特殊校验是指在出现下列特殊情况之一时，对校验对象受影响部分进行有针对性的飞行校验。

（1）飞行事故调查需要时；

（2）设备大修、重大调整或重大功能升级时，包括设备的工作频率、天线系统、场地保护区域、电磁环境等因素发生改变，或者设备主要参数发生变化、导航完好性监视信号基准发生改变以及其他可能导致系统运行风险增大并无法通过地面测试调整进行有效控制时；

（3）停用超过90d的设备重新投入使用时；

（4）设备维护人员、管制人员、飞行人员等发现设备或信号有不正常现象，不能提供正常导航服务时；

（5）校验对象的运行管理单位认为有必要实施飞行校验时；

（6）其他需要特殊校验的情况；

飞行校验应当按照飞行校验种类的优先次序安排。一般情况下，飞行校验种类的优先次序由高至低依次为特殊校验，定期校验，投产校验，监视性校验。

二、飞行校验的实施

校验机构应当与校验对象的运行管理单位建立协调机制，共同采取必要的保障措施，完成校验对象的飞行校验任务。校验机构按照规定的校验周期和要求安排定期校验和监视性校验，并提前通知校验对象的运行管理单位。

通信导航监视设备需进行特殊校验时，校验对象的运行管理单位应当及时向校验机构提出申请，校验机构应当及时予以答复。

投产校验应当在校验对象具备有关民用航空通信导航监视设备飞行校验标准中规定的投产飞行校验条件后，向校验机构提出申请。

校验对象的运行管理单位应当在飞行校验实施前组织召开由校验机组、相关空管单位和其他有关单位参加的协调会议，确定飞行校验实施细节，指定专人负责协调飞行校验的实施。

校验对象在实施飞行校验期间不得提供使用，其运行管理单位应当按照规定通知所在地航空情报服务机构发布航行通告。

飞行校验期间，空中和地面人员应当加强配合，提高效率。机上校验人员应当及时通报飞行校验情况，校验对象的运行管理单位应当及时调整设备，使校验数据达到最佳值。

校验机构应当依据有关民用航空通信导航监视设备飞行校验标准的要求执行飞行校验，并确保校验结论准确。

三、飞行校验结论

校验结论分为合格、限用和不合格。

合格是指校验对象的所有技术参数均符合有关民用航空通信导航监视设备飞行校验标准中规定的标准值和容差；限用是指校验对象的技术参数不能在标准覆盖区域内全部符合有关民用航空通信导航监视设备飞行校验标准中规定的标准值和容差，但在部分区域内符合上述规定的标准值和容差；不合格是指校验对象的主要技术参数不符合有关民用航空通信导航监视设备飞行校验标准中规定的标准值和容差，不能提供安全可靠的引导或存在安全隐患，信号质量不可靠。

1D420202　民航飞行校验项目

一、校验对象

校验对象包括通信设备、导航设备和监视设备。

通信设备包括甚高频地空通信系统；导航设备包括航向信标、下滑信标、全向信标、测距仪、无方向信标、指点信标、卫星导航地面设备；监视设备包括一次监视雷达、二次监视雷达、多点定位系统、自动相关监视系统、空中交通管制自动化系统。

通信和监视设备投产使用后不进行定期校验，必要时进行特殊校验或监视性校验。导航设备投产使用后应当按照规定的校验周期进行飞行校验。

二、校验项目

投产校验、定期校验项目应当按照有关民用航空通信导航监视设备飞行校验标准执行。监视性校验中的符合性飞行检查项目应当按照有关民用航空通信导航监视设备飞行校验标准执行。其他监视性校验项目由飞行校验机构根据民航局或者地区管理局的要求制定。

对于1D420201中一、4.（1）、（2）、（4）、（5）、（6）项所列的情况，校验机构和校验对象的运行管理单位应根据具体情况制定相应的特殊校验方案，确定校验项目，或直接执行等同于投产校验的项目，以确保校验对象的安全运行；对于特殊校验的第（2）项所列的情况，重新投入使用的仪表着陆系统应在特殊校验后90d内增加一次监视性校验；对于特殊校验的第（3）项所列的情况，非设备、非场地原因造成设备停用少于270d的应当执行等同于定期校验的项目，超过270d（含）的应当执行等同于投产校验的项目；其他原因造成设备停用的应当执行等同于投产校验的项目。

【案例1D420200-1】

1. 背景

某机场工程建有一条2800m的跑道、一座20000m²的航站楼、一座4000m²的航管楼和塔台。跑道上设有Ⅰ类精密进近灯光系统和Ⅰ类仪表着陆系统、PAPI灯，滑行道和站坪设立了滑行引导标记牌、标志物、停机泊位引导系统等设施。现该机场各项工程已进行了自检，部分项目需进行飞行校验。

2. 问题

（1）一般飞行校验包括哪些种类？优先顺序是什么？

（2）本机场哪些项目需进行飞行校验？属于哪种飞行校验？

（3）进行飞行校验前后建设单位应做哪些工作？

3. 分析与答案

（1）飞行校验包括投产校验、监视性校验、定期校验、特殊校验四类。飞行校验种类的优先次序由高至低依次为特殊校验，定期校验，投产校验，监视性校验。

（2）本机场需要进行飞行校验的设备是Ⅰ类仪表着陆系统和PAPI系统，属于投产校验。

（3）建设单位在飞行校验实施之前，召开由校验机组和当地各有关部门参加的协调会，确定校飞方案，指定专人负责全面协调飞行校验工作。

【案例1D420200-2】

1. 背景

某新建民用机场，飞行区指标为4D，跑道为非精密进近跑道，长2800m，宽45m，道肩7.5m，跑道主降方向配置仪表着陆系统一套，420m非精密进近灯光系统一套，跑道两端分别设有PAPI灯系统一套、跑道边灯和跑道入口灯、入口翼排灯，下滑台附近安装气象自动观测系统一套，跑道的一侧设有多普勒全向信标/测距仪一套。该机场于2012年10月正式通航，投入使用，机场仪表着陆系统于2014年4月18日进行了定期飞行校验，飞行校验结束后，根据校验数据，该仪表着陆系统被确定为限用，原因是雨水冲刷，造成下滑台保护区A区达不到场地要求，使其辐射场型发生畸变，引起下滑角变化，造成下滑道弯曲、抖动。该机场随即在4月20日发布航向通告，将仪表着陆系统关闭（不开放使用），关闭时间为100d，以便进行保护区场地平整。

2014年5月11日是一个阴雨天，某航空公司一架飞机执行航班任务，在该机场跑道着陆时，飞机在距跑道入口还有200m的土面区接地，并沿跑道中心线继续滑至跑道上才停下。本次事故除撞断一些助航灯外，飞机及机上人员无损伤。

2. 问题

（1）飞机提前接地，说明当时飞机的进近航道相对正确航道偏低，此时飞行员看到的PAPI灯颜色应该为什么颜色？

（2）在哪些特殊情况下需要进行特殊飞行校验？

（3）校验结束后，根据飞行校验数据，被校验设施的等级划分为哪几类？

3. 分析与答案

（1）四红。

（2）特殊校验是指在出现下列特殊情况之一时，对校验对象受影响部分进行针对性飞行校验：

1）飞行事故调查需要时；

2）设备大修、重大调整或重大功能升级，包括设备的工作频率、天线系统、场地保护区域、电磁环境等因素发生改变，或者设备主要参数发生变化、导航完好性监视信号基准发生改变以及其他可能导致系统运行风险增大并无法通过地面测试调整进行有效控制时；

3）停用超过90d的设备重新投入使用时；

4）设备维护人员、管制人员、飞行人员等发现设备或信号有不正常现象，不能提供正常导航服务时；

5）校验对象的运行管理单位认为有必要实施飞行校验时；

6）其他需要特殊校验的情况。

（3）被校设施的等级划分为：合格、限用、不合格。

1D420210　民航机场不停航施工管理

1D420211　民航机场不停航施工的基本要求

一、不停航施工管理

不停航施工是指在机场不关闭或者部分时段关闭并按照航班计划接收和放行航空器的情况下，在飞行区内实施工程施工。不停航施工不包括在飞行区内进行的日常维护工作。

机场管理机构应当制定机场不停航施工管理规定，对不停航施工进行监督管理，最大限度地减少不停航施工对机场正常运行的影响，避免危及机场运行安全。

机场不停航施工工程主要包括：

（1）飞行区土质地带大面积沉陷的处理工程，围界、飞行区排水设施的改造工程等；

（2）跑道、滑行道、机坪的改扩建工程；

（3）扩建或更新改造助航灯光及电缆的工程；

（4）影响民用航空器活动的其他工程。

机场管理机构负责机场航站区、停车楼等区域的施工（含装饰装修）的统一协调和管理。对于航站区、停车楼等区域的施工（含装饰装修），机场管理机构应当会同建设单位、施工单位、公安消防部门及其他相关单位和部门共同编制施工组织管理方案。施工组织管理方案应当参照不停航施工管理的要求对影响安全的情况采取必要的措施，并尽可能降低对运行的影响。

在机场近期总体规划范围内的工程施工，机场管理机构应当对原有地下管线进行核实，防止施工对机场运行安全造成影响。

未经民航局或者民航地区管理局批准，不得在机场内进行不停航施工。机场管理机构负责机场不停航施工期间的运行安全，并负责批准工程开工。实施不停航施工，应当服从机场管理机构的统一协调和管理。

二、不停航施工特点

与正常条件下施工组织相比，不停航施工的主要特点：

（1）施工单位要加强与相关单位的协调与沟通，如每日进出场需与机场管理机构等部门联系；

（2）根据不停航施工的特点，如非连续、间断性作业、夜间施工、每班施工时间限定等，合理安排施工进度，各道工序必须紧凑，施工进度要快。要考虑特殊施工（铣刨接坡处理）所花费时间；

（3）加强施工现场管理，在夜间施工、平行与交叉施工、施工进度要求较快等不利条件下，做到机械设备、人员及工序的有效协调，使各个施工工序有序进行；

（4）根据不停航施工的特点，有针对性地制定施工质量管理措施，对施工质量严格控制；

（5）根据不停航施工的特点，制定严格的安全管理措施，确保航空器的飞行安全。

三、机场管理机构对机场不停航施工的管理

机场管理机构对机场不停航施工的管理包括：

（1）对施工图设计和招标文件中应当遵守的有关不停航施工安全措施的内容进行审查；

（2）在施工前，召开由相关单位和部门参加的联席会议，落实施工组织管理方案；

（3）与建设单位签订安全责任书——工程建设单位为机场管理机构时，机场管理机构应当与施工单位签订安全责任书；

（4）建立由各相关单位和部门代表组成的协调工作制度，并确保施工组织管理方案中所列各相关单位联系人和电话信息准确无误；

（5）每周或者视情况召开施工安全协调会议，协调施工活动。在跑道、滑行道进行的机场不停航施工，应当每日召开一次协调会；

（6）对施工单位的人员培训情况进行抽查；

（7）对施工单位遵守机场管理机构所制定的人员和车辆进出飞行区的管理规定以及车辆灯光、标识颜色是否符合标准的情况进行检查；

（8）经常对施工现场进行检查，及时消除安全隐患。

建设单位及施工单位应当持有不停航施工组织管理方案的副本，遵守施工组织管理方案，确保所有施工人员熟悉施工组织管理方案中的相关规定和程序；至少配备两名接受过机场安全培训的施工安全检查员负责现场监督，并采用设置旗帜、路障、临时围栏或配备护卫人员等方式，将施工人员和车辆的活动限制在施工区域内。

四、不停航施工的批准程序

在机场内进行的不停航施工，由机场管理机构负责统一向机场所在地民航地区管理局报批。因机场不停航施工，需要调整航空器起降架次、航班运行时刻、机场飞行程序、起飞着陆最低标准的，机场管理机构应当按照民航局的有关规定办理报批手续。

机场管理机构向民航地区管理局申请机场不停航施工时，应当提交下列资料：

（1）工程项目建设的有关批准文件；

（2）机场管理机构与工程建设单位或者施工单位签订的安全保证责任书；

（3）施工组织管理方案及附图；

（4）各类应急预案；

（5）调整航空器起降架次、航班运行时刻、机场飞行程序、起飞着陆最低标准的有关批准文件。

民航地区管理局应当自收到不停航施工申请材料之日起15d内作出同意与否的决定。符合条件的，应当予以批准；不符合条件的，应当书面通知机场管理机构并说明理由。

机场不停航施工经批准后，机场管理机构应当按照有关规定及时向驻场空中交通管理部门提供相关基础资料，并由空中交通管理部门根据有关规定发布航行通告。涉及机场飞

行程序、起飞着陆最低标准等更改的，资料生效后，方可开始施工；不涉及机场飞行程序、起飞着陆最低标准等更改的，通告发布7d后方可开始施工。

1D420212 民航机场不停航施工的一般规定

一、不停航施工的一般规定

（1）在跑道有飞行活动期间，禁止在跑道端之外300m以内、跑道中心线两侧75m以内的区域进行任何施工作业。

（2）在跑道端之外300m以内、跑道中心线两侧75m以内的区域进行的任何施工作业，在航空器起飞、着陆前0.5h，施工单位应当完成清理施工现场的工作，包括填平、夯实沟坑，将施工人员、机具、车辆全部撤离施工区域。

（3）在跑道端300m以外区域进行施工的，施工机具、车辆的高度以及起重机悬臂作业高度不得穿透障碍物限制面。在跑道两侧升降带内进行施工的，施工机具、车辆、堆放物高度以及起重机悬臂作业高度不得穿透内过渡面和复飞面。施工机具、车辆的高度不得超过2m，并尽可能缩小施工区域。

（4）在滑行道、机坪道面以外进行施工的，当有航空器通过时，滑行道中线或机位滑行道中线至物体的最小安全距离范围内，不得存在影响航空器滑行安全的设备、人员或其他堆放物，并不得存在可能吸入发动机的松散物和其他可能危及航空器安全的物体。

（5）临时关闭的跑道、滑行道或其一部分，应当按照《民用机场飞行区技术标准》MH 5001—2013（含第一修订案）的要求设置关闭标志。已关闭的跑道、滑行道或其一部分上的灯光不得开启。被关闭区域的进口处应当设置不适用地区标志物和不适用地区灯光标志。

（6）在机坪区域进行施工的，对不适宜于航空器活动的区域，必须设置不适用地区标志物和不适用地区灯光标志。

（7）因不停航施工需要跑道入口内移的，应当按照《民用机场飞行区技术标准》MH 5001—2013（含第一修订案）设置或修改相应的灯光及标志。

（8）施工区域与航空器活动区应当有明确而清晰的分隔，如设立施工临时围栏或其他醒目隔离设施。围栏应当能够承受航空器吹袭。围栏上应当设旗帜标志，夜晚应当予以照明。

（9）施工区域内的地下电缆和各种管线应当设置醒目标识。施工作业不得对电缆和管线造成损坏。

（10）在施工期间，应当定期实施检查，保持各种临时标志、标志物清晰有效，临时灯光工作正常。航空器活动区附近的临时标志物、标记牌和灯具应当易折，并尽可能接近地面。

（11）邻近跑道端安全区和升降带平整区的开挖明沟和施工材料堆放处，必须用红色或橘黄色小旗标示以示警告。在低能见度天气和夜间，还应当加设红色恒定灯光。

（12）未经机场消防管理部门批准，不得使用明火，不得使用电、气进行焊接和切割作业。

（13）在导航台附近进行施工的，应当事先评估施工活动对导航台的影响。因施工需要关闭导航台或调整仪表进近最低标准的，应当按照民航局的其他有关规定履行批准手续，并在正式实施前发布航行通告。

（14）施工期间，应当保护好导航设施临界区、敏感区的场地。航空器运行时，任何车辆、人员不得进入临界区、敏感区。不得使用可能对导航设施或航空器通信产生干扰的电气设备。

（15）易飘浮的物体、堆放的材料应当加以遮盖，防止被风或航空器尾流吹散。

（16）在航班间隙或航班结束后进行施工，在提供航空器使用之前必须对该施工区域进行全面清洁。施工车辆和人员的进出路线穿越航空器开放使用区域，应当对穿越区域进行不间断检查。发现道面污染时，应当及时清洁。

（17）因施工使原有排水系统不能正常运行的，应当采取临时排水措施，防止因排水不畅造成飞行区被淹没。

（18）因施工而影响机场消防、应急救援通道和集结点正常使用时，应当采取临时措施。

（19）进入飞行区从事施工作业的人员，应当经过培训并申办通行证（包括车辆通行证）。人员和车辆进出飞行区出入口时，应当接受检查。飞行区施工临时设置的大门应当符合安全保卫的有关规定。施工人员和车辆应当严格按照施工组织管理方案中规定的时间和路线进出施工区域。因临时进出施工区域，驾驶员没有经过培训的车辆，应当由持有场内车驾驶证的机场管理机构人员全程引领。

（20）进入飞行区的施工车辆顶部应当设置黄色旋转灯标，并应当处于开启状态。

（21）施工车辆、机具的停放区域和堆料场的设置不得阻挡机场管制塔台对跑道、滑行道和机坪的观察视线，也不得遮挡任何使用中的助航灯光、标记牌，并不得超过净空限制面。

（22）施工单位应当与机场现场指挥机构建立可靠的通信联系。施工期间应当派施工安全检查员现场值守和检查，并负责守听。安全检查员必须经过无线电通信培训，熟悉通信程序。

依据《民航专业工程危险性较大的工程安全管理规定（试行）》（AP-165-CA-2019-05），不停航施工工程为超过一定规模的危险性较大的工程，需要遵守该规定。

二、施工组织管理方案

机场管理机构应当会同建设单位、施工单位、空中交通管理部门及其他相关单位和部门共同编制施工组织管理方案。施工组织管理方案应当包括：

（1）工程内容、分阶段和分区域的实施方案、建设工期；

（2）施工平面图和分区详图，包括施工区域、施工区与航空器活动区的分隔位置、围栏设置、临时目视助航设施设置、堆料场位置、大型机具停放位置、施工车辆和人员通行路线和进出道口等；

（3）影响航空器起降、滑行和停放的情况和采取的措施；

（4）影响跑道和滑行道标志和灯光的情况和采取的措施；

（5）需要跑道入口内移的，对道面标志、助航灯光的调整说明和调整图；

（6）对跑道端安全区、无障碍物区和其他净空限制面的保护措施，包括对施工设备高度的限制要求；

（7）影响导航设施正常工作的情况和所采取的措施；

（8）对施工人员和车辆进出飞行区出入口的控制措施和对车辆灯光和标识的要求；

（9）防止无关人员和动物进入飞行区的措施；

（10）防止污染道面的措施；

（11）对沟渠和坑洞的覆盖要求；

（12）对施工中的飘浮物、灰尘、施工噪声和其他污染的控制措施；

（13）对无线电通信的要求；

（14）需要停用供水管线或消防栓，或消防救援通道发生改变或被堵塞时，通知航空器救援和消防人员的程序和补救措施；

（15）开挖施工时对电缆、输油管道、给水排水管线和其他地下设施位置的确定和保护措施；

（16）施工安全协调会议制度，所有施工安全相关方的代表姓名和联系电话；

（17）对施工人员和车辆驾驶员的培训要求；

（18）航行通告的发布程序、内容和要求；

（19）各相关部门的职责和检查的要求。

1D420213　民航机场不停航施工保障措施

不停航施工内容较多，范围较广。对不停航施工整体而言，施工单位应采取的主要施工保障措施包括：

（1）加强与机场管理机构、工程建设单位、空管、公安、气象以及其他施工项目部等部门的联系，成立联合指挥部，由指挥小组下达进、出场令，并派专人每天检查清扫道面，确保飞机正常起降。施工现场配置对讲机和移动电话，保证联络畅通。

（2）在确认航班结束后，由联合指挥部下达进场令，方可进场施工。在航空器起飞、着陆前0.5h，施工单位应当完成清理施工现场的工作，包括填平、夯实沟坑，将施工人员、机具、车辆全部撤离施工区域。

（3）关键设备全部双套配置。其中保证拌合设备在施工过程中不因任何设备出现故障而影响施工，从而产生影响航班正常和安全的隐患。

（4）精确计算每天的摊铺量和摊铺面积，摊铺中途，储料仓一直保证满料位，以便应急使用。储料仓中的混合料在每天摊铺结束前使用。

（5）加强与气象部门联系，提前采取防范措施，将气象影响降至最低。

（6）所有进入跑道施工的机械设备，每天必须进行维护保养，使之处于最佳状态。严禁带故障设备进入施工现场。在施工现场备用汽车吊和平板拖车，防止设备出现故障时，无法自行出场；并且在进场前进行预吊装试验，确保吊装的安全性。其中挖掘机、摊铺机退场全部考虑平板车运出飞行区。

（7）精确计算每天的施工量和施工面积，跑道边部40m范围施工计划必须反复试验后再动工，以防止每天撤场时留下沟槽。道面边缘形成地势高差区域，为了安全，全部用准备好的级配碎石按不大于5%坡度回填并碾压密实，施工混凝土面层时再清除，不留安全隐患。

（8）运输材料车辆必须按照指定线路行驶，严禁在道面区行驶，防止将泥土、石子等杂物带入道面，在道肩边行驶时应注意道面边灯不得损坏；每天施工结束后，派专人将施工区和道肩行车道路清扫干净，不得留有石子、混凝土块等威胁飞行安全的隐患。

（9）根据本项工程的特点，建立健全安全生产组织。

（10）根据本工程的特点，建立健全安全生产规章制度，使"飞行安全生产"深入人心，把"飞行安全生产"贯穿于整个施工的全过程；非生产人员不得进入施工现场。

（11）强化对职工安全生产和安全意识教育，牢固树立法制观念和"安全第一"的思想。对机械操作人员进行技术、安全培训，经考核合格后方可上岗。

（12）做好与飞行安全有关的技术交底，狠抓事故苗头，把安全事故隐患消灭在萌芽状态。

（13）加强对拌合设备、运输车辆的维修保养工作，拌合设备和摊铺设备必须严格按操作规程操作，杜绝违章操作。

（14）施工期间，对所有运输车辆进行安全教育，限制场区行驶速度，按设计行驶路线行驶，以免损坏跑道灯光，一切以机场飞行业务为主。

（15）现场备用一台消防车，防止意外情况发生。

（16）雨天后施工，对机械设备撤离的路线做碾压硬化处理，防止机械陷入土面区，影响第2天飞行。

（17）施工期间，把施工区予以隔离，派专人看守，以防闲杂人员进入而产生安全隐患。

（18）在所有机械设备顶面必须加黄色灯光作为障碍标志，白天在飞行区内停放的机械设备顶面插小红旗作障碍标志。

1D420214　民航机场不停航施工机场开放的条件

不停航施工对航空器飞行安全影响极大，每日机场开放条件极其严格，在施工期间，相关单位应在开航前组织有关方面检查当班区域是否具备开航条件，确保飞行安全。航空器起飞、着陆前0.5h，施工单位应当完成清理施工现场的工作。机场开航的条件是：

（1）道面上没有粘结的碎粒和污物，清扫干净；

（2）所有施工机械、设备、工具等退至安全地带；

（3）临时标志符合技术标准；

（4）施工现场符合《运输机场运行安全管理规定》（中华人民共和国交通运输部令2018年第33号）中关于不停航施工管理的一般规定；

（5）若为"盖被子"工程，铺筑后的沥青层碾压密实，平整度好，临时接坡顺直，表面3cm以下温度不大于50℃。

经检查满足上述条件后，由飞行单位代表在通航安全检验单上签字，并通知机场通航。

【案例1D420210-1】

1. 背景

某民航干线机场现有一条跑道，由于使用年限较长，跑道道面结构损坏较严重，机场管理机构准备对该跑道进行沥青混凝土盖被整修。机场管理机构向民航地区管理局申请不停航施工，并已提交由工程建设单位编写的施工管理实施方案。机场管理机构与工程建设单位签订了安全保证责任书、施工总平面图、施工组织设计方案等资料。工程开工前，通过招标选定了施工单位，成立了工程指挥部。

2．问题

（1）在本工程的不停行施工期间，哪个单位承担安全管理责任？

（2）本工程施工总平面图包括哪些内容？

（3）在机场有飞行任务期间，跑道端之外、跑道中心两侧什么范围内禁止进行任何施工作业？

（4）本工程不停航施工现场指挥机构可由哪几方面代表组成？

3．分析与答案

（1）机场管理机构承担不停航施工期间的安全管理责任。

（2）施工总平面图包括：施工区域围界、标志线布置、标志灯布置、堆料场位置、大型机具停放位置、施工车辆通行路线、施工人员进出施工现场道口等内容。

（3）在机场有飞行任务期间，禁止在跑道端之外300m以内、跑道中线两侧各75m以内的区域进行任何施工作业。

（4）不停航施工现场指挥机构通常由以下几个方面代表组成：机场管理机构、工程建设单位、施工单位、空中交通管理部门、机场飞行单位（或航空公司）、工程监理单位等。

【案例1D420210-2】

1．背景

某机场进行扩建，跑道为南北方向，现将跑道向南北各延长200m，同时需要将南航向设备和北下滑设备进行更新，北航向设备和南下滑设备迁址。原北航向台天线中心距离跑道北端250m，南下滑台距跑道南端入口纵向距离为355m。原南航向台天线中心距离跑道南端300m，北下滑台距跑道北端入口纵向距离为333m。此扩建工程为不停航施工。

2．问题

（1）在不停航施工申请批准后，是否可以马上动工？为什么？

（2）根据规范，南下滑台和北航向台搬迁的距离范围可以为多少（规范要求：下滑台距跑道入口纵向距离为200～400m，航向台天线中心距跑道末端180～600m）？

（3）根据规范，需要更新设备的北下滑台和南航向台是否可以在原址建设？为什么？如果需要搬迁，搬迁的距离范围可以为多少？

（4）在做仪表着陆系统管件预埋时，需要上跑道端200m左右测量（所用时间超过20min），当时距航空器起飞还有45min，是否可以在此位置测量？为什么？

3．分析与答案

（1）不能马上动工。因为根据不停航施工规定，不停航施工申请批准后，由所在机场航行情报部门发布航行通告，通告发布7d后方可开始正式施工。

（2）根据规范，南下滑台向南搬迁155～355m。北航向台向北搬迁130～550m。

（3）需要更新设备的北下滑台和南航向台不可以在原址建设。因为跑道向南加长200m后，不能满足规范关于下滑台距跑道入口纵向距离为200～400m，航向台天线中心距离跑道末端180～600m的要求。根据规范，北下滑台向北搬迁133～333m。南航向台向南北搬迁80～500m。

（4）不能在此位置测量。因为根据不停航施工规定，在机场有飞行期间，禁止在跑道端之外300m以内进行任何施工作业。在飞行前0.5h，施工单位应将施工人员、机具、车辆撤离。

【案例1D420210-3】

1. 背景

某施工单位中标承担某机场旧道面加铺沥青道面（盖被子）的工程，该施工单位在制定施工进度计划、确定质量监控项目及安全管理措施时，均考虑了加铺沥青道面（盖被子）施工的特殊性。

2. 问题

（1）施工进度的特殊性主要体现在哪些方面？

（2）需要特殊考虑的施工质量要求有哪些？

（3）每日施工结束后的安全检查包括哪些内容？

3. 分析与答案

（1）施工进度的特殊性主要体现在以下方面：

1）在确定每日加铺量时，应充分考虑夜间施工和多工序平行作业对摊铺机作业的不利影响。摊铺机的生产效率是确定每日加铺工程量，编制中、短期施工计划的主要依据。

2）安排每日的加铺工作时，必须考虑处理临时接坡所占用的时间。

3）统计每日实际完成的工程量，将统计结果与施工计划进行对比，如果出现进度拖延，要及时找出延误进度的原因，有针对性地采取措施，确保整个旧道面不停航加铺沥青道面项目的如期完成。

（2）与正常沥青道面施工相比，需要特殊考虑的施工质量要求有：

1）沥青混合料分层的压实厚度不得大于10cm。

2）铺筑底层时，临时接坡的坡脚线通常要设在油毡上。

3）混合料运输到现场的温度不得低于120～150℃。

上述做法可以使热沥青混合料与油毡很好地粘结在一起。上述质量要求是不停航条件下，道面摊铺正常进行的关键所在。

（3）主要检查内容与标准是：

1）铺筑后的沥青层检查：

检查内容：密实度，平整度，临时接坡等。

标准：碾压密实，平整度好，临时接坡顺直，表面3cm以下温度不大于50℃。

2）场道表面检查：

检查内容：表面是否清洁。

标准：道面上没有粘结的碎粒和污物，清扫干净。

3）施工机械检查：

检查内容：施工机械的撤离情况。

标准：所有施工机械、设备、工具等退至安全地带。

经检查满足上述条件后，由飞行单位代表在通航安全检验单上签字，并通知机场通航。

【案例1D420210-4】

1．背景

某机场在加铺沥青道面（俗称"盖被子"）的施工过程中，相关单位就施工组织问题进行了如下安排：

（1）成立了由机场与施工单位组成的工程指挥部。

（2）在制定施工方案时，确定的施工程序是：旧道面修补与接缝处理；旧道面清洗；防反射裂缝层施工；混合料铺筑；喷洒粘层油；清理现场；安全检查；开放飞行。

（3）施工期间，机场开航时间为7：00，施工计划安排每日所有施工机械、设备、人员及工具于6：40撤离至安全地带。

2．问题

（1）工程指挥部的单位组成是否全面？若不全面，请补充。

（2）工程指挥部的主要职能有哪些？

（3）施工程序是否正确？如不正确，请说出正确的施工程序。

（4）施工计划安排是否合理？请说明原因。

3．分析与答案

（1）不全面。因为加铺沥青道面（盖被子）是一项涉及机场、施工单位、监理单位、设计单位、航空公司的工程，所以工程指挥部应由机场、施工单位、飞行单位、工程监理单位、设计单位等组成。

（2）工程指挥部的主要职能为：协调各方面的关系；施工中有关技术问题及应急情况的处理；了解当日的气象情况；了解当日飞行结束和第2天开放飞行的时间，确定当日的施工钟点；审核施工单位上报的当天预定的工作量，避免因工作量过大不能在规定时间前完成而影响飞行计划；负责向飞行单位提交当日工作范围草图；规定施工单位机械设备的临时停放地点；组织检查当日施工结束后开放飞行的安全工作，即检查当日完成的作业段能否飞行。

（3）施工顺序有误，正确的施工顺序是：旧道面修补与接缝处理；旧道面清洗；防反射裂缝层施工；喷洒粘层油；混合料铺筑；清理现场；安全检查；开放飞行。

（4）施工计划安排不合理，施工机械、设备、人员及工具撤离过晚，应在6：30前将所有施工机械、设备、人员及工具撤离至安全地带。

【案例1D420210-5】

1．背景

某机场跑道延长300m的部分，在当年3月12日要开放使用，甲方要求施工单位在3月11日晚夜航结束—3月12日早晨开航前完成标志线的更改、目视助航灯具和标记牌的移位等工作。

2．问题

（1）该施工是否属不停航施工，说明理由。

（2）应采取什么简便措施完成标志线的更改。

（3）列出需要移位的目视助航灯具和标记牌。

3．分析与答案

（1）属不停航施工，虽是部分时段关闭机场，但还有按计划放行和接受航空器的情况。

（2）先利用3月11日以前的几个晚上夜航结束—次日开航前的时间间隙定出原跑道上需要更改的标记线，画上延长300m区段上的新标志线，并把养生布覆盖上。再利用当日晚上—次日凌晨开航前的时间，画原跑道上的标志线，并用接近道面颜色的油漆覆盖需要废弃的标志线，待以后清除。

（3）需要移位的助航灯具有坡度指示灯、跑道入口灯和末端灯以及进近灯光系统，需要移位的标记牌是VOR台机场校准点标记牌。

【案例1D420210-6】

1．背景

某机场要把Ⅰ类精密进近跑道改为Ⅱ类精密进近跑道，为满足Ⅱ类运行的需要：①必须把飞行区部分围界向外移动50m；②飞行带内个别驱鸟设备必须搬迁，必须增加跑道中线灯的数量，必须增设接地地带灯。

2．问题

（1）对于这个施工项目而言，哪些属于不停航施工的范畴，哪些不属于不停航施工的范畴？并说明理由。

（2）说一说飞行带内个别驱鸟器需要搬迁的理由。

（3）应由哪个单位向机场所在地民航地区管理局申请不停航施工材料？地区民航管理局接到申请材料后应在几日内做出同意与否的决定？

3．分析与答案

（1）扩建围界不属不停航施工，其余施工项目均为不停航施工，因为新做围界的施工过程在现飞行区之外，其余项目均在飞行区之内。

（2）需要搬迁的驱鸟设备在导航设施的临界区或敏感区内，有可能影响地面与飞机无线电通信。

（3）机场管理机构负责统一向所在地区民航地区管理局申请不停航施工的申报手续。民航地区管理局应在接到申报材料15d内做出同意与否的决定。

1D430000　民航机场工程项目施工相关法规与标准

本章共5节、23条，包括了《中华人民共和国民用航空法》（2018年12月29日第五次修正）与《民用机场管理条例》（中华人民共和国国务院令第553号公布，2019年3月2日修正）的相关内容以及民用机场场道工程、民航空管工程、民用机场弱电系统工程和民用机场目视助航工程施工等方面技术规定的主要内容。

本章的主要内容是重点要求的。本章所介绍内容也是案例的基础知识，应能灵活运用。

1D431000　国家关于民航机场建设和净空管理的相关规定

1D431001　民航机场建设的相关规定

一、运输机场和通用机场

《中华人民共和国民用航空法》所称民用机场，是指专供民用航空器起飞、降落、滑行、停放以及进行其他活动使用的划定区域，包括附属的建筑物、装置和设施。

民用机场是公共基础设施，分为运输机场和通用机场。

运输机场是指为从事旅客、货物运输等公共航空运输活动的民用航空器提供起飞、降落等服务的机场。

通用航空机场是指为从事工业、农业、林业、渔业和建筑业的作业飞行，以及医疗卫生、抢险救灾、气象探测、海洋监测、科学实验、教育训练、文化体育等飞行活动的民用航空器提供起飞、降落等服务的机场。

《中华人民共和国民用航空法》所称民用机场不包括临时机场。

军民合用机场由国务院、中央军事委员会另行制定管理办法。

二、民航机场建设规划

（1）民航机场的建设和使用应当统筹安排、合理布局，提高机场的使用效率。全国民用机场的布局和建设规划，由国务院民用航空主管部门会同国务院其他有关部门制定，并按照国家规定的程序，经批准后组织实施。

（2）省、自治区、直辖市人民政府应当根据全国民用机场的布局和建设规划，制定本行政区域内的民用机场建设规划，并按照国家规定的程序报经批准后，将其纳入本级国民经济和社会发展规划。

（3）民航机场建设规划应当与城市建设规划相协调。

三、民航机场建设的批准

新建、改建和扩建民用机场，应当符合依法制定的民用机场布局和建设规划，符合民用机场标准，并按照国家规定报经有关主管机关批准并实施。

不符合依法制定的民用机场布局和建设规划的民用机场建设工程项目，不得批准。

运输机场新建、改建和扩建项目的安全设施应当与主体工程同时设计、同时施工、同时验收、同时投入使用。安全设施投资应当纳入建设项目概算。

四、民航机场建设前的公告

新建、扩建民用机场，应当由民用机场所在地县级以上地方人民政府发布公告。公告应当在当地主要报纸上刊登，并在拟新建、扩建机场周围地区张贴。

五、运输机场开放使用的情况下的施工管理

根据《民用机场管理条例》的规定：

在运输机场开放使用的情况下，不得在飞行区及与飞行区邻近的航站区内进行施工。确需施工的，应当取得运输机场所在地地区民用航空管理机构的批准。

在运输机场开放使用的情况下，未经批准在飞行区及与飞行区邻近的航站区内进行施工。按规定将由民用航空管理部门责令改正并处10万元以上50万元以下的罚款。

1D431002   民航机场净空管理的相关规定

一、民用机场范围内和机场净空保护区域内禁止的活动

（1）《中华人民共和国民用航空法》禁止在依法划定的民用机场范围内和按照国家规定划定的机场净空保护区域内从事下列活动：

1）修建可能在空中排放大量烟雾、粉尘、火焰、废气而影响飞行安全的建筑物或者设施。

2）修建靶场、强烈爆炸物仓库等影响飞行安全的建筑物或者设施。

3）修建不符合机场净空要求的建筑物或者设施。

4）设置影响机场目视助航设施使用的灯光、标志或者物体。

5）种植影响飞行安全或者影响机场助航设施使用的植物。

6）饲养、放飞影响飞行安全的鸟类动物和其他物体。

7）修建影响机场电磁环境的建筑物或者设施。

禁止在依法划定的民用机场范围内放养牲畜。

（2）《民用机场管理条例》又明确规定：违反本条例的规定，有下列情形之一的，由民用机场所在地县级以上地方人民政府责令改正。情节严重的，处2万元以上10万元以下的罚款：

1）排放大量烟雾、粉尘、火焰、废气等影响飞行安全的物质。

2）修建靶场、强烈爆炸物仓库等影响飞行安全的建筑物或者其他设施。

3）设置影响民用机场目视助航设施使用或者飞行员视线的灯光、标志或者物体。

4）种植影响飞行安全或者影响民用机场助航设施使用的植物。

5）放飞影响飞行安全的鸟类，升放无人驾驶的自由气球、系留气球和其他升空物体。

6）焚烧产生大量烟雾的农作物秸秆、垃圾等物质，或者燃放烟花、焰火。

7）在民用机场围界外5m范围内，搭建建筑物、种植树木，或者从事挖掘、堆积物体等影响民用机场运营安全的活动。

8）国务院民用航空主管部门规定的其他影响民用机场净空保护的行为。

（3）《民用机场管理条例》对保护机场电磁环境又做了强调：违反本条例的规定，在民用航空无线电台（站）电磁环境保护区域内从事下列活动的，由民用机场所在地县级以上地方人民政府责令改正；情节严重的，处2万元以上10万元以下的罚款。

1）修建架空高压输电线、架空金属线、铁路、公路、电力排灌站。

2）存放金属堆积物。

3）从事掘土、采砂、采石等改变地形地貌的活动。

4）国务院民用航空主管部门规定的其他影响民用机场电磁环境保护的行为。

二、机场净空保护区域内障碍物的清除

（1）民用机场新建、扩建的公告发布前，在依法划定的民用机场范围内和按照国家规定划定的机场净空保护区域内存在的可能影响飞行安全的建筑物、构筑物、树木、灯光和其他障碍物体，应当在规定的期限内清除；对由此造成的损失，应当给予补偿或者依法采取其他补救措施。

（2）民用机场新建、扩建的公告发布后，任何单位和个人违反本法和有关行政法规的规定，在依法划定的民用机场范围内和按照国家规定划定的机场净空保护区域内修建、种植或者设置影响飞行安全的建筑物、构筑物、树木、灯光和其他障碍物的，由机场所在地县以上地方人民政府责令清除。由此造成的损失，由修建、种植或者设置该障碍物体的人承担。

三、设置飞行障碍灯和标志

在民用机场及其按照国家规定划定的净空保护区域以外，对可能影响飞行安全的高大建筑物或者设施，应当按照国家有关规定设置飞行障碍灯和标志，并使其保持正常状态。

1D432000　民航机场场道工程相关技术要求

1D432010　民航机场飞行区岩土工程与道面基础施工的技术要求

1D432011　民航机场岩土工程施工技术要求

一、一般规定

（1）施工前，应做好临时防汛、防洪、排水设施，并尽可能结合正式防洪、排水线路，但开挖深度宜保持在沟（管）的土槽面以上。排水沟渠应保证水流顺畅。

（2）施工前应做好临时供水、供电设施。

（3）施工前应修筑临时道路，保证行车安全。

（4）对填土、挖土和借土各作业区的各类土壤，施工单位应在施工前测定其最佳含水量、最大干密度和天然密度，并按号编号列表，经监理工程师同意后，作为现场控制土方施工质量的依据。

（5）采取措施减少土石方工程作业扬尘，主要包括：

1）土石方作业粉尘易发区域应及时洒水降尘；

2）土石方运输车辆应采取封闭措施；

3）在运行的飞行区、航站区等环境敏感区域附近进行土石方作业时，应采取洒水、覆盖等措施。

二、土基（土面区）填筑与压实

（一）土基（土面区）填筑

（1）填方施工前土基作业区及借土区的草皮土、种植土、腐殖土、树丛、树根、淤泥等以及各种建（构）筑物应清除干净。

（2）土基范围内的原地面的坑、洞、墓穴、沟、塘等应按设计要求进行妥善处理。

（3）土基基底原状土的土质不符合设计要求时，应进行换填，换填深度应不小于30cm，并应按要求的密度予以分层压实。

（4）土基填料不得使用淤泥、沼泽土、白垩土、冻土、有机土、含草皮土、生活垃圾、树根和含有腐朽物质的土。采用盐渍土、黄土、膨胀土填筑土基时，应按设计要求施工。

（5）经分解稳定的不含磁性的钢渣、粉煤灰以及其他工业废渣，在其有害物质不致污染环境情况下可用做土基填料。

（6）土基填方前应对原地面进行平整、压（夯）实，达到设计要求的密度后，方允许在其上填筑。

（7）用透水性不良的土填筑土基时，应控制其含水量在最佳压实含水量的±2%以内。

（8）土基填筑应分层填筑、分层压（夯）实。采用一般能量机械压实时，每层的最大松铺厚度不应超过30cm；采用能量较大的压（夯）实机具时，每层最大松铺厚度应通过试验确定。

（9）土基填土时土块应打碎；填石或填土石混合料时石料最大粒径不宜超过层厚的2/3。

（10）采用爆破后的石渣填筑时，颗粒应有一定级配。当石块级配较差、粒径较大、填层较厚、石块间的空隙较大时，可在每层表面的空隙里填入石屑、石渣或中、粗砂等细料，再用振动压路机反复碾压，使空隙密实。

（11）原地面自然坡度陡于1：5时，原地面应挖成台阶（台阶宽度不小于1m，高宽比1：2），台阶顶面应向内倾斜，并用压（夯）实机加以压（夯）实。填筑应从最低一层台阶填起，并分层压（夯）实。

（12）土基填土宜采用同类土，至少要求各层填土用同类的土，不得将不同土壤混填。

（13）土基填石时，当石料岩性相差较大时，应将不同岩性的石料分层或分段填筑。土基填土石混合料时，当土石混合料其岩性或土石混合比相差较大时，应分层或分段填筑。如不能分层或分段填筑，应将含硬质石块的混合料铺于填筑层的下面，同时石块不得过分集中，上层再铺含软质石料的混合料，然后整平碾压。

（14）土石混合料中，石料含量超过70%时，应先填筑大块石料，放置平稳，用小石块、石渣或石屑嵌缝找平，然后碾压；当石料含量少于70%时，土石可混合铺填，但应避免大块硬质石料集中。

（15）用装载机、自卸车、推土机及挖掘机等运填土时，应有专人指挥卸土位置、分层厚度、土壤分类，并配备推土机或平地机平土，以保证填土均匀。

（16）填方分几个作业段施工时，两段交接处如不在同一时间填筑，则先填地段应按 1:1 坡度分层预留台阶；若两个地段同时填筑，则应分层相互交叠衔接，其搭接长度不得小于 2m。两段施工面高差不得大于 2m。

（17）填筑高度 10m 及以上时，应埋设沉降观测点，定期观测沉降。

（18）填筑高度 20m 以上时属高填方，除了满足土基密度要求外，还应满足设计沉降要求。

（19）填筑接近设计高程时，应对高程加强测量检查。

（20）为保证土基表面平整，在已竣工的土基上，不允许施工机械在其上行驶；雨后湿软，禁止任何车辆和行人通行。

（二）土基（土面区）压实

（1）土方应有足够的密实度。土方压实过程中，应按照设计要求，严格控制土壤含水量和密实度。为提高土方压实效果，土壤含水量应控制在最佳含水量 ±（1%～2%）的范围内。

（2）石料、石质混合料、砾质混合料的压实指标宜采用固体体积率，土质混合料、土料的压实指标应采用压实度，各场地分区的土石方压实指标应符合《民用机场岩土工程设计规范》MH/T 5027—2013 的规定。

（3）填筑施工前，应对原地面进行平整、压实，压实度检验合格后方可进行填筑施工。

（4）填筑施工过程中，本层填筑体的压实指标经检验合格后方可进行下一道工序的施工。

（5）石料填筑施工宜优先采用强夯法，应采用堆填法填筑，强夯前采用推土机推平强夯施工参数宜通过单点夯击试验确定。

（6）土石混合料填筑施工可优先选用冲击压实或振动碾压法，分层碾压过程中的松铺厚度、压实遍数、间歇时间等参数应通过试验段或现场试验确定。

（7）土料填筑施工应符合下列规定：

1）宜优先选用振动碾压或静压方法，松铺厚度按土质类别、压实机具性能等通过试验确定，当填筑至道基顶面时，顶层最小压实厚度应不小于 100mm；

2）压实过程中，应控制土料的含水率在最佳含水率 ±2% 的范围内。

三、土（石）方开挖

（1）土（石）方开挖时，对计划用在土面区的植物土和其他表土应存放在指定地点。

（2）对挖出的适用的土类，不同类别的土壤不应混杂堆放。

（3）土方开挖应自上而下进行，不得乱挖、超挖，严禁掏洞取土。

（4）土方开挖如遇特殊土质时，应报请监理工程师和设计部门提出处理方案。

（5）弃土应运至建设单位和有关部门指定地点堆放。弃土堆的边坡不应陡于 1:1.5。

（6）土方挖至接近设计高程时，应对高程加强测量检查，并根据土质情况预留压（夯）实沉降值，避免超挖。

（7）对挖方地区的暗坑、暗穴、暗沟、暗井等不良地质体，应按设计要求进行妥善处理。

（8）挖方过程中如遇地下水应采取排水措施；挖土时应避免挖方段地面积水。

（9）石方开挖施工应符合下列要求：

1）石方开挖应根据岩石的类别、风化程度、岩层产状、断裂构造、施工环境等因素确定开挖方案；

2）深挖石方施工，应逐级开挖；

3）石方开挖至设计高程后，应按设计要求进行超挖并回填。

（10）开挖石方应根据岩石的类别、风化程度和节理发育程度等确定开挖方式。对于软质岩石和强风化岩石，可采用机械开挖或人工开挖；对于坚硬岩石应采取爆破法开挖。

（11）石方进行爆破作业时，必须由经过专业培训并取得爆破证书的专业人员施爆。施工单位制定的爆破方案应报建设单位批准。

（12）土基区的石方开挖，应按土基设计高程超挖30～40cm，换填普通土；土面区宜超挖15～20cm，换填普通土或草皮土。

（13）石方爆破，特别是进行中、大型爆破时，必须做好确保周围建筑物、各类设施及人员生命财产安全的措施。

（14）石方爆破施工应符合下列要求：

1）应根据工程的现场实际情况编制专项爆破施工方案；

2）应基于填料设计的粒径要求通过现场试验确定合理的施工爆破参数与爆破方法；

3）应在距离设计坡面一定范围内采用预裂爆破或光面爆破技术；

4）爆破施工工艺流程、安全防护措施必须符合《爆破安全规程》GB 6722—2014的规定。

（15）开挖施工时应采取措施保证开挖临时边坡的稳定。

注：参见《民用机场高填方工程技术规范》MH/T 5035—2017，《民用机场飞行区土（石）方与道面基础施工技术规范》MH 5014—2002和《民用机场绿色施工指南》（AC-158-CA-2017-02）。

1D432012　民航机场道面基础施工技术要求

一、一般规定

（1）基础工程应在其下部的土基和相关隐蔽工程质量检查验收合格后施工。

（2）基础为多层时应在下层质量检查验收合格后方允许进行上层施工。

（3）施工前应对采料场和已进场的材料，按设计的规格和质量要求进行检验。不合格的材料严禁使用。

（4）应避免在做好的基础上重挖埋设电缆管线、供油管线或其他管线。不能避免时，对被破坏的基础应恢复到设计要求的平整度和密实度后，方可进行上部的道面工程施工。

（5）基础厚度较大或层次材料不同时，应分层施工。

（6）基础工程在正式开工前应铺试验段，检测各项技术指标能否达到设计要求。

二、水泥稳定土

1. 材料质量标准和混合料组成设计

（1）普通硅酸盐水泥、矿渣硅酸盐水泥和火山灰质硅酸盐水泥均可用于水泥稳定土。

（2）水泥强度等级宜采用32.5级的水泥。不应使用快硬水泥及早强水泥。宜选用初凝时间3h以上和终凝时间6h以上的水泥，如达不到要求可掺缓凝剂。

（3）禁止使用已受潮变质的水泥。

（4）使用水泥稳定中粒土和粗粒土时，水泥剂量不宜超过6%。

（5）各类饮用水均可用于水泥稳定土施工。如遇可疑水源应进行试验鉴定。

2. 混合料拌合、运输、摊铺和压实

（1）在正式拌制混合料之前，应先调试所有设备，使混合料的颗粒组成和含水量达到规定的要求。

（2）水泥稳定土混合料采用专用稳定土集中厂拌时，土块最大尺寸不得大于15mm。配料应准确，保证集料的最大粒径和级配符合要求。

（3）拌合混合料的用水量应根据集料和混合料含水量的大小及时调整，含水量宜略大于最佳值，使混合料运到现场摊铺后碾压时的含水量不小于最佳值。

（4）严格控制混合料的拌合时间，保证混合料拌合均匀。

（5）每盘搅拌机混合料的体积，不得超过搅拌机上标示的搅拌机的容量。

（6）水泥稳定土混合料运输宜采用自卸机动车，并以最短时间运到摊铺现场。

（7）混合料从搅拌站运至摊铺现场时应保持水分，必要时应对运料车辆加盖。

（8）运输道路路况应良好，避免运料车剧烈颠簸致使混合料产生离析现象。

（9）混合料运到现场后，应采用沥青混凝土摊铺机或稳定土摊铺机摊铺混合料，摊铺机宜连续摊铺。

（10）在摊铺机后面应设专人消除粗细集料离析现象。

（11）基础分两层施工时，在铺筑上层前应在下层顶面先洒水湿润。

（12）混合料每层摊铺厚度应根据碾压机具体类型确定。用12~15t三轮压路机碾压时，每层的压实厚度不应超过15cm；用18t或20t三轮压路机和振动压路机碾压时，每层的压实厚度不应超过20cm；采用能量大的振动压路机碾压时，经过试验可适当增加每层的压实厚度。压实厚度超过上述规定时，应分层铺筑，每层最小压实厚度为10cm。

（13）水泥稳定土混合料的密实度（重型击实法）上基层不得少于98%；底基层不得小于97%。

（14）水泥稳定土施工时严禁用薄层贴补法进行找平。

（15）当混合料的含水量达到最佳含水量时，应立即用轻型两轮压路机并配合12t以上压路机在结构层全宽内进行碾压。碾压时应重叠1/2轮宽，后轮应超过两段的接缝处。后轮压完道面全宽时为一遍，一般需压6~8遍，直到达到要求的密实度为止。

（16）压路机的碾压速度，头两遍以1.5~1.7km/h为宜，以后逐渐增加到2.0~2.5km/h。

（17）为保证稳定土层表面不受损坏，严禁压路机在已完成的或正在碾压的地段上调头或急刹车。

（18）碾压过程中，水泥稳定土的表面应始终保持湿润，如水分蒸发过快，应及时补洒适量的水。

（19）碾压过程中，如有"弹簧"、松散、起皮等现象，应采取有效措施处理，达到质量要求。

（20）水泥稳定土应尽可能缩短从加水拌合至碾压终了的延迟时间，延迟时间不应超过2h。宜在水泥初凝前并应在试验确定的延迟时间内完成碾压，达到要求的密实度。碾压结束之前，其纵横坡度应符合设计要求。

（21）用摊铺机摊铺混合料时，不宜中断，如因故中断时间超过2h，应设置横向接缝。设置横向接缝时，摊铺机应驶离混合料末端，人工将末端含水量合适的混合料修整整齐，紧靠混合料处放置与压实厚度相同的方木，整平紧靠方木处的混合料，方木另一侧应支撑牢固以防碾压时将方木移动，用压路机将混合料碾压密实。在重新摊铺混合料之前，将固定物及方木移去，并将四周清理干净。摊铺机返回到已压实层的末端，重新开始摊铺下一段的混合料。

（22）宜采用多台摊铺机前后相距5～8m并排同步向前推进摊铺混合料，以减少纵向接缝数量。在纵向接缝处，必须垂直相接，严禁斜面搭接。纵缝的设置，在前一幅摊铺时，靠中央的一侧用方木或钢模板做支撑，支撑高度与稳定土层的压实厚度相同。养护结束后，在摊铺另一幅之前，拆除支撑。

3. 水泥稳定土冬、雨期施工

（1）水泥稳定土结构层施工期的日最低气温应在5℃以上，在有冰冻的地区，还应在第一次重冰冻（−5～−3℃）到来之前0.5—1个月完成。

（2）水泥稳定土在雨期施工时，应注意天气变化，降雨时应停止施工，对已经摊铺的混合料应尽快碾压密实。

（3）雨期施工时应采取措施保护水泥和细集料，防止雨淋。

（4）应根据集料和混合料含水量的大小，及时调整搅拌时混合料的用水量。

三、级配碎石

1. 材料质量标准及混合料组成

（1）轧制碎石的材料可采用各种类型的坚硬岩石、圆石或矿渣。圆石的粒径应是碎石最大粒径的3倍以上；矿渣应采用已崩碎稳定的，其干密度不小于960kg/m³。

（2）碎石中针片状颗粒的总含量不应超过20%。碎石中不应有黏土块、植物等有害物质。

（3）石屑可采用碎石场中的细筛余料或专门轧制的细碎石集料；也可采用级配较好的天然砂砾或粗砂代替石屑。

（4）级配碎石的颗粒组成和塑性指数应满足相关的规定。

（5）当粒径小于0.5mm细粒土塑性指数偏大时，塑性指数与小于0.5mm以下颗粒含量乘积应满足：在年降雨量小于600mm的地区，地下水位对土基没有影响时，乘积不应大于120；在潮湿多雨地区，乘积不应大于100。

（6）级配碎石所用石料的压碎值对于基层不应大于 26%；对于底基层不应大于30%。

2. 级配碎石的拌合、运输、摊铺和压实

（1）在中心搅拌站级配碎石混合料可采用强制式拌合机、卧式双转轴桨叶式拌合机或普通水泥混凝土拌合机等机械集中拌合。

（2）不同粒径的碎石和石屑应分别堆放。雨期施工期间，石屑等细集料应有覆盖，防止雨淋。

（3）在搅拌之前应调试搅拌设备，要求混合料配料准确、搅拌均匀、含水量达到规定要求。

（4）级配碎石混合料运到现场后应采用沥青混凝土摊铺机或其他碎石摊铺机摊铺碎石混合料。摊铺机后面应设专人消除粗、细集料离析现象。

（5）整形后，当混合料含水量等于或略大于最佳含水量时，立即用12t以上三轮压路机、振动压路机或轮胎压路机进行碾压。碾压时由两侧向中心，后轮应重叠1/2轮宽，后轮必须超过两段的接缝处。后轮压完道面全宽时即为一遍，一般需碾压6~8遍，直至达到要求的密实度为止。

（6）压路机的碾压速度，头两遍以1.5~1.7km/h为宜，以后逐渐增加到2.0~2.5km/h。

（7）采用12t以上三轮压路机碾压，每层的压实厚度不应超过16cm；采用重型振动压路机和轮胎压路机碾压时，每层压实厚度可达20cm。碾压过程中应设专人添加细集料，以填满空隙达到密实稳定。

（8）碎石混合料按重型击实试验法确定的密实度，对于基层应不小于98%，对于底基层应不小于96%。

（9）严禁压路机在已完成或正在碾压的地段上调头或急刹车。

（10）横向接缝的做法是，用摊铺机摊铺混合料时，靠近摊铺机当天未压实的混合料，可与第2天摊铺的混合料一起碾压，应注意结合部分混合料的含水量。必要时应人工补充洒水，使其含水量达到规定要求。

（11）应减少纵向接缝。纵缝必须垂直相接，不应斜接。在前一幅摊铺时，在靠后一幅的一侧应用方木或钢模板做支撑，方木或钢模板的高度与级配碎石的压实厚度相同。在摊铺后一幅之前，将方木或钢模板除去。

注：参见《民用机场飞行区土（石）方与道面基础施工技术规范》MH 5014—2002。

1D432020　民航机场水泥混凝土和沥青混凝土道面施工的技术要求

1D432021　民航机场水泥混凝土道面的道面施工质量控制及道面技术要求

一、民用机场水泥混凝土道面原材料的技术要求

1. 水泥材料

（1）水泥应选用收缩性小、耐磨性强、抗冻性好、含碱量低的水泥。

（2）水泥应选用旋窑生产的道路硅酸盐水泥、硅酸盐水泥或普通硅酸盐水泥，不宜选用快硬早强型水泥。水泥的各项技术指标应符合国家现行标准。水泥混凝土设计强度不小于5.0MPa时，所选用的水泥实测28d抗折强度宜大于8MPa。

（3）袋装或散装水泥，进场时应有产品合格证及化验单，并应对其工厂名称、生产许可证编号、品种名称、代号、强度等级、包装日期和编号以及数量等进行检查验收。

（4）工地应设置水泥仓库或水泥罐，位置应选高地势处。对不同强度等级、品种、包装日期的水泥不得混合存放，不同品种的水泥严禁混合使用。水泥距生产日期超过3个月的，必须对其性能进行检验，符合要求方可使用。

（5）试验室应对进场的每批水泥及时进行检测（复测）。检测项目包括细度、凝结时间、安定性、强度等。

2. 粉煤灰

（1）道路水泥、硅酸盐水泥中可掺入适量Ⅰ、Ⅱ级干排或磨细低钙干粉煤灰，以提高水泥混凝土强度和耐久性能。各种混合水泥不得掺用粉煤灰，不得使用潮湿粉煤灰，禁止使用已结块的湿排干燥粉煤灰。

（2）水泥混凝土道面中使用Ⅰ、Ⅱ级粉煤灰时，应确切了解所用道路水泥、硅酸盐水泥中已经掺加混合材料的种类和数量，并通过混凝土配合比设计试验，确定合适的掺量、相应的混凝土配合比和施工工艺。

3. 细集料

（1）细集料应耐久、洁净、质地坚硬，宜采用天然砂，在设计文件许可的部位也可采用机制砂。

（2）宜采用细度模数为2.6~3.2的细集料，同一配合比用砂的细度模数变化范围不应超过0.3。

（3）砂的坚固性用硫酸钠溶液检验，试样经5次循环后质量损失率应小于8%。

（4）水泥混凝土道面面层用砂，应进行碱活性检验，可采用化学法和砂浆长度法进行集料的碱活性检验。经检验判断有潜在危害时，应采取有效处理措施。

4. 粗集料

（1）粗集料应采用碎石或破碎卵石，质地应坚硬、耐久、耐磨、洁净，符合规定的级配，最大粒径应不超过37.5mm。应尽量采用碎石，若当地无碎石，可采用破碎卵石，破碎卵石应至少有两个破碎面。

（2）水泥混凝土用碎石和机轧砾石的强度，采用压碎指标值进行质量控制，压碎值指标符合规定。

（3）碎石或破碎卵石，颗粒级配应按4.75~16mm、4.75~19mm、4.75~26.5mm、4.75~31.5mm四级规格控制。颗粒粒径应采用方孔筛筛分。

（4）水泥混凝土道面面层用的粗集料应进行碱活性检验。经检验确定为有潜在危险时，应采取有效措施。严禁选用含有非晶质活性二氧化硅SiO_2的岩石（如蛋白石、方石英、硅镁石灰岩、玻璃质或隐晶流纹岩、安山岩和凝灰岩等）作粗集料，不应含有可溶盐。

5. 水

符合现行《生活饮用水卫生标准》GB 5749—2006的饮用水可作为拌合水泥混凝土、冲洗集料及养护用水。使用其他水源作为拌合用水时，水质应符合下列要求：

（1）水中不得含有影响水泥正常凝结和硬化的有害杂质，如油、糖、酸、碱、盐等。

（2）硫酸盐含量（按计SO_4^{2-}）应小于2.7mg/cm³。

（3）pH值应大于4.5。

6. 外加剂

（1）水泥混凝土中掺用外加剂的质量必须符合国家现行有关标准的规定，其品种及含量应根据施工条件和使用要求通过水泥混凝土混合料配合比试验选用。

（2）为防止产生碱集料反应，不宜选用含钾、钠离子的外加剂，采用时应进行专门试验。

7. 钢筋

（1）钢筋的品种、规格、质量应符合设计要求，对每批进场的钢筋，应有出厂质量检验单，同时施工单位应自行进行检测，符合质量要求方可使用。

（2）钢筋线密度不应有负偏差，钢筋应顺直，不应有裂纹、断伤、刻痕、表面油污和锈蚀。

8. 水泥混凝土配合比

（1）混凝土配合比，应按设计要求保证混凝土的设计强度、耐磨、耐久和混合料和易性的要求，在冰冻地区还应满足抗冻性的要求。

（2）混凝土配合比设计应按设计强度控制，以饱和面干为基准计算粗细集料的含水率，可根据水胶比与强度关系曲线及经验数据进行计算，并通过试配确定。

（3）混凝土的单位水泥用量，应根据选用的水胶比和单位用水量进行计算。单位水泥用量不应小于310kg/m³。

（4）混凝土拌合料的稠度试验采用坍落度测定时，坍落度应小于2cm；采用维勃稠度仪控制稠度时应大于15s。

（5）现场施工使用的配合比，宜按设计强度的1.10～1.15倍进行配制。确定胶凝材料的组成和用量、水灰（胶）比、砂率后，采用绝对体积法计算砂、石用量，经试配，确定混凝土混合料的理论配合比。

二、民用机场水泥混凝土拌制的技术规定

（1）混凝土拌合物应采用双卧轴强制式搅拌机进行拌合，容量不宜小于1.5m³。

（2）拌合站计量设备在标定有效期满或拌合楼（机）搬迁安装后，应由具有相应资质的单位重新计量标定。施工中应每台班检查一次，每15d校验一次拌合楼（机）称量精度。

（3）混凝土拌合时，散装水泥温度应不超过50℃。

（4）用水量应严格控制。

（5）投入搅拌机每盘混合料的数量应按混凝土施工配合比和搅拌机容量计算确定，并应符合下列要求：

1）投入搅拌机中的各种材料应准确称量，每台班前检测一次称量的准确度。应采用有计算机控制重量、有独立控制操作室、可逐盘记录的设施。

2）混凝土混合料应按质量比计算配合比，其允许误差为：水泥——±1%、水——±1%、集料——±2%、外加剂——±1%、粉煤灰——±1%、纤维——±1%。

3）拌合用水量应严格控制。施工单位工地试验室应根据天气变化情况及时测定集料中含水量变化情况，及时调整拌合用水量。

4）每台班搅拌首盘混合料时，应增加适量水泥及相应的水与砂，并适当延长搅拌时间。

（6）混凝土混合料搅拌，应符合下列规定：

1）搅拌机装料顺序宜为细集料→水泥→粗集料，或粗集料→水泥→细集料。进料后边拌合边均匀加水，水应在拌合开始后15s内全部进入搅拌机鼓筒。

2）混凝土应拌合均匀，根据搅拌机的性能和容量通过试拌确定每盘的拌合时间。拌合时间从除水之外所有材料都已进入鼓筒时起算至拌合物开始卸料为止。双卧轴强制式搅拌机最短拌合时间宜不小于60s，加纤维时应延长20~30s，加粉煤灰时应延长15~25s。

3）外加剂溶液应在1/3用水量投入后开始投料，并于搅拌结束30s之前应全部投入搅拌机。

4）引气混凝土的每盘搅拌量应不大于搅拌机额定容量的90%。

三、民用机场水泥混凝土运输、摊铺的技术规定

（1）运输混凝土混合料宜采用自卸机动车，并以最短时间运到铺筑地段。运输过程中应符合下列规定：

1）运输工具应清洗干净，不漏浆。运料前应洒水润湿车厢内壁，停运后应将车厢内壁冲洗干净。

2）混凝土从搅拌机出料直至卸放在铺筑现场的时间，宜不超过30min，期间应减少水分蒸发，必要时应覆盖。

3）不应采用额外加水或其他的方法改变混凝土的工作性。

4）运输道路路况应良好，避免运料车剧烈颠簸致使拌合物离析。明显离析的混凝土拌合物不应用于面层铺筑。

5）混凝土搅拌机出料口的卸料高度以及铺筑时自卸机动车卸料高度均不应超过1.5m。

（2）混合料铺筑前，应对基层的高程、模板的支设、防雨等设施项目进行检查。

（3）混合料的摊铺，主要应符合下列规定：混合料的摊铺厚度应按所采用振捣机具的有效深度确定；混合料的摊铺厚度应预留振实的坍落度；混凝土混合料的摊铺应与振捣配合进行；摊铺混合料所用工具和操作方法应防止混合料产生离析。

（4）混合料的振捣，主要应符合下列规定：振捣器的功率应根据混凝土混合料的摊铺厚度选用；振捣器在每一位置的振捣时间，应以混合料停止下沉、不再冒气泡且表面泛浆为准；分层摊铺混凝土时，应分层振捣；振捣过程中，应辅以人工找平。

注：参见《民用机场水泥混凝土面层施工技术规范》MH 5006—2015。

1D432022　民航机场沥青混凝土道面的道面施工质量控制及道面技术要求

一、民用机场沥青混凝土道面原材料的技术要求

一般规定

（1）道面使用的沥青、矿料和外掺剂等各种原材料，必须具有出厂（场）合格证或质量保证书，进口材料应提供海关商检合格证明。

（2）材料进入现场应按规定要求进行检验并登记，签发材料验收单，验收单应包括产地、品种、规格、数量、质量、日期等。

（3）道面使用混凝土道面原材料：

目标配合比设计阶段：采用施工现场工程实际使用的材料计算各种材料的用量比例，合成的集料级配应符合规范规定，并通过马歇尔试验确定最佳沥青用量，以该级配和沥青用量作为施工目标配合比，供拌合设备确定各冷料仓供料比例、进料速度及试拌使用。

生产配合比设计阶段：对于间歇式拌合设备，必须从二次筛分后进入各热料仓的材料取样进行筛分，以确定各热料仓的材料比例，供设定配合比使用；同时反复调整冷料仓进料比例，以达到供料均衡，并取目标配合比设计的最佳沥青用量及最佳沥青用量 ± 0.3% 等三个沥青用量进行马歇尔试验，确定生产配合比的最佳沥青用量。

1. 沥青材料

机场沥青道面施工应采用机场道面石油沥青，其技术要求应符合《民用机场沥青道面施工技术规范》MH/T 5011—2019要求。

2. 矿料

粗集料应采用岩石破碎加工而成的碎石，碎石应具有足够的强度和硬度，且清洁、干燥。颗粒形状宜接近立方体，表面粗糙而富有棱角。

细集料应采用机制砂，且清洁、干燥、质地坚硬、耐久、无杂质；应与沥青有良好的粘结能力。

矿粉应采用石灰石、白云石等碱性石料加工磨细而成，矿粉应干燥、洁净、无风化。

二、民用机场沥青混合料拌制的技术规定

现场设置的拌合厂应符合下列要求：

（1）宜设置在机场附近，并应符合机场净空要求。

（2）宜设置在主风向的下风口位置，且选择地势高处，有良好的排水、排污设施和可靠的电力供应。

（3）应布局合理，进出料交通顺畅。

（4）应有消防、安全和环保设施，符合国家现行标准、规范的要求。

（5）应根据工程经验和实际情况选择拌合设备。

三、民用机场沥青混合料施工的技术规定

（1）沥青混合料宜采用状态良好的高底盘自卸卡车运输，运输能力应大于拌合设备生产能力；车厢应清洗干净，并涂刷隔离剂或防粘结剂，但不得使用柴油，且不应有积液；运输车在接料时宜多次前后移动，以减小混合料离析。

（2）运输车箱体四周和混合料表面应进行覆盖保温，车箱侧面宜钻孔，用插入式温度计逐车检测沥青混合料温度，其传感器的埋入深度宜大于三分之一；沥青混合料运输到摊铺地点后应凭运料单接收，并检查温度和目测混合料拌合质量，不满足规定温度、已经结成团块、有花白料或遭雨淋等不符合要求的混合料，必须废弃。

（3）沥青混合料摊铺宜采用履带式全自动控制摊铺机。为避免纵向施工冷接缝，宜采用多台同类型摊铺机梯队连续摊铺作业，相邻两台摊铺机前后距离应不超过10m，两幅搭接宽度宜为50～60mm，相邻层的纵缝位置宜错开200mm以上。单台摊铺机的摊铺宽度应根据摊铺机的作业能力和作业质量确定，宜小于10m，在有效控制离析和确保摊铺质量的前提下，可适当放宽。摊铺机的摊铺速度宜控制在2～5m/min内，SMA沥青混合料宜不大于3m/min，并与拌合设备生产能力相协调，摊铺机应连续、均匀、稳定地进行摊铺作业。

（4）沥青道面压实宜采用双钢轮压路机和轮胎压路机进行组合碾压作业，压实成型的沥青道面应满足压实度和平整度的要求。碾压宜分为初压、复压和终压三个阶段进行。压路机不得在未碾压成型的道面上转向、调头、加水或停机，在当天成型的道面上，不应停放任何设备和车辆，避免散落石料、油料等杂物。

注：参见《民用机场沥青道面施工技术规范》MH/T 5011—2019。

312 1D430000 民航机场工程项目施工相关法规与标准

1D432030 民航机场飞行区排水及附属工程的技术要求

1D432031 民航机场飞行区排水工程技术要求

一、排水工程开槽的主要技术要求

（一）一般规定

（1）开槽前应根据水文和地质资料，结合施工现场具体情况以及人力、机具设备等条件拟定开槽边坡和支护方案。

（2）在现场未备足安装用管或浇筑混凝土及垫层所需的材料、配件等之前，沟槽不宜开挖。

（3）开槽时应同时采取防水、排水措施，避免槽底受水浸泡或受冻害。应尽量缩短开槽的暴露时间，尤其是在湿陷性黄土地区施工。开槽宜安排在枯水期和少雨期施工。对于开挖明沟、盖板沟、管道、涵洞等的沟槽，宜由出口开始向上游进行。井及进出水口等个体基坑开挖时，应注意排水，以防泡槽。

（4）搅动槽底土壤，如发生超挖，应按设计要求进行回填。

（5）开槽后如不能立即进行下一道工序，应保留10～30cm的深度不挖，待下道工序施工前整修为设计槽底高程。当机械挖槽时，应预留厚20cm左右的一层用人工清挖。

（6）开槽过程中，要经常检查沟槽边坡是否稳定，特别是在雨期或地下水位较高时，一经发现变形、裂缝或支撑走动，必须立即停止施工，进行处理。

（7）开挖的沟槽底部高程和坡度应符合设计要求。

（8）当开挖沟槽时若发现地下文物或其他设施，应采取保护措施，并及时通知有关单位处理。

（二）开槽断面

（1）在确定开槽断面时，应考虑出土和堆土的位置以及沟管结构物施工时的方便与安全，同时应少挖土方和少占地。

（2）开槽底宽应便于支撑和沟管的安全施工，如果设计无规定时，可按排水结构物的基底宽度两侧各增宽30～50cm。

（3）开槽断面应符合下列规定：在天然湿度的土中开挖沟槽，当地下水位低于槽底时，可开直槽且不加支撑。

（4）当槽深超过规定时，宜采用混合槽，分层开挖，头槽在条件许可时，可采用无支撑的梯形槽；中槽和下槽，可用直槽加支撑。

（5）槽深超过3m用人工开挖多层槽时，每层槽深不宜超过2m，层间留平台宽度：直槽时不小于0.5m，安装井点时，平台宽度不应小于1.5m。直槽放坡坡度宜用1：0.05（高：宽）。

（6）采用机械开槽时，沟槽分层的深度应按机械性能确定。

（三）挖土及堆土

1. 挖土应符合下列规定

（1）开槽挖土时，严禁掏洞挖土；

（2）不扰动天然地基或地基处理应符合设计要求；

（3）槽壁稳定且平整，边坡符合施工规定。

2. 堆土应符合下列规定

（1）挖出土方，应妥善堆放。放坡若稳定，土方可堆在沟槽两侧，应距离槽边1m以外，高度不大于1.5m，坡度不大于1∶1。在计划运送材料及有下管机械操作的槽边，其运输车道及施工机械应与槽边有足够距离，保证车辆和施工机械的安全行驶和施工操作。

（2）多余土方应选择适当地点堆放并及时外运。

（3）堆土不得掩埋消火栓、雨水口、测量标志、各种地下管道的井室及施工料具等。在高压线下及变压器附近堆土，应按照供电部门的有关规定办理。

二、盖板沟、管涵、砌石明沟的技术要求

（一）钢筋混凝土盖板沟

（1）盖板沟的浇筑顺序，宜自上游向下游逐段延伸施工。

（2）浇筑混凝土应在两接缝之间沟段连续一次浇灌。

（3）盖板沟浇筑完毕，应及时进行养护。

（4）盖板沟质量标准：盖板沟的混凝土强度，必须符合设计要求。

（5）外观检查：按每段沟计蜂窝麻面的总面积，不得大于表面积的0.5%，每处面积不应大于2cm，其深度不应超过1cm，并不得露筋。蜂窝麻面应修补完毕后洒水养护。

（6）盖板沟浇筑完毕，应及时进行养护。

（二）砖石砌盖板沟

1. 砖、石料及砂浆应符合下列要求

砖的规格、质量应符合国家现行标准。砖的强度不得低于设计要求，形状方正、边角整齐、尺寸准确；石料应石质均匀、不易风化、无裂纹，浸水后抗压强度应不低于30MPa，规格、尺度应符合设计要求；片石的中部厚度不得小于15cm；在砌筑石料前应将表面泥垢清除干净；砂浆的类别及强度等应按设计要求配制，配合比应经试验确定。砂浆应随伴随用，并在规定时间内（一般为2~3h）用完，离析的砂浆应重新拌合。已凝结的砂浆不得加水搅拌后重新使用。

2. 砖石砌筑应符合下列要求

（1）应在经检验合格后的基础上进行沟墙砌筑。在混凝土基础上砌筑沟墙时，应在混凝土强度达到设计强度的50%以上时施工；若为砖石砌基础时，应在砌筑用砂浆达到设计强度的70%以上时砌筑沟墙。

（2）禁止在基础上堆放大量材料或拌制砂浆。

（3）砌块在使用前应将表面泥垢清除干净，并洒水润湿。

（4）砌筑沟墙时，若基底为混凝土或砖石砌基础，应先将表面清洗干净，湿润后坐浆砌筑。

（5）砌块底浆应满铺且安放稳固，砌块间应砂浆饱满、粘结牢固，不得有空鼓、裂缝等现象。砌体隐蔽面砌缝应随砌随刮平。

（6）砌体应分层砌筑，一般分段留在沉降缝或伸缩缝处，若砌体较长需分段砌筑时，两相邻工作段砌筑高度差不宜超过1.2m。砌体间断处应留有斜槎，恢复砌筑时，应将已砌筑表面的松散砂浆清扫干净并洒水润湿。

（7）砌筑墙体的沉降缝缝位应与基础沉降缝位对正，缝面需平整，缝宽应符合设计要求。

3. 砖砌沟墙

（1）砌筑前应将砖的表面泥垢清除干净，并洒水润湿。

（2）应水平分层，内外搭接，上下错缝，不得有竖向通缝，墙面应平整垂直，砌缝宽度应在10mm左右，不宜小于8mm或大于12mm，砂浆必须满铺，不得有空鼓、裂缝等现象。

（3）砖墙的转角处和交接处应与墙体同时砌筑，如需预留间断处，应砌出斜槎。

4. 石砌沟墙

（1）石砌沟墙的块石宜分层卧砌，每层块面高度大致一致，上下错缝，内外搭砌，砌缝宽度不大于30mm，上下层竖缝错开距离不小于100mm，砂浆必须饱满。砌体外露面预留深约20mm的空隙以备勾缝。

（2）沟墙在转角、交叉和洞口处应选用较平整的石料砌筑。

（3）石砌体的临时间断处应留阶梯形接槎，砌好的石层空隙用砂浆填满，避免石块松动；再砌筑时，原石层表面应仔细清扫干净，并洒水润湿。

5. 钢筋混凝土箱涵

箱涵施工采用现场浇筑混凝土，当条件具备时，宜在两温度缝之间一次成活，否则应先浇筑底板，墙与顶板宜一次连续浇筑成型，不留施工缝。

6. 管道

（1）混凝土、钢筋混凝土圆管的规格、强度应符合设计要求。外观质量应符合以下要求：管节端面应平整并与轴线垂直；管壁内外侧表面应平直圆滑；在运输、装卸过程中应采取防碰措施，避免产生裂纹及其损伤。

（2）在运输、装卸过程中应采取防碰撞措施，避免产生裂纹及其他损伤。

（3）管座形式、尺寸应符合设计要求，浇筑管座时应使混凝土与管子密切贴合，施工方法有以下两种：①先浇筑混凝土平基，待有一定强度后支管，并做完管道接口。②套管接口的管道，可先浇筑每节管道的中间部分，待做完套管接口后，再浇筑接口及管道两侧部分。

（4）在经检验合格的基础上进行下管。下管时混凝土基础强度不得低于设计强度的70%。

（5）根据管径大小、管的长短及操作方便原则来选用下管方法，保证施工安全。在施工过程中应随时检查沟槽边坡有无崩坍危险。

（6）各管节应顺水流坡度成平顺直线，当管壁厚度不一致时应使内壁管口相接齐平。当管径为700mm以上时，可进入管内检查，防止错口现象。承插管应将插口铺上游，承口铺下游。

（7）铺设管子时，应将管内外清扫干净，调整管道高程、位置，使中心线位置符合要求。垫块固定后的管位应平稳。

7. 砌石明沟

（1）明沟的平面位置、断面尺寸、边坡及纵坡应符合设计要求。

（2）明沟的开挖，宜自下游向上游进行，在挖方地段避免超挖，以防扰动原状土。

（3）排水沟护砌为现浇混凝土、铺砌混凝土预制板或砖石护砌时，应在经检验合格的土沟面或垫层上施工，垫层的施工质量要求应符合有关规定。沟底不得有建筑垃圾，如石子、砂浆及草梗等杂物。

（4）接缝位置、缝宽、填料等应符合设计要求，施工质量要求应符合有关规定。勾缝及抹面质量要求应符合有关规定。

（5）现浇水泥混凝土、预制混凝土板或砖石护砌的明沟，施工完毕均应及时养护。

（6）砖石材料强度、规格应符合设计要求。砖石砌筑、砂浆拌制及勾缝抹面的施工质量标准应符合有关规定。

（7）现场浇筑混凝土及混凝土预制板护砌明沟的模板制作、安装、拆模的期限，以及混凝土材料质量标准、砂浆的配制及勾缝等应符合有关条款规定。

（8）现浇水泥混凝土及预制水泥混凝土板的混凝土强度均应符合设计要求，板面不应有裂缝，混凝土预制板的平面尺寸及厚度应准确，不应有缺角掉边现象。

注：参见《民用机场飞行区排水工程施工技术规范》MH 5005—2002。

1D432032 民航机场飞行区附属工程技术要求

机场飞行区最主要的附属设施是围界、入侵报警系统、道口和巡逻道，相关工程的技术标准如下：

一、基本要求

（1）航空器活动区周界应修建物理围界及配套设施，使之与公共活动区隔离。物理围界应坚固耐久，防止人员、车辆和可能对航空器造成威胁的动物进入。

（2）一类机场宜设置两道物理围界，两道物理围界间距应不小于3m。入侵报警系统宜安装在外侧物理围界上，为机场处置突发事件争取更多时间。

（3）机场围界内侧应留有宽度不小于5m的隔离带。两道围界以安装入侵报警系统的围栏墙为基准。

（4）一类机场围界应设置照明设施，二类机场围界宜设置照明设施。围界照明应满足现场处置和视频监控系统正常工作的需要，但不应影响航空器活动。

（5）给排水、通信、输油等地下管井穿越围界的，应在穿越处设置钢栅栏等隔离设施或进行密实封堵。

（6）应尽量减少机场围界上道口的数量，特别是可直接通往航空器活动区道口的数量。

（7）跑道两端或附近的围栏（墙）应根据应急救援需要，设置向外开启的应急出口栅门，其宽度应满足机场主力消防车通过。

（8）应配备足够数量的巡逻车辆，以及通讯工具、望远镜、照明设备和防护器材等必要装备以满足对航空器活动区巡逻的要求。

（9）应根据安全保卫需要在围界重要部位修建执勤岗楼或瞭望塔。

（10）机场围界应符合机场净空和导航台电磁环境保护的相关要求。

二、物理围界

（1）物理围界由围栏（墙）和防攀爬设施两部分组成，防攀爬设施应位于围栏（墙）的顶部，与围栏（墙）联接牢固，围栏（墙）底部应建有墙基或地梁。

（2）物理围界应符合以下要求：①物理围界内侧、外侧的净高度应不低于2.5m，离地间隙不大于3cm。其中顶部防攀爬设施采用刺丝滚笼或刀片刺网等结构的围栏（墙），其内侧、外侧的净高度应不低于2.0m，顶部刺丝滚笼或刀片刺网等的直径应不小于50cm，相邻中心距不大于20cm，距离围栏（墙）顶部的间隙不大于5cm，对于顶部防攀爬设施采用镶嵌碎玻璃或采用向外弯折30°角的刺丝网结构的围墙，其内侧、外侧的净高度应不低于2.5m，刺丝网相邻两支撑柱中心距与墙垛中心距相同，刺丝垂直中心距不大于100mm；②围栏（墙）面向公共区域的一侧不应有用于攀爬的受力点和支撑点；③围栏（墙）应是钢筋网、钢板网、钢筋混凝土预制板、砖墙等结构形式；④两道物理围界的内、外侧围栏技术要求与单层围栏相同；⑤围栏（墙）对外面应设有醒目的禁止翻越警告标识牌标识牌应安装牢固。标识牌内容应清晰可见，少数民族地区应增加当地语言文字标识。标识牌间距宜不大于150m。

（3）建筑物构成机场围界的一部分时，应符合以下要求：①通往建筑物楼顶的通道应设置安全保卫设施，防止未经授权人员通行；②面向空侧一侧不应开设通行口，对于确需开设通行口的，应设置安全保卫设施，对授权通行对象实施安全检查和通行管制。设施设备配备要求同围界日常运行道口；③面向空侧一侧的窗户应能锁闭并加装密集型防护网；④面向陆侧的一侧不应有可用于攀爬的受力点和支撑点。建筑物的内部墙体构成机场围界的一部分时，应符合以下要求：①内侧、外侧的净高度不应低于2.5m，公共区域一侧不应有可用于攀爬的受力点和支撑点，并设置视频监控系统，墙体为全高度的情况除外，并应能及时发现人员和物品的非法进入；②设有通行口的，应设置安全保卫设施，对通行人员、物品和车辆实施安全检查和通行管制，设施设备配备要求同围界的日常运行道口。

三、入侵报警系统（见1D414022相关内容）

四、道口

（1）机场应设置日常运行道口；主要供运行人员和警务巡逻人员等使用，也可供餐饮、油料车辆、定期运输车辆以及地面服务设备和维护车辆进出，机场应设置应急道口，主要供消防救援等应急反应车辆使用。日常运行道口也可用作机场应急道口。

（2）日常运行道口应设置守卫值班室，并配备通讯、照明等设施，以及相应的工作条件。

（3）应设置大门和有效的安全保卫设施，防止未经授权和安全检查的人员和物品进入。日常运行道口大门的高度应不低于2.5m，下框距地面的高度应不大于5cm，门及门垛应坚固。非24h有人值守的日常运行道口大门应可锁闭，大门关闭时，隔离的强度应等同于机场围界。

（4）日常运行道口的安全保卫设施应符合以下要求：①一类、二类和三类机场的道口应修建安全检查室、卫生间、雨棚等配套设施，应配置X射线安全检查设备、通过式金属探测门、手持金属探测器、车底检查、车顶检查等设施设备，以及防爆罐等可疑物品处置装置，四类机场日常运行道口应修建安全检查室，配置手持金属探测器、车底检查和车顶检查等设施设备；②一类机场的道口宜配备爆炸物探测设备；③应设置视频监控系统，对进出车辆、人员和检查现场进行监控；④一类、二类和三类机场的道口应设置门禁系统，防止非授权人员、车辆进入；⑤一类、二类和三类机场的道口应设置车辆管理系统，应能自动识别并记录进出车辆的号牌，四类机场应对进出车辆的号牌进行记录，记录保存时限应不少于90d；⑥行车道应配备车辆阻挡装置，防止非授权车辆，包括摩托车、电动车等进入，并在相关区域设置减速装置及相应警示标识，在行车道之外应设置阻挡设施，防止非授权车辆绕道进入；⑦道口关闭无人值守时，隔离的强度应等同于机场围界。

（5）车辆阻挡装置应符合以下要求：①机场日常运行道口应设置防冲撞设施，有效反应时间应不大于5s，水平方向的抗冲击能力应不小于60t；②四类机场日常运行道口可采用简易阻车装置。

（6）应急道口应符合以下要求：① 一类、二类机场应急道口应设置入侵报警系统；②应急道口的大门在常态下应处于关闭状态，关闭状态下的应急道口隔离的强度应等同于机场围界；③应急道口大门的设计应确保应急车辆在紧急情况下能迅速通过。

五、巡逻道

（1）航空器活动区围栏（墙）内侧，应修筑供巡逻车使用的巡逻通道。

（2）巡逻道应为水泥混凝土或沥青类道路，道面强度和转弯半径应满足机场巡逻车正常运行的要求，用于消防车辆通行的部分，其道面强度和转弯半径还应满足机场消防车辆通行的要求。

（3）巡逻道基础宽度应不小于4.5m，路面宽度应不小于3.5m，两侧宜有0.5m的路肩。

（4）巡逻道应至少每800m设置一个会车区。

（5）巡逻道的设计应保证巡逻人员对航空器活动区和围界警戒区域具有良好的视野。

（6）宜在跑道两端紧急出口处至进近导航台修建3.5m宽的简易道路。

注：参见《民用运输机场安全保卫设施》MH/T 7003—2017。

1D433000　民航空管工程相关要求

1D433010　通信导航监视系统设置及其对场地、环境的要求

1D433011　仪表着陆系统设置及其对场地、环境的要求

一、航向信标台设置

航向信标是仪表着陆系统的组成部分，工作频段为108.10～111.95MHz，与机载导航接收机配合工作，为进近着陆的航空器提供相对于航向道的方位引导信息。航向信标台场地附近的地形地物，对其发射的电波信号的反射和再辐射所产生的多路径干扰，可使其辐射场型发生畸变，导致航向道弯曲、摆动和抖动，直接影响航空器着陆的安全。

（一）设置

航向信标天线阵通常设置在跑道中线延长线上，距跑道末端的距离为180～600m，通常为280m。确定距跑道末端距离时应考虑下列因素：机场净空规定；航向道扇区宽度的要求；天线阵附近的反射或再辐射体的情况；航空器起飞时发动机的喷流；设施升级的可能性；机场总体规划；建台费用。航向信标天线阵距跑道入口的最小距离为2200m。

航向信标天线辐射单元至仪表着陆系统基准数据点之间应通视。天线辐射单元的高度应满足航向信标的覆盖要求；当需要架高天线时，天线辐射单元距地面的高度通常不超10m。

Ⅱ/Ⅲ类仪表着陆系统航向信标应设置远场监视器，包括航道和宽度的监视功能。远场监视天线纵向距离应在跑道入口和中指点信标间确定，通常在反方向的航向天线后方，远场监视天线与航向天线应通视。

由于地形条件限制，当航向信标天线不能设置在跑道中线延长线上时，可采用偏置设置。偏置角的最大允许值为3°，偏离跑道中线的横向距离宜不超过160m，偏置设置的航向信标台仅用于仪表着陆系统的Ⅰ类运行标准。

（二）场地要求

1. 航向信标临界区

（1）航向信标台的临界区是由圆和长方形合成的区域，圆的中心即航向信标天线中心，其半径为75m，长方形的长度为从航向信标天线开始沿跑道中线延长线向跑道方向延伸至300m或跑道末端（以大者为准），宽度为120m，如图1D433011-1所示。如果航向信标天线辐射特性为单方向，且辐射场型前后场强比不小于26dB，则临界区不包括图1D433011-1中斜线区。

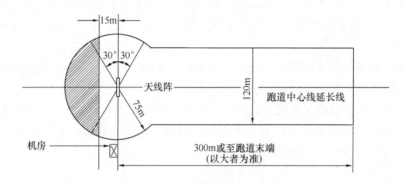

图1D433011-1　航向信标台临界区

（2）航向信标台应设置在航向信标天线排列方向的±30°范围内，根据当地的地形、道路和电源情况，设置在航向信标天线的任意一侧，距航向信标天线中心60~90m。

（3）在航向信标台临界区内除为保障飞行安全所必需的助航设施以外，不应有树木、建筑物（航向机房除外）、道路、金属栅栏和架空线缆等障碍物，临界区内的助航设施应保证对导航信号的影响降至最低。进入航向信标台的电力线缆和通信线缆应从临界区外埋入地下。临界区内不应停放车辆或航空器，不应有任何的地面交通活动。

（4）临界区场地应平坦，跑道端和天线之间的纵向坡度和横向坡度均应在±1%之间，并应平缓地过渡；临界区内的杂草高度应不超过0.5m；临界区应设置醒目的标识。

2. 航向信标敏感区

航向信标敏感区的范围与航向信标天线阵类型、天线类型、设备类型、工作类别、跑道长度、航空器类型以及地面固定障碍物引起的航道弯曲有关。敏感区应选取航向信标所服务跑道的最大适航机型进行确定，范围如图1D433011-2所示。实施Ⅰ/Ⅱ/Ⅲ类运行时，航空器和车辆未经许可不应进入相应类别的敏感区，跑道等待位置应位于敏感区外Ⅱ/Ⅲ类运行的敏感区应设置灯光或标识。敏感区尺寸详细参数参见《民用航空通信导航监视台（站）设置场地规范 第1部分：导航》MH/T 4003.1—2014。

3. 其他要求

在航向信标天线中心前向±10°、距离航向信标天线3000m的区域内，不应有高于15m的建筑物、大型金属反射物和高压输电线。

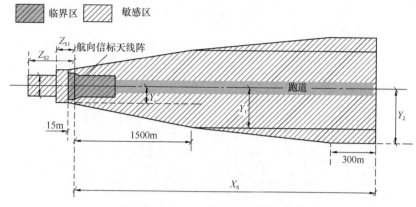

图1D433011-2　航向信标台敏感区

二、下滑信标台设置

下滑信标工作频段为328.6～335.4MHz，与机载接收机配合工作，为进近着陆的航空器提供下滑道引导信息。下滑信标受场地及其附近的地形地物的影响，其辐射场型会发生畸变，引起下滑角变化，造成下滑道弯曲、摆动和抖动，直接影响航空器着陆的安全。

（一）设置

下滑信标台根据场地地形及其环境条件可设置在跑道的一侧，通常不设置在跑道与滑行道之间。下滑信标天线距跑道中线75～200m，通常为120m，天线位置应满足相关要求。对于Ⅱ类和Ⅲ类仪表着陆系统，下滑信标天线距跑道中线的距离应不小于120m。

下滑信标天线距跑道入口的纵向距离由下列因素决定：下滑角；基准数据点高度，应为15m+3m；沿跑道的纵向坡度和下滑反射面的纵向坡度；下滑信标天线距跑道入口的纵向距离的具体数值按相关规定计算确定。

（二）场地要求

下滑信标台的场地保护区如图1D433011-3所示。其中A区为临界区，B区和C区共同成敏感区。

（1）A区内不应有道路、机场专用环场路等障碍物，不应种植农作物，杂草的高度应不超过0.3m，纵向坡度与跑道坡度相同，横向坡度应不大于±1%，并平整到±4cm的高差范围内。在该区内，不应停放车辆、机械和航空器，不应有地面交通活动。通过A区的电力线缆和通信线缆应埋入地下。临界区应设置醒目的标识。

为保证临界区内有良好的排水性能，可沿下滑信标台一侧的跑道边缘和C区与A区交界的C区一侧构筑适当宽度的排水沟。排水沟应设置钢筋混凝土或金属材质盖板并满足场地平整度。

（2）B区内：

用于Ⅰ类运行的仪表着陆系统：距下滑信标天线前方600mB区范围以内不应有铁路、公路、机场专用环场路，不应有建筑物（航向信标台机房除外）、高压输电线、堤坝、树林、山丘等，航向信标台机房总高度和600m以外的障碍物高度不应超过跑道端净空限制要求。

用于Ⅱ/Ⅲ类运行的仪表着陆系统：B区范围以内不应有铁路、公路，不应有建筑物（航向信标台机房除外）、高压输电线、堤坝、树林、山丘等，距下滑信标天线前方600m以内不应有机场专用环场路，航向信标台机房总高度不应超过跑道端净空限制要

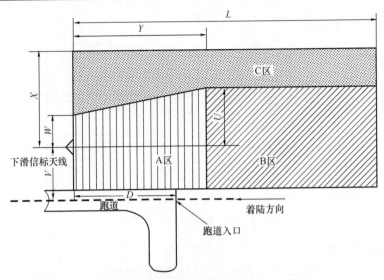

图1D433011-3   下滑信标台场地保护区

说明   D——下滑信标天线至跑道着陆端的距离，单位为米（m）；U——60m；
       V——下滑信标天线至跑道中心线的距离，单位为米（m）；W——30m；
       X——120m；L——通常为900m，Ⅰ类不小于600m，Ⅱ/Ⅲ类不小于900m；
       Y——取值参见《民用航空通信导航监视台（站）设置场地规范 第1部分：导航》MH/T 4003.1—2014表5。

求。实施Ⅱ/Ⅲ类运行时，B区内不应有航空器、车辆等移动物体进入。

B区地面应尽可能平坦，地形凹凸高度的允许值，与下滑信标天线到地形凹凸处的距离、下滑信标天线的高度等因素有关。

（3）C区内不应有铁路和公路（机场专用环场路除外），不应有高于机场侧净空限制的建筑物、高压输电线、堤坝、树林、山丘等，该区域的地形坡度应不超过15%。受环境所限，必需位于下滑信标台保护区内的机场围界，应选择非金属材质并控制高度，以确保对下滑信标的影响最小。下滑信标台的机房高度应不超过4.5m，应设置在下滑信标天线的后方或侧后方，距下滑信标天线2～3m处。根据场地保护区及保护区前方的地形条件，应选择相应的下滑信标设备和天线类型。

在多跑道机场特别是近距平行跑道设置多套下滑信标台，应根据运行标准合理设置各下滑信标台位置，并明确相应保护区，保护区内不宜有联络道（除端联络道外），确保各下滑台的保护区满足要求。

三、指点信标台设置

指点信标的工作频率为75MHz，与机载指点信标接收机配合工作，为飞行员提供固定地点的标志。指点信标台受地形地物的影响，辐射场型会发生畸变，引起标志位置的偏差。

（一）设置

当指点信标台和无方向信标台共址设置时，其天线设置在跑道中线延长线上，距无方向信标台天线10～30m。当场地条件不允许时，指点信标天线也可直接安装在无方向信标台机房的房顶上。指点信标台作为仪表着陆系统的组成部分时，按外、中、内指点信标台的要求，设置在跑道中线延长线上，距跑道入口的距离为：外指点信标台 6500～11100m，通常为7200m；中指点信标台1050m±150m；内指点信标台75～450m。

外、中指点信标台可根据飞行程序要求由与下滑信标台合装的测距仪台代替。在同一条跑道无方向信标台已配有指点信标时，仪表着陆系统的外、中指点信标可由该指点信标兼任，但端距、呼号和调制频率应符合仪表着陆系统的要求。外指点信标台和中指点信标台偏离跑道中线延长线应不超过75m，内指点信标台偏离跑道中线延长线应不超过30m。

Ⅱ/Ⅲ类仪表着陆系统应设置内指点信标台。

（二）场地要求

在指点信标台保护区Ⅰ和Ⅲ内（如图1D433011-4所示），除无方向信标台机房和天线外，距离指点信标台30m以内，不应有超出以地网或指点信标天线最低单元为基准、垂直张角为20°的障碍物。在指点信标台保护区Ⅱ和Ⅳ内，除无方向信标台机房和天线外，距离指点信标台30m以内，不应有超出以地网或指点信标天线最低单元为基准、垂直张角为45°的障碍物。

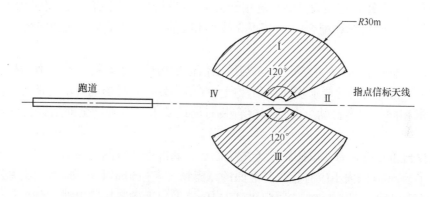

图1D433011-4　指点信标台场地保护区

1D433012　全向信标台-测距台设置及其对场地、环境的要求

一、全向信标台设置

全向信标台工作频段为108~117.975MHz，全向信标台分为常规全向信标台和多普勒全向信标台，全向信标台与机载接收机配合工作，向航空器提供全方位引导信息，引导航空器沿预定航路（线）飞行、进离场和进近。全向信标台周围场地的地形地物，对其发射的电波信号的反射和再辐射所产生的多路径干扰，可使其辐射场型发生畸变，导致航道弯曲、摆动和抖动，影响飞行安全。

1. 设置

机场全向信标台可设置在跑道中线延长线上或跑道的一侧，应满足机场净空的要求。航路全向信标台设置在航路中线上，通常设置在航路的转弯点或走廊口。

2. 多普勒全向信标场地要求

（1）多普勒全向信标台台址应设置于满足使用需求并获得全方位最大视距的位置。多普勒全向信标场地保护图参见《民用航空通信导航监视台（站）设置场地规范 第1部分：导航》MH/T 4003.1—2014。

（2）以多普勒全向信标天线基础中心为基准点，以天线反射网平面为基准面，半径100m以内不应有超出基准面高度的任何障碍物；半径200m以内不应有超出基准面高度的公路、建筑物、堤坝、山丘等障碍物；半径100~200m的树木相对于基准面垂直张角应不超过1.5°，水平张角应不超过7°；半径200～300m的障碍物相对于基准面的垂直张角应不超过1.5°，水平张角应不超过10°；半径300m以内不应有超出基准面高度的铁路；半径300m以外的障碍物相对于基准面的垂直张角应不超过2.5°。

（3）以多普勒全向信标天线基础中心为基准点，以天线反射网平面为基准面，半径200m以内不应有超出基准面高度的35kV及以上的高压输电线，半径500m以内不应有超出基准面高度的110kV及以上的高压输电线。

二、测距仪台

测距仪台工作频段为962～1213MHz。测距仪台与机载设备配合工作，为航空器提供连续距离信息，引导航空器沿选定航路（线）飞行、进离场和进近。测距仪台周围场地的地形地物，对其发射的电波信号的反射和再辐射所产生的多路径干扰，使其测距精度下降，影响飞行安全。测距仪和仪表着陆系统相配合时，可设置在下滑信标台或航向信标台。

测距仪和全向信标相配合时，测距天线可和全向信标中央天线同轴安装，也可偏置安装。

测距仪和航向信标合装时场地要求与航向信标的场地要求相同，和下滑信标合装时场地要求与下滑信标的场地要求相同，和常规全向信标台合装时场地要求与常规全向信标台的场地要求相同，和多普勒全向信标台合装时场地要求与多普勒全向信标台的场地要求相同。

测距仪台单独设台时，以测距仪天线中心点为基准点，以测距仪天线中心点水平面为基准面，半径50m以内不应有超出基准面的障碍物，半径50m以外不应有超出基准面垂直张角3°的障碍物，半径500m以内不应有110kV及以上的高压输电线。测距仪台单独设台时，进入测距仪台内的电源线和电话线应埋入地下。

1D433013　监视系统设置及其对场地、环境的要求

一、雷达站设置

雷达探测范围受视距、发射功率和地形地物等因素限制，地形地物对无线电信号的反射和遮挡，将直接影响雷达的空域覆盖能力。

1. 空管一次监视雷达

（1）空管近程一次监视雷达工作频段为2700～2900MHz，可在有效覆盖范围内测定和显示航空器方位、距离信息，监视终端和（或）进近管制空域内航空器的运行。

空管近程一次监视雷达站通常设置在机场及周边地带，以实现对所在终端和（或）进近管制空域包括主要空中定位点和进离场运行及其他必须区域的探测和覆盖，其顶空盲区宜避开进离场航线。空管近程一次监视雷达站应设置在平坦、开阔、地势较高的地带，周边应无严重的地形地物遮挡，地物杂波干扰和镜面反射小，以获得足够的中低空覆盖。

（2）空管远程一次监视雷达工作频段为1250～1350MHz，可在有效覆盖范围内测定和显示航空器方位、距离信息，监视管制空域内航空器的运行。

空管远程一次监视雷达站通常设置在地势较高的地点，以实现对所在管制空域包括主要航路航线的有效探测和覆盖，其顶空盲区宜避开主要航路航线。

空管远程一次监视雷达站应设置在平坦、开阔、地势较高的地带，周边应无严重的地形地物遮挡，地物杂波干扰和镜面反射小，以获得足够的高空覆盖。

（3）平原地区近、远程一次监视雷达站周边不应有造成地物杂波干扰的成片低矮植物或低矮建筑群。在山地或丘陵地区雷达站应选在地势较高、周围无严重遮挡的山顶上，并适当利用低仰角的地形遮蔽作用，以减少地物杂波干扰。在空管近、远程一次监视雷达的通视探测范围内不应有影响雷达正常工作的大型旋转反射物体，如风力涡轮发电机等。

2. 空管二次监视雷达站设置

空管二次监视雷达询问发射机工作频率为1030MHz，接收机工作频率为1090MHz，可在有效覆盖范围内测定和显示装有机载应答机的航空器方位、距离、高度、二次代码以及特殊编码、紧急编码等信息，监视所在管制空域内航空器的运行。

空管二次监视雷达站的场地设置，以实现对所在管制空域包括航路航线、主要空中定位点和进离场运行及其他必须区域的探测和覆盖。空管二次监视雷达用于终端和进近管制时，通常设置于机场或周边地带；用于区域管制时，通常设置于航路沿线地势较高的地带。空管二次监视雷达的顶空盲区宜避开进离场航线或所在管制空域的主要航路航线，应设置在开阔、地势较高的地带，周边应无严重的地形地物遮挡。空管二次监视雷达站的场地设置应考虑测试应答机的安装位置，测试应答机天线应与雷达天线通视，直线距离通常不小于1km。

在空管二次监视雷达16km范围内不应有影响雷达正常工作的大型旋转反射物体，如风力涡轮发电机等。

3. 机场场面监视雷达站设置

机场场面监视雷达一般工作在X或Ku波段，通过检测地面物体对自主辐射电磁波的反射信号，实现对地面目标的定位。机场场面监视雷达运行在下视角方式，探测范围受视距、发射功率和地形地物等因素限制，地形地物对无线电信号的反射和遮挡，将会直接影响其机场场面覆盖能力。

机场场面监视雷达站的场地设置，应实现对所在机场跑道、滑行道、联络道及跑道端延长线等航空器运行区域的探测和覆盖。对于多跑道或场面分布复杂的机场，可设置多个台站，形成合成覆盖，满足管制需求。机场场面监视雷达探测范围与雷达天线的高度、位置以及周边地形地物有关，应综合分析评估，以获得足够的机场场面覆盖。机场场面监视雷达场地设置应考虑机场建筑物对雷达信号的反射影响。

二、广播式自动相关监视地面站设置

广播式自动相关监视，由机载星基导航和定位系统生成精确的航空器及其他移动目标自身定位信息，通过特定数据链和格式进行周期性自动监视信息广播，并由特定地面站设备和（或）其他航空器进行接收和处理，以实现监视功能。

广播式自动相关监视地面站探测范围受视距和地形地物等因素限制，地形地物对无线电信号的反射和遮挡，将会直接影响其覆盖能力。广播式自动相关监视地面站的场地设置，应实现对所在管制空域的覆盖。广播式自动相关监视地面站应设置在开阔地带，四周应无严重的地形地物遮挡。广播式自动相关监视地面站应考虑测试信标的设置，测试信标天线应与广播式自动相关监视设备天线通视。广播式自动相关监视地面站与通信导航监视台站或其他台站合装时，应不受合装台站设备的电磁辐射影响。

三、多点定位系统设置

多点定位系统采用到达时间差定位技术，通过测量、处理目标发射（应答）信号到达多个基站的时间差参数来实现目标定位，满足管制监视需求。

多点定位系统的探测范围受视距和地形地物等因素限制，地面站的布局以及地形地物对无线电信号的反射和遮挡，将会直接影响多点定位系统的覆盖能力。多点定位系统地面站的设置，应满足对监视区域的精度和覆盖要求。多点定位系统地面站作用区域内应无严重的地形地物遮挡。多点定位系统地面站的设置应考虑发射天线的安装位置，用于询问航空器的发射天线应满足监视区域覆盖要求，用于接收机同步的发射天线应与接收机天线通视。多点定位系统地面站与通信导航监视台站或其他台站合装时，应不受合装台站设备的电磁辐射影响。

1D433020　导航系统安装调试及验收技术要求

1D433021　航向信标安装调试及验收

一、仪表着陆系统安装调试前提条件

设备机房及对应天线系统的位置设计应符合民航局关于本台站台址的批复意见，符合机场飞行区净空和障碍物的相关规范要求。并且具备以下基础条件：

（1）土方工程在施工区域的标高、密实度达到设计要求；

（2）机房等建筑设施的土建和装修施工完毕并验收合格，同时具备与工艺施工相关的各类预埋件、预留孔等工艺条件；建筑物防雷及工艺信号等电位接地系统完成，并通过验收；

（3）低压市电已接入机房内工艺配电箱（柜）输入端，通信网络传输线路可接入机房终端并开通；机房空调已启用；消防设施安装完成；

（4）机房与机场巡场路间的通道及停车坪已建成并使用；

（5）如果采用方舱机房，则相关方舱设施以及电力、通信、防雷接线连接已完备，并验收合格；天线场地保护区符合相关规范要求。

二、航向信标安装调试及验收

航向信标安装调试分为设备天线系统安装、室内设备安装、设备电气调试三部分。

（一）天线系统安装

航向天线系统安装包括天线基础施工、底座安装、支撑杆及振子安装、天线系统接地、电缆敷设等。天线安装所需仪器：全站仪（经纬仪、水平仪）、水平尺、矢量网络分析仪（或矢量电压表）。

1. 天线基础施工

工序及质量要求：首先进行航向天线阵基础定位，确保天线阵中心基准点位于跑道中心线延长线上批复台址的位置，天线阵横向基准线与跑道中心线垂直，角度误差不大于±0.01°，中心基准点标高为设计标高，误差不大于±10cm，中心基准点与跑道终端间距为设计距离，误差不大于±1m，天线阵基础平面高度偏差不超过±2cm。

工艺检验：使用全站仪进行天线基础基准点的初始定位及直角坐标系的建立和复核，在天线基础平台上随机选取至少10个点用水平仪对相对高度进行复核。

2. 天线振子底座安装

工序及质量要求：建立天线基础平台上的直角坐标系，根据天线阵类型，标定天线振

子底座的位置，水平误差应不大于±4mm，高度偏差应不大于±3mm。

工艺检验：测量并记录所有天线底座（包括前后底座）的位置和高度偏差数据。

3. 天线支撑杆及天线振子安装

工序及质量要求：底座安装完毕后，安装天线支撑杆，保持支撑杆垂直。所有天线支撑杆安装完毕并适度紧固后，安装天线振子。

工艺检验：用长水平尺分别对每个天线单元支撑杆的多个侧面的垂直度进行检验和校准；对天线振子的水平度和进行检验与校准。

4. 天线系统接地

航向天线系统的接地系统应按照设备厂家的安装手册、台站施工设计以及台站建设的相关指导规范等技术要求进行。

5. 电缆铺设

工序及质量要求：完成天线振子安装后，进行天线系统的电缆铺设。电缆铺设前检查射频电缆的物理和电气长度，避免存在异常情况，铺设过程中注意电缆保护和清洁。埋地电缆管线应符合相关台站建设的规范和设计要求。

工艺检验：对线槽和箱体安装的牢固性进行检查，对电缆铺设的路径和弯曲半径做检查测量，对天线系统的室外接地进行检查，应符合设计和施工要求。电缆的电气长度测量值以后续测量结果为准。

（二）室内设备安装

1. 机柜安装

工序及质量要求：要求机柜安装水平，可靠固定，目视无倾斜，机柜周围预留操作空间，便于内部安装和以后维护；如设备机柜需挂墙安装，墙面无法承载机柜重量时需采用相应的加固措施。线路及线槽（线架）布局合理、避免相互干扰和影响，等电位带连接可靠，材料和规格满足设计和厂家要求，各连接接头应连接紧固，板件模块的开关设置与跳线连接与设备类型、配置、功能等相符合。

室内安装工作应在下列工序完成后进行：室内土建、装饰工作完成并通过验收，市电、空调、消防等设施功能正常；机房内防静电地板或地胶垫安装完毕，机房等电位连接网已完成并与外部接地系统有效连接；配套电源（UPS、稳压器等）设备及辅材已到位。室内设备的安装应符合民航导航台站建设相关指导规范和国内相关行业电信设备抗震设计施工规范及台站设计的要求。

工艺检验：机柜安装目视检查情况、墙面加固措施、线路及线槽（线架）布局、等电位带连接、各连接接头、开关及跳线设置等检查情况。

2. 主电源及电池组连接

工序及质量要求：电力电缆线间和线地之间绝缘电阻不小于0.5MΩ，电力电缆头接地线和截面积符合设计要求，芯线与设备的链接符合设计要求，连接紧密可靠，电线回路标志清晰，编号准确。电池规格型号符合设计要求，正负端柱极性和电压检查准确，符合国家规范。

工艺检验：测量电力电缆线间和线地之间绝缘电阻、UPS输出电压、电池组输出电压的测量。

（三）设备电气调试

电气部分的调整，涵盖设备参数即发射机调整、天线分配单元分配关系的验证及调整、发射及监视电缆电气长度调整、天线振子性能检测、发射–监视回路调整等工作，其目的是使得各个天线振子按照理论设计的幅度和相位关系馈送相应比例的电信号，以在空间形成特定关系的电场场型。因此，电气调整均需对两部发射机分别调整，每一个步骤都有对应的幅度和相位上的容限要求。

所用仪表器材：矢量网络分析仪或矢量电压表、外场测试仪及天线、示波器、功率计、频率计、测试电缆（若干）；20dB和30dB衰减器（若干）、25W假负载（若干）。

工序及质量要求：在全面完成天线系统安装、机房设备安装工作，并完成了阶段验收且合格的情况下，开始进行本部分工作，各项调整应符合相关的质量要求。

设备的电气调整包括以下步骤，应按先后顺序进行：开机准备；发射机调整；天线系统调整；监视器调整；控制功能验证。

工艺验收：检查电气调试步骤符合操作规范要求，各阶段调整结果符合指标要求。

更多安装工艺、设备调试内容请参见《仪表着陆系统安装调试及验收技术规范》AC–85–TM–2015–01。

1D433022 下滑信标安装调试及验收

下滑信标安装调试分为天线系统安装、室内设备安装、设备电气调试三部分。

一、天线系统安装

下滑天线系统安装包括天线基础施工、铁塔安装、天线振子安装、电缆敷设、近场天线安装等。天线安装所需仪器：全站仪（经纬仪、水平仪、测距仪）、水平尺。

1. 天线基础施工

工序及质量要求：首先进行下滑天线基准点定位，确保天线基准点位于满足批复台址的要求。天线基准点与跑道中心线的侧向距离应符合批复数据；设计的后撤距离应根据批复入口高度的误差允许范围的中心高度，结合下滑信号形成区场地及跑道道面数据，按照国际民航组织（ICAO）及中国民航相关行业标准所提供的方法，进行计算后取值；下滑近场监视天线的最终定位，应是参考理论计算位置数据，在下滑信标飞行校验合格后，用外场测试仪经实地测量后确定。

工艺检验：使用全站仪对下滑天线基准坐标系进行检查，对基准点的标高进行复核，测试天线基准点与跑道中心线的侧向距离、内撤距离，与下滑天线基准点对应的天线塔基座表面投影点的高程，以及天线塔基座表面投影点到天线基准点的距离。

2. 下滑塔拼装

工序及质量要求：应按设备所配的技术资料进行铁塔组装，各部分的所用螺栓螺母不能混用，螺栓紧固时力矩应大小一致，铁塔组装好后应不存在目视可察觉的弯曲；如需在吊装铁塔前安装天线和铺设射频电缆，应把铁塔在地面上固定牢固，防止铁塔翻转损坏天线和射频电缆；铁塔吊装时应按厂家手册中提供的规范和吊装工作安全施工原则操作，采取安全措施，配备安全人员。如无须通过铁塔进行天线前后倾设置，铁塔各段垂直投影的重合误差不宜超过1.5cm。如在铁塔上加装雷电接闪器装置，应与铁塔电气隔离，避雷器的工艺要求参见相关避雷规范。

工艺检验：铁塔吊装好后，应用经纬仪检测铁塔在下滑平面坐标系横轴和纵轴方向的垂直度，以及铁塔与基座连接的紧固性能，并进行相应的调整。

3. 天线振子安装

工序及质量要求：天线的安装包括挂高、偏置和前倾的设置。天线的挂高、偏置和前倾应根据设计的下滑角、下滑信号形成区场地平面坡度、相关距离量等数据进行计算后预设置。天线的挂高误差不得超过3cm、偏置误差不得超过1cm、前倾误差不得超过1cm。最终位置需要在飞行校验后确定。

工艺检验：用长水平尺分别对每个天线单元垂直度和水平度进行检验和校准。用钢尺对每个天线的挂高、偏置和前倾进行检验与校准，可以借助于经纬仪对天线偏置进行调整和测量。

4. 天线系统接地

下滑天线系统的接地系统应按照设备厂家的安装手册、台站施工设计以及台站建设的相关指导规范等技术要求进行。

5. 电缆铺设

工序及质量要求：完成天线振子安装后，进行天线系统的电缆铺设。电缆铺设前检查射频电缆的物理和电气长度，避免存在异常情况，铺设过程中注意电缆保护和清洁。

工艺检验：对线槽或管线安装的牢固性进行检查，对电缆铺设的路径和弯曲半径做检查测量，对天线系统的室外接地进行检查，应符合设计和施工要求。电缆的电气长度测量值以后续测量结果为准。

二、室内设备安装

（1）机柜安装工序及质量要求：同"航向信标机柜安装"。

（2）主电源及电池组连接工序及质量要求：同"航向信标主电源及电池组连接"。

三、设备电气调试

电气部分的调整，实际涵盖设备内部参数即发射机调整、天线分配单元分配关系的验证及调整、发射及监视电缆电气长度调整、天线振子性能检测、发射-监视回路调整等工作，其目的是使得各个天线振子按照理论设计的幅度和相位关系馈送相应比例的电信号，以在空间形成特定关系的电场场型。因此，电气调整均需对两部发射机分别调整，每一个步骤都有对应的幅度和相位上的容限要求。所用仪表和工具：通过式功率计（含1W、10W 下滑频率探头）、示波器（双通道，具有延时触发功能）、外场测试仪（PIR）、3个50Ω/10W 假负载等。

工序及质量要求：在全面完成天线系统安装、机房设备安装工作，并完成了阶段验收且合格的情况下，开始进行本部分工作内容。本部分工作所涉及的调整应符合各阶段性验收的质量要求。

设备的电气调整包括以下步骤，应按先后顺序进行：开机准备；发射机调整；天线系统调整；监视器调整；控制功能验证。

更多安装工艺、设备调试内容请参见《仪表着陆系统安装调试及验收技术规范》AC-85-TM-2015-01。

1D434000   民航机场弱电系统工程相关技术要求

1D434010   信息类弱电系统工程

1D434011   信息集成系统技术要求

信息集成系统工程设计内容包括组成架构设计、系统功能设计、系统性能设计、系统接口设计、系统配置设计、系统部署设计、系统安全设计和配套设施要求等。

一、基本规定

信息集成系统工程设计应结合机场建设工程设计目标年的年旅客吞吐量统筹进行，宜在完成用户需求调研的基础上开展。用户需求调研对象包括系统使用单位、系统保障单位和系统建设单位，调研的内容包括系统的业务范围、功能需求、业务流程、运维需求和工程投资等。信息集成系统工程设计应根据机场运行和航站楼运行模式确定设计方案。

（1）独立运行的多机场可实现数据互为共享和备份。

（2）一体化运行的多机场可建设共享共用的多机场运营数据库（MAODB）和应用功能，各机场根据需求建设应用子系统。

（3）多航站楼分别建设的信息集成系统应实现数据共享交换。

（4）一体化运行的多航站楼宜建设一套共享共用的信息集成系统。

二、系统性能

（1）信息集成系统所有数据的处理应实时、准确。

（2）信息集成系统的数据处理容量和并发处理能力应满足机场建设工程目标年航空业务量的需求。

（3）信息集成系统的IMF应支持所集成的所有系统的并发数据交换处理能力。

（4）信息集成系统冷启动时间、双机热备切换时间、主备切换时间、离线备份数据恢复系统时间均应满足相关要求。

三、系统配置

1. 一般规定

（1）信息集成系统配置包括服务器系统、存储系统、数据库系统、中间件、应用系统和客户终端等。

（2）信息集成系统配置应遵循可靠性、先进性、可维护性和经济性原则，在满足系统性能和功能前提下，优选当前主流的系统设备，同时兼顾设备的节能特性。

（3）信息集成系统的数据库系统宜采用COTS关系型数据库。

（4）信息集成系统的中间件宜采用COTS中间件产品。

（5）信息集成系统的客户终端应根据业务岗位的需求配置主流的PC、移动终端等。

（6）基于云计算架构的信息集成系统，其服务器系统、存储系统可按需统一由资源池提供。

2. 主运行系统

（1）主运行系统的服务器系统和存储系统设备应冗余配置，避免出现单点故障。

（2）对于年旅客吞吐量大于等于100万人次的机场，其主运行系统的服务器系统和存储系统采用双机热备或负载均衡冗余措施。

（3）对于年旅客吞吐量小于100万人次的机场，其主运行系统的服务器系统和存储系统至少采用冷备冗余措施。

（4）主运行系统满足7×24h不间断运行，其存储系统应采用共享存储。

3. 备份运行系统

在主运行系统宕机时，备份运行系统切换替代主运行系统。

（1）备份运行系统的服务器系统和存储系统设备可冗余配置。

（2）对于年旅客吞吐量大于等于100万人次的机场，备份运行系统的服务器系统和存储系统采用双机热备或负载均衡冗余措施。

（3）备份运行系统的存储系统宜采用共享存储。

（4）备份运行系统的服务器系统、存储系统在满足机场运行需求的前提下，可降效配置。降效配置的处理方式包括减少非核心系统功能、取消冗余措施、降低系统容量等。

4. 测试系统

（1）测试系统的服务器系统和存储系统应满足功能测试的需要。

（2）测试系统的存储系统可采用共享存储或本机存储。

（3）测试系统的服务器系统、存储系统可降效配置。

四、系统部署

（1）信息集成系统的服务器系统、存储系统可按机房布局要求部署在主运行机房、备份运行机房内。

（2）信息集成系统应支持防病毒软件和IT操作管理系统的部署。

（3）信息集成系统可支持IT操作管理系统在远端对系统运行状态进行监控。系统运行状态包括服务器系统、存储系统、数据库系统、中间件和应用系统的运行状态。

（4）客户终端应结合业务需求进行部署，设计时宜提供客户终端的部署图。

五、配套设施

1. 配电

信息集成系统的服务器系统、存储系统应采用UPS供电。对于年旅客吞吐量大于等于1000万人次的机场，其信息集成系统在重要业务席位上布置的客户终端（PC）应采用UPS供电。重要业务席位包括功能中心席位、主要调度岗位的席位。

2. 布线

信息集成系统所需的网络通信线缆应采用综合布线系统。

3. 网络

信息集成系统所需的计算机网络系统应根据信息集成系统的设备部署和应用需求进行拓扑结构设计、路由规划等。

六、信息集成系统检测

信息集成系统检测涵盖硬件和软件，其范围一般应包括：应用系统、服务器设备、存储设备以及终端设备。检测内容一般应包括：设备安装及应用部署检查、软件功能检测、接口功能检测、系统性能检测、系统可靠性检测和系统管理功能检查。其中软件功能检测包括基本功能检测，航班信息管理、查询功能检测，运行资源、生产调度、IMF平台管理功能检测，运行统计分析功能检测等内容。系统功能检测包括用户并发访问压力检测、IMF接口压力检测、数据容量压力检测和终端操作响应时间检测。

应首先依据设计文件、施工合同及与其他弱电系统间相关协议要求编制系统检测（查）单，然后根据检测（查）内容逐项进行检测。《民用运输机场信息集成系统检测规范》MH/T 5039—2019规定了主要检测记录单的内容，所有检测记录单均应由专业检测人员填写，被检测单位应签字确认。表1D434011为信息集成系统服务器及存储系统部署检查记录单。

信息集成系统服务器及存储系统部署检查记录单 表1D434011

项目名称			记录编号		
设备类型	设备编号	所在位置	操作系统部署情况	配套软件部署情况	结果问题
应用服务器					
数据库服务器					
接口服务器					
存储设备					
记录人			记录日期		
被检测单位					
备　注					

注：参见《民用运输机场信息集成系统工程设计规范》MH/T 5018—2016、《民用运输机场信息集成系统检测规范》MH/T 5039—2019。

1D434012　离港系统技术要求

一、基本规定

（1）离港系统应按表1D434012的系统分类设计。

系统分类表 表1D434012

系统分类	年旅客吞吐量P（万人次）
A类	$P \geqslant 4000$
B类	$4000 > P \geqslant 1000$
C类	$1000 > P \geqslant 200$
D类	$P < 200$

（2）一个机场或航站楼可有多个离港系统。一个离港系统可服务于多个机场或航站楼。离港系统选型应符合IATA相关标准。

二、系统性能

（1）离港系统必须具备系统设计目标年的旅客吞吐量和高峰小时旅客吞吐量的处理能力。

（2）离港系统主机运行模式和备份运行模式的切换时间应小于300s。主机运行模式指离港系统从离港主机获取离港数据。备份运行模式指离港系统与离港主机通讯故障时，从本地离港服务器获取离港数据。

（3）离港系统至少应支持3个共享代码航班。

（4）离港系统自服务器冷启动开始应在30min内达到正常工作状态。

三、离港系统组成架构

1. 系统构成

（1）离港系统由离港服务器、离港工作站、系统前端设备、自助终端、离港软件和传输网络等构成。

（2）离港服务器可包括数据库服务器、报文下载服务器、应用服务器、接口服务器、防病毒服务器及相关管理服务器等。

（3）根据安装位置和主要承担功能的不同，离港工作站可分为值机工作站、登机工作站、中转工作站、配载工作站、控制工作站和系统维护管理工作站等。

（4）根据机场建设和运营需求设置自助终端，包括自助值机终端、自助行李托运终端和自助行程单打印终端等。

（5）如有多个后台离港主机，离港系统可在一个共用系统平台上运行。

2. 网络架构

（1）A、B类离港系统网络应独立组网，C类离港系统网络宜独立组网。离港系统与其他系统共用网络设备时应划分为单独的虚拟局域网（VLAN）。独立组网指网络交换设备、网络管理设备及主干接入设备均单独设立，通过防火墙与其他业务网络连接。

（2）A、B类离港系统核心交换机和汇聚交换机应采用双机热备冗余配置，C类离港系统核心交换机和汇聚交换机宜采用双机热备冗余配置。离港系统可根据系统规模不设置汇聚交换机。

（3）A、B类离港系统的广域网连接设备应采用热备份，C类离港系统的广域网连接设备宜采用热备份，D类离港系统的广域网连接设备可采用冷备份。

（4）离港系统与其他系统的通信接口为网络接口时，应设置防火墙等网络安全设备。

3. 通讯链路

（1）离港系统的网络通讯链路应借助于综合布线系统实现。

（2）应为规划预留的值机柜台、登机柜台和自助终端等设施配套设计综合布线信息点。

（3）A、B类离港系统局域网主干通信线路应采用双链路连接，C类离港系统局域网主干通信线路宜采用双链路连接。

（4）离港系统广域网连接应采用独立的双通讯链路。A、B类离港系统广域网连接应采用双通讯路由，C类离港系统广域网连接宜采用双通讯路由。

4. 系统前端设备配置

（1）值机柜台应配置值机工作站，并应根据需要配置登机牌打印机、行李牌打印机、身份证阅读器和护照阅读器等设备。

（2）登机口柜台应配置登机工作站和登机牌阅读器等设备。

（3）中转柜台应配置中转工作站，并应根据需要配置登机牌打印机、行李牌打印机、身份证阅读器和护照阅读器等设备。

（4）配载室应配置配载工作站和舱单打印机。

（5）控制室应配置控制工作站和打印机。

（6）应选用专业打印机打印登机牌和行李牌。

（7）登机牌打印和行李牌打印宜分别配置打印机。

（8）登机牌打印机和行李牌打印机应支持汉字内码扩展规范编码。

（9）登机牌阅读器应能识别一维码和二维码。

（10）A、B、C类离港系统配置的登机牌阅读器宜能识别电子登机牌。

（11）自助值机终端应配置身份证阅读器和登机牌打印机，并根据需要选配护照阅读器等输入输出设备。

四、系统信息接口

（1）离港系统应根据需要设置连接信息集成、安检信息管理、行李自动分拣和时钟等系统的通信接口。

（2）离港系统提供的接口数据内容应包括旅客值机信息、旅客登机信息、托运行李信息和航班控制信息等。

（3）离港系统应具备接口状态监视功能。监视功能指系统实时监视接口的状态并提示接口发生的故障或通讯中断的功能。

（4）离港系统与时钟系统之间的通讯应采用NTP协议。

五、配套设施

1. 系统机房

A、B、C类离港系统宜建设独立的离港系统机房。离港系统与其他系统共用机房时，离港系统设备应使用独立机柜。配载室、控制室等其他用房按办公用房设计。

2. 供电

离港系统的机房设备应采用UPS供电，现场设备宜采用UPS供电。

3. 接地

离港系统的接地宜优先采用建筑物共用接地系统。

注：参见《民用运输机场航站楼离港系统工程设计规范》MH/T 5003—2016。

1D434013　航班信息显示系统技术要求

一、基本规定与性能要求

（1）航显系统工程设计应结合系统处理的设计目标年的年旅客吞吐量和航站楼工艺流程进行设计。

（2）航显系统工程设计宜在完成用户需求调研的基础上开展。用户需求调研对象包括系统使用单位和系统保障单位，调研内容包括旅客流程、显示要求、功能需求、安装工艺要求、运维需求等。

（3）航显系统终端显示设备的安装位置、显示内容、配置原则应结合机场的旅客流程、机场运行需求和安装工艺综合确定。终端显示设备指航显系统所需的显示屏及其控制设备，显示屏类型主要包括LED模块显示大屏、LED显示条屏、LED显示大屏和TFT-LCD屏等。

（4）航显系统显示业务包括代码共享航班、跨日航班、补班、加班、航班合并、登机口变更和不正常航班等。

（5）航显系统的应用范围包括航站楼、旅客过夜用房、停车楼、交通中心、城市航站楼等场所。

（6）航显系统的技术架构可基于云计算。

航显系统的数据处理容量和并发处理能力应满足机场建设目标年航空业务量的需求。

二、系统接口

（1）航显系统的接口宜采用计算机网络系统传输数据。

（2）航显系统的接口设置应满足机场的运行需求，包含信息集成系统、有线电视系统和时钟系统等接口。

（3）航显系统提供的接口数据包括：

1）信息集成系统所需数据：第一件和最后一件到达行李上行李提取转盘的时间信息、航班登机触发信息等。

2）有线电视系统所需数据：航班计划、航班动态和公告信息等。

（4）航显系统接收和处理的接口数据包括：

1）信息集成系统数据：航班数据、资源分配数据、基础数据等。

2）时钟系统校时数据：网络校时协议（NTP）或串口信号。

（5）航显系统应具有接口状态监控功能。当接口发生故障或通讯中断时，系统能够提示和报警。

三、系统配置

（1）航显系统配置包括服务器系统、存储系统、数据库系统、应用系统、终端显示设备和操作终端等。

（2）航显系统配置应遵循可靠性、先进性、可维护性和经济性原则，进行设备选型，同时兼顾节能特性。

（3）航显系统的数据库系统宜采用商用现成品/技术（COTS）关系型数据库。

（4）航显系统操作终端应配置主流PC、移动终端。

（5）基于云计算架构的航显系统，其服务器系统、存储系统可按需统一由资源池提供。

（6）航显系统的服务器系统和存储系统设备应冗余配置，避免单点故障。

（7）处理年旅客吞吐量不小于100万人次的航显系统服务器应采用双机热备或负载均衡冗余措施。

（8）处理年旅客吞吐量不小于1000万人次的航显系统存储应采用共享存储。航显系统的共享存储宜与信息集成系统共用。

四、系统安全

（1）航显系统等级保护应符合《民用航空信息系统安全等级保护管理规范》MH/T 0025—2005的规定，宜按照二级安全等级保护进行设计。

（2）航显系统安全设计应综合考虑航显系统网络安全、数据安全、系统安全和应用安全等因素。

（3）航显系统工程设计应针对网络安全提出需求。

（4）航显系统应实现数据访问控制。

（5）航显系统应具有数据备份和数据恢复功能。备份数据包括航班数据、显示规则、配置数据、日志数据和其他对于系统恢复所必需的数据等。

（6）航显系统操作用户应通过安全认证方式进行登录，并提供应用权限控制功能。

（7）航显系统管理应具有静止时限管理功能。系统提供"静止时限"参数，可控制各个操作终端的静止时限，如果操作终端在静止时限内没有执行任何输入/输出则被确认为静止，操作终端自动退出使用的应用。

五、系统部署及安装工艺

1. 系统部署

（1）航显系统的服务器系统、存储系统应集中布置在机房内。

（2）航显系统应支持防病毒软件和IT操作管理系统的部署。

（3）航显系统可支持IT操作管理系统在远端对系统运行状态进行监控。系统运行状态包括服务器系统、存储系统、数据库系统、应用系统和控制设备的运行状态。

（4）航显系统支持终端显示设备应用软件自动部署和更新。

2. 安装工艺

（1）终端显示设备安装应考虑牢固、安全、防尘、通风、易检修和更换等因素。

（2）终端显示设备应结合安装环境（高/低温、潮湿、光干扰等）进行设备选型。在特殊环境下采取相应防护措施。

（3）终端显示设备安装支架应结合现场实际情况选用，美观耐用，适应所在环境，宜与标识系统风格一致。

（4）终端显示设备安装位置和安装高度应结合可视距离确定，显示内容在可视距离范围内应清晰可辨。

（5）各类显示大屏应结合建筑结构、安装条件、可视距离等因素合理确定安装位置和安装方式。

六、配套设施

1. 配电

航显系统服务器、存储系统应采用UPS供电。

2. 布线

航显系统所需网络通信线缆应采用综合布线系统。

3. 网络

航显系统运行所需的计算机网络系统应根据航显系统设备部署和应用需求进行拓扑结构设计、路由规划和安全设计等。

注：参见《民用运输机场航班信息显示系统工程设计规范》MH/T 5015—2016。

1D434020 机场运营支持类弱电系统工程

1D434021 机场安全防范系统技术要求

一、民用机场安全防范系统

机场安全保卫设施应能预防、阻止或延缓针对机场和航空器的非法干扰行为，提高对异常事件、突发事件的识别和处置能力，保护机场内人员及财产安全。机场安全保卫设施包含空侧、陆侧和航站楼的安全保卫设施，由机场围界和道口安全保卫设施、机场控制区通行管制设施、视频监控系统、人身和行李的安全检查设施、航空货物运输安全保卫设施、要害部位安全保卫设施、配餐和机供品安全保卫设施、机场安全保卫控制中心和业务用房等构成。

二、机场安全保卫控制中心

机场安全保卫控制中心的管理平台应能将视频监控、运行管制等系统进行集成，并预留满足公安业务需求的接口。控制中心应能同时接收和处理多路报警信息，同时接收多路前端联动上传的报警图像。

机场安全保卫控制中心应接入视频监控系统、旅客安全检查信息管理系统、航空货物安全检查信息管理系统、通行管制系统、围界入侵报警系统和隐蔽报警系统，并配置相应软、硬件设施，支持根据系统间联动要求实现信息同步调用、查询和管理等功能。机场地理信息管理系统和监护航班查询系统可根据需要接入。

三、机场控制区的通行管制

机场控制区的通行管制由机场控制区通行证信息管理系统和门禁系统两部分组成。从公共活动区进入机场控制区通行口应配备机组和工作人员安全检查通道、门禁系统、视频监控系统，以及通讯、照明等设施。供车辆通行的通行口还应配备车顶检查和车底检查设施，以及车辆通行证件验证设备。

四、出入口控制系统（门禁系统）

应能对机场通行证件的真伪性、合法性和授权通行区进行验证，可采用人工或技术查验方式；应具备通行证件验证，以及生物特征识别和/或密码输入功能，对通行人员身份进行验证；应设置视频监控系统，对通行口内外两侧实施监控，对所有进出和试图进出机场控制区域的行为进行记录；机场控制区通行证件挂失、更改或注销后，出入口控制系统应能及时识别，防止非授权人员、车辆进入；除应急疏散门外，其他通行口的门在停电等紧急情况下自动闭锁，以确保机场控制区的安全。

1. 前端设备

前端设备包括识读装置、开启按钮、锁状态感知器、闭锁装置等，前端设备的选型与设置，应满足现场建筑环境条件和防破坏、防技术开启的要求。识读装置宜具有声光提示功能，可通过不同声、光信号提示验证结果，识读装置的安装位置应适合于识别技术的验证操作。当前端识读装置兼做电子巡查系统使用时，必须保证出入口控制的安全性要求。根据用户管理要求，可在前端安装紧急开启装置，紧急开启装置应不可自动恢复，并必须有明显的警示标识，紧急开启装置启动时应发出告警信号，紧急开启装置安装侧必须设置视频监控，以完整监视紧急开启装置的使用过程，候机隔离区与航空器活动区之间装有紧急开启装置的通行口应设置现场声光警告装置，在该通行口紧急开启时发出声光警告。前端设备均应由设备间或中心机房集中供电。

2. 信号传输

出于安全考虑，出入口控制的信号传输必须采用有线方式。系统所有设备之间的数据通信应采取数据加密措施。前端设备到控制设备的传输线缆的规格应按照前端设备的产品特性结合传输距离进行选择，应保证闭锁装置的动作电流、识读装置的供电电压满足产品的要求。前端设备到控制设备的传输线缆的路由宜设计在该出入口对应的受控区或较高级别受控区一侧，暴露在该出入口对应的受控区或较高级别受控区外的部分，应封闭保护，其保护结构的抗拉伸、抗弯折强度应不低于镀锌钢管。控制设备与出入口控制管理服务器之间宜通过网络协议通信，并宜与视频监控系统共用安防专用网络。

3．控制设备

控制设备应具有独立的存储功能，存储出入口控制数据库和出入口事件记录，在控制设备与出入口控制管理服务器的通信中断时，控制设备应可独立工作，当通信恢复时应可立即更新数据库信息并将本地事件记录传往出入口控制管理服务器。控制设备支持的识别技术的种类应与前端识读装置相匹配。

五、旅客托运行李安全检查

旅客托运行李安全检查设施设备应符合下列要求：

（1）对托运行李的安全检查可以使用以下基于X射线技术的托运行李安全检查设备：X射线安全检查设备、X射线多视角爆炸物探测安全检查设备、X射线计算机断层成像爆炸物探测安全检查设备（CT机）等，或多种设备的组合；

（2）应配备并合理布置托运行李安全检查图像判读区域；

（3）每个独立的安检工作区均应配备满足要求的爆炸物探测设备；

（4）设置托运行李开包检查区，并配备视频监控、通讯、照明等设施，以及相应的工作条件；

（5）安全检查所产生的安全检查信息应能够逐级传递。

六、视频监控系统

1．前端设备布置

应设置摄像机，候机隔离区实施全覆盖视频监控。对航站楼内公共活动区人员活动实施静态持续覆盖视频监控，应采用固定摄像机。在值机柜台、安检验证台、托运行李开包台、手提行李开包台和登机口操作台等重点部位应设置拾音装置，实施现场声音采集。当摄像机最低照度值不能适应监视目标环境照度条件时，宜选用黑白摄像机或附加照明装置的摄像机。摄像机安装宜顺光照方向对准监视目标，并尽量避免逆光安装，当必须逆光安装时，应选用具有逆光补偿的摄像机。用于监视固定目标的摄像机，可选用固定焦距镜头或手动变焦镜头，在需要改变监视目标的观察视角时应选用遥控变焦距镜头。

2．信息传输

视频监控系统可与出入口控制系统、隐蔽报警系统共用安防网络，一、二类安全保卫等级的机场的安防网络应独立组网，三、四类安全保卫等级的机场的安防网络宜独立组网。一、二类安全保卫等级的机场的航站楼安防网络应采用三层网络架构，三、四类安全保卫等级的机场的航站楼安防网络可采用二层网络架构，安防网络交换机之间、关键设备与交换机之间应采用双链路冗余连接方式。摄像机和网络设备应支持组播功能，网络设备组播表项设计计算应在现有应用数量的基础上预留一定的冗余以备应用扩展。网络设备性能应具备高可靠、高带宽、低延时抖动、保证关键业务流传送质量的特点，网络设备应支持QoS技术，保证网络在繁忙状态下传输视频流的延时和抖动不大于10ms。

3．控制与显示设备

视频切换控制软件应具备对摄像机、镜头和云台等的人工和自动控制功能，具有视频、音频同步切换的能力，具有配置信息存储功能，在供电中断或关机后，对所有编程设置、摄像机号、地址、时间等均可记忆，在开机或电源恢复供电后，系统应恢复正常工作。系统显示画面上宜显示图像编号、地址、时间、日期等，文字应采用中文。

４．存储

系统采集的视（音）频信号应以数字编码信号形式存储，并具备防篡改措施，净存储容量应能保证信息存储时间符合相关规定和管理使用要求。除完全静止不变的图像画面可采取减帧存储外，其余情况应按不低于监控摄像机的标准帧速率进行实时存储，存储的分辨率和数据码率的选择应保证回放的图像（声音）质量不明显低于实时图像（声音）质量。

七、隐蔽报警系统

隐蔽报警系统用于指定区域工作人员在发现可疑或危险的人或物品时以隐蔽方式向公安执勤室发出报警信息。航站楼内值机柜台、安检验证台、安检开包台、小件行李寄存处应设置隐蔽报警装置，监管或用户要求的其他安全部位应设置隐蔽报警设施。安装的隐蔽报警装置应设置为不可撤防状态，应采取防误触发措施，被触发后应自锁保持至手动复位。

隐蔽报警系统通常由隐蔽报警装置、传输设备、处理/控制/管理设备和显示/记录设备四部分构成，应根据系统的规模和分布情况选择适合的系统结构和传输方式。隐蔽报警装置可选择为手动或脚挑方式，应根据工作环境选择适合的安装方式，以保证工作人员便捷、隐蔽地触发报警。前端报警装置的信号传输可采用分线、总线或无线三种传输模式，一、二类安全保卫等级的机场隐蔽报警信号的传输应采用分线模式，三、四类安全保卫等级的机场隐蔽报警信号的传输宜采用分线模式。当隐蔽报警的信号传输采用分线模式时，隐蔽报警装置应设计为开路报警方式。当建立专门的隐蔽报警传输线路和传输设备时，除前端安装的隐蔽报警装置外，其余设备均应安装在设备间或中心机房内，并应采取防拆、防破坏措施。

注：参见《民用运输机场安全保卫设施》MH/T 7003—2017；《民用运输机场航站楼安防监控系统工程设计规范》MH/T 5017—2017；《民用闭路监视电视系统工程技术规范》GB 50198—2011。

1D434022　航站楼公共广播系统技术要求

一、布线

１．一般规定

（１）公共广播系统定压式功率放大器的标称输出电压应与广播线路额定传输电压匹配。定压线路应采用电压等级不低于交流500V的铜芯绝缘导线或铜芯电缆。

（２）控制线路和采用交流220/380V的供电线路应采用电压等级不低于交流450/750V的铜芯绝缘导线或铜芯电缆。

（３）应急广播系统的传输线路应选择不同颜色的绝缘导线。正极"＋"线宜为红色，负极"－"线宜为白色。相同用途导线的颜色应一致，接线端子应有标号。

（４）公共广播系统的供电线路和传输线路设置在室外时，应穿热镀锌厚壁钢管敷设。

２．传输线路

（１）公共广播信号应通过布设在广播服务区内的双绞线、同轴电缆、5类线缆、光缆等线缆传输。

（２）当传输距离不大于3km时，广播传输线路宜采用双绞线传送广播功率信号；当传输距离大于3km，且终端功率在千瓦级以上时，广播传输线路宜采用5类线缆、同轴电缆或光缆传送低电平广播信号。

（3）当广播扬声器为无源扬声器，且传输距离大于100m时，额定传输电压宜选用70V或100V；当传输距离与传输功率的乘积大于1km·kW时，额定传输电压可选用150V、200V或250V。

（4）公共广播系统的供电线路和传输线路设置在地（水）下管沟或湿度大于90%的场所时，线路及接线处应做防水处理。

（5）公共广播系统定压线路的线芯截面选择，除应满足公共广播装置技术条件的要求外，还应满足机械强度的要求。

3．室内布线

（1）应急广播系统的传输线路应采用金属管、可挠（金属）电气导管或封闭式线槽保护。

（2）应急广播系统线路暗敷设时，宜采用金属管、可挠（金属）电气导管保护，并应敷设在不燃烧体的结构层内，且保护层厚度不宜小于30mm；线路明敷设时，应采用金属管、可挠（金属）电气导管或金属封闭线槽保护。矿物绝缘类不燃性电缆可明敷。

（3）应急广播系统用的电缆竖井，宜与电力、照明用的低压配电线路电缆竖井分别设置。如受条件限制必须合用时，两种电缆应分别布置在竖井的两侧。

（4）不同电压等级的线缆不应穿入同一根保护管内，当合用同一线槽时，线槽内应有隔板分隔。

（5）采用穿管水平敷设时，不同广播分区的线路不应穿入同一根保护管内。

（6）从接线盒、线槽等处引到扬声器箱的线路均应加金属保护管保护。

（7）应急广播系统的线缆应采用阻燃耐火铜芯电线电缆。

二、广播电源

1．公共广播系统供电

（1）公共广播系统应采用独立的供电回路，不应与其他动力或照明设备共用同一供电回路。

（2）当交流电压偏移值不能满足要求时，应配置自动稳压装置。

2．应急广播系统供电

（1）应急广播设备应采用消防母线或应急母线供电，电源切换时间应不大于1s。

（2）应急广播系统应设置蓄电池备用电源，蓄电池容量应满足航站楼内人员疏散时间要求。蓄电池应配置自动充电装置。

（3）应急广播电源不应设置剩余电流动作保护和过负荷保护装置。

三、系统检测

公共广播系统检测范围一般应包括：音源设备、控制设备、功放设备、呼叫站、录音设备、扬声器、广播软件系统、服务器及存储系统以及接口设备。检测内容一般应包括：设备安装检查、设备功能检查、基本功能检查、软件功能检测、接口功能检测、系统性能检测、系统可靠性检测、应急广播系统检查和系统管理功能检查。检测工作宜在基础设施完备、系统工程安装调试完成、与其他系统联调完成、施工工程技术资料齐全和自验资料齐全后开展。其中，自验资料包括系统设备验收检查、线缆敷设、机房环境、隐蔽工程、观感检查和系统调试等相关验收记录。

　　检测（查）方法：首先依据设计文件、施工合同及与其他弱电系统间相关协议要求编制系统检测（查）单，然后根据检测（查）内容逐项进行检测。其中设备安装检查采用目视检查和资料审查等方式，功能检测（查）则采用资料审查和设备、软件操作等方式进行。表1D434022所示为《民用运输机场公共广播系统检测规范》MH/T 5038—2019要求的"基本功能检查记录单"，所有检测记录单均应由专业检测人员填写，被检测单位应签字确认，检查项目覆盖率为100%。

基本功能检查记录单　　　　　　　　　　　　　　**表1D434022**

记录编号

项目名称			
检查内容	检查要求	检查数据及过程记录	结果问题
实时发布	具备实时发布语音广播和提示音功能		
语言种类	国内流程至少采用中文在内的两种语言		
	国际流程至少采用中、英文在内的三种语言		
广播效果	广播效果清晰、流畅，音量适中、均匀		
	相近广播分区同时播音时应能分辨各自广播内容		
	广播时应无啸叫现象		
多信号源在同一广播分区优先级	当多个信号源同时对同一广播分区进行广播时，优先级别高的优先广播；优先级从高到低依次为应急广播、业务广播和服务类广播		
多信号源在不同广播区域同时播放不同内容	多信号源应能在不同广播区域同时播放不同内容		
自动广播模式	接收信息集成系统的航班信息，生成相应播音文件或广播内容并进行自动播放		
	在预定时间接收航班数据，并存储在广播系统数据库		
	接收、处理航班动态信息数据，并将信息正确播放		
半自动广播模式	系统授权人员应能实施半自动广播操作		
	应能选择需要广播的航班，选择广播文型，修改或输入文型中的非固定语句，选择广播区域、语言和播放次数，确认后播出		
TTS广播模式	广播语音准确，术语专业、统一，语句通顺易懂		
人工语音广播模式	经授权可向选定区域广播		
其他相关要求	设计文件和施工合同中其他相关要求		
记录人		记录日期	
被检测单位			
备注			

1. 设备安装检查内容

（1）系统设备安装。包括音源设备、控制设备、功放设备、广播呼叫站、扬声器、音量调节器、录音设备、接口设备、广播服务器及系统要求的其他设备的型号、数量、安装部署、工作状态（或运行情况）。检查时需通电试运行。

（2）播音设施配置情况。包括播音室工作台面照度和播音室应急照明设施。检查时需采用照度计等测量工具。

（3）应急广播设备。包括线缆型号和外观质量、扬声器阻燃和备用电源设备。

2. 设备功能检查内容

（1）音源设备，主要检查音源信息处理功能。

（2）控制设备功能，包括输入音源选择、区域广播控制和广播优先级设置。

（3）功放设备，公共广播功放设备额定输出功率、应急广播功放设备额定输出功率、功放设备备份单元和噪探联动。

（4）呼叫站设备，优先级控制、广播区域授权界定和人工呼叫提示音。

（5）录音设备，实时录音、回放及录音记录保存。

3. 基本功能检查内容

包括实时发布、语言种类、广播效果、多信号源在同一广播分区优先级、多信号源在不同广播区域同时播放不同内容、自动广播模式、半自动广播模式、TTS广播模式和人工语音广播模式。

4. 接口功能检测内容与方法

（1）与信息集成系统接口功能检测，航班数据接收处理、资源分配接收处理和机场基础数据接收处理。通过接收信息集成系统发布的航班数据、资源分配数据和机场基础数据等接口数据的方式检测。

（2）与时钟系统接口功能检测，通过主动向时钟系统发送校时申请等方式验证时钟接口功能。

（3）与内通系统接口功能检测，通过使用内通终端话机进行人工广播等方式检测。

（4）与消防系统接口功能检测，采用人工模拟消防报警等方式检测。

注：参见《民用运输机场航站楼公共广播系统工程设计规范》MH/T 5020—2016、《民用运输机场公共广播系统检测规范》MH/T 5038—2019。

1D434023   航站楼综合布线系统技术要求

一、系统配置

1. 工作区子系统

（1）工作区适配器的选用要求如下：

1）设备的连接插座应与连接电缆的插头匹配，不同的插座与插头之间加装适配器。

2）信号数模转换、光电转换和数据传输速率转换等装置的连接宜采用适配器。

3）为保证网络规程的兼容，宜采用协议转换适配器。

（2）终端设备或适配器的设置位置应配套考虑电源与接地。

（3）光纤信息插座模块安装的底盒尺寸应充分考虑为水平光缆端接处的光缆盘留出空间和满足光缆弯曲半径要求。

2. 配线子系统

（1）应根据近期和远期终端设备的设置要求、网络结构、各层需要安装信息点的数量及位置确定配线设备的位置和容量。

（2）配线子系统线缆可采用4对对绞电缆或室内光缆。

（3）弱电间至每一个工作区的水平光缆宜按4芯光缆配置。

（4）连接至弱电间的每一根水平电缆/光缆应终接于相应的配线模块。配线模块应与线缆容量相匹配。

（5）配线设备主干侧各类配线模块应按主干电缆/光缆的规格进行配置。

3. 干线子系统

（1）干线子系统所需要的电缆总对数和光纤总芯数应满足工程的实际需求，并留有适当备份容量。

（2）干线子系统主干线缆应选择安全路由，且宜采用点对点端接。

（3）在同一层若干弱电间之间宜设置干线路由。

（4）主干电缆和光缆所需的容量及配置要求如下：

主干光纤芯数应按交换机数量计算，交换机的每个上联端口应按2芯光纤容量配置，并留有备用容量。当工作区至弱电间的水平光缆延伸至设备间的光配线设备时，主干光缆的容量应包含所延伸的水平光缆光纤的容量。

4. 机场建筑群子系统

（1）对于多航站楼的机场，机场综合布线系统主干应优先选择网状结构。

（2）机场室外通信网络与机场建筑物综合布线系统界面分割点：管道界面为建筑物外最近处进线井；线缆界面为保安配线架（箱）、光纤配线架（箱）。

（3）机场建筑群配线设备宜安装在建筑物进线间或设备间，并可与入口设施或建筑物配线设备合用场地。

（4）机场建筑群配线设备内、外侧的容量应与建筑物内连接建筑物配线设备的主干线缆容量及建筑物外部引入的建筑群主干线缆容量相匹配。

5. 设备间子系统

（1）在设备间内安装的建筑物配线设备干线侧容量应与主干线缆的容量相一致。设备侧的容量应与设备端口容量相一致或与干线侧配线设备容量相匹配。

（2）建筑物综合布线系统与外部配线网连接时，应遵循相应的接口标准要求。

6. 进线间子系统

（1）机场建筑群主干电缆和光缆、公用网和专用网电缆、光缆及天线馈线等室外线缆进入建筑物时，应在进线间成端转换成室内电缆、光缆。在线缆的终端处可由多家电信运营商设置入口设施，入口设施中的配线设备应按引入的电、光缆容量配置。

（2）电信运营商在进线间设置安装的入口配线设备应与建筑物配线设备或建筑群配线设备之间敷设相应的连接电缆、光缆，实现路由互通。线缆类型与容量应与配线设备匹配。

（3）在进线间线缆入口处的管孔数量应满足建筑物之间、外部接入业务及多家电信运营商线缆接入的需求，并预留适当余量。

7. 管理子系统

（1）对设备间、弱电间、进线间和工作区的配线设备、线缆、信息点等设施应按一定的模式进行标识和记录，并应考虑下列事项：

1）综合布线系统工程宜采用计算机进行文档记录与保存，简单且规模较小的综合布线系统工程可按图纸资料等纸质文档进行管理，并做到记录准确、及时更新、便于查阅。

2）综合布线的每一电缆、光缆、配线设备、端接点、接地装置、敷设管线等组成部分均应给定唯一的标识符，并设置标签。标识符应采用相同数量的字母和数字等标明。

3）电缆和光缆的两端均应标明相同的标识符。

4）设备间、弱电间、进线间的配线设备宜采用统一的色标区别各类业务与用途的配线区。

（2）所有标签应保持清晰、完整，并满足使用环境要求。

（3）对于规模较大的布线系统工程，宜采用电子配线设备对信息点或配线设备进行管理，以显示与记录配线设备的连接、使用及变更状况。

（4）综合布线系统采用电子配线设备时，其工作状态信息应包括：设备和线缆的用途、拓扑结构、传输信息速率、占用器件编号、色标、链路与信道的功能和各项主要指标参数等，还应包括设备位置和线缆走向等内容。

二、安装工艺设计要求

1. 工作区

（1）工作区信息插座的安装要求如下：

1）工作区信息插座优先选用墙面型插座。

2）安装在地面上的接线盒应防水和抗压。

3）信息插座宜根据业务用途选用不同的颜色或标识。安装在墙面或柱子上的信息插座底盒、多用户信息插座盒的底部离地面的高度宜为0.3m。

4）集合点配线箱体的底部离地面的高度宜为1.4m。

（2）工作区的电源应符合下列规定：

1）每个工作区至少配置一个220V交流电源插座。

2）工作区的电源插座选用带保护接地的单相电源插座（UPS插座除外），保护接地与中性线应严格分开。

2. 弱电间

弱电间宜与强电间分开设置。弱电间应采用外开防火门，至少应提供两个220V带保护接地的单相电源插座，该插座不应作为设备供电电源。弱电间的位置应根据建筑布局、信息点分布和水平电缆长度等确定。

3. 总配线间

（1）总配线间位置应根据设备的数量、规模、网络构成等因素综合确定。

（2）航站楼内应至少设置1个总配线间，或可根据安全需要，设置2个或2个以上总配线间，语音与数据总配线间可分别设置在不同的场所，以满足不同业务的设备安装需要。

（3）总配线间的设计要求如下：

1）宜处于干线子系统的中间位置，并考虑主干线缆的传输距离与数量。

2）宜尽可能靠近建筑物线缆竖井位置，有利于主干线缆的引入。

3）应尽量远离高低压变配电、电机、X射线、无线电发射等有干扰源存在的场地。

（4）总配线间至少应提供两个220V带保护接地的单相电源插座，该插座不应作为设备供电电源。

4．进线间

（1）进线间应设置管道入口。与综合布线系统无关的管道不宜穿过进线间。

（2）进线间的高度和面积应满足线缆敷设路由、成端位置及数量、线缆盘留空间、线缆弯曲半径、维护设备、配线设备及多家电信运营商入口设施等安装的需求。

（3）进线间的管道入口尺寸应按进入管道的最终容量设计。

（4）进线间的设计规定如下：

1）管道入口宜设置在航站楼外墙位置，外线应采用下进线引入。

2）应采取防渗措施，并设有抽排水装置。

3）应与布线系统垂直竖井沟通。

4）应根据防火要求采用相应等级的外开防火门。

5）应设置通风装置。

（5）进线间所有布放线缆和空闲的管孔应用防火材料封堵，做好防水处理。

5．线缆敷设

（1）配线子系统线缆在吊顶和墙体内敷设时，保护套管应采用热镀锌金属焊接钢管或封闭金属桥架；在弱电机房内可采用开放式金属电缆桥架或光纤槽道敷设；当线缆在地面敷设时，应根据环境条件选用地板下线槽、网络地板、高架（活动）地板布线等安装方式；在楼板内或地面内预埋保护套管时，应采用厚壁热镀锌金属焊接钢管。

（2）机场建筑群之间的线缆宜采用地下管道或电缆沟敷设。

（3）线缆应远离高温和强电磁干扰的场所。

（4）当线缆采用电缆桥架布放时，桥架内侧的弯曲半径应不小于300mm。

（5）应根据线缆的规格确定敷设线缆的管与线槽的管径或截面利用率。管内敷设大对数电缆、4对对绞电缆或4芯以上光缆时，直线管路的管径利用率应为40%～50%，弯管路的管径利用率应为25%～30%。为了保证水平电缆的传输性能及成束线缆在电缆线槽中或弯角处布放不会产生溢出的现象，布放线缆在线槽内的截面利用率应为30%～50%。

三、接地

（1）综合布线系统进线间、配线间和设备间内应设等电位接地端子箱，电气和电子设备的金属外壳、机柜、机架、金属管、槽等应采用等电位连接。综合布线设备的接地应直接接至等电位接地端子箱或等电位连接网。

（2）综合布线系统接地装置的接地电阻值要求：采用共用接地装置时，接地电阻值应不大于1Ω；采用保护接地装置时，接地电阻值应不大于4Ω。

（3）综合布线系统配线间和设备间采用防静电活动地板时，防静电活动地板接地应采用"M"型网形接地结构。综合布线设备的箱体、壳体和机架等金属组件应与建筑物的共用接地系统做等电位接地连接，其接地网的形式宜采用"M"型网形多点接地结构。

（4）由综合布线设备接至等电位接地端子板的专用接地线、等电位接地端子板与建筑接地体之间的连线均应选用铜芯绝缘导线。

注：参见《民用运输机场航站楼综合布线系统工程设计规范》MH/T 5021—2016。

1D435000　民航机场目视助航工程相关技术要求

1D435010　民航机场目视助航灯光系统工程

1D435011　机场目视助航灯光系统工程施工要求

机场助航灯光系统工程施工要求的基本规定如下：

一、一般规定

1. 施工现场质量管理要求

目视助航设施施工现场的质量管理，除应符合现行国家标准《建筑电气工程施工质量验收规范》GB 50303—2015的规定外，尚应符合下列规定：

项目负责人和技术负责人应掌握民用机场目视助航设施专业知识；施工现场质量管理应有相应的施工技术标准、健全的质量管理体系和工程质量检测制度，实现施工全过程的质量控制；施工中严格按照设计文件、资料和相关的技术标准进行，修改设计应以原设计单位出具的设计变更通知单为准；施工单位进场后应编制施工组织设计，经监理工程师批准后实施。

2. 不停航施工要求

目视助航设施不停航施工管理，必须遵照中国民用航空局有关条令的规定，并符合下列要求：

不停航施工必须按民航管理部门批准的《不停航施工方案》进行；制定应急方案，成立应急组织机构；落实安全技术措施；根据不停航施工范围，为保证目视助航设施运行的完整性，应设置相应的临时目视助航设施，并保证其安全运行。

3. 目视助航设施定位

必须以机场坐标系统为基准；在现有跑道、滑行道上加装灯具时，可参照跑道和滑行道中线、边线、端线进行定位滑行。

4. 灯具、设备安装时的要求

不得用手直接触摸灯泡、反射器及其他光学部件的工作表面，光学部件安装应正确；不得损坏灯具及其防腐层；应利用厂家提供专用安装工具进行安装调试。

5. 老机场灯光改造前，需对原有设施、器件进行性能检测，达到标准方可使用

二、设备、材料、成品和半成品进场验收及保管

具体内容见1D420145条一、（1）～（6）。

要注意的是：因进口设备、器材索赔程序繁琐，更需要及时检查；在工程中使用的紧固件的防腐性能应不低于《民用机场目视助航设施施工质量验收规范》MH/T 5012—2010的规定；对涂料的保管期限参照产品说明书。

三、目视助航设施工程与场道、建筑工程的施工配合

1. 灯光设备安装前，场道工程应具备以下条件

相应结构层的标高、早期强度达到设计要求；土方工程的标高、密实度达到设计要求；道面上预留的嵌入式灯具的灯坑位置已复测、孔径大小、深度符合设计要求；灯光设备基础的强度及标高符合要求。

2. 灯光变电站设备安装前，建筑工程应具备以下条件

屋顶、楼板施工完毕，不得有渗漏现象；室内地面工作结束，室内电缆沟无积水、杂物；预埋件、预留孔、电缆沟槽及盖板的位置、尺寸大小均符合设计要求，预埋件牢固；混凝土基础强度达到设计强度的75%，基础位置、尺寸大小、高程、地脚螺栓孔符合施工规范和设计要求，基础表面光洁平整；门窗安装完毕；现场模板、杂物清理完毕；凡有可能损坏已安装的设备或设备安装后不能再进行施工的装饰工作全部完成。

四、工序交接确认和安装

1. 立式灯具、设备安装应按以下程序进行

灯具、设备的安装中心位置测量埋桩，经检查确认后，预埋线缆保护管或做基础；在道面上安装时，应在道面基础层内预埋保护管，管口应高出道面高程，在铺筑道面时确保管口不移位。在土面区或铺砌块上安装时，管口位置和基础高程经检查确认后进行基础浇筑；安装灯具、设备的底座；敷设线缆，做接头，经检测合格后安装灯具、设备。

2. 嵌入式灯具安装应按以下程序进行

灯具的安装中心位置测量埋桩，经检查确认后，在道面基础层内预埋保护管；灯坑预置：在刚性道面上，固定灯坑模具和保护管，灯具位置和高程经检查确认，在浇筑道面过程中确保灯坑模具不移位，适时取出灯坑模具。在柔性道面上，检查保护管管口的位置，道面铺筑后，复测灯具安装中心的位置，钻孔取芯；清理灯坑；敷设线缆，做接头，经检测合格后安装灯具。

3. 目视进近坡度指示系统安装应按以下程序进行

灯具的安装位置测量埋桩，经检查确认后，预埋保护管；确认基础高程，进行基础浇筑；安装灯具底座；敷设线缆，做接头，经检测合格后安装灯具；调整水平角和仰角，确保灯光信号符合设计要求；调试灯具的倾斜开关；通过飞行校验。

主控项目：应按设计文件的要求，确定目视进近坡度指示系统中每组灯具的朝向、发光颜色及易折性；灯具混凝土基础应稳定、牢固，尺寸、高程应符合设计文件的要求；灯具应安装在垂直于跑道的一条直线上；灯具的安装高度应满足设计的要求，高度允许偏差为±5mm；在灯具的水平基准面上用水平尺测量，气泡应居中；应根据灯具的排列位置，按照设计要求正确调整灯具的仰角，仰角允许偏差为±1′，水平方向允许偏差为±0.5°。

一般项目：电气接点的接触面应预先擦拭干净，接线正确、接触良好，导线连接后不承受拉力或扭曲力，导线的进出口应密封；灯具密封圈的沟槽应保持清洁，密封圈位置应正确；固定灯具法兰底盘的预埋螺栓位置应正确；灯具的紧固螺栓（母）应对称地逐步拧紧、牢固；倾斜开关在其规定的动作范围内应可靠动作，并做好记录；灯具的滤色镜位置及经厂家用红色漆标志的所有螺钉和其他部件均不得随意变动；灯具安装位置与设计给定的安装位置（灯具距跑道入口端线的距离）允许偏差为±500mm，相邻灯具前后距离允许偏差为±10mm，灯间距离及灯至跑道边线的距离偏差不应大于±50mm。

4. 标记牌安装应按以下程序进行

标记牌的安装位置测量埋桩，经检查确认后，预埋保护管；确认基础高程，进行基础浇筑；安装标记牌底座；检查牌面信息；敷设线缆，做接头，经检测合格后，安装标记牌；标记牌内部电气连接；检查标记牌系留链。

主控项目：按设计文件的要求，确定标记牌位置、牌面内容、朝向、发光颜色及易折性；标记牌混凝土基础应稳定，混凝土外形尺寸、强度应符合设计文件的要求；标记牌牌面亮度应均匀，不应有目视可以察觉到的明显的明暗差别。

一般项目：电气接线应牢固可靠；标记牌密封圈的沟槽应保持清洁，密封圈位置应正确；标记牌的牌面应垂直于邻近道面的中线或滑行道中线标志；标记牌的紧固件齐全，安装牢固；进出线保护管口封堵严密；标记牌至边线的距离允许偏差为±50mm。牌面与边线的角度允许偏差为±2°，纵向距离允许偏差为±300mm；多牌面标记牌的顶部应同高，相邻牌顶高差不应大于2mm，总高差不应大于5mm，牌面平整度不应大于1mm。

5. 风向标安装应按以下程序进行

风向标的安装位置测量埋桩，经检查确认后，预埋保护管；确认基础高程，进行基础浇筑；安装配电箱；组装风向标；敷设线缆，做接头，经检测合格后，安装风向标；制作地面圆环标志。

主控项目：风向标宜安装在跑道入口的左侧。风向标的安装位置应符合设计要求，其几何尺寸、环带颜色组合、支杆高度及其易折性必须符合相关规范的要求；风向标的地面圆环标志的尺寸及颜色应符合设计及规范要求；风向标的风袋不能有任何破损和污染；风向标的照明应符合设计要求，在夜间能看到风向标指示地面风的方向。

一般项目：风向标的照明灯泡应能全部点亮；照明灯具的电气接线正确、可靠；所有紧固件应为热镀锌件，安装牢固；地面圆环标志清晰，表面平滑；风向标杆安装的垂直度没有明显目视倾斜；风向标的安装位置与设计给定的安装位置偏差（距跑道端线及跑道边线距离）偏差小于500mm。

6. 灯箱安装程序应按以下程序进行

助航灯光回路中埋入地下的，用于放置隔离变压器等器件的容器，可起到保护和便于维护等作用。埋地式接线箱，也称隔离变压器箱或灯箱。

测量灯箱的安装中心位置，埋桩；确认基础高程和灯箱顶部高程，固定灯箱；浇筑灯箱基础；直接安装灯具、设备的灯箱，其定位、高程、水平度均应满足立式灯具、设备的安装要求。

主控项目：灯箱的尺寸及基础高程应符合设计文件的要求；灯箱定位应满足设计文件的要求，以无明显的目视偏差、便于施工、维护为宜；灯箱与保护接地线必须可靠连接；按设计要求浇筑灯箱混凝土基础，基础表面平整、光洁，基础周围及底部的土方应按设计要求的密实度夯实。

一般项目：灯箱表面光洁、无毛刺，灯箱无裂纹或缺损，密封应良好；灯箱的管螺纹应完整、正确，断丝或缺丝不超过螺纹全扣数的10%；灯箱在安装前应按每批订货量的5%作水密性抽查，以历时24h不渗漏为合格，如有渗漏，应加倍抽查，直至逐个检查，不合格的灯箱修补后，再作水密性检查，如合格，方可使用；灯箱与进出线缆保护管连接处应做密封处理，灯箱内应清扫干净，密封垫圈尺寸选用应恰当。箱体与箱盖之间的密封应良好；灯箱顶部相对于基础表面的高度不宜大于60mm。

7. 进近灯塔安装程序应按以下程序进行

测量进近灯塔的位置，埋桩，预埋保护管；确认灯塔基础高程，挖基坑、浇筑基础；组立塔体；敷设电缆；制作安装灯箱、控制箱（盒）；测量塔上灯位，安装灯具。

8. 隔离变压器及熔断器安装应按以下程序进行

测试隔离变压器电气性能；制作一次、二次电缆头；连接灯光回路和灯具；可靠接地。

主控项目：型号及规格应符合设计文件的要求，标志清晰完整；安装前应对隔离变压器进行电气测试：初、次级绕阻的直流电阻；初、次级间和初级对地的绝缘电阻。采用2500V兆欧表测量，其绝缘电阻应趋于无穷大；隔离变压器接地端子与保护接地线应可靠连接。

一般项目：隔离变压器的插头与插座应插接牢靠，并有密封措施；应采用绝缘材料作为熔断器的底板支架。

9. 灯光电缆线路敷设应按以下程序进行

确定电缆敷设路径，计算敷设电缆长度，编制电缆清册；预埋电缆保护管，制作安装电缆沟槽内的支架；挖电缆沟、沟底铺砂；敷设电缆、制作电缆头、测试电缆回路；封堵电缆管口，铺砂、盖砖、回填；安装电缆标桩、标牌。

10. 调光控制柜、切换柜、灯光监控柜安装应按以下程序进行

检测基础型钢和电缆沟槽等相关建筑物，安装柜体；核对柜体内元器件规格型号，进行电气连接；完成接地（PE）或接零（PEN）连接；进行交接试验；功能调试合格后，投入试运行。

11. 单个灯光回路调试应按以下程序进行

电缆敷设、电缆头制作、灯箱安装、隔离变压器及熔断器安装、灯具安装等灯光回路设备施工全部完成；回路中所有设备、器件的型号、规格符合设计文件的要求；回路绝缘电阻、串联回路的直流耐压试验测试合格；回路带全部负荷运行，串联回路按光级逐级调试。

12. 电源系统调试应按以下程序进行

电力变压器安装调试、高低压柜安装调试、电气连接等施工全部完成；正式电源已到位，应急电源调试完毕；完成交接试验；在空载条件下不同电源之间进行切换、连锁功能调试；在不同负载条件下进行试运行；在带全部负载条件下不同电源之间进行切换、联锁功能调试。

13. 监控系统调试应按以下程序进行

监控系统设备安装、网络连接施工全部完成；单个回路和电源系统调试完成；按设计要求逐项调试系统的功能。

以上所有灯具和设备的安装都分为主控项目和一般项目。

每项具体内容参考《民用机场目视助航设施施工质量验收规范》MH/T 5012—2010。

1D435012 机场目视助航灯光系统工程施工质量验收要求

一、分项工程划分

目视助航设施施工分为目视助航灯光系统工程和目视助航标志工程，其中目视助航灯光系统工程划分为：

立式灯具、设备安装；嵌入式灯具安装；目视进近坡度指示系统安装；标记牌安装；风向标安装；灯箱安装；进近灯塔安装；隔离变压器及熔断器安装；灯光电缆线路敷设；

调光控制柜、切换柜、灯光监控柜安装等10项。

二、质量控制资料检查

在验收时，应检查下列各项质量控制资料、分项工程质量验收记录，所有质量控制记录应齐全、准确，责任单位和责任人的签章齐全。

（1）施工图设计文件和图纸会审记录及洽商记录。

（2）主要设备、器材的合格证及进场验收记录。

（3）设备、设施的测量定位记录。

（4）进近灯光系统光心高程记录。

（5）各类灯具的角度调整记录。

（6）隔离变压器性能测试记录。

（7）隐蔽工程记录。

（8）接地、绝缘电阻测试记录。

（9）电源系统调试记录。

（10）灯光回路调试记录（含直流耐压试验记录）。

（11）工序交接合格等施工安装记录。

三、分项工程检查

目视助航灯光系统工程质量检查内容：

1. 质量情况目测检查

（1）按3%抽查灯具、设备表面清洁、结构和防腐层完好，安装牢固、水平、垂直，紧固螺栓（母）完整到位；立式灯具、设备有无按设计文件的要求装设易折件。

（2）按3%抽查灯具、设备内部清洁、电气接线正确、可靠，密封性应良好。

（3）灯具的发光颜色及朝向应正确，灯泡规格型号符合设计要求。

（4）按同一种类的灯光检查线性：直线上的灯具应具有直线性，目视看不出有任何灯具偏在视线的一侧；弯道上的灯具应能显示出设计的弯道轨迹，目视看不出任何灯具明显偏在弯道轨迹的一侧。

（5）按同一种类的灯光检查亮度效果：显示直线或弯道的灯光亮度均匀，各灯具在同一亮度等级下，应无明暗不均现象，不同亮度等级的光强应有明显变化；检查在灯具的有效发光范围内，应无遮挡物。

（6）顺序闪光灯的闪光顺序应正确，不同亮度等级的光强应有明显变化，各灯具在同一亮度等级下，应无目力可察的明暗不均，闪光频率应符合设计要求，无漏闪现象。

（7）100%检查目视进近坡度指示系统红、白颜色变化的正确性。

（8）按10%抽查标记牌的发光颜色及朝向应正确，牌面照明均匀，无目视可察的明暗偏差；牌面无破裂或裂纹；牌面标志信息与安装位置应相符。

（9）100%检查风向标颜色应清晰，风标指示应准确灵活；地面圆环标志的颜色、尺寸应符合设计要求。

（10）按3%抽查灯箱内部清洁，密封良好，接地可靠。

（11）进近灯塔整体稳固，各结构连接可靠；维护爬梯和平台结构连接安全；灯具安装、检修安全方便。

（12）按3%抽查隔离变压器插接件的插头与插座接触良好，插拔力适中，密封良好；插头与插座的接地线应可靠连接。

（13）灯光电缆在电缆沟内或明敷时应排列整齐；电缆标志牌清晰、准确；电缆终端或电缆头处的金属保护层应可靠接地；电缆路径及中间接头处标桩应与实际路径相符，高出地面不大于50mm。

（14）调光控制柜、切换柜、灯光监控柜检查应按《电气装置安装工程盘、柜及二次回路接线施工及验收规范》GB 50171—2012中第五章规定执行。

（15）监控系统中的控制设备、显示屏、模拟屏、操作台、打印设备的设置应满足设计和使用要求，显示屏和模拟屏显示内容清晰、直观。

2. 质量情况实测检查

（1）接地电阻测试：灯光电缆回路中重复接地和灯塔防雷接地、设备保护接地电阻值应满足设计要求。当设计没有要求时，灯光电缆回路中重复接地和灯塔防雷接地电阻值应小于10Ω，设备保护接地电阻值应小于4Ω。

（2）灯光回路绝缘电阻测试：并联回路绝缘电阻不小于0.5MΩ；串联回路绝缘电阻不小于20MΩ。

（3）试验调光器的掉电数据保护功能，恢复供电后，调光器应保持原有的工作状态；检测本地/遥控功能及其他辅助功能应满足产品的技术要求；检测调光器不同光级的输出电流值，应满足要求。

（4）电源系统切换试验：市电间及市电与自备电源间的切换功能、连锁功能应一次试验成功，切换时间应满足设计文件的要求。

（5）监控系统功能检测：在各个灯光控制点对助航灯光监控系统的功能进行逐项检查，应满足要求。

（6）按2%抽测立式灯具、设备和嵌入式灯具的安装位置，应满足要求。

（7）按5%抽测灯具、设备和嵌入式灯具的高度、水平角、仰角，应满足要求。

四、质量评定标准

1. 检验批质量验收评定合格标准

（1）质量验收检验批主控项目必须符合《民用机场目视助航设施施工质量验收规范》MH/T 5012—2010的规定，检查验收时，应予严格要求，全数检查和检测，严禁发生和存在不允许产生的质量问题。

（2）质量验收检验批一般项目是保证工程安全和使用功能的基本要求，有一定限度允许范围的偏差和缺陷，检查验收时：目视助航灯光系统工程目测检查项目应按照要求进行，检查或抽查内容应全部满足为合格；允许偏差项目的符合率不小于90%为合格。

（3）质量控制资料文件完整，质量检验批验收记录正确，责任单位和责任人的签章齐全。

2. 分项工程质量验收评定标准

构成分项工程的各检验批质量合格，验收资料完整，并且均已验收合格，则分项工程验收合格。

3. 工程质量验收评定标准

目视助航灯光系统工程所包含《民用机场目视助航设施施工质量验收规范》MH/T

5012—2010范围内的分项工程以及建筑工程的分项工程质量验收已合格，且相应的质量控制资料完整，则工程验收质量合格。

4. 不合格工程的处理原则

当工程质量不符合要求时，应按下列规定进行处理：

（1）经返工重做或更换灯具、设备的检验批，应重新进行验收。

（2）经有资质的检测单位检测鉴定能够达到设计要求的检验批，应予以验收。

（3）经有资质的检测单位检测鉴定达不到设计要求、但原设计单位核算认可能够满足结构安全和使用功能的检验批，可予以验收。

（4）经返修或加固处理的分项、分部工程，虽然改变外形尺寸但仍能满足安全使用要求，可按技术处理方案和协商文件进行验收。

5. 通过返修或加固处理仍不能满足安全使用要求的分部工程、单位工程严禁验收

1D435020　民航机场目视助航标志工程

1D435021　机场目视助航标志工程施工要求

一、目视助航标志施工应满足的条件

（1）道面施工前要清扫，除净浮灰、砂石、油脂、油类、水泥浆或其他能降低涂料与道面粘结力的异物，以保证涂料对道面的附着。

（2）在涂刷标志线前，道面（包括加层道面）强度应达到设计强度。

（3）老道面上不适用的标志应清除，并将表面清理干净后方可重漆。在原有标志上重漆时，应先清除原有标志上的轮迹和橡胶沉积物，包括任何能导致与涂料粘结不良的异物。

（4）新划或复划各种标志线时，都必须按设计要求或原有的线形放样。

（5）漆划标志线时，应根据不同涂料的特性，采取相应的施工方法。

（6）涂划各种标志线时，对线形不符合要求的应进行修补，并将残留物清除干净。

（7）严禁在雨天和潮湿冰冻的道面上施工。环境相对湿度超过80%时不宜施工。

（8）涂料施工时的气温应满足产品的使用要求，溶剂型、水性涂料一般不宜低于5℃；热熔型涂料一般不宜低于10℃。

（9）涂料施工前应涂料充分搅匀。

（10）稀释剂必须按生产厂家规定配备施工。

（11）使用不同类型的涂料时，应确认其兼容性，不兼容的涂料不得混用。

（12）涂料的性能、质量应符合相关的行业标准。

二、目视助航标志施工应按以下程序进行

施工完成，达到最终强度；清理道面，线形放样；涂刷各种标志。

三、目视助航标志施工

主控项目：各种标志线及文字漆划时必须做到整齐、清晰、醒目、线条流畅、线形规则、色泽和漆膜厚薄均匀，并应符合设计文件要求；标志线涂层不应有皱纹、斑点、起泡、开裂、发松、脱落等现象；标志线的颜色应符合设计要求，并与《民用机场飞行区技术标准》MH 5001—2013（含第一修订案）中的颜色范围相一致。标志线在规定的使用期

限内，不应出现明显的变色。

一般项目：

（1）标志涂料的选择除应符合国家或行业标准外，还应符合下列要求：

有鲜明的效果；附着力强、经久耐磨、安全防滑、使用寿命长；有极强的耐候性、耐腐蚀、抗污染和抗变色性；施工简便、安全性好。

（2）标志线漆划的干膜厚度：常温型漆为0.15～0.20mm；加温型漆为0.20～0.50mm；热熔型漆为1.80～2.50mm。

（3）方向箭头、道面文字等漆划时要做到边齐、角齐、圆滑无毛边。

（4）漆划热熔型的底漆：沥青道面漆划一度，水泥道面漆划二度。均待底漆溶剂挥发后立即漆划热熔漆。底漆的尺寸必须大于热熔漆标志线尺寸的5%。

（5）用于漆划道面标志线的工程车辆，必须随车配备灭火器材。

（6）用机动车装运涂料、溶剂、手推画线车等必须安放稳固。施工人员严禁在装有危险品的车辆上及设备旁吸烟或点燃明火。

（7）各种标志线涂刷时，应及时纠正偏差，标志线的位置应符合设计要求，允许偏差为±20mm。

（8）标志线的端线应与道面边线垂直，允许偏差为±2°。

（9）标志线线宽允许偏差为0～+5%。每线段纵向允许偏差为±50mm。漆划有弧度的标志，弧度必须圆滑流畅。

（10）各种道面标志线复划时，必须与原线重合（除纠正不符合要求的原线外），横向允许偏差为0～+10mm，纵向允许偏差为0～+100mm。

1D435022 机场目视助航标志工程施工质量验收要求

一、目视助航标志工程质量检查内容

1. 质量情况目测检查

检查标志线外观应整齐、清晰、醒目、匀色，标志线线条应流畅、线形应规则。标志线应符合《民用机场目视助航设施施工质量验收规范》MH/T 5012—2010的要求；反光标志线的反光材料应分布均匀、嵌入程度大于50%。

2. 质量情况实测检查

（1）标志线的平面尺寸应符合《民用机场目视助航设施施工质量验收规范》MH/T 5012—2010的有关规定，每种标志线抽测2～5处。

（2）标志线的位置、直线性的偏差应符合《民用机场目视助航设施施工质量验收规范》MH/T 5012—2010中的规定。每种标志线抽检数量不应少于标志线总长度的15%。

（3）标志线垂直角度的偏差应符合《民用机场目视助航设施施工质量验收规范》MH/T 5012—2010中的规定，应抽检2～5处。

（4）标志线厚度，应符合《民用机场目视助航设施施工质量验收规范》MH/T 5012—2010中的规定，抽检检测记录5～10处。

（5）反光标志线的逆反射亮度系数应符合设计规范的要求。

二、质量评定标准

检验批质量验收评定合格标准：目视助航标志工程实测检查项目应按照要求进行，实

测或抽测内容应全部满足为合格；允许偏差实测数据的符合率不小于90%为合格。

三、工程质量验收评定标准

目视助航标志工程质量验收已合格，且相应的质量控制资料完整，则工程验收质量合格。